新世纪计算机基础教育丛书 ｜ 丛书主编 谭浩强

微型计算机原理及应用
（第四版）

郑学坚 朱定华 编著

清华大学出版社
北 京

内 容 简 介

本书第四版在第三版的基础上进行了修改和增补。本书的主要内容可概括为五大部分：计算机的基础知识、个人计算机(PC)的主要部件及整体结构、汇编语言程序设计、输入输出技术及接口芯片、应用实例。

本书叙述由浅入深,体系结构合理,内容比较丰富,适合高等学校作为教材,也可供科技人员自学参考。

图书在版编目 CIP 数据

微型计算机原理及应用/郑学坚,朱定华编著. —4 版. —北京：清华大学出版社,2013.1(2024.8重印)
(新世纪计算机基础教育丛书)
ISBN 978-7-302-28328-7

Ⅰ. ①微… Ⅱ. ①郑… ②朱… Ⅲ. ①微型计算机—基本知识 Ⅳ. ①TP36

中国版本图书馆 CIP 数据核字(2012)第 044726 号

责任编辑：焦 虹 徐跃进
封面设计：傅瑞学
责任校对：梁 毅
责任印制：沈 露

出版发行：清华大学出版社
网 址：https://www.tup.com.cn,https://www.wqxuetang.com
地 址：北京清华大学学研大厦 A 座 邮 编：100084
社 总 机：010-83470000 邮 购：010-62786544
投稿与读者服务：010-62776969,c-service@tup.tsinghua.edu.cn
质 量 反 馈：010-62772015,zhiliang@tup.tsinghua.edu.cn
课 件 下 载：https://www.tup.com.cn,010-83470236
印 装 者：三河市铭诚印务有限公司
经 销：全国新华书店
开 本：185mm×260mm 印 张：25.5 字 数：607 千字
版 次：1999 年 1 月第 1 版 2013 年 1 月第 4 版 印 次：2024 年 8 月第 23 次印刷
定 价：68.00 元

产品编号：044559-03

丛书序言

现代科学技术的飞速发展,改变了世界,也改变了人类的生活。作为新世纪的大学生,应当站在时代发展的前列,掌握现代科学技术知识,调整自己的知识结构和能力结构,以适应社会发展的要求。新世纪需要具有丰富的现代科学知识,能够独立完成面临的任务,充满活力,有创新意识的新型人才。

掌握计算机知识和应用,无疑是培养新型人才的一个重要环节。现在计算机技术已深入到人类生活的各个角落,与其他学科紧密结合,成为推动各门学科飞速发展的有力的催化剂。无论什么专业的学生,都必须具备计算机的基础知识和应用能力。计算机既是现代科学技术的结晶,又是大众化的工具。学习计算机知识,不仅能够掌握有关知识,而且能培养人们的信息素养。这是高等学校全面素质教育中极为重要的一部分。

高校计算机基础教育应当遵循的理念是:面向应用需要;采用多种模式;启发自主学习;重视实践训练;加强创新意识;树立团队精神,培养信息素养。

计算机应用人才队伍由两部分人组成:一部分是计算机专业出身的计算机专业人才,他们是计算机应用人才队伍中的骨干力量;另一部分是各行各业中应用计算机的人员。这后一部分人一般并非计算机专业毕业,他们人数众多,既熟悉自己所从事的专业,又掌握计算机的应用知识,善于应用计算机作为工具解决本领域中的任务。他们是计算机应用人才队伍中的基本力量。事实上,大部分应用软件都是由非计算机专业出身的计算机应用人员研制的,他们具有的优势是其他人难以代替的。从这个事实可以看到在非计算机专业中深入进行计算机教育的必要性。

非计算机专业中的计算机教育,无论目的、内容、教学体系、教材、教学方法等各方面都与计算机专业有很大的不同,绝不能照搬计算机专业的模式和做法。全国高等院校计算机基础教育研究会自 1984 年成立以来,始终不渝地探索高校计算机基础教育的特点和规律。2004 年,全国高等院校计算机基础教育研究会与清华大学出版社共同推出了《中国高等院校计算机基础教育课程体系 2004》(简称 CFC2004);2006 年、2008 年又共同推出了《中国高等院校计算机基础教育课程体系 2006》(简称 CFC2006)及《中国高等院校计算机基础教育课程体系 2008》(简称

CFC2008），由清华大学出版社正式出版发行。

1988年起，我们根据教学实际的需要，组织编写了《计算机基础教育丛书》，邀请有丰富教学经验的专家、学者先后编写了多种教材，由清华大学出版社出版。丛书出版后，迅速受到广大高校师生的欢迎，对高等学校的计算机基础教育起了积极的推动作用。广大读者反映这套教材定位准确，内容丰富，通俗易懂，符合大学生的特点。

1999年，根据新世纪的需要，在原有基础上组织出版了《新世纪计算机基础教育丛书》。由于内容符合需要，质量较高，被许多高校选为教材。丛书总发行量达一千多万册，这在国内是罕见的。最近，我们又对丛书作了进一步的修订，根据发展的需要，增加了新的书目和内容。本丛书有以下特点：

（1）内容新颖。根据21世纪的需要，重新确定丛书的内容，以符合计算机科学技术的发展和教学改革的要求。本丛书除保留了原丛书中经过实践考验且深受读者欢迎的优秀教材外，还编写了许多新的教材。在这些教材中反映了近年来迅速得到推广应用的一些计算机新技术，以后还将根据发展不断补充新的内容。

（2）适合不同学校组织教学的需要。本丛书采用模块形式，提供了各种课程的教材，内容覆盖了高校计算机基础教育的各个方面。丛书中既有理工类专业的教材，也有文科和经济类专业的教材；既有必修课的教材，也包括一些选修课的教材。各类学校都可以从中选择到合适的教材。

（3）符合初学者的特点。本丛书针对初学者的特点，以应用为目的，以应用为出发点，强调实用性。本丛书的作者都是长期在第一线从事高校计算机基础教育的教师，对学生的基础、特点和认识规律有深入的研究，在教学实践中积累了丰富的经验。可以说，每一本教材都是他们长期教学经验的总结。在教材的写法上，既注意概念的严谨和清晰，又特别注意采用读者容易理解的方法阐明看似深奥难懂的问题，做到例题丰富，通俗易懂，便于自学。这一点是本丛书一个十分重要的特点。

（4）采用多样化的形式。除了教材这一基本形式外，有些教材还配有习题解答和上机指导，并提供电子教案。

总之，本丛书的指导思想是内容新颖、概念清晰、实用性强、通俗易懂、教材配套。简单概括为：新颖、清晰、实用、通俗、配套。我们经过多年实践形成的这一套行之有效的创作风格，相信会受到广大读者的欢迎。

本丛书多年来得到了各方面人士的指导、支持和帮助，尤其是得到了全国高等院校计算机基础教育研究会的各位专家和各高校老师们的支持和帮助，我们在此表示由衷的感谢。本丛书肯定有不足之处，希望得到广大读者的批评指正。

丛 书 主 编
全国高等院校计算机基础教育研究会会长
谭 浩 强

在高等院校中,很多专业都开设了有关微型计算机原理及其应用的课程。"计算机原理"与"计算机高级语言"虽然都是针对计算机的,但各有所侧重。前者着重讲述计算机的基本结构、内部信息流通和指令系统的基本原理,这也是有关计算机硬件问题的分析;后者则可以脱离计算机的硬件结构而专门讲述编写程序的技巧,这也是有关计算机软件的问题。

本书编写的目的就是想给高等院校提供一本"微机原理与应用"课程的教材。由于各种专业类型很多,要求各异,难以强求一致,因此,本书只能在最基本的原理方面做一定深度的阐述。由于各专业的教学计划不可能提供更多的学时,故在应用方面也只能讲一些典型的系统结构和一两个实例。如果感到不足的话,各专业可根据实际需要增加各自感兴趣的实例。

《微型计算机原理及应用》第四版的内容可以分为下列五大部分:

第一部分为计算机的基础知识。这部分有3章。第1章介绍二进制加法电路。第2章介绍微型计算机的基本组成电路,主要讲述算术逻辑单元、触发器、寄存器、存储器及译码器的基本原理,同时也陆续介绍总线结构和控制字的概念以及信息流通的过程。第3章以简化的计算机为例来剖析微型计算机的工作原理,其中包括主要硬件结构、指令系统、程序设计、指令执行的过程。

第二部分为个人计算机(PC)的主要部件及整机结构。所谓PC也就是我们常说的微型计算机。这部分有3章。第4章讲述16位微处理器。第5章讲述32位微处理器的结构(微处理器也就是常说的中央处理器CPU)及工作原理。第6章讲述常见的微型计算机的总线及整机结构。

第三部分为汇编语言程序设计。这部分有两章。第7章讲述汇编语言及汇编程序,第8章详述汇编语言程序的设计。这部分实用性较强,举例也较多。

第四部分为输入输出技术及接口芯片。这部分有4章。第9章讲述微型计算机的接口概念和控制原理。第10章讲述中断的概念及实用的中断系统。第11章介绍可编程接口芯片。第12章专门讲述模数变换(A/D)及数模变换(D/A)的工作原理及其实用芯片。

第五部分为第 13 章。这部分讲述微型计算机在自动控制系统中的应用,其中列举了在开环和闭环系统的自动寻优系统以及大惯性和大滞后系统中的应用实例。

本书的内容较多,章节也多,教师可根据教学计划的学时斟酌选用。有些内容可作为学生毕业设计的参考教材,也可作为学生的自学资料,以扩大其知识面。

本书由郑学坚和朱定华编写,参加本书编写的工作人员还有蔡苗、蔡红娟、翟晟、黄松、吕建才、陈艳、林卫、程萍、张德芳、李志文、林成等。

由于编著者的实际经验及水平的限制,本书定会有疏漏或不妥之处,敬请读者不吝指正。

编著者

目　录

第 3 章　微型计算机的基本工作原理

第 4 章　16 位微处理器

5　第 5 章　32 位微处理器

第 6 章　PC 的总线及整机结构

第8章　汇编语言程序设计

第9章　输入输出和接口技术

10 第 10 章　中断技术

第 11 章　常用可编程接口芯片

第 12 章　A/D 及 D/A 转换器

第 13 章　微型计算机在自动控制系统中的应用

第1章 二进制数加法电路

现代计算机是在微电子学高速发展与计算数学日臻完善的基础上形成的,可以说现代计算机是微电子学与计算数学相结合的产物。微电子学的基本电路元件及其逐步向大规模发展的集成电路是现代计算机的硬件基础,而计算数学的数值计算方法与数据结构则是现代计算机的软件基础。微电子学与计算数学发展至今已是内容繁多、体系纷纭,已有不少专著分别阐述。

众所周知,算术的基本运算共有 4 种:加、减、乘和除。在微型计算机中常常只有加法电路,这是为了使硬件结构简单而成本较低。不过,只要有了加法电路,也能完成算术的 4 种基本运算。

1.1 二进制数的相加

两个二进制数相加的几个例子:

【例 1.1】 (1)   (2)

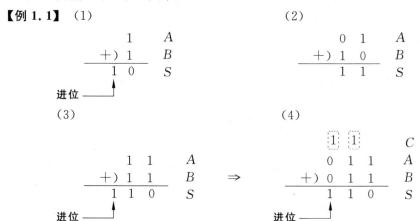

例 1.1(1)中,加数 A 和被加数 B 都是 1 位数,其和 S 变成 2 位数,这是因为相加结果产生进位之故。

例 1.1(2)中,A 和 B 都是 2 位数,相加结果 S 也是 2 位数,因为相加结果不产生进位。

例 1.1(3)中,A 和 B 都是 2 位数,相加结果 S 是 3 位数,这也是产生了进位之故。

例 1.1(4)中,是例 1.1(3)的另一种写法,以便看出"进位"究竟是什么意义。第 1 位(或称 0 权位)是不可能有进位的,要求参与运算的就只有两个数 A_0 和 B_0,其结果为 S_0。第 2 位(或称 1 权位)就是 3 个数 A_1,B_1 及 C_1 参与运算了。其中 C_1 是由于第 1 位相加的结果产生的进位。此 3 个数相加的结果其总和为 $S_1 = 1$,同时又产生进位 C_2,送入下一位(第 3 位)。第 3 位(或称 2 权位)也是 3 个数 A_2,B_2 及 C_2 参加运算。由于 A_2 及 B_2 都是

0，所以 C_2 即等于第 3 位的相加结果 S_2。

从以上几例的分析可得出下列结论：

（1）两个二进制数相加时，可以逐位相加。如二进制数可以写成：

$$A = A_3 A_2 A_1 A_0$$
$$B = B_3 B_2 B_1 B_0$$

则从最右边第 1 位（即 0 权位）开始，逐位相加，其结果可以写成：

$$S = S_3 S_2 S_1 S_0$$

其中各位是分别求出的：

$$S_0 = A_0 + B_0 \rightarrow 进位 \ C_1$$
$$S_1 = A_1 + B_1 + C_1 \rightarrow 进位 \ C_2$$
$$S_2 = A_2 + B_2 + C_2 \rightarrow 进位 \ C_3$$
$$S_3 = A_3 + B_3 + C_3 \rightarrow 进位 \ C_4$$

最后所得的和是：

$$C_4 S_3 S_2 S_1 S_0 = A + B$$

（2）右边第 1 位相加的电路要求：

输入量为两个，即 A_0 及 B_0；

输出量为两个，即 S_0 及 C_1。

这样的一个二进制位相加的电路称为半加器（half adder）。

（3）从右边第 2 位开始，各位可以对应相加。各位对应相加时的电路要求：

输入量为 3 个，即 A_i, B_i, C_i；

输出量为两个，即 S_i, C_{i+1}。

其中 $i = 1, 2, 3, \cdots, n$。这样的一个二进制位相加的电路称为全加器（full adder）。

1.2 半加器电路

要求有两个输入端，用于两个代表数字（A_0, B_0）的电位输入；有两个输出端，用于输出总和 S_0 及进位 C_1。

这样的电路可能出现的状态可以用图 1-1 中的表来表示。此表在布尔代数中称为真值表。

考察一下 C_1 与 A_0 及 B_0 的关系，即可看出这是"与"的关系，即：

$$C_1 = A_0 \times B_0$$

再看一下 S_0 与 A_0 及 B_0 的关系，也可看出这是"异或"的关系，即：

$$S_0 = A_0 \oplus B_0$$
$$= \overline{A}_0 B_0 + A_0 \overline{B}_0$$

即只有当 A_0 及 B_0 二者相异时，才起到或的作用；二者相同时，则其结果为 0。因此，可以用"与门"及"异或门"（或称"异门"）来实现真值表的要求。图 1-1 就是这个真值表及半加器的电路图。

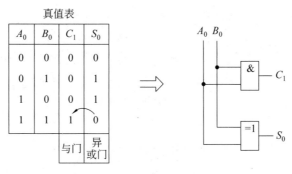

图 1-1　半加器的真值表及电路

1.3　全加器电路

全加器电路的要求是：有 3 个输入端，以输入 A_i,B_i 和 C_i,有两个输出端，即 S_i 及 C_{i+1}。其真值表可以写成如图 1-2 所示。由图 1-2 中左边的表分析可见，其总和 S_i 可用"异或门"来实现，而其进位 C_{i+1} 则可以用 3 个"与门"及一个"或门"来实现，其电路图也画在图 1-2 中的右边。

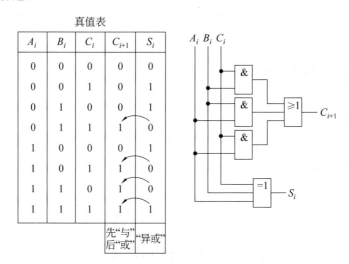

图 1-2　全加器的真值表及电路

这里遇到了 3 个输入的"异或门"的问题。如何判断多输入的"异或门"的输入与输出的关系呢？判断的方法是：多输入 A,B,C,D,… 中为 1 的输入量的个数为零及偶数时，输出为 0；为奇数时，输出为 1。

1.4　半加器及全加器符号

图 1-3(a)为半加器符号，图 1-3(b)为全加器符号。

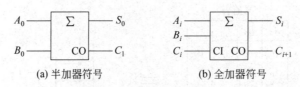

(a) 半加器符号   (b) 全加器符号

图 1-3 半加器及全加器符号

1.5 二进制数的加法电路

设 $A = 1010 = 10_{(10)}$

     $B = 1011 = 11_{(10)}$

则可安排如图 1-4 所示的加法电路。

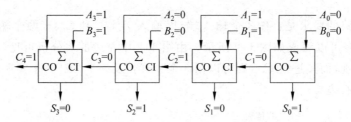

图 1-4 4 位的二进制加法电路

A 与 B 相加,写成竖式算法如下:

$$
\begin{array}{r}
A:\ 1\ \ 0\ \ 1\ \ 0 \\
B:\ 1\ \ 0\ \ 1\ \ 1\ \ (+ \\
\hline
S:\ 10\ \ 1\ \ 0\ \ 1
\end{array}
$$

即其相加结果为 $S = 10101$。

从加法电路,可看到同样的结果:

$$S = C_4 S_3 S_2 S_1 S_0$$
$$= 10101$$

1.6 二进制数的减法运算

在微型计算机中,没有专用的减法器,而是将减法运算改变为加法运算。其原理是:将减号及减数 B 视为负数,再与被减数 A 相加,即 $A-B=A+(-B)$,其和(如有进位的话,则舍去进位)就是两数之差。那么怎么表示负数呢?

在计算机中,常用数的符号和数值部分一起编码的方法表示正负数。这种表示法,将数的符号数码化,正号用 0 表示,负号用 1 表示。为了区分一般书写时表示的数和机器中编码表示的数,我们称前者为真值,后者为机器数,即数值连同符号数码 0 或 1 一起作为一个数就称为机器数,而它的数值连同符号+或一称为机器数的真值。把机器数的符号位也当作数值的数,就是无符号数。

按上所述,数值用其绝对值,正数的符号位用 0 表示,负数的符号位用 1 表示,这样表示的数就称为原码。原码表示简单易懂,而且与真值的转换方便。但若是两个异号数相加,或两个同号数相减,就要做减法。

当符号数采用补码表示时,就可以将减法运算转换为加法运算。

补码是什么呢?对于二进制数来说,正数的补码,符号位为 0,其余位为其数值;负数的补码为该负数的绝对值(即与该负数的绝对值相等的正数)的补数。把一个数连同符号位按位取反再加 1,可以得到该数的补数。如:

$$105 = +01101001B \qquad 105_{补码} = 01101001B$$
$$-105 = -01101001B \qquad -105_{补码} = 10010111B$$

求补数还可以直接求,方法是从最低位向最高位扫描,保留直至第一个 1 的所有位,以后各位按位取反。负数的补码可以由与其绝对值相等的正数求补得到。根据两数互为补数的原理,对补码表示的负数求补就可以得到该负数的绝对值。如:

$$[-105]_{补} = 10010111B = 97H$$

对其求补,从右向左扫描,第一位就是 1,故只保留该位,对其左面的七位均求反得:01101001,即补码表示的机器数 97H 的真值是 $-69H(=-105)$。

一个用补码表示的机器数,若最高位为 0,则其余几位即此数的绝对值;若最高位为 1,则其余几位不是此数的绝对值,把该数(连同符号位)求补,才得到它的绝对值。

当数采用补码表示时,就可以将减法变成加法来运算了。请看下面的例子。

【例 1.2】 求 $8-4$。

解 因为 $8 = 1000B$

$$4 = 0100B$$
$$-4 = 1100B$$

于是 $8-4$
$$= 1000B + 1100B$$
$$= 1\ 0100$$
进位,舍去
$$= 0100B$$
$$= 4$$

【例 1.3】 求 0FH$-$0AH(即求 15 减 10 之差)。

解 因为 $0FH = 0000\ 1111B$

$$0AH = 0000\ 1010B$$
$$-0AH = 1111\ 0110B$$

所以 $0FH-0AH$
$$= 00001111B + 11110110B$$
$$= 1\ 0000\ 0101B$$
进位,舍去
$$= 0000\ 0101B$$
$$= 5$$

【例 1.4】 求 64－10。

解 因为

$$64－10＝64＋(－10)$$

$$64＝40H＝0100\ 0000B$$

$$10＝0AH＝0000\ 1010B$$

$$－10＝1111\ 0110B$$

做减法运算过程如下:

$$
\begin{array}{r}
0100\ 0000 \\
-\ 0000\ 1010 \\
\hline
0011\ 0110
\end{array}
$$

做加法运算过程如下:

$$
\begin{array}{r}
0100\ 0000 \\
+\ 1111\ 0110 \\
\hline
1\ 0011\ 0110
\end{array}
$$

↑—— 进位,舍去

结果相同,其真值为:54(36H＝30H＋6＝48＋6)。

1.7 可控反相器及加法/减法电路

利用补码可将减法变为加法来运算,因此需要有这么一个电路,它能执行求反操作,并使其最低位加1。

图 1-5 所示的可控反相器就是为了对一个二进制数执行求反操作而设计的。这实际上是一个异或门(异门),两输入端的异或门的特点是:两者相同则输出为 0,两者不同则输出为 1。用真值表来表示这个关系,更容易看到其意义,如表 1-1 所示。

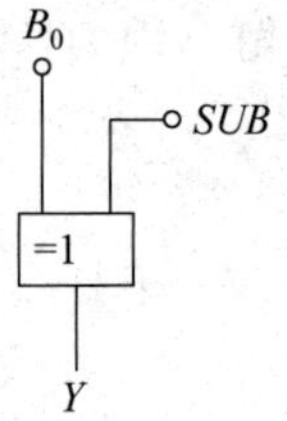

由表 1-1 所示的真值表可见,如将 SUB 端看作控制端,则当在 SUB 端加上低电位时,Y 端的电平就和 B_0 端的电平相同。在 SUB 端加上高电平,则 Y 端的电平和 B_0 端的电平相反。

图 1-5 可控反相器

表 1-1 可控反相器的真值表

SUB	B_0	Y	Y 与 B_0 的关系	
0	0	0	Y 与 B_0 相同	同
	1	1	Y 与 B_0 相同	相
1	0	1	Y 与 B_0 相反	反
	1	0	Y 与 B_0 相反	相

利用这个特点,在图 1-4 的 4 位二进制数加法电路上增加 4 个可控反相器并将最低位的半加器也改用全加器,就可以得到如图 1-6 的 4 位二进制数加法器/减法器电路了,因为这个电路既可以作为加法器电路(当 $SUB＝0$),又可以作为减法器电路(当 $SUB＝1$)。

如果有下面两个二进制数:

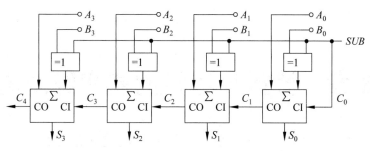

图 1-6 二进制补码加法器/减法器

$$A = A_3 A_2 A_1 A_0$$
$$B = B_3 B_2 B_1 B_0$$

则可将这两个数的各位分别送入该电路的对应端,于是:

当 $SUB = 0$ 时,电路作加法运算:$A + B$。

当 $SUB = 1$ 时,电路作减法运算:$A - B$。

图 1-6 电路的原理如下:当 $SUB = 0$ 时,各位的可控反相器的输出与 B 的各位同相,所以图 1-6 和图 1-4 的原理完全一样,各位均按位相加。结果 $S = S_3 S_2 S_1 S_0$,而其和为:$C_4 S = C_4 S_3 S_2 S_1 S_0$。

当 $SUB = 1$ 时,各位的反相器的输出与 B 的各位反相。注意,最右边第一位(即 S_0 位)也是用全加器,其进位输入端与 SUB 端相连,因此其 $C_0 = SUB = 1$。所以此位相加即为:

$$A_0 + \overline{B}_0 + 1$$

其他各位为:

$$A_1 + \overline{B}_1 + C_1$$
$$A_2 + \overline{B}_2 + C_2$$
$$A_3 + \overline{B}_3 + C_3$$

因此其总和输出 $S = S_3 S_2 S_1 S_0$,即:

$$S = A + \overline{B} + 1$$
$$= A_3 A_2 A_1 A_0 + \overline{B}_3 \overline{B}_2 \overline{B}_1 \overline{B}_0 + 1$$
$$= A - B$$

当然,此时 C_4 如不等于 0,则要被舍去。

1.8 习　题

1.1 为什么需要半加器和全加器?它们之间的主要区别是什么?

1.2 用补码法写出下列减法的步骤:

(1) 00001111B−00001010B＝　　　　B＝　　　D

(2) 00001100B−00000011B＝　　　　B＝　　　D

1.3 做出 101011B+011110B 的门电路图并求其相加的结果。

1.4 做出第 1.3 题中两数相减的门电路图并求其相减的结果。

第2章 微型计算机的基本组成电路

任何一个复杂的电路系统都可以划分为若干电路,这些电路大都由一些典型的电路组成。微型计算机就是由若干典型电路通过精心设计而组成的,各个典型电路在整体电路系统中又称为基本电路部件。

本章就是对微型计算机中最常见的基本电路部件的名称及电路原理作一简单介绍。这些基本电路中最主要的是算术逻辑单元(arithmetic logical unit,ALU)、触发器(trigger)、寄存器(register)、存储器(memory)及总线结构等。在本章中,数据在这些部件之间的流通过程以及"控制字"的概念也将逐步地引出。所有这些内容都是组成微型计算机的硬件基础。

2.1 算术逻辑单元

顾名思义,这个部件既能进行二进制数的四则运算,也能进行布尔代数的逻辑运算。ALU 的符号一般如图 2-1 所示。A 和 B 为两个二进制数,S 为其运算结果,control 为控制信号。为了不使初学者陷入复杂的电路分析之中,本教材不打算在逻辑运算问题上开展讨论,仅讨论一下算术运算。

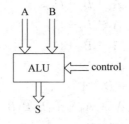

图 2-1　ALU 的符号

2.2 触 发 器

触发器(trigger)是计算机的记忆装置的基本单元,也可说是记忆细胞。触发器可以组成寄存器,寄存器又可以组成存储器。寄存器和存储器统称为计算机的记忆装置。

触发器是存放二进制数字的两状态逻辑信号的单元电路,它有两个互补输出端 Q 和 $\bar{Q}$,一般以 Q 的状态作为触发器的状态。

下面简要地介绍一下 RS 触发器、D 触发器和 JK 触发器,因为这些类型的触发器是计算机中最常见的基本元件。

2.2.1 RS 触发器

RS 触发器是组成其他触发器的基础,可以用与逻辑组成,也可以用或逻辑组成。用与逻辑组成的 RS 触发器及逻辑符号如图 2-2 所示,RS 触发器有两个信号输入端 $\overline{R}$ 端和 $\overline{S}$ 端,$\overline{R}$ 称为置 0 端,$\overline{S}$ 称为置 1 端。R 和 S 上面的非号和逻辑符号中的小圆圈表示置 1 和置 0 信号都是低电平起作用即低电平有效,它表示只有输入到该端的信号为低电平时才有信号,否则无信号。

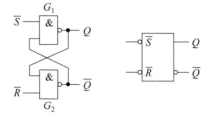

图 2-2 与逻辑组成的 RS 触发器

2.2.2 D 触发器

D 触发器有 2 个互补输出端 Q、$\overline{Q}$ 和 2 个输入信号,一个输入信号是时钟信号 CP,另一个是激励信号 D。

D 触发器的逻辑符号如图 2-3 所示,图中 CP 端有小圆圈表示下降沿触发,若无小圆圈表示上升沿触发。

带有预置和清零输入的 D 触发器的逻辑符号如图 2-4 所示,$\overline{S}_D$ 和 $\overline{R}_D$ 是异步输入端,低电平有效。异步输入端 $\overline{S}_D$ 和 $\overline{R}_D$ 的作用与 RS 触发器的置 1 端和置 0 端的作用相同,$\overline{S}_D$ 用于直接置位,被称作直接置位端或置 1 端;$\overline{R}_D$ 用于直接复位,被称作直接复位端或置 0 端。当 $\overline{S}_D=0$ 且 $\overline{R}_D=1$ 时,不论激励输入端 D 为何种状态也不需要时钟脉冲 CP 的触发,都会使 $Q=1$,$\overline{Q}=0$,即触发器置 1;当 $\overline{S}_D=1$ 且 $\overline{R}_D=0$ 时,触发器的状态为 0。逻辑符号中异步输入端的小圆圈表示低电平有效,若无小圆圈则表示高电平有效。

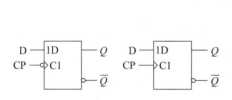

图 2-3 D 触发器的逻辑符号

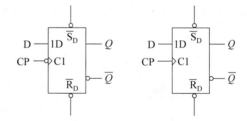

图 2-4 带有预置和清零输入的 D 触发器的逻辑符号

2.2.3 JK 触发器

JK 触发器有 2 个互补输出端 Q、$\overline{Q}$ 和 3 个输入信号,一个输入信号是时钟信号 CP,另两个是激励信号 J 和 K。

JK 触发器的逻辑符号如图 2-5 所示。JK 触发器与 D 触发器一样,图中 CP 端有小圆圈表示下降沿触发,若无小圆圈表示上升沿触发,异步输入端的小圆圈表示低电平有效,若无小圆圈则表示高电平有效。

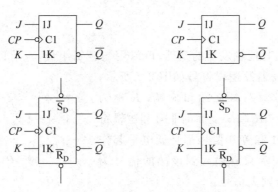

图 2-5　JK 触发器的逻辑符号

2.3　寄　存　器

寄存器(register)是由触发器组成的。一个触发器就是一个一位寄存器。由多个触发器可以组成一个多位寄存器。寄存器由于其在计算机中的作用不同而具有不同的功能,从而被命名为不同的名称。常见的寄存器有:缓冲寄存器——用于暂存数据;移位寄存器——能够将其所存的数据一位一位地向左或向右移;计数器——一个计数脉冲到达时,会按二进制数的规律累计脉冲数;累加器——用于暂存每次在 ALU 中计算的中间结果。

下面分别介绍这些寄存器的工作原理及其电路结构。

2.3.1　缓冲寄存器

这是用于暂存某个数据,以便在适当的时间节拍和给定的计算步骤将数据输入或输出到其他记忆元件中。图 2-6 是一个 4 位寄存器的电路原理图。

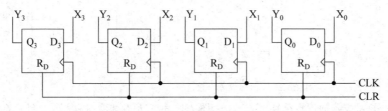

图 2-6　4 位缓冲寄存器电路原理图

其基本工作原理为:设有一个二进制数,共有 4 位数:

$$X = X_3 X_2 X_1 X_0$$

要存到这个缓冲寄存器(buffer)中,此寄存器是由 4 个 D 触发器组成的。将 X_0,X_1,X_2,X_3 分别送到各个触发器的 D_0,D_1,D_2,D_3 端,只要 CLK 的正前沿还未到来,则 Q_0,Q_1,Q_2,Q_3 就不受 X_0,X_1,X_2,X_3 的影响而保持其原有的数据。只有当 CLK 的正前沿来到时,Q_0,Q_1,Q_2,Q_3 才接受 D_0,D_1,D_2,D_3 的影响,而变成:

$$Q_0 = X_0$$

$$Q_1 = X_1$$

$$Q_2 = X_2$$
$$Q_3 = X_3$$

结果就是：$Q = Q_3 Q_2 Q_1 Q_0 = X_3 X_2 X_1 X_0 = X$。

这样就将数据 X 装到寄存器中。如要将此数据送至其他记忆元件,则可由 Y_0,Y_1,Y_2,Y_3 各条引线引出去。

图 2-6 的缓冲寄存器的数据 X 输入到 Q 只是受 CLK 的节拍管理,即只要一将 X 各位加到寄存器各位的 D 输入端,时钟节拍一到,就会立即送到 Q。这有时是不利而有害的,因为也许我们还想让早已存在其中的数据多留一些时间,但由于不可控之故,在 CLK 正前沿一到就会立即被来到门口的数据 X 替代。

为此,必须为这个寄存器增设一个可控的"门"。这个"门"的基本原理如图 2-7 所示,它是由两个与门一个或门以及一个非门所组成的。

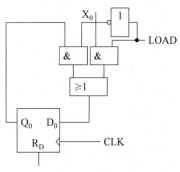

在 X_0 端送入数据(0 或 1)后,如 LOAD 端(以下简称为 L 端)为低电位,则右边的与门被阻塞,X_0 过不去,而原来已存在此位中的数据由 Q_0 送至左边的与门。此与门的另一端输入从非门引来的与 L 端反相的电平,即高电位。所以 Q_0 的数据可以通过左边的与门,再经或门而送达 D_0 端。这就形成自锁,即既存的数据能够可靠地存在其中而不会丢失。如 L 端为高电位,则左边与门被阻塞而右边与门可让 X_0 通过,这样 Q_0 的既存数据不再受到自锁,而 X_0 可以到达 D_0 端,

图 2-7 寄存器的装入门 LOAD

只要 CLK 的正前沿一到达,X_0 即被送到 Q_0,这时就叫做装入(LOAD)。一旦装入之后,L 端又降至低电平,则利用左边的与门,X_0 就能自锁而稳定地存在 Q_0 中。

要记住,以后我们一提到"L 门",大家就要想到图 2-7 的电路结构及其作用:高电平时使数据装入,低电平时,数据自锁在其中。

对于多位的寄存器,每位各自有一套如图 2-7 一样的电路。不过只用一个非门,并且只有一个 LOAD 输入端,如图 2-8 所示。

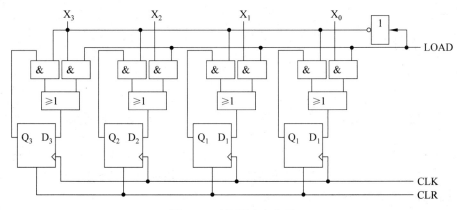

图 2-8 可控缓冲寄存器

可控缓冲寄存器的符号一般画成图 2-9 那样，LOAD 为其控制门，而 CLR 为高电平时则使其中各位变为 0。

2.3.2 移位寄存器

移位寄存器(shifting register)能将其所存储的数据逐位向左或向右移动，以达到计算机在运行过程中所需的功能，例如用来判断最左边的位是 0 或 1 等。电路原理图如图 2-10 所示。

左移寄存器如图 2-10(a)所示，当 $D_{in}=1$ 而送至最右边的第 1 位时，D_0 即为 1，当 CLK 的正前沿到达时，Q_0 即等于 1。同时第 2 位的 D_1 也等于 1。当 CLK 第 2 个正前沿到达时，Q_1 也等于 1。结果可得下列的左移过程：

CLK 前沿未到　　$Q=Q_3Q_2Q_1Q_0=0000$

第 1 前沿来到　　$Q=0001$

第 2 前沿来到　　$Q=0011$

第 3 前沿来到　　$Q=0111$

第 4 前沿来到　　$Q=1111$

第 5 前沿来到，如此时 D_{in} 仍为 1，则 Q 不变，仍为 1111。

当 $Q=1111$ 之后，改变 D_{in}，使 $D_{in}=0$，则结果将是把 0 逐位左移：

第 1 前沿来到　　$Q=1110$

第 2 前沿来到　　$Q=1100$

第 3 前沿来到　　$Q=1000$

第 4 前沿来到　　$Q=0000$

由此可见，在左移寄存器中，每个时钟脉冲都要把所储存的各位向左移动一个数位。

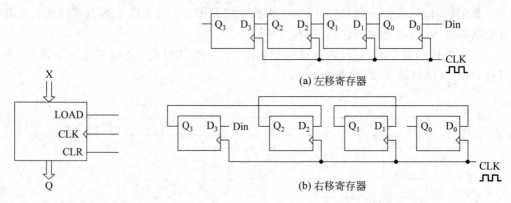

(a) 左移寄存器

(b) 右移寄存器

图 2-9　可控缓冲寄存器的符号　　　　图 2-10　移位寄存器简化原理图

右移寄存器如图 2-10(b)所示。图 2-10(b)与图 2-10(a)之差别仅在于各位的接法不同，而且输入数据 D_{in} 是加到左边第 1 位的输入端 D_3。根据上面的分析，当 $D_{in}=1$ 时，随着时钟脉冲而逐步位移是这样的：

CLK 前沿未到　　$Q=0000$

第 1 前沿来到　　$Q=1000$

第 2 前沿来到　　Q＝1100
第 3 前沿来到　　Q＝1110
第 4 前沿来到　　Q＝1111

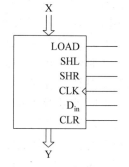

图 2-11　可控移位寄存器的符号

由此可见,在右移寄存器中,每个时钟脉冲都要把所存储的各位向右移动一个位置。

和缓冲寄存器一样,在整机运行中,移位寄存器也需要另有控制电路,以保证其在适当时机才参与协调工作。这个电路也和图 2-7 一样,只要在每一位的电路上增加一个这样的 LOAD 门(L门)即可以达到控制的目的。

可控移位寄存器的符号如图 2-11 所示,其中新出现的符号的意义是:

SHL——左移(shift to the left)

SHR——右移(shift to the right)

2.3.3　计数器

计数器(counter)也是由若干个触发器组成的寄存器,它的特点是能够把存储在其中的数字加 1。

计数器的种类很多,有行波计数器、同步计数器、环形计数器和程序计数器等。

1. 行波计数器(travelling wave counter)

行波计数器的特点是:第 1 个时钟脉冲促使其最低有效位(least significant bit, LSB)加 1,由 0 变 1。第 2 个时钟脉冲促使最低有效位由 1 变 0,同时推动第 2 位,使其由 0 变 1。同理,第 2 位由 1 变 0 时又去推动第 3 位,使其由 0 变 1,这样有如水波前进一样逐位进位下去。图 2-12 就是由 JK 触发器组成的行波计数器的工作原理图。

图 2-12 中的各位的 J,K 输入端都是悬浮的,这相当于 J,K 端都是置 1 的状态,亦即是各位都处于准备翻转的状态。只要时钟脉冲边缘一到,最右边的触发器就会翻转,即 Q 由 0 转为 1 或由 1 转为 0。各位的 JK 触发器的时钟脉冲输入端都带有一个"气泡",这表示是串有一个反相门(非门),这样,只有时钟脉冲的后沿(产生负的尖峰电压)才能为其所接受。因此,可得计数步骤如下所述。

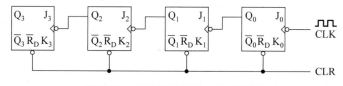

图 2-12　行波计数器的工作原理图

开始时使 CLR 由高电位变至低电位(这也是由于有"气泡"在 CLR 输入端之故),则计数器全部清除,所以:

$$Q＝Q_3 Q_2 Q_1 Q_0 ＝0000$$

第 1 时钟后沿到　　Q＝0001

此 Q_0 由低电位(0)升至高电位(1),产生的是电位上升的变化,由于有"气泡"在第 2 位的时钟脉冲输入端,所以第 2 个触发器不会翻转,必须在 Q_0 由 1 降为 0 时才会翻转。接着:

第 2 时钟后沿到　$Q=0010$

第 3 时钟后沿到　$Q=0011$

第 4 时钟后沿到　$Q=0100$

第 5 时钟后沿到　$Q=0101$

第 6 时钟后沿到　$Q=0110$

第 7 时钟后沿到　$Q=0111$

第 8 时钟后沿到　$Q=1000$

　　　⋮　　　　　　⋮

第 15 时钟后沿到　$Q=1111$

第 16 时钟后沿到　$Q=0000$

在第 16 个时钟脉冲到时,计数器复位至 0,因此这个计数器可以计由 0 至 15 的数。如果要计的数更多,就需要更多的位,即更多的 JK 触发器来组成计数器。如 8 位计数器可计由 0 至 255 的数,12 位计数器可计由 0 至 4095 的数,16 位则可计由 0 至 65 535 的数。图 2-13 是可控计数器的电路原理图。

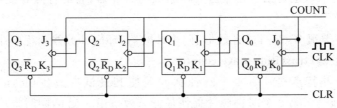

图 2-13　可控计数器原理图

图 2-12 中的 J,K 输入端是悬浮的,所以每次时钟脉冲到时,它都要翻转一次。图 2-13 中的各个 J,K 输入端连在一起引出来,由计数控制端 COUNT 的电位信号来控制。当 COUNT 为高电位时,JK 触发器才有翻转的可能。当 COUNT 为低电位时就不可能翻转。图 2-14 是这种计数器的符号。

图 2-14　可控计数器符号

2. 同步计数器①(synchronous counter)

行波计数器的工作原理是在时钟边缘到来时开始计数,由右边第一位(LSB)开始,如有进位则要一位一位地推进。而每一位触发器都需要建立时间 t_p(t_p 约为 10 纳秒)。如果是 16 位的计数器,则最大可能的计一个数的时间为 160 纳秒,这就显得太慢了。

同步计数器是将时钟脉冲同时加到各位的触发器的时钟输入端,而将前一位的输出端(Q)接到下一位的 JK 端。这样可以使计数器计数时间只相当于一个触发器的建立时间 t_p,所以同步计数器在很多微型机中常被使用。为了避免初学者陷到电路分析中,这里就不介绍具体线路了。

___

① 初学者可先不阅读此段。

3. 环形计数器(ring counter)

环形计数器也是由若干个触发器组成的。不过,环形计数器与上述计数器不一样,它只是仅有唯一的一个位为高电位,即只有一位为 1,其他各位为 0。图 2-15 是由 D 触发器组成环形计数器的电路原理图。

当 CLR 端有高电位输入时,除右边第 1 位(LSB)外,其他各位全被置 0(因清除电位 CLR 都接至它们的 CLR 端),而右边第 1 位则被置 1(因清除电位 CLR 被引至其 PR 端)。这就是说,开始时 $Q_0=1$,而 Q_1,Q_2,Q_3 全为 0。因此,D_1 也等于 1,而 $D_0=Q_3=0$。在时钟脉冲正边缘来到时,则 $Q_0=0$,而 $Q_1=1$,其他各位仍为 0。第 2 个时钟脉冲前沿来到时,$Q_0=0$,$Q_1=0$,而 $Q_2=1$,Q_3 仍=0。这样,随着时钟脉冲而各位轮流置 1,并且是在最后一位(左边第 1 位)置 1 之后又回到右边第 1 位,这就形成环形置位,所以称为环形计数器。环形计数器的符号如图 2-16 所示。

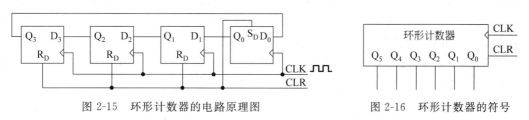

图 2-15　环形计数器的电路原理图　　　　　　图 2-16　环形计数器的符号

环形计数器不是用来计数用,而是用来发出顺序控制信号的,它在计算机的控制器中是一个很重要的部件。

4. 程序计数器(program counter)

程序计数器也是一个行波计数器(也可用同步计数器)。不过它不但可以从 0 开始计数,也可以将外来的数装入其中,这就需要一个 COUNT 输入端,也要有一个 LOAD 门,程序计数器的符号如图 2-17 所示。

2.3.4　累加器

累加器也是一个由多个触发器组成的多位寄存器,累加器的英文为 accumulator,译作累加器,似乎容易产生误解,以为是在其中进行算术加法运算。其实它不进行加法运算,而是作为 ALU 运算过程的代数和的临时存储处。这种特殊的寄存器在微型计算机的数据处理中担负着重要的任务。

累加器除了能装入及输出数据外,还能使存储其中的数据左移或右移,所以它又是一种移位寄存器。累加器的符号如图 2-18 所示。

图 2-17　程序计数器　　　　　　　　　　图 2-18　累加器的符号

2.4 三态输出电路

由于记忆元件是由触发器组成的,而触发器只有两个状态:0 和 1,所以每条信号传输线只能传送一个触发器的信息(0 或 1)。如果一条信号传输线既能与一个触发器接通,也可以与其断开而与另外一个触发器接通,则一条信息传输线就可以传输随意多个触发器的信息了。三态输出电路(或称三态门)就是为了达到这个目的而设计的。

三态输出电路可以由两个或非门和两个 NMOS 晶体管(T_1,T_2)及一个非门组成,如图 2-19 所示。

当 ENABLE(选通端)为高电位时,通过非门而加至两个或非门的将为低电位,则两个或非门的输出状态将决定于 A 端的电位。当 A 为高电位,G_2 就是低电位,而 G_1 为高电位,因而 T_1 导通而 T_2 截止,所以 B 端也呈现高电位($V_B \approx V_{DD}$);当 A 为低电位,G_2 将呈现高电位而 G_1 为低电位,因而 T_1 截止而 T_2 导通,所以 B 也呈现低电位($V_B \approx 0$)。这就是说,在选通端(ENABLE 端)为高电位时 A 的两种可能电平(0 和 1)都可以顺利地通到 B 输出去,即 E=1 时,B=A。

当选通端 E 为低电位时,通过非门加至两个或非门的将为高电位。此时,无论 A 为高或低电位,两个或非门的输出都是低电位,即 G_1 与 G_2 都是低电位。所以 T_1 和 T_2 同时都是截止状态。这就是说,在选通端(E 端)为低电位时,A 端和 B 端是不相通的,即它们之间存在着高阻状态。

这种电路的通断状态如表 2-1 所示,三态输出电路的符号如图 2-19(b)所示。

表 2-1 三态输出电路的逻辑表

E	A	B
0	0	高 阻
	1	高 阻
1	0	0
	1	1

图 2-19 称为单向三态输出电路。有时需要双向输出时,一般可以用两个单向三态输出电路来组成,如图 2-20 所示。A 为某个电路装置的输出端,C 为其输入端。当 E_{OUT}=1 时,B=A,即信息由左向右传输;E_{IN}=1 时,C=B,即信息由右向左传输。

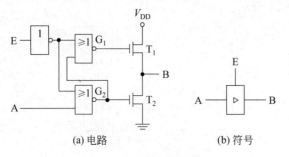

(a) 电路　　　(b) 符号

图 2-19 三态输出电路及其符号

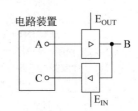

图 2-20 双向三态输出电路

三态门(E门)和装入门(L门)一样,都可加到任何寄存器(包括计数器和累加器)电路上。这样的寄存器就称为三态寄存器。L门专管对寄存器的装入数据的控制,而E门专管由寄存器输出数据的控制。

有了L门和E门就可以利用总线结构,使计算机的信息传递的线路简单化,控制器的设计也更为合理而易于理解了。

2.5 总 线 结 构

设有A,B,C和D 4个寄存器,它们都有L门和E门,其符号分别附以A,B,C和D的下标。它们的数据位数,设有4位,这样只要有4条数据线即可沟通它们之间的信息来往。图2-21就是总线结构的原理图。

如果将各个寄存器的L门和E门按次序排成一列,则可称其为控制字CON:

$$CON = L_A E_A L_B E_B L_C E_C L_D E_D$$

为了避免信息在公共总线W中乱窜,必须规定在某一时钟节拍(CLK为正半周),只有一个寄存器L门为高电位,和另一寄存器的E门为高电位。其余各门则必须为低电位。这样,E门为高电位的寄存器的数据就可以流入到L门为高电位的寄存器中。参看表2-2即可明白。

控制字中哪些位为高电平,哪些位为低电平,将由控制器发出并送到各个寄存器上去。

为了简化作图,不论总线包含几条导线,都用一条粗线表示。在图2-22中,有两条总线,

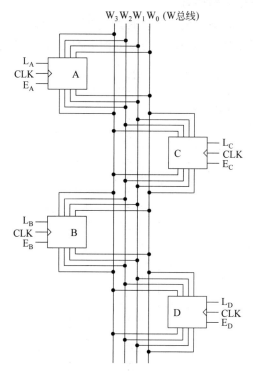

图2-21 总线结构的信息传输

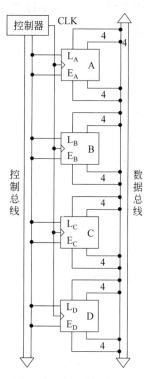

图2-22 总线结构符号图

一条称数据总线,专门让信息(数据)在其中流通。另一条称为控制总线,发自控制器,它能将控制字各位分别送至各个寄存器。控制器也有一个时钟,能把 CLK 脉冲送到各个寄存器。

表 2-2　控制字的意义

控制字 CON								信息流通
L_A	E_A	L_B	E_B	L_C	E_C	L_D	E_D	
1	0	0	1	0	0	0	0	数据由 B→A
0	1	1	0	0	0	0	0	数据由 A→B
0	1	0	0	1	0	0	0	数据由 A→C
0	1	0	0	0	0	1	0	数据由 A→D
0	0	1	0	0	0	0	1	数据由 D→B
1	0	0	0	0	1	0	0	数据由 C→A

2.6　译　码　器

在计算机中常常需要将一种代码翻译成控制信号,或在一组信息中取出所需要的一部分信息,能完成这种功能的逻辑部件称为译码器。2-4 译码器如图 2-23 所示。当 E＝0 时,$\overline{Y}_0 \sim \overline{Y}_3$ 均为 1,即译码器没有工作。当 E＝1 时,译码器进行译码输出。如果 $A_1 A_0 =$ 00,则 $\overline{Y}_0 = 0$,其余为 1;同样,$A_1 A_0 =$ 01 时,只有 $\overline{Y}_1 = 0$;$A_1 A_0 =$ 10 时,只有 $\overline{Y}_2 = 0$;$A_1 A_0 =$ 11 时,只有 $\overline{Y}_3 = 0$。由此可见,输入的代码不同,译码器的输出状态也就不同,从而完成了把输入代码翻译成对应输出线上的控制信号。

在计算机中常使用集成译码器。74LS138 是集成 3-8 译码器,它有 3 个输入端、3 个控制端及 8 个输出端,138 的内部逻辑以及引线排列与功能分别如图 2-24 和图 2-25 所示。

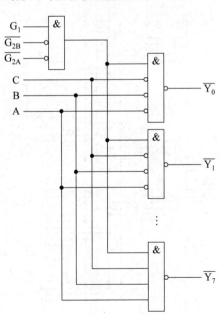

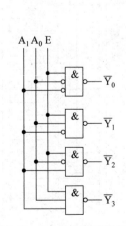

图 2-23　2-4 译码器逻辑图　　　　　　　　图 2-24　74LS138 的内部逻辑

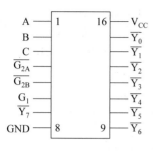

控制端			输入端			输出端							
G_1	$\overline{G_{2B}}$	$\overline{G_{2A}}$	C	B	A	$\overline{Y_7}$	$\overline{Y_6}$	$\overline{Y_5}$	$\overline{Y_4}$	$\overline{Y_3}$	$\overline{Y_2}$	$\overline{Y_1}$	$\overline{Y_0}$
			0	0	0	1	1	1	1	1	1	1	0
			0	0	1	1	1	1	1	1	1	0	1
			0	1	0	1	1	1	1	1	0	1	1
1	0	0	0	1	1	1	1	1	1	0	1	1	1
			1	0	0	1	1	1	0	1	1	1	1
			1	0	1	1	1	0	1	1	1	1	1
			1	1	0	1	0	1	1	1	1	1	1
			1	1	1	0	1	1	1	1	1	1	1

图 2-25　74LS138 引线与功能

示。74LS138 译码器只有当控制端 $G_{1_{2A}}$、$\overline{G_{2A}}$、$\overline{G_{2B}}$ 为 100 时,才会在输出的某一端(由输入端 C、B、A 的状态决定)输出低电平信号,其余的输出端仍为高电平。

2.7　存　储　器

存储器(memory)是计算机的主要组成部分。它既可用来存储数据,也可用于存放计算机的运算程序。存储器由寄存器组成,可以看做一个寄存器堆,每个存储单元实际上相当于一个缓冲寄存器。

根据读写方式的不同,存储器分为两大类:只读存储器(ROM)和随机存取存储器(RAM)。下面将分别介绍这两种存储器的结构和性能。

在微型计算机中采用半导体器件作为记忆元件,这样体积小些,可以制成大规模集成电路。每个存储单元所存储的内容称为一个字(word)。一个字由若干位(bit)组成。例如 8 个记忆元件的存储单元就是一个 8 位的记忆字称为一个字节(byte),由 16 个记忆单元组成的存储单元就是一个 16 位的记忆字(由两个字节组成)。

一个存储器可以包含数以千计的存储单元。所以,一个储存器可以存储很多数据,也可以存放很多计算步骤——称为程序(program)。为了便于存入和取出,每个存储单元必须有一个固定的地址。因此,存储器的地址也必定是数以千计的。为了减少存储器向外引出的地址线,在存储器内部都自带有译码器。根据二进制编码译码的原理,除地线公用之外,n 根导线可以译成 2^n 个的地址号,参见表 2-3。

表 2-3　地址线与地址数对照表

n	可编译的地址号数	n	可编译的地址号数
2	4	10	$1\ 024=1K$
3	8	11	$2\ 048=2K$
4	16	12	$4\ 096=4K$
5	32	13	$8\ 192=8K$
6	64	14	$16\ 384=16K$
7	128	15	$32\ 763=32K$
8	256	16	$65\ 536=64K$
9	$512=0.5K$		

例如,一个 16×8 的存储器如图 2-26 所示,它是一个有 16 个存储单元,每个单元为 8 位记忆字(即每单元存一个字节)的集成电路片,它将有 4 条地址线 A_0,A_1,A_2,A_3 和 8 条数据线 D_0,D_1,D_2,D_3,D_4,D_5,D_6,D_7。如 16 个存储单元为 R_0,R_1,…,R_{15},则每个存储单元相应的地址号如表 2-4 所示。它们是 A_0,A_1,A_2,A_3 的全部组合。

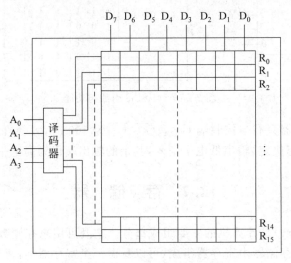

图 2-26　16×8 的存储器

顺便提一句,当地址线为 10 条时,$n=10$,则可编地址号为 1024 个,或称为 1K 字节。这里的 1K 和习惯为 1000 不一样,请务必注意。

$A_0 \sim A_3$ 就是地址总线中的 4 根译码线。当存储器的存储单元愈多,则地址总线中的译码线,亦即存储器集成电路片的地址线愈多。在一般微型计算机中,地址线大都为 16 条。16 条地址线可译出 2^{16} 个地址。在 80x86 实地址方式中采用 20 条地址线,可译出 2^{20} 个地址。

表 2-4　图 2-26 的存储器各单元的地址

单元	地址				单元	地址			
R	A_3	A_2	A_1	A_0	R	A_3	A_2	A_1	A_0
R_0	0	0	0	0	R_8	1	0	0	0
R_1	0	0	0	1	R_9	1	0	0	1
R_2	0	0	1	0	R_{10}	1	0	1	0
R_3	0	0	1	1	R_{11}	1	0	1	1
R_4	0	1	0	0	R_{12}	1	1	0	0
R_5	0	1	0	1	R_{13}	1	1	0	1
R_6	0	1	1	0	R_{14}	1	1	1	0
R_7	0	1	1	1	R_{15}	1	1	1	1

2.7.1　只读存储器

这是用于存放固定程序的存储器,一旦程序存放进去之后,即不可改变。也就是说,不能再"写"入新的字节,而只能从中"读"出其所存储的内容,因此称为只读存储器。

图 2-27 是一个 8×4 ROM 集成电路芯片的内部电路原理图。右半部分由矩阵电路及半导体二极管组成 8 个 4 位的存储单元。二极管的位置是由制造者配置好了而不可更改的。一条横线相当于一个存储单元,而一条竖线相当于一位。所以 8 条横线组成 8 个存储单元,4 条竖线成为一个 4 位的字。二极管连接到的竖线,则为该位置 1。无二极管相连的竖线,则为该位置 0。输出电信号是取自限流电阻 R 上的电位。为了可控,每条数据线都加一个三态输出门(E 门)。这样,只有在 E 门为高电位时,才有可能输出此 ROM 中的数据。

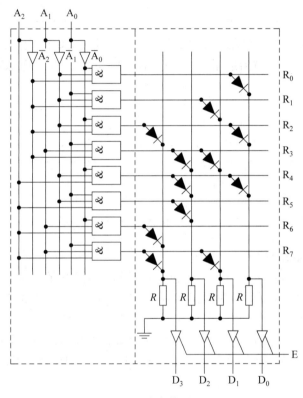

图 2-27　只读存储器原理图

左半部为地址译码器电路。因为是 8 个地址号,所以只需 3 条地址线:A_2,A_1,A_0,每条地址线都并以一个非门,而得 3 条非线:$\overline{A_2}$,$\overline{A_1}$,$\overline{A_0}$。这 6 条线通过 8 个与门即可译成 8 个地址号。8 个存储单元 $R_0 \sim R_7$ 所对应的地址号以及它们所存放的数据见表 2-5。例如,R_0 的地址号为 $A_2 A_1 A_0 = 000$,当地址线上出现 $A_2 A_1 A_0 = 000$ 时,则 R_0 所在的那条横线所连接的与门将导通,而使此横线为高电位。而此时 R_0 的 4 条竖线中只有最右一条接有二极管。它将横线的高电位引至下面的限流电阻 R 上。所以电阻 R 的上端出现高电位。其他 3 条竖线由于无二极管与 R_0 横线相连,所以它们各自的限流电阻上无电流流过而呈现为低电平(地电位)。当 E 门为高电位时数据线 $D_3 D_2 D_1 D_0$ 将送出数据 0001(如表 2-5),其他各个存储单元也可由地址线的信号之不同而选出,并通过 E 门将数据送出去。

表 2-5　ROM 的地址和数据

R	A_2	A_1	A_0	D_3	D_2	D_1	D_0
R_0	0	0	0	0	0	0	1
R_1	0	0	1	0	0	1	0
R_2	0	1	0	1	0	0	1
R_3	0	1	1	0	1	1	0
R_4	1	0	0	0	1	0	1
R_5	1	0	1	1	1	0	0
R_6	1	1	0	1	0	0	0
R_7	1	1	1	1	0	1	0

图 2-28 为 ROM 的符号图,图 2-28(a)是 8 个存储单元,每个 4 位(即半个字节),所以写成 8×4ROM。图 2-28(b)为通用写法,$m \times n$ROM 意即为 m 个存储单元,其中每个为 n 位。

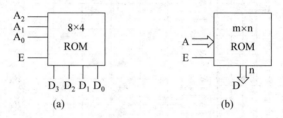

图 2-28　ROM 的符号

ROM 的地址和数据,如表 2-5 所示。

存储地址寄存器(memory address register,MAR):作为存储器的一个附件,存储地址寄存器是必需的。它将所要寻找的存储单元的地址暂存下来,以备下一条指令之用。

存储地址寄存器也是一个可控缓冲寄存器,它具有 L 门以控制地址的输入。它和存储器的联系是双态的,即地址一进入 MAR 就立即被送到存储器,如图 2-29 所示。

【例 2.1】　程序计数器 PC,存储地址寄存器 MAR 和 ROM 通过总线的联系如图 2-30 所示。设控制字依次是:

(1) $C_P E_P L_M E_R = 0110$

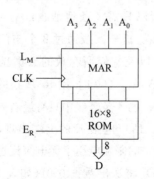

图 2-29　MAR 和 ROM 的联系

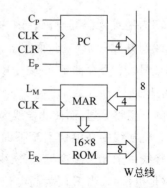

图 2-30　取数周期的信号流通

(2) $C_P E_P L_M E_R = 0001$

(3) $C_P E_P L_M E_R = 1000$

问：它们之间的信息是如何流通的？

解 开机时，先令 CLR=1，则 PC=0000

(1) 第 1 个控制字是：

$$C_P E_P L_M E_R = 0110$$

即 $E_P=1$，PC 准备放出数据；$L_M=1$，MAR 准备装入数据。

在 CLK 正前沿到达时，CLK=1，MAR=PC=0000，PC 的数据装入 MAR，同时 MAR 立即指向 ROM 的第一地址，即选中了 ROM 中的 R_0 存储单元。

(2) 第 2 个控制字是：

$$C_P E_P L_M E_R = 0001$$

即 $E_R=1$，令 ROM 放出数据。

也就是说，当 E_R 为高电位，R_0 中的 8 位数据就被送入到 W 总线上。这样的动作，不需等待时钟脉冲的同步信号，因而称为异步动作。

(3) 第 3 个控制字是：

$$C_P E_P L_M E_R = 1000$$

即 $C_P=1$，这是命令 PC 加 1，所以 PC=0001。

这是在取数周期完了时，要求 PC 进一步，以便为下一条指令准备条件。

2.7.2 随机存储器

这种存储器又叫做读/写存储器。它和 ROM 之区别在于这种存储器不但能读取已存放在其各个存储单元中的数据，而且还能够随时写进新的数据，或者改写原来的数据。因此，RAM 的每一个存储单元相当于一个可控缓冲寄存器。

1. RAM 的材料

某些专用计算机常用磁芯作为记忆元件，这样可以避免停电而失去记忆能力，但体积较大。

小型计算机及微型计算机多用双极型晶体管或金属氧化物半导体场效应晶体管（MOSFET）。这类材料可以制成大规模集成电路，体积较小。但停电则失去记忆能力。

2. 静态 RAM 及动态 RAM

静态 RAM 常用双极型晶体管触发器作为记忆元件（也有用 MOSFET 的），只要有电源加于触发器，数据即可长期保留。

动态 RAM 则用电容及 MOSFET 作为记忆元件。由于电容会漏电，因而常需"刷新"，这就是要求每隔 2ms 充电一次，为此还须另加一刷新电源。

虽然动态 RAM 比静态 RAM 便宜些，但因要刷新，电路上稍为麻烦，因而小容量存储器都采用静态 RAM。

3. RAM 的符号

RAM 的符号如图 2-31 所示，其中：

A——地址线；

D_{IN}——要写入的数据；

D_{OUT}——要读出的数据；

M_E——选通此 RAM 的 E 门。

W_E 及 M_E 的电位与 RAM 的操作和输出端的联系，也列于图 2-31 右边的表中。当 $M_E=0$ 时，此 RAM 未选中，故 W_E 是什么(0 或 1)都不能影响 RAM 的动作，并且其输出端是悬浮(高阻)的。

只有在 $M_E=1$ 时，此 RAM 才被选中，才能再进一步去确定其是读出还是写入。从图 2-31 中的右边表可见。

$W_E=0$ 时，为数据读出；

$W_E=1$ 时，为数据写入。

存储器数据寄存器(memory data register,MDR)也是一个可控缓冲寄存器。它的作用是将要写入 RAM 中的数据暂存寄于 MDR 中，以等待控制器发出 $W_E=1$ 的命令到来时，才能写入 RAM 中。MAR 和 MDR 以及 RAM 的联系如图 2-32 所示。

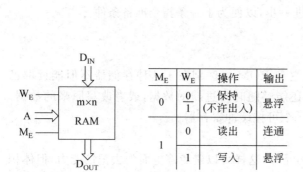

图 2-31　RAM 的符号

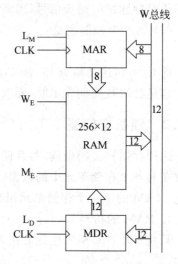

图 2-32　MAR,MDR 与 RAM 的联系

因为此 RAM 有 256 个存储单元，即有 256 个地址号。所以 MAR 必是 8 位的寄存器，才能给 8 条地址线送出 256 个地址码。

因为 RAM 是 12 位的，所以 MDR 也必是 12 位的，才能送出 12 条数据线到 RAM 中。

【例 2.2】　一个微型计算机的一部分如图 2-33 所示，其工作程序分析如下：

这一部分系统图是用来分析将数据 I_0 装入到 RAM 中的过程的。设要写入到 RAM 中的数据为：

$I_0=1100\ \ 0001\ \ 1001$(共 12 位，即 3 位十六进制数 C19H)

这部分的控制字为：

$CON=C_P E_P L_M W_E\ M_E L_D L_I E_I$(共 8 位)

已设计好的控制字的次序如下：

$$CON_1 = 0110 \quad 0000 \quad (60H)$$
$$CON_2 = 0000 \quad 0010 \quad (02H)$$
$$CON_3 = 0000 \quad 0101 \quad (05H)$$
$$CON_4 = 0001 \quad 1000 \quad (18H)$$
$$CON_5 = 1000 \quad 0000 \quad (80H)$$

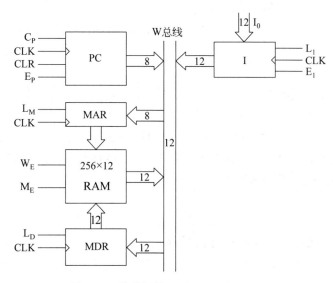

图 2-33　将数据输入到 RAM 中的过程

问：经过 CLR＝1 之后，机器的动作顺序和现象如何？

解　（1）在 CON_1 时

$$E_P = 1$$
$$L_M = 1$$

就是要将 PC 的内容装到 MAR 中，由于 CLR 已经接受过高电位，PC 已被清零，

$$PC = 0000 \quad 0000$$

所以当 CLK 的前沿一到时：

$$MAR = PC = 0000 \quad 0000 = 00H$$

这是指出存储器 RAM 中第一个存储单元 R_0 的地址。

（2）在 CON_2 时

$L_I = 1$，为输入寄存器做好准备，以便输入数据 I_0。

当第 2 个 CLK 的前沿到达时，$I = I_0 = 1100 \quad 0001 \quad 1001 = C19H$

（3）在 CON_3 时

$L_D = 1$，MDR 准备接受数据；

$E_I = 1$，I 准备放出数据。

当第 3 个 CLK 的前沿到达时，

$$MDR = I = I_0 = 1100 \quad 0001 \quad 1001 = C19H$$

（4）在 CON_4 时

$$\left.\begin{array}{l} W_E = 1 \\ M_E = 1 \end{array}\right\} RAM\ 开始"写入"的动作。$$

由于 RAM 是异步工作的,即不受 CLK 的控制,所以,在 $W_E = 1$ 及 $M_E = 1$ 时,RAM 中的第一个存储单元 R_0 即接受来自暂存于 MDR 的数据 I_0,即

$$R_0 = MDR = I_0$$
$$= 1100\quad 0001\quad 1001 = C19H$$

（5）在 CON_5 时

$$CP = 1$$

这是命令 PC 加 1 的指令。

在第 4 个 CLK 的前沿到达时,

$$PC = 0000\quad 0001 = 01H$$

这 5 个控制字组成一条指令,称为例行程序。用一句话来说,这个指令就是"把外围设备的数据(输入字)装入到计算机的内存中去"。

执行结果是:

$$R_0 = I_0$$

这个例子告诉我们,当命令将外部数据存入计算机时,计算机内部的信息是如何流通的。

2.8 习　　题

2.1　ALU 是什么部件? 它能完成什么运算功能? 试画出其符号。

2.2　触发器、寄存器及存储器之间有什么关系? 请画出这几种器件的符号。

2.3　试述下列器件的功能,并画出它们的符号:可控计数器、环形计数器、程序计数器。

2.4　累加器有何用处? 画出其符号。

2.5　三态输出电路有何意义? 其符号如何画?

2.6　何谓 L 门及 E 门? 它们在总线结构中有何用处?

2.7　控制字是什么意义? 试举个例子说明。

2.8　ROM 和 RAM 各有何特点和用处?

2.9　为什么要建立"地址"这个概念?

2.10　除地线公用外,5 根地址线和 11 根地址线各可选多少个地址?

2.11　译码器有何用处?

2.12　存储地址寄存器(MAR)和存储数据寄存器(MDR)各有何用处?

第3章 微型计算机的基本工作原理

一个实际的微型计算机的电路结构是相当复杂的。要了解其工作原理就必须将其分解为若干电路环节,或若干大块;每大块又由若干电路部件组成;每个电路部件又由若干微电子元器件组成……对初次接触微型计算机的读者,如果从一个实际微型计算机出发来讲解其工作原理,则会事倍功半。因此,本书拟从微型计算机的最基本功能出发讲解其电路工作原理,以在有限的学时内给读者一个较完整的概念,然后在以下各章中逐步完善实际微型计算机的全貌。

微型计算机的基本功能可概括为"三能一快":能运算(加、减、乘、除)、能判别(大于、小于、等于、真、假)及能决策(根据判别来决定下一步的工作)。但所有这些"能"的过程都必须建立在"快"的基础上才能有实际意义。

微型计算机这种基本功能从电路原理来理解就是信息在各个部件间的流通问题。在第2章中已讲到总线结构及信息流通的过程,在整个微型计算机中,信息量是很大的,部件数也是很多的,如何做到各个信息和部件之间能够"循序渐进、各得其所、有条不紊、快而不乱"呢? 这就是微型计算机基本工作原理所要解答的问题。

本章将以一个简化了的微型计算机作为分析对象,逐步讲述一般计算机的各种基本功能,从而概括出微型计算机的基本工作原理。在分析过程中,陆续介绍各个基本电路和部件之间的信息流通过程,指令的意义,程序设计的步骤,控制部件的功能及其结构,还有控制矩阵产生控制字的过程等等,同时对例行程序作较详细的阐述。这样就可以对微型计算机的基本工作原理有一个比较完整的概念。

3.1 微型计算机结构的简化形式

为了易于分析和理解,我们先来介绍一个简化了的微型计算机。如图 3-1(a)所示,其硬件结构特点如下:

(1) 功能简单:只能做两个数的加减法。

(2) 内存量小:只有一个 16×8PROM(可编程序只读存储器)。

(3) 字长 8 位:二进制 8 位显示。

(4) 手动输入:用拨动开关输入程序和数据。

虽然如此简单,但已具备了一个可编程序计算机的雏形,麻雀虽小,五脏俱全。尤其是有关控制矩阵和控制部件的控制过程和电路原理的分析,更有助于初学者领会计算机的原理。

本节先对各个部件略作解释,以后各节再逐步深入分析其工作过程。

1. 程序计数器 PC

计数范围为 0000~1111(用十六进制可记作 0~F)。

每次运行之前,先复位至 0000。当取出一条指令后,PC 加 1。

2. 存储地址寄存器 MAR

接收来自 PC 的二进制数,作为地址码送至 PROM。

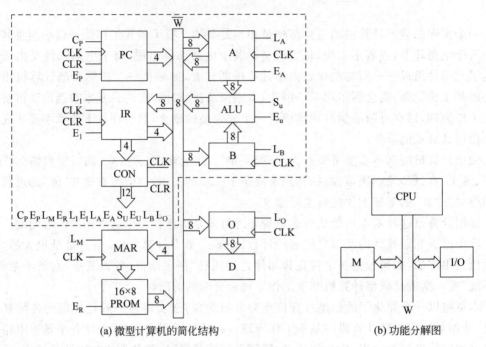

(a) 微型计算机的简化结构　　　　　　　　(b) 功能分解图

图 3-1　微型计算机的简化结构及功能分解图

3. 可编程序只读存储器 PROM

其原理如图 3-2 所示。这是一个 4×4 PROM,它和图 2-27 所示的 ROM 之不同点是:每条横线与竖线都有一条由开关和二极管串联的电路将它们连接起来。因此,只要拨动开关,即可使该数据位置 1 或置 0,从而达到使每个存储单元"写入"数据的目的。因而称这种 ROM 为可编程序 ROM。PROM 实际上同时具有 RAM 和 ROM 的功能。这里为了简化作图而只用 4×4 PROM 的图,如是 16×8 PROM,则其横线应为 16 条($R_0 \sim R_{15}$),竖线为 8 条($D_7 D_6 \cdots D_0$),地址码线相应地应为 4 条($A_3 A_2 A_1 A_0$)。

4. 指令寄存器 IR

IR 从 PROM 接收到指令字(当 $L_I = 1$, $E_R = 1$),同时将指令字分送到控制部件 CON 和 W 总线上。

指令字是 8 位的:

$$\underset{\text{MSB}}{\times\times\times\times} \qquad \underset{\text{LSB}}{\times\times\times\times}$$

最高有效位　　　最低有效位

左 4 位为最高有效位(高 4 位),称为指令字段;右 4 位为最低有效位(低 4 位),称为

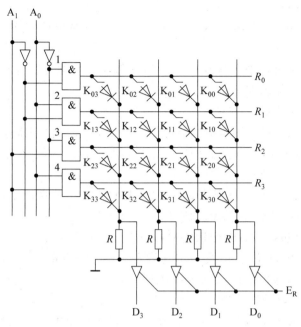

图 3-2 4×4PROM 原理图

地址字段。

5. 控制部件 CON

其功能如下:

(1) 每次运行之前,CON 先发出 CLR=1,使有关的部件清 0。此时:

$$PC=0000$$

$$IR=0000\quad0000$$

(2) CON 有一个同步时钟,能发出脉冲 CLK 到各个部件,使它们同步运行。

(3) 在 CON 中有一个控制矩阵 CM,能根据 IR 送来的指令发出 12 位的控制字:

$$CON=C_P E_P L_M E_R\quad L_I E_I L_A E_A\quad S_U E_U L_B L_O$$

根据控制字中各位的置 1 或置 0 情况,计算机就能自动地按指令程序而有秩序地运行。

6. 累加器 A

它用于储存计算机运行期间的中间结果。它能接收 W 总线送来的数据($L_A=1$),也能将数据送到 W 总线上($E_A=1$)。它还有一个数据输出端,将数据送至 ALU 去进行算术运算。这个输出是双态的,即是立即地送去,而不受 E 门的控制。

7. 算术逻辑部件 ALU

它只是一个二进制补码加法器/减法器(参见图 1-6)。

当 $S_U=0$,ALU,进行加法 A+B;当 $S_U=1$,ALU,进行减法 A−B,即 A+(−B)。

8. 寄存器 B

将要与 A 相加减的数据暂存于此寄存器。它到 ALU 的输出也是双态的,即无 E 门控制。

9. 输出寄存器 O

计算机运行结束时，累加器 A 中存有答案。如要输出此答案，就得送入 O。此时 $E_A=1,L_O=1$，则 $O=A$。

典型的计算机具有若干个输出寄存器，称为输出接口电路。这样就可以驱动不同的外围设备，如打印机、显示器等。

10. 二进制显示器 D

这是用发光二极管（LED）组成的显示器。每一个 LED 接到寄存器 O 的一位上。当某位为高电位时，则该 LED 发光。因为寄存器 O 是 8 位的，所以这里也由 8 个 LED 组成显示器。

这种结构，一般可分成 3 大部分，如图 3-1(b) 的功能分解图所示：

(1) 中央处理器 CPU（包括 PC，IR，CON，ALU，A 及 B）；

(2) 存储器 M（包括 MAR 及 PROM）；

(3) 输入/输出 I/O（包括 O 及 D，D 也可称为其外围设备）。

中央处理器（central processing unit，CPU）是将程序计数功能（PC）、指令寄存功能（IR）、控制功能（CON）、算术逻辑功能（ALU）以及暂存中间数据功能（A 及 B）集成在一块电路器件上的集成电路（IC）。实用上的 CPU 要比这里的图例更为复杂一些，但其主要功能是基本一样的。

存储器 M（memory）在此图例中只包括存储地址寄存器（MAR）及可编程存储器（实际还包括了地址译码功能），这就是微型计算机的"内存"。实际的"内存"要包括更多的内容（如 ROM，RAM 及 EPROM 等）和更大的存储容量。

输入及输出接口（I/O）是计算机实行人机对话的重要部件。本简例中的输入是人工设定 PROM（见 3.3 节的阐述），没有输入电路接口只有输出有接口（O）。实际微型计算机的输入设备多为键盘，输出则为监视器（即电视屏显示器），因而必须有专用的输出接口电路。

3.2　指令系统

指令系统就是用来编制计算程序的一个指令集合。在未编制出计算程序之前，计算机是一堆无价值的电路硬件。

这台微型机有 5 条指令，即其控制部件能完成一系列例行程序以执行 5 种命令：

LDA——将数据装入累加器 A；

ADD——进行加法运算；

SUB——进行减法运算；

OUT——输出结果；

HLT——停机。

这 5 条指令在一起就称为这台计算机的指令系统。

不同型号的微处理机的指令系统是不同的，指令的条数也不相同。例如，Z80 型的指令系统可达 158 条，M6800 型有 72 条，6502 型有 56 条指令，而 Intel 80386 则为 152 条。

下面用一个计算程序的指令清单来解释这几条指令的用法,以便初学者更易体会其意义。

例如一个计算程序的格式如下:

助记符	操作数	注释
LDA	R_9	;把 R_9 中的数据存入 A
ADD	R_A	;把 R_A 中的数据与 A 中的数据相加
ADD	R_B	;把 R_B 中的数据与 A 中的数据相加
ADD	R_C	;把 R_C 中的数据与 A 中的数据相加
SUB	R_D	;把 A 中的数据与 R_D 中的数据相减
OUT		;输出 A 中的数据,即结果
HLT		;停机

这样的格式称为用汇编语言写的汇编语言程序。最左边的符号称为助记符,中间的符号 R_9,R_A 等称为操作数,在";"之后的称为注释,每一行就是一条指令。

执行第 1 条指令的结果:$A=(R_9)$

执行第 2 条指令的结果:$A=(R_9)+(R_A)$

执行第 3 条指令的结果:$A=(R_9)+(R_A)+(R_B)$

执行第 4 条指令的结果:$A=(R_9)+(R_A)+(R_B)+(R_C)$

执行第 5 条指令的结果:$A=(R_9)+(R_A)+(R_B)+(R_C)-(R_D)$

执行第 6 条指令的结果:$D=A$

执行第 7 条指令的结果:CLK 停止发脉冲

上面加括号的意义是指被括上的存储单元的内容。如 (R_9) 是存储单元 R_9 中的数据,等等。

最后一条指令,使时钟脉冲停发,则计算机停止运行,但电源未切断,所以显示器中仍继续显示计算的结果。

3.3 程 序 设 计

上节所列的是求几个数加减过程的指令清单。写出这个清单,只能说明已把要计算的题目的计算步骤列出来了。如果这台计算机能"认识"用汇编语言写出来的汇编程序,就可以直接输入上面这个指令清单,计算机内部有编译程序自动将这个清单上的每一条指令翻译成机器码而使计算机工作起来。但本章介绍的是最简单的微型计算机,它不"认识"所写的汇编程序。因此写完这个清单,不能说程序已设计完毕,这一节就是针对微型计算机介绍一个程序设计的步骤和内容。无疑,指令清单也是程序设计的一部分,而且是首先要做的重要一步。上面讲的指令清单可以说是将求 4 个数相加再减去一个数的公式而写成的计算程序:

$$D=(R_9)+(R_A)+(R_B)+(R_C)-(R_D)$$

这几个参与运算的数当然可以是任意的,所以公式是用代数符号写的。这里所用的代数符号,故意与存储单元的序列相一致。事实也是如此,因为要参与运算的数必须先输入到存储器中。

上面讲的微型计算机并不认识助记符的意义,因此必须将指令清单中每一条指令都翻译成二进制码——机器码。另外,存储器中既要写入计算程序,也要存放参与运算的数据,因此,还得决定存储器中的存储单元应如何分配,这称为存储空间分配。

总之,程序设计中要包括:

(1) 编制汇编语言写的程序;

(2) 助记符的翻译;

(3) 存储器的分配。下面就来介绍一下程序设计的步骤。

3.3.1 先要有一个操作码表

这是由计算机制造厂提供的翻译表,它是每个助记符与二进制码的相应对照表。很简单,只有 5 个助记符,列成对照表(见表 3-1),比较简单易记。但如果指令系统很庞大的话,此表也就很大而不易记忆,因而就必须有特殊的方法才能迅速可靠地使用它。

表 3-1 助记符与操作码

助 记 符	操 作 码
LDA	0 0 0 0
ADD	0 0 0 1
SUB	0 0 1 0
OUT	1 1 1 0
HLT	1 1 1 1

3.3.2 存储器分配

在本微型机中就是要把 PROM 中的 16 个存储单元分配成两个区:程序存放区(指令区)和数据存放区(数据区)。根据上面的例题,可将 PROM 分配如表 3-2 所示。

表 3-2 存储器分配

作 用	指 令 区	数 据 区
存储单元	$R_0 \sim R_7$	$R_8 \sim R_F$
二进制地址	0000~0111	1000~1111
十六进制地址	0~7	8~F

3.3.3 将源程序翻译成目的程序

方法是:根据助记符与二进制的对照表(操作码表)将上节例题中的每条指令的助记符译成二进制码,并将存储单元符号写成地址码(即 $R_0 \rightarrow 0000$,$R_1 \rightarrow 0001$,…,$R_9 \rightarrow 1001$),就成为下面的样子。

源程序		目的程序	存储单元
指令区	LDA R_9 →	0 0 0 0 1 0 0 1	0 0 0 0 (R_0)
	ADD R_A →	0 0 0 1 1 0 1 0	0 0 0 1 (R_1)
	ADD R_B →	0 0 0 1 1 0 1 1	0 0 1 0 (R_2)
	ADD R_C →	0 0 0 1 1 1 0 0	0 0 1 1 (R_3)
	SUB R_D →	0 0 1 0 1 1 0 1	0 1 0 0 (R_4)
	OUT →	1 1 1 0 × × × ×	0 1 0 1 (R_5)
	HLT →	1 1 1 1 × × × ×	0 1 1 0 (R_6)

源程序		目的程序	存储单元
数据区	16_{10} →0	0 0 1 0 0 0 0	1 0 0 1 (R_9)
	20_{10} →0	0 0 1 0 1 0 0	1 0 1 0 (R_A)
	24_{10} →0	0 0 1 1 0 0 0	1 0 1 1 (R_B)
	28_{10} →0	0 0 1 1 1 0 0	1 1 0 0 (R_C)
	32_{10} →0	0 1 0 0 0 0 0	1 1 0 1 (R_D)

程序设计到这一步就可以算完成了,下一步就可以将此程序按存储单元的地址顺序存入计算机中。下面就以此为例介绍输入的方法。

3.3.4　程序及数据的输入方法

上述 PROM 既有 ROM 的特点(即可以存入但以后不许再改写而只许读出)也有 RAM 的特点(既可随时写入数据,也可读出数据)。PROM 分成两区,指令区一旦存入指令,就不许再改(除非要计算的公式改变了)。数据区是可以随时存入要参与运算的数据,并在计算过程中可以取出来。但无论如何,在第 1 次安排程序时,都得把程序和数据存入。其方法就是将 PROM 的每个数据位的开关拨向置 0 或置 1 的位置即可。图 3-3 就是这样一个 PROM 的输入装置,其左边是控制板上安装的开关,每个存储单元有 8 个开关,16 个存储单元($R_0 \sim R_F$),共有 $8 \times 16 = 128$ 个开关。右边是根据例题而拨动的开关状态:

① 置 0→开关拨向断开的方向。

② 置 1→开关拨向接通的方向。

其旁边的括号内语句代表每一条指令,而数字是参与运算的十进制数据。

将目的码输入到 PROM 中,即拨动控制板上的开关,使其成图 3-3 右边的状态。其中打×的开关是随意状态,因为用不着,例如在

$$OUT \to 1110 \quad \times \times \times \times$$
$$HLT \to 1111 \quad \times \times \times \times$$

中,就是因为这两条指令并不访问任何存储单元,所以 R_5 及 R_6 的高 4 位(将要送至控制部件的)有二进制码指令,而低 4 位(代表数据存放的存储地址)可以随意。

这个例题在输入这些数据之后就是要求演算这样一个具体算术题:

$$D = 16 + 20 + 24 + 28 - 32 = ?$$

在前面例题的计算程序设计好,并输入至 PROM 之后,就可以开始执行程序了。程序执行的第 1 步必须先使计算机复位,此时控制器先发出一个 CLR 为高电位的脉冲,同

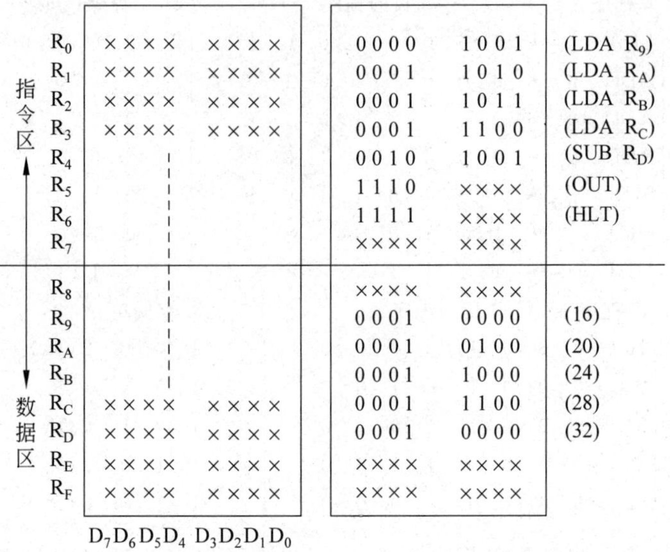

		$D_7 D_6 D_5 D_4$	$D_3 D_2 D_1 D_0$	$D_7 D_6 D_5 D_4$	$D_3 D_2 D_1 D_0$	
指令区	R_0	××××	××××	0000	1001	(LDA R_9)
	R_1	××××	××××	0001	1010	(LDA R_A)
	R_2	××××	××××	0001	1011	(LDA R_B)
	R_3	××××	××××	0001	1100	(LDA R_C)
	R_4			0010	1001	(SUB R_D)
	R_5			1110	××××	(OUT)
	R_6			1111	××××	(HLT)
	R_7			××××	××××	
数据区	R_8			××××	××××	
	R_9			0001	0000	(16)
	R_A			0001	0100	(20)
	R_B			0001	1000	(24)
	R_C	××××	××××	0001	1100	(28)
	R_D	××××	××××	0001	0000	(32)
	R_E	××××	××××	××××	××××	
	R_F	××××	××××	××××	××××	

$$D_7 D_6 D_5 D_4 \quad D_3 D_2 D_1 D_0$$

图 3-3　计算机的控制板上的输入装置及置位结果

时时钟脉冲开始工作,即发出脉冲电压系列到各个部件。每一个 CLK 脉冲都起到指挥各部件的同步运行的作用。但究竟每个脉冲发出后,哪些部件应起响应作用,这就得由控制部件的控制字来决定了。关于控制字的产生和每一指令的执行过程,将在下两节详加介绍。这里只是将上例执行过程中间结果表列出来。这样可以看到每执行一条指令后,累加器 A 中存放的数据:

执行　LDA　9H　后 A＝0001　0000[$16_{(10)}$]

执行　ADD　AH　后 A＝0010　0100[$36_{(10)}$]

执行　ADD　BH　后 A＝0011　1100[$60_{(10)}$]

执行　ADD　CH　后 A＝0101　1000[$88_{(10)}$]

执行　SUB　DH　后 A＝0011　1000[$56_{(10)}$]

执行　OUT　　　后 D＝0011　1000[$56_{(10)}$]

执行　HLT　　　后 D＝0011　1000(不变)

执行 HLT(停机)指令后,电源并不切断,只是 CLK 停发脉冲,所以显示器 D 上仍旧显示出计算结果。

3.4　执行指令的例行程序

在程序和数据装入之后,启动按钮将启动信号传给控制部件 CON,然后控制部件产生控制字,以便取出和执行每条指令。

执行一条指令的时间为一个机器周期。机器周期又可分为取指周期和执行周期。取指过程和执行过程机器都得通过不同的机器节拍。在这些节拍内,每个寄存器(PC,MAR,IR,A,B,O 等)的内容可能发生变化。

3.4.1 环形计数器及机器节拍

在第 2 章中已介绍了环形计数器的电路原理(见图 2-15),这里再来看看其各位的状态,如图 3-4 所示。

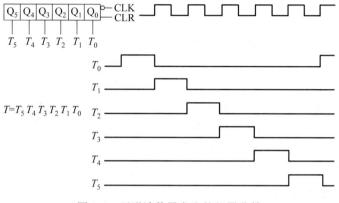

图 3-4 环形计数器产生的机器节拍

从图 3-4 的波形来看,环形计数器的各位输出端 $Q_0 \sim Q_5$ 的电位就是机器节拍 $T_0 \sim T_5$ 的电位,由于时钟脉冲是经过反相器再接到环形计数器(图中的"汽泡"表示非门)的 CLK 端的,所以各节拍之间的转换是在时钟脉冲的负边缘开始的。由图可见,如将环形计数器的输出看做是一个字 T,则

$$T = T_5 T_4 T_3 T_2 T_1 T_0$$

这就是一个 6 位的环形字。它用以控制 6 条电路,使它们依次轮流为高电位,T_0,T_1,T_2,T_3,T_4 和 T_5 称为机器的节拍。

3.4.2 取指周期及执行周期

取出指令的过程需要 3 个机器节拍,在清零和启动之后第 1 个节拍为 T_0。下面将以上节的例题为例来仔细考查一下在每个节拍内各个寄存器的内容应如何变化,因而控制器应发出什么样的控制字。

(1) 地址节拍($T_0 = 1$)在 $T_0 = 1$ 时,应将 PC 的内容(即第 1 个地址码)送入 MAR(并通过 MAR 而达到 PROM),所以,此时应有

$E_P = 1$, PC 准备放出数据;

$L_M = 1$, MAR 准备接收数据。

因此,控制部件应发出的控制字为

$$CON = C_P E_P L_M E_R \quad L_I E_I L_A E_A \quad S_U E_U L_B L_O$$
$$= 0\ 1\ 1\ 0 \quad 0\ 0\ 0\ 0 \quad 0\ 0\ 0\ 0$$

控制字的排列次序请参看图 3-1。

(2) 储存节拍($T_1 = 1$)在 $T_1 = 1$ 时,应将 PROM 中由 PC 送来的地址码所指定的存储单元中的内容送到 IR,同时 IR 立即将其高 4 位送至控制部件。因此,在此节拍到来之

前,即应准备好

$E_R=1$　　PROM　准备放出数据；

$L_I=1$　　IR　　准备接收数据。

所以

$$CON=0001\quad 1000\quad 0000$$

（3）增量节拍（$T_2=1$）在 $T_2=1$ 时,应使 PC 加 1,做好下一条指令的取指准备。因此,$C_P=1$,即命令 PC 计数。所以,此时

$$CON=1000\quad 0000\quad 0000$$

这 3 节拍称为取指周期。这样 3 节拍的取指周期,对任何一条指令都是一样的。因为任何一条指令都是沿着这个程式而将指令取出来,再将其高 4 位送入控制部件去进行分析,决定下面应如何执行,所以下面的 3 节拍就称为执行周期。由控制部件分析的结果,对本微型机来说,共有 5 类执行的指令：

LDA——将数据装入 A；

ADD——将数据加入 A 中；

SUB——将 A 与数据相减；

OUT——将数据从 A 输出；

HLT——停机,即停发 CLK 脉冲。

执行这样的每条指令也需要 3 拍（T_3,T_4,T_5）,这种程序是由厂家编好了的,所以称为例行程序。以 LDA 例行程序为例,考查一下在此 3 节拍中,各个寄存器的内容应有何变化。

（4）$T_3=1$ 时,IR 已将从 PROM 来的指令码的高 4 位送至控制部件进行分析。此高 4 位是与 LDA 相应的二进制码"0000",控制部件经过分析后就发出命令：

$E_I=1$,将 IR 的低 4 位送至 W 总线；

$L_M=1$,MAR 接收此低 4 位数作为地址并立即送至 PROM。

所以　　　$CON=0010\quad 0100\quad 0000$

在上例题中,送至 PROM 的地址就是 R_9 的二进制码地址（1001）。也就是说,第 1 次访问 PROM 的是其指令区,第 2 次访问的是其数据区。

（5）$T_4=1$　应将 PROM 的数据区的存储单元（如 R_9,即 1001）的内容送入累加器 A,即

$E_R=1$,PROM 准备放出数据；

$L_A=1$,A 准备接收数据。

即　$CON=0001\quad 0010\quad 0000$

（6）$T_5=1$ 时,因为 $T_4=1$ 时,已将数据存放入 A 中,所以 LDA 指令就已完成,T_5 节拍就变成空拍,即有

$$CON=0000\quad 0000\quad 0000$$

为什么需要这个空拍呢？这是因为虽然 LDA 用不着这个节拍,但别的指令（如ADD,SUB 等）还是用得着的,为了使每条指令的机器周期都是一样长,即 6 个节拍,所以在不需 6 个节拍的指令中都给加一个空拍以补足。这样的机器称为固定周期的计算机。

表 3-3　执行指令的过程

节拍 指令	机器周期（指令周期）					
	取指周期		执行周期			
	T_0	T_1	T_2	T_3	T_4	T_5
LDA 9H 0000 1001	(0000) MAR←PC (ROM) L_M,E_P	IR←ROM L_I,E_R	(0001) PC←PC+1 C_P	MAR←IR (ROM) L_M,E_I	A←ROM L_A,E_R	—
ADD AH 0001 1010	(0001) MAR←PC (ROM) L_M,E_P	IR←ROM L_I,E_R	(0010) PC←PC+1 C_P	MAR←IR (ROM) L_M,E_I	B←ROM L_B,E_R	A←A+B L_A,E_U
ADD BH 0001 1011	(0010) MAR←PC (ROM) L_M,E_P	IR←ROM L_I,E_R	(0011) PC←PC+1 C_P	MAR←IR (ROM) L_M,E_I	B←ROM L_B,E_R	A←A+B L_A,E_U
ADD CH 0001 1100	(0011) MAR←PC (ROM) L_M,E_P	IR←ROM L_I,E_R	(0100) PC←PC+1 C_P	MAR←IR (ROM) L_M,E_I	B←ROM L_B,E_R	A←A+B L_A,E_U
SUB DH 0010 1101	(0100) MAR←PC (ROM) L_M,E_P	IR←ROM L_I,E_R	(0101) PC←PC+1 C_P	MAR←IR (ROM) L_M,E_I	B←ROM L_B,E_R	A←A−B L_A,E_U,S_U
OUT 1110 ××××	(0101) MAR←PC (ROM) L_M,E_P	IR←ROM L_I,E_R	(0110) PC←PC+1 C_P	O←A L_O,E_A	—	—
HLT 1111 ××××	(0110) MAR←PC (ROM) L_M,E_P	IR←ROM L_I,E_R	(0111) PC←PC+1 C_P	HLT	—	—

LDA 9H,这条指令执行完成后,就接着执行 ADD AH 的指令。前面指出过,其取指周期仍和 LDA 9H 是一样的,只不过现在存于 PC 中的内容已不是 0000 而是 PC+1,即0001 了。

执行周期则和上条指令的执行周期略有不同,请参见表 3-3。在执行周期的各列中T_3 节拍,第 2 条指令(ADD AH)和第 1 条指令(LDA 9H)是一样的,都是要求从 IR 将低4 位的数据作为地址码送到 MAR,所以其控制字中也是 $L_M=1$ 和 $E_I=1$。但在 T_4 节拍就略有不同了。从 PROM 中来的数据不再送入累加器 A,而是送入寄存器 B,这样 A 和B 的数据就能直接被送入 ALU 去相加。在 T_5 节拍,第 1 条指令是空拍,第 2 条指令就不是了,因为将 A 和 B 的内容相加的结果还要送回到 A。所以要求 $L_A=1$,$E_U=1$。由于ALU 在实行相加时,要求 $S_U=0$,所以这里没出现 S_U。

第 3、第 4 条和第 1 条指令完全一样,也是执行周期为 3 节拍,控制字也完全一样。因为它们同样是要求进行加法运算。第 5 条是要求减法运算,所以最后一个节拍中出现$S_U=1$,因而控制字变成

$$CON=0000 \quad 0010 \quad 1100$$

第 6 条指令要求将累加器的内容送入输出寄存器,而与存储器 PROM 无关,所以只在 T_3 节拍要求 $L_O=1$,$E_A=1$,而 T_4 及 T_5 节拍为空拍。

第 7 条指令只要求不再运行下去,即要求 CLK 时钟停发脉冲。这便是由控制器直接发出停止信号。所以在 T_3 节拍发出 HLT(停机信号)后 T_4 及 T_5 节拍也是空拍。

3.5 控 制 部 件

控制部件是使计算机能够成为自动机的关键部件。它包括下列主要部件:
(1) 环形计数器(RC);
(2) 指令译码器(ID);
(3) 控制矩阵(CM);
(4) 其他控制电路。
其中,环形计数器、指令译码器、控制矩阵称为控制器。环形计数器用于发出环形字,从而产生机器节拍,其原理已在上一节中讲过了。下面分别介绍其他环节。

3.5.1 指令译码器

上面在介绍指令寄存器 IR 时,曾指出进入 IR 的数据的高 4 位立即被送入控制部件。这高 4 位就是各种控制动作的代码,例如:0000 代表 LDA 的控制动作;0001 代表 ADD的控制动作;0010 代表 SUB 的控制动作;1110 代表 OUT 的控制动作;1111 代表 HLT的控制动作。

一个动作相当于一条控制线,要该动作实现,就必须使该控制线为高电位。因此,这个由 4 个位组成的编码,必须被译成一个信号,即译为某一控制线为高电位,这就是译码器的任务。译码器可以由与门和非门组成,图 3-5 就是一个 4 位译码器。4 位应该可以有

16 种编码的可能,由于该模拟机功能简单,只有 5 条指令,所以只要 5 个与门就够了。

由 PROM 进入到指令寄存器的数据是 8 位的,设为 $I_7I_6I_5I_4I_3I_2I_1I_0$,则其高 4 位为

$$I_7I_6I_5I_4$$

在指令为 LDA 时,

$$I_7I_6I_5I_4=0000$$

此时,加至指令译码器的输入端的全是低电位,而各个非门的输出则全为高电位,所以与门 1 的四个输入端也全是高电位,故其输出,即控制线 LDA 为高电位。

在指令为 ADD 时,

$$I_7I_6I_5I_4=0001$$

此时,加于指令译码器的输入端的左 3 个 $(I_7I_6I_5)$ 为低电位,而右一个 (I_4) 为高电位。而与门 2 的上边一条输入线不接至非门而直接与 I_4 相接,所以是高电

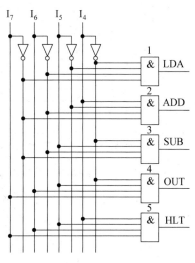

图 3-5   4 位译码器电路

位。与门 2 的其他三条输入线都接至非门,所以也是高电位。因此,与门 2 的四个输入端全为高电位,故其输出,即控制线 ADD 为高电位。

其他各与门的接法,也是循此规律。如在指令 SUB 时,$I_7I_6I_5I_4=0010$,则与门 3 应有一个输入线直接接至 I_5,其他各线则接至非门。也就是说,哪一位为 0(低电位),则与门与该位相连的输入线应接至其非门;否则,直接接至该位。输出为 OUT 和 HLT 的控制线与门输入线的接法,就是按这个规律接的,读者可以自己检验一下。

3.5.2   控制矩阵

译码器能将编码信息译成某一控制线为高电位,试看一下上面的控制字。每一节拍大都要求两个控制字位为高电位,虽然也有一位为高电位的(如 $C_P=1$),但只要不是一位的就要求 2 位或 3 位为高电位。而控制字有 12 位,每一指令要执行 6 拍,每拍均有不同的位为高电位,这又如何实现呢?

控制矩阵就是为了解决这个问题,所以控制矩阵是控制部件的核心。图 3-6 就是这样一个控制矩阵(CM)。

最上面部分是一个环形计数器,它使 T_0~T_5 的 6 根横线轮流为高电位;中间 4 根横线为指令控制信号线。它们的电位高低是由上面的译码器决定的;最下面部分是由 19 个与门和 6 个或门组成一个逻辑电路。这个电路共有 12 个输出端,就是控制字 CON:

$$CON=C_PE_PI_ME_R \quad L_IE_IL_AE_A \quad S_UE_UL_BL_O$$

这个电路的设计过程当然是相当复杂的。不过我们不打算去涉及这个问题,只要知道其工作原理就可以了。

开机前总是先使 CLR 为高电位,则此时环形计数器复位至 $T_0=1$,其他各位为 0。这就是说,每一节拍都是从 T_0 开始的。

如果从译码器来的译码结果是使 LDA=1,那么,试看一下这条指令的 6 个节拍中 6

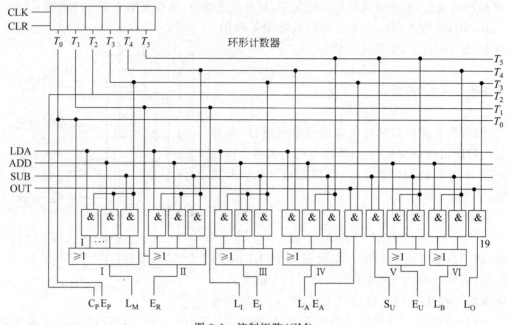

图 3-6　控制矩阵（CM）

个控制字是怎样实现的：

$T_0=1$ 时，$\left.\begin{array}{l}E_P=1\\L_M=1\end{array}\right\}$（因为 T_0 直接接至 E_P 并通过或门 I 接至 L_M）

$T_1=1$ 时，$L_I=1$（因为 L_I 端与 T_1 直接相连）；

　　　　$E_R=1$（因为 T_1 通过或门 II 至 E_R 端）。

$T_2=1$ 时，$C_P=1$（因为 T_2 直接通至 C_P 端）。

$T_3=1$ 时，$L_M=1$（因为与门 1 的两个输入都是高电位，使或门 I 导通）。

　　　　$E_I=1$（因为与门 7 的两个输入都是高电位，使或门 III 导通）。

$T_4=1$ 时，$E_R=1$（因为与门 4 的两个输入都是高电位，使或门 II 导通）；

　　　　$L_A=1$（因为与门 10 的两个输入都是高电位，使或门 IV 导通）。

$T_5=1$ 时，没有任何位为高电位（空拍）。

这一指令语句的 6 个节拍的相应控制字已在上节讨论过，并在表 3-3 中可以看到各节拍相应为高位的各位。读者可对照看一下，看这里所得的结果和表 3-3 是否一致。其他的几条指令语句的各个节拍的各位的电位高低读者可以自行检验一下。

5 条指令的控制器就已经这么复杂，由此可知要扩大指令系统，其控制矩阵的结构以及设计上的问题是相当复杂的。这样从结构上用逻辑电路的方法来实现控制字的方法称为硬件方法。也有用软件来实现这个目标的，尤其在指令系统较大，控制字较长（即位数很多）的情况下，常用软件方法来实现——这就是所谓的微程序法。这里不介绍这种方法，因为已经超出本书的范围了。

3.5.3　其他控制电路

上面由环形计数器、控制矩阵及指令译码器组成的部分称为控制器。为了实现控制

动作,还需要下述几个电路(见图 3-7):

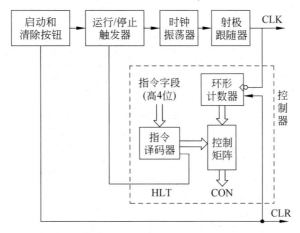

图 3-7　控制部件的结构图

时钟脉冲发生器——这一般可分成两部分,即时钟振荡器及射极跟随器。前者一般都是石英晶体振荡器,后者用来降低输出电阻,以便有更大的电流输出,因为时钟脉冲发生器同时要推动很多的电路。

运行/停车触发器——这个电路既接收来自按钮的"运行"脉冲信号,也接收来自指令译码器的"HLT"停车信号,而其输出就去启动时钟振荡器。

"启动"和"清除"按钮——这是由人直接操作的主令电器,命令都是由此开始的。

图 3-7 只用方块图展示控制部件各个电路间的关系。每一个方块图较详细的电路在微电子学及晶体管电路的书都可见到,这里就不细加介绍了。

3.6　微型计算机功能的扩展

上面介绍的微型计算机的功能显然是太少了,以致实际上没有什么用处,它只能用来作为教学模型,引导入门。功能不足的原因有二,首先是硬件过于简单,尤其是控制部件只能接受 5 条指令而产生相应的例行程序。为了扩大计算机的功能,就应该扩大其指令系统。其次是软件开发问题,即如何利用现有的指令系统,经过灵活的编程以解决更多更复杂的问题。

归根到底,计算机的功能在很大程度上取决于其中央处理器部分,而后者的功能又取决于其控制器的功能。此外,其他基本组成电路,如算术逻辑部件(ALU)、寄存器的个数等等,都必须作相应的改进,才能扩展计算机的功能。下面几节就是为了进一步接近现代微型计算机而设计的过渡章节。

这个功能更大的微型计算机,在硬件上增加不多,而是算术逻辑部件及控制器的功能有相当的扩展。这样,就既可能进行逻辑运算,也有跳转和循环运算的功能。当然,由于控制器的增强,指令系统已扩大到 28 条指令,这样的计算机就更接近于现代型的微型计算机了。

图 3-8 就是功能扩充了的微型计算机的结构图,其基本结构和图 3-1 的简易微型计

算机是相似的。现在只将其中与其有区别的组件逐个加以介绍。

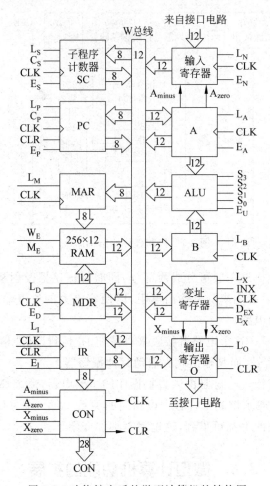

图 3-8　功能扩充后的微型计算机的结构图

1. 子程序计数器 SC

这是第 2 章的微型计算机所没有的。它本身也相当于一个程序计数器,不过它不由 CLR 来清零,而可由 L_S 门来置数。一旦置数,即为其子程序的开始地址。

SC 的位数为 8 位。

L_S——"装入"的可控门;

E_S——"输出"的可控门,即 3 态门;

C_S——"计数"的控制端。

2. 程序计数器 PC

PC 增加了一个 L_P 门,这就使得 PC 可以接收跳转地址。这样扩大了计算机的功能, 换句话说,PC 可以不从 00H 开始。

3. 随机存取存储器 RAM

这里不用 PROM 而用 RAM 作为主存储器。RAM 的存储单元为 256 个,字长为 12 位。 因为可以随机存取,故除 MAR(存储地址寄存器)外,还得有一个 MDR(存储数据寄存器)。

4. 控制部件 CON

此 CON 产生一个 28 位的控制字:

$$L_S C_S E_S L_P \quad C_P E_P L_M W_E \quad M_E L_D E_D L_I \quad E_I L_N E_N L_A \quad E_A S_3 S_2 S_1 \quad S_0 E_U L_B L_X \quad I_{NX} D_{EX} E_X L_O$$

5. 算术逻辑部件 ALU

上面的简化型计算机的 ALU 是一个二进制补码加法器/减法器。只有算术加法及减法两种运算。其控制端为 S_u,即只有一位。

这里的控制端改为 $S = S_3 S_2 S_1 S_0$,即有 4 位。4 位则有 16 种可能的组合,本机只用其中的 10 种,以得到 3 种算术运算和 7 种逻辑运算,它们的相应置位情况见表 3-4。

表 3-4　ALU 的运算功能

运　　算	助　记　符	$S = S_3 S_2 S_1 S_0$
空操作	NOP	0 0 0 0
加法运算	ADD	0 0 0 1
减法运算	SUB	0 0 1 0
累加器求反	CMA	0 0 1 1
B 寄存器求反	CMB	0 1 0 0
或运算	LOR	0 1 0 1
与运算	AND	0 1 1 0
或非运算	NOR	0 1 1 1
与非运算	NAN	1 0 0 0
异或运算	XOR	1 0 0 1

6. 变址寄存器 X

这是新增加的一种寄存器,它可以用指令使其加 1 或减 1:

INX——加 1 指令助记符,其控制端符号为 I_{NX};

DEX——减 1 指令助记符,其控制端符号为 D_{EX}。

7. 指令寄存器 IR

这是一个 12 位的寄存器,其指令字段和地址字段的位数不是固定不变的。

在访问存储器指令(MRI)和转移指令的执行期间,高 4 位代表指令字段,低 8 位代表地址字段。所以高 4 位要被送到 CON 去分析,而低 8 位被送到 W 总线上:

在运算指令执行期间,高 8 位代表指令字段,而低 4 位可为任意数,因为它不代表任何意义:

关于访问存储器的指令、转移指令和运算指令的定义，下面会讨论到。

本机共有 28 条指令，可分为 3 类：

1) 访问存储器指令（memory reference instruction，MRI）

这些指令都与存储器的读/写有关，所以其地址字段必须为 8 位（256 个地址）。访问存储器指令的特点是：由指令寄存器分出来的地址字段（8 位的地址字段）必定进入 MAR（存储器地址寄存器），这就能够识别出 MRI 这类指令。

访问存储器指令共有 6 条（见表 3-5）。表 3-5 中的一个 n 表示一个 4 位二进制数，nn 是代表存储器单元的地址。

表 3-5　访问存储器指令

助 记 符	操 作 码	操 作 数	意 义
LDA	0000	nn	将地址 nn 的内容装入 A
ADD	0001	nn	将地址 nn 的内容与 A 相加
SUB	0010	nn	将地址 nn 的内容与 A 相减
STA	0011	nn	将 A 中内容存入地址 nn 中
LDB	0100	nn	将地址 nn 的内容装入 B
LDX	0101	nn	将地址 nn 的内容装入 X

2) 转移指令

这类指令可用来改变程序的顺序。有了这类指令，就可以在规定的某种条件下将程序进程向前转移或向后转移，也可跳过若干条指令语句或去执行某个子程序之后再回至下一条指令语句。转移指令也有 6 条（见表 3-6），其特点是由指令寄存器 IR 分出来的地址段（8 位）将进入程序计数器 PC（即 $L_P = 1$），或子程序计数器（$L_S = 1$）。

表 3-6　转移指令

助 记 符	操 作 码	操 作 数	意 义
JMP	0110	nn	无条件转移至程序 nn
JAM	0111	nn	(A)＝负，则转移至程序 nn
JAZ	1000	nn	(A)＝0，则转移至程序 nn
JIM	1001	nn	(X)＝负，则转移至程序 nn
JIZ	1010	nn	(X)＝0，则转移至程序 nn
JMS	1011	起始地址	转移至子程序的起始地址

说明：A 为累加器，X 为变址寄存器。

3) 逻辑运算指令

这类指令的特点是与存储器及程序计数器都无关，而是与 ALU，A 及 B 寄存器有关。这类指令有 16 条，见表 3-7。

表 3-7 中的操作码都是 1111。控制器只要接到 1111 的高 4 位，即知为运算指令，然后控制器再辨认选择码以确定进行什么样的运算。由于这些运算都是在 ALU 和 A，B 之间进行的，所以不需地址码。低 4 位可以不置数，由其随机存在，并不产生任何影响。

表 3-7　逻辑运算指令

助记符	操作码	选择码	低 4 位	意　　义
NOP	1 1 1 1	0 0 0 0		空操作
CLA	1 1 1 1	0 0 0 1		累加器 A 清零
XCH	1 1 1 1	0 0 1 0		累加器 A 与变址器 X 内容交换
DEX	1 1 1 1	0 0 1 0		变址器 X 内容减 1
INX	1 1 1 1	0 1 0 0		变址器 X 内容加 1
CMA	1 1 1 1	0 1 0 1		累加器 A 内容取反
CMB	1 1 1 1	0 1 1 0		寄存器 B 内容取反
LOR	1 1 1 1	0 1 1 1	随意	A 和 B 各位进行或运算
AND	1 1 1 1	1 0 0 0		A 和 B 各位进行与运算
NOR	1 1 1 1	1 0 0 1		A 和 B 各位进行或非运算
NAN	1 1 1 1	1 0 1 0		A 和 B 各位进行与非运算
XOR	1 1 1 1	1 0 1 1		A 和 B 各位进行异或运算
BRB	1 1 1 1	1 1 0 0		由子程序返回主程序
INP	1 1 1 1	1 1 0 1		输入：外部数据装入 I 再装入 A
OUT	1 1 1 1	1 1 1 0		输出：A 的内容装入 O
HLT	1 1 1 1	1 1 1 1		停机：CLK 停发

3.7　初级程序设计举例

有了 3.6 节提供的指令系统,就可以据此进行程序设计。这里只介绍几个初级程序的程序清单,并作相应的解释。

初级程序是包括下列的程序模式:

(1) 简单程序——程序一统到底,中间没有任何分支和跳转。

(2) 分支程序——程序进行中,根据判断程序执行的不同结果而分别跳转至其他子程序去。

(3) 循环程序——程序进行过程中,在某一循环体进行若干次循环运行,然后再继续前进。

(4) 调用子程序——程序进行至某一阶段,调用存储于某存储区中的某个子程序,然后返回至主程序继续运行下去。

简单程序在 3.4 节简化型式计算机中已讲过了,下面看跳转指令及其如何形成循环程序的简例。

【例 3.1】　程序清单。

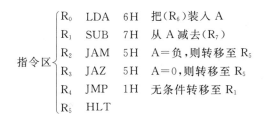

· 45 ·

$$\text{数据区}\begin{cases}R_6 & 25_{(10)} \\ R_7 & 9_{(10)}\end{cases}$$

此程序清单包括指令区和数据区。数据区只存入两个数据：$25_{(10)}$ 和 $9_{(10)}$，它们分别存于存储单元 R_6 和 R_7 中。指令区是要求将 R_6 中的内容减去 R_7 中的内容，当其差$\leqslant 0$时，即停止运算，否则继续作多次的减法运算。

执行结果：

按上面程序清单的次序，看每条指令执行的结果应是什么。

	指令		执行结果
R_0	LDA	6H	$A = 25_{(10)}$
R_1	SUB	7H	$A = 25 - 9 = 16_{(10)}$
R_2	JAM	5H	因为 A $\neq$ 负，所以不转移
R_3	JAZ	5H	因为 A $\neq 0$，所以不转移
R_4	JMP	1H	无条件转移至 R_1

从 R_1 起再执行第 2 次：

R_1	SUB	7H	$A = 16 - 9 = 7_{(10)}$
R_2	JAM	5H	因为 A $\neq$ 负，所以不转移
R_3	JAZ	5H	因为 A $\neq 0$，所以不转移
R_4	JMP	1H	无条件转移至 R_1

从 R_1 起再执行第 3 次：

R_1	SUB	7H	$A = 7 - 9 = -2_{(10)}$
R_2	JAM	5H	因为 A = 负，所以转移至 R_5
R_5	HLT		停机

这个程序可以理解为求 $(R_6) \div (R_7)$ 的除法运算。这里是 $25 \div 9$，除的结果应得商为2，余数为 7。程序循环运行的次数即为商，余数即为第 2 次执行后 A 中的内容。

【例 3.2】 循环程序。

利用变址寄存器可以设计一个循环程序：

R_0	LDX	5H	将 (R_5) 装入变址器 X
R_1	DEX		命 (X) 减 1
R_2	JIZ	4H	(X) = 0，则转移至 R_4
R_3	JMP	1H	无条件转移至 R_1
R_4	HLT		停机
R_5	$3_{(10)}$		$(R_5) = 3_{(10)}$（数据）

第 1 次执行结果：

R_0	LDX	5H	$(X) = (R_5) = 3_{(10)}$
R_1	DEX		$(X) = 3 - 1 = 2_{(10)}$

R_2	JIZ	4H	因为$(X)\neq 0$,所以不转移至 R_4
R_3	JMP	1H	无条件转回 R_1

第 2 次执行结果:

R_1	DEX		$(X)=2-1=1_{(10)}$
R_2	JIZ	4H	因为$(X)\neq 0$,所以不转移至 R_4
R_3	JMP	1H	无条件转回 R_1

第 3 次执行结果:

R_1	DEX		$(X)=1-1=0$
R_2	JIZ		因为$(X)=0$,所以转移至 R_4
R_4	HLT		停机

由此例可见,DEX 至 JIZ 这两条指令之间要执行由"LDX R_5"中所规定的次数(R_5 的内容就是次数)。此例 $R_5=3_{(10)}$,所以执行 3 次。如 $R_5=10_{(10)}$,将进行 10 次,$R_5=100_{(10)}$,则将进行 100 次。

这个循环程序可以图 3-9 的流程图来领会其执行过程。如果在 DEX 和 JIZ 之间还有别的指令语句,同样也得执行 3 次。在 DEX 和 JIZ 之间的内容称为循环体。

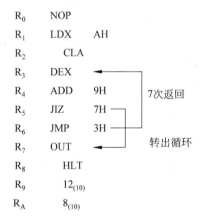

图 3-9 循环程序

【例 3.3】 乘法计算的程序。

利用循环程序可作乘法计算,例如要求 $12_{(10)}\times 8_{(10)}$,就是要求将 $12_{(10)}$ 连加 8 次。这就可以利用循环程序,让它进行 8 次循环。

程序如下:

R_0	NOP	
R_1	LDX	AH
R_2	CLA	
R_3	DEX	
R_4	ADD	9H
R_5	JIZ	7H
R_6	JMP	3H
R_7	OUT	
R_8	HLT	
R_9	$12_{(10)}$	
R_A	$8_{(10)}$	

其中 NOP 为空操作指令,即不做什么动作。执行 LDX AH 时,把$(R_A)=8_{(10)}$装入变址器 X。执行 CLA 时,使累加器 A 清零。执行 DEX 时,开始循环,并在第 1 次通过时把(X)减 1 而成为$(X)=7_{(10)}$。执行 ADD 9H 时,把 $12_{(10)}$ 与累加器 A 的内容相加。JIZ 7H 的指令,在第 1 次循环时不起作用。执行 JMP 3H 时,使程序回到 DEX 语句。

因为存储单元 R_A 装入的是 $8_{(10)}$,即在变址寄存器中的整数是 $8_{(10)}$,所以循环要执行

8 次。而 ADD 9H（R_9 中装的是 $12_{(10)}$）处于 DEX 和 JIZ 之间（ADD 9H 就是循环体），所以也要执行 8 次，即 $12_{(10)}$ 这个数要在 ALU 中与 A 的内容连加 8 次后存在累加器 A 中。

当执行 8 次循环之后，再执行 JIZ 7H 时，程序就转移至 OUT，于是答案 $96_{(10)}$ 就被存入输出寄存器 O 中，然后执行程序 HLT——停机。程序至此执行结束。

此例中的变址寄存器 X 的内容是由存储单元 R_A 装入的。要知道 R_A 的内容是由输入寄存器 N 由外部设备输入的。其实可以直接由外部设备通过输入寄存器 N 装入累加器 A 再装入变址寄存器，而不必经过存储器的单元 R_A。这只要将上例中的头两条指令改成下面的样子即可：

R_0	INP	;将外部数据装入 A
R_1	XCH	;将 A 和(X)互换

其他各条指令保持原样不变，而删去最后那一条指令［$R_A = 8_{(10)}$］。由于在进入循环之前，有一条 CLA 语句，可以将 A 清零，所以 A 和（X）交换之后，A 中是什么内容可以不去管了。

【例 3.4】 逻辑运算的例子。

设计一个程序，用于测试某个来自接口电路的输入数 I_0（12 位），以确定该数是否为奇数。如 I_0 为奇数（即最后一位为 1），显示一个 1111 1111 1111；如 I_0 是偶数（最后一位为 0），则显示一个 0000 0000 0000。

程序清单如下：

R_0	INP		;将 I_0 装入累加器 A
R_1	LDB	9H	;将(R_9)装入寄存器 B
R_2	AND		;将(B)与(A)进行"与"运算
R_3	JAZ	6H	;(A)=0,则转移至 R_6
R_4	LDA	AH	;将(R_A)装入累加器 A
R_5	JMP	7H	;无条件转至 R_7
R_6	LDA	BH	;将(R_B)装入累加器 A
R_7	OUT		;输出(A)至显示器
R_8	HLT		;停机
R_9	0000 0000 0001		(掩码)
R_A	1111 1111 1111		奇数标志
R_B	0000 0000 0000		偶数标志

程序解释：

执行 INP 时，

$$A = I_0 = \times\times\times\times \quad \times\times\times\times \quad \times\times\times A_0$$

最右边一位 A_0 可能是 1 或 0。

执行 LDB 9H 时，将 R_9 的内容装入寄存器 B：

$$B = (R_9) = 0000\ 0000\ 0001$$

这个字叫做掩码或屏蔽字。这是因为在执行"与"运算时,累加器中的数字 A 的高位(除 A_0 位外的所有的位)将与"0"相"与"而均变成 0,不论其原来是 1 或 0。这就称为屏蔽或掩蔽。

执行 AND 时,就是 A 和 B 的内容各对应位相"与",结果为:

$$A = 0000\ 0000\ 000A_0$$

因此,在"与"运算之后,如 A=0,即 $A_0=0$;如 $A \neq 0$,即 $A_0=1$。

所以可得结论,若被测试的 I_0 为奇数,此时 $A_0 \neq 0$;若 I_0 为偶数,则 $A_0=0$。接下去,如 $A_0=1$,即执行 JAZ,结果因 $A \neq 0$,不转移至 R_6,而执行其下一条语句:LDA AH,即将 R_A 的内容(1111 1111 1111)装入累加器 A。

再执行 JMP 7H,即跳过下一条指令而至 R_7,即指令 OUT,就将累加器的内容显示出来。如 $A_0=0$,则执行 JAZ 指令时,因 A=0,所以转移至 R_6。R_6 的指令为 LDA BH,即将 R_B 的内容装到累加器 A 中,于是

$$A = 0000\ 0000\ 0000$$

接着执行 OUT 语句,而把此内容显示出去。

逻辑运算,经常用来测试数字的各种状态,如测试任一位的奇偶性等。

【例 3.5】 子程序设计。

设计一个计算 $x^2+y^2+z^2=?$ 的计算程序。由于 x^2, y^2 和 z^2 在形式上都是一样的,是求一个数的平方值,这不但本题用得着,在做其他数学运算时也常用得着,因此可将 x^2 做成一个子程序而存于存储器中一个固定的区域中,用到时,即可将其调出使用。

如将此子程序存于以 R_{F2} 为起始地址(其地址为 F2H,即 1111 0010 的存储单元)的一个区域中,则可设计其程序如下:

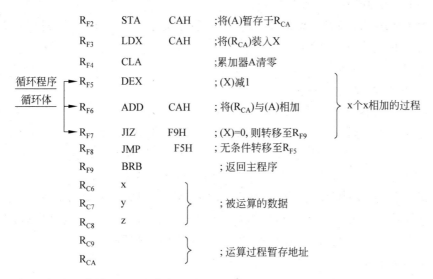

有了此子程序就可以设计主程序的运算

$$x^2+y^2+z^2=4^2+6^2+8^2=?$$

主程序

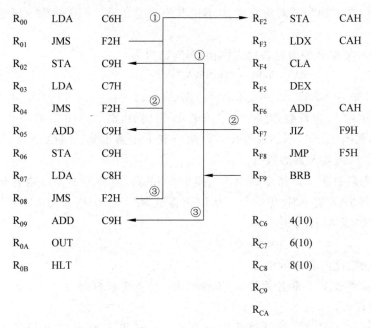

R_{00}	LDA	C6H		R_{F2}	STA	CAH
R_{01}	JMS	F2H		R_{F3}	LDX	CAH
R_{02}	STA	C9H		R_{F4}	CLA	
R_{03}	LDA	C7H		R_{F5}	DEX	
R_{04}	JMS	F2H		R_{F6}	ADD	CAH
R_{05}	ADD	C9H		R_{F7}	JIZ	F9H
R_{06}	STA	C9H		R_{F8}	JMP	F5H
R_{07}	LDA	C8H		R_{F9}	BRB	
R_{08}	JMS	F2H				
R_{09}	ADD	C9H		R_{C6}	4(10)	
R_{0A}	OUT			R_{C7}	6(10)	
R_{0B}	HLT			R_{C8}	8(10)	
				R_{C9}		
				R_{CA}		

有了子程序,每当求平方时,只要调用子程序即可,本例就是调用 3 次子程序。主程序只管把每次计算结果(存在 R_{C9} 中)相加,因而主程序显得短小清楚。下面解释一下程序执行过程。

第 1 步,先将要运算的十进制数 4,6 和 8 存入存储单元 R_{C6},R_{C7},R_{C8} 中。

第 2 步,就可开始执行此程序了。其执行过程如下:

R_{00}:　将 R_{C6} 的内容($4_{(10)}$)装入累加器 A。

R_{01}:　无条件跳至子程序开始地址 F2H,并执行子程序的各条指令。其过程如下:

R_{F2}:　将 A 的内容[$4_{(10)}$]暂存入 R_{CA} 中。

R_{F3}:　将 R_{CA} 中的内容[$4_{(10)}$]装入 X 中。

R_{F4}:　将 A 清除[即使(A)=0]。

R_{F5}:　使 X 的内容减 1,于是(X)=4-1=$3_{(10)}$。

R_{F6}:　将 R_{CA} 的内容[$4_{(10)}$]与 A 的内容(0)相加,并存于 A 中,所以 A=0+4=$4_{(10)}$。

R_{F7}:　检查(X)是否为 0,因为(X)=$3_{(10)}$≠0,所以不跳转至 R_{F3},而执行下条指令。

R_{F8}:　无条件转至 R_{F5},进入第 2 循环,X 的内容由 $3_{(10)}$ 减为 $2_{(10)}$。

接着重复循环体 R_{F6} 指令,再将 R_{CA} 的内容[$4_{(10)}$]加到累加器 A 的内容中。这样重复 4 次,A 中所存的数即为 4+4+4+4=16=4^2。重复 4 次后,再执行至 R_{F7} 时,检查 X 的内容,则(X)=0,所以跳出循环而进行 R_{F9}。

R_{F9}:　返回至主程序的 R_{02}。

R_{02}:　将累加器 A 的内容[$4^2=16_{(10)}$]暂存入 R_{C9} 中。

R_{03}:　将 R_{C7} 的内容[$6_{(10)}$]装入 A 中。

R_{04}:　第 2 次跳转至子程序的开始地址 R_{F2}。由于 R_{C7} 的内容为 $6_{(10)}$,所以此循环将执行 6 次，最后累加器中的内容为 $6^2=36$。然后跳回主程序的 R_{05}。

R_{05}: 将 R_{C9} 的内容$[4^2=16_{(10)}]$与累加器 A 的内容$[6^2=36_{(10)}]$相加，并存于 A 中，所以 $(A)=4^2+6^2$。

R_{06}: 将 A 的内容(4^2+6^2)暂存于 R_{C9} 中。

R_{07}: 将 R_{C8} 的内容$[8_{(10)}]$装入 A 中。

R_{08}: 第 3 次跳转至子程序开始地址 R_{F2}，并依次执行下去，至 R_{F5} 又进入第 3 次以循环体为 R_{F6} ADD,CAH 的循环。此时由于装的是 R_{C8}，其内容为$[8_{(10)}]$，所以循环次数为 8 次。循环体中的 R_{CA} 装的也是 R_{C8} 的内容，所以也是 $8_{(10)}$，所以 8 次循环后，存于 A 中的是 $8^2=64_{(10)}$，然后跳回主程序的 R_{09}。

R_{09}: 将 R_{C9} 的内容(4^2+6^2)与累加器 A 中的内容(8^2)相加，结果仍存入 A 中。所以 A 的内容为$(4^2+6^2+8^2)$。

R_{0A}: 将 A 的内容送入输出寄存器 O。此寄存器立即使显示器出现计算结果。

R_{0B}: 停机。

由上可见，只要将被运算的 3 个数 x，y 和 z 放入 R_{C6}，R_{C7} 和 R_{C8} 就可以通过此程序计算任何 3 个数的平方和了。

3.8　控制部件的扩展

对于整个控制部件而言，也还是可以用图 3-7 的方框图来说明其中各环节的关系。不过，这个功能更大的模型式计算机的控制器就要复杂得多。其中，主要是控制矩阵，显然变得更庞大而复杂，以致不可能在课本中将其逻辑电路画出来。图 3-10 就是控制器的结构图。

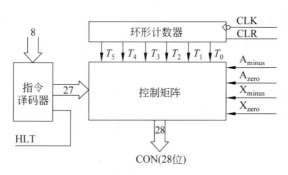

图 3-10　控制器的结构

图中的 A_{minus}，A_{zero}，X_{minus} 和 X_{zero} 来自累加器 A 和变址寄存器 X。指令译码器接收来自指令寄存器 IR 的 8 位指令字段（高 8 位）而译成 28 条指令线。其中 HLT 将直接被引到运行/停车触发器（见图 3-7）。其他 27 条指令则被引至控制矩阵，以便产生 28 位的控制字。

为了控制转移，还应有转移电路，它们的组成也是用门电路，初学者可暂不去追问这部分的电路结构，以免分散精力。

下面只对控制矩阵作一简要说明,不打算分析其电路结构。要知道 28 条指令在 6 拍周期内产生 6 个控制字,每个控制又有 28 个位,此控制矩阵的繁杂程度是可想而知的。

和上述的微型计算机一样,这也是一台固定机器周期的计算机。一个机器周期也是包含 6 拍,前 3 拍为取指周期,后 3 拍为执行周期。

取指周期的 3 个时钟节拍的动作可以由控制字中为高电位的位来表示:

T_0——$E_P = 1$, $L_M = 1(PC \rightarrow MAR \rightarrow RAM)$;

T_1——$M_E = 1$, $L_I = 1(RAM \rightarrow IR)$;

T_2——$C_P = 1$, $(PC + 1 \rightarrow PC)$。

这 3 个节拍和上述的微型计算机的一样,请参考 3.4 节及表 3-3。

执行周期的 3 个节拍,对于每条指令将有很大的不同,即其控制字中各位的置位情况各不相同,表 3-8 就是 T_3, T_4, T_5 3 个时钟节拍时控制字置位的各位的总汇表,请对照图 3-8 来阅读此表。下面对其中一条作些解释,以利于阅读。

表 3-8　执行周期各位的置位情况

助记符	T_3	T_4	T_5	备　注
LDA	E_I, L_M	M_E, L_A		
ADD	E_I, L_M	M_E, L_B	E_U, L_A, S_0	
SUB	E_I, L_M	M_E, L_B	E_U, L_A, S_1	
STA	E_I, L_M	E_A, L_D	W_E, M_E	
LDB	E_I, L_M	M_E, L_B		
LDX	E_I, L_M	M_E, L_X		
JMP	E_I, L_P 或 L_S			
JAM	E_I, L_P 或 L_S			$A_{minus} = 1$
JAZ	E_I, L_P 或 L_S			$A_{zero} = 1$
JIM	E_I, L_P 或 L_S			$X_{minus} = 1$
JIZ	E_I, L_P 或 L_S			$X_{zero} = 1$
JMS		E_I, L_S		T_3：信号发送器置位
NOP				
CLA	E_U, L_A			
XCH	E_A, L_D	E_X, L_A	E_D, L_X	
DEX	DEX			
INX	INX			
CMA	E_U, L_A, S_1, S_0			
CMB	E_U, L_B, S_2			
LOR	E_U, L_A, S_2, S_0			
AND	E_U, L_A, S_2, S_1			
NOR	E_U, L_A, S_2, S_1, S_0			
NAN	E_U, L_A, S_3			
XOR	E_U, L_A, S_3, S_0			
BAB				T_3：信号发送器复位
INP	L_N	E_N, L_A		
OUT	E_A, L_0			

第1条助记符是 LDA。这是一条指令的操作码(0000),如有一个操作数为 nn(8位),则形成的指令为 LDA nn。设此指令存于 RAM 的指令区的第1个存储单元(其地址为 0000 0000),nn 是指参与运算的数据在 RAM 的数据区中所在的存储单元的地址(n 代表一个4位二进制数),如图 3-11 所示。这条指令的执行过程是:

(1) 在 T_0 拍时

$$E_P = 1, \quad L_M = 1$$

则程序计数器 PC 将地址 0000 0000 送到 MAR,同时也送到 RAM 中。

(2) 在 T_1 拍时

$$M_E = 1 \quad L_I = 1$$

则 RAM 中地址为 0000 0000 的存储单元的内容(0000nn)被读出而送到控制器(0000 部分)及指令寄存器 IR(nn 部分)中。

(3) 在 T_2 拍时

$$C_P = 1$$

则程序计数器加1。

(4) 在 T_3 拍时(见表 3-8 的第一行)

$$E_I = 1 \quad L_M = 1$$

则指令寄存器 IR 的内容(nn)被送到 MAR,同时也进入 RAM 中。因 nn 是在数据区,所以其内容(mmm)(m 也是一个4位二进制数)是一个要送入累加器 A 中的数据。

(5) 在 T_4 拍时

$$M_E = 1 \quad L_A = 1$$

则 RAM 中地址为 nn 的存储单元的内容(mmm)被送到累加器 A 中。

(6) 在 T_5 拍时,没有任何操作,所以是空操作。这就是一条指令的执行过程。

对于其他的指令,如 SUB,LDX 等都可根据上例从表中知道各个组件的操作情况和信息流通的方向。

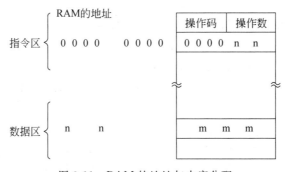

图 3-11　RAM 的地址与内容分配

3.9　现代技术在微型计算机中的应用

科学技术的发展对微型计算机的要求是无止境的,一台最完美的8位微处理器因受到它的字长(8位)、地址线的数量(16条)以及某些复杂指令不能一次完成,要编写子程序来实现等局限性,不能满足工业生产和科研工作中的复杂运算。新的 16 位和 32 位微处理机要比 8 位机强得多。

16/32 位微型计算机与 8 位机相比,除明显的处理字长不同外,还有下述优点:

(1) 更多的寄存器:可以减少 CPU 对存储器访问的次数,提高处理速度。

(2) 增加了存储器寻址范围:16/32 位地址字允许 CPU 直接对几百万个地址进行寻址。

(3) 更大的指令系统:包括 16 位乘法及除法指令、块移动指令等,简化了编程,从而加快了软件的开发。

(4) 更高的速度:采用了新型的半导体技术,时钟频率可以从过去 8MHz 提高到 33MHz 至 1GHz,因此加快了微处理器的运算速度。

(5) 新的结构:微型计算机的内部组织管理采用微程序控制及流水线技术,加快了取指周期和访问存储器操作。在某些情况下运行的速度达到数量级的增长。

(6) 存储器管理的改进:在硬件上增添高速缓冲存储器,而在软件上采用虚拟存储技术,使微型计算机中执行最慢的存储器存取速度得到很大的提高;也使微型计算机的主存储器在不扩大容量的情况下达到成倍的增加。

16/32 位微处理器是采用超大规模集成电路(VLSI)技术,把更多、更复杂的电路都制作在一个芯片中,成为新一代产品。

在这一节中,将要综述一下这些技术的发展。

3.9.1 流水线技术

以往的计算机都采用冯·诺伊曼(Von·Neumann)结构,通常称为存储程序的运行方式,即程序的指令顺序地储存在存储器中,这些指令被逐条取出并执行。这种串行运行,重复取出和执行顺序指令是以往计算机的主要局限性。根本解决的方法是采用并行操作。

流水线技术是一种同时进行若干操作的并行处理方式。它把取操作和执行操作重叠进行,在执行一条指令的同时,又取另一条或若干条指令。程序中的指令仍是顺序执行,但可以预先取若干指令,并在当前指令尚未执行完时,提前启动另一些操作。

我们用"取/执行"工作中要完成的几个操作为例。在这一个工作周期中要完成以下操作:

(1) 取指令:CPU 去主存储器寻址,读出指令字并送入指令寄存器。

(2) 指令译码:翻译过程可以用译码器或微程序控制单元来实现。

(3) 地址生成:很多指令要访问存储器中的操作数,操作数的地址也许在指令字中,或要经过某些运算。

(4) 取操作数:当运算指令要求操作数时,就需再访问存储器,对操作数进行寻址并读出。

(5) 执行指令:最后指令由 ALU 执行。

这种串行运行的顺序如图 3-12(a)所示。而流水线操作就有可能使某些操作重叠。如在上一条指令在执行时就顺序从存储器中取下一条指令,如图 3-12(b)所示。并行操作就可加快一段程序的运算过程。

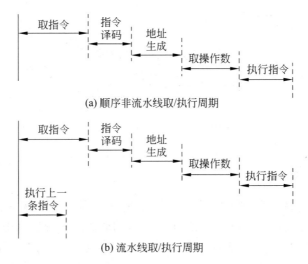

(a) 顺序非流水线取/执行周期

(b) 流水线取/执行周期

图 3-12　流水线技术与顺序非流水线执行的比较

流水线技术是要增加计算机的硬件,例如上述中,要采用预取指令操作就需要增加硬件来取指令,并把它存放到寄存器队列中,使微处理器能同时进行取指令和执行微指令重叠进行。因此,在 16/32 位微处理机中含有两个运算/逻辑单元,一个主 ALU 仅用于取指令,另一个 ALU 专用于地址生成,这样就可使地址计算与其他操作同时进行。

虽然流水线技术已广泛地应用于 16/32 位微处理机,但由于不同的指令运行时间不一样长,流水线技术受到最长步骤所需时间的限制。

3.9.2　高速缓冲存储器

在微型计算机中,虽然 CPU 的处理速度大大地提高,但主存储器的存/取时间却要比 CPU 慢一个数量级,这一现象严重地影响微型机的运算速度。

在半导体 RAM 中,只有价格极为昂贵的双极型 RAM 线路的读写时间可与 CPU 的处理速度处于同一个数量级。因此就产生一种分级处理的方法,在主存储器和 CPU 之间加一个容量相对较小的高速缓冲存储器(cache,简称高速缓存器),如图 3-13 所示。有了高速缓存器以后,不论指令或数据要从主存储器中存入或取出时,都先把它及后面连续的一组传递到高速缓存器中,CPU 在取下一条指令或向操作数发出一个地址时,它首先看看所需的数据是否就在高速缓存器里,如果在高速缓存器内,就立即传送给 CPU;如果不在缓存器中,就要做一次常规的存储器访问。

由于程序中相关的数据块一般都顺序存放,并且大都存在相邻的存储单元内,因此 CPU 对存储器的存取也大都是在相邻的单元中进行。一般情况,CPU 在高速缓存器中存取的命中率可以高达 90% 以上。

高速缓存器及其控制线路均是由计算器的硬件实现,因而用户或程序员就无须访问或控制操作高速缓存器,它就能大大提高 CPU 对存储器的存取速度,而花费的代价是较低的。

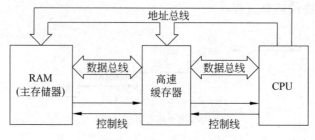

图 3-13 高速缓冲存储器

3.9.3 虚拟存储器

每一台微型机都有一个确定数量的主存储器,它大都是采用半导体 RAM。而在大多数情况下,程序和数据最初都存放在某个大容量的软磁盘和硬磁盘中,当需要时才把它们从磁盘传送到 RAM 中,然后执行。有时,一个程序及数据要比主存储器 RAM 的容量还大,这就无法运行。

为解决这类问题,采用硬件和软件的综合技术——虚拟存储器,它允许建立一个存储容量比实际物理上主存储器的容量更大。存放在虚拟存储器中的数据或程序只有其中一部分放在物理存储器,若所执行的指令地址不在这部分存储器里时,管理计算机的软件(计算机操作系统)能察觉出来,知道要找的地址不在 RAM 中而在一个外部磁盘里。计算机管理软件就会自动启动磁盘,把包括所需地址的存储区域调入物理存储器,覆盖原先存在的部分后继续运行。

虚拟存储器像是一个很大的,并具有相连存储单元的假想存储器。在虚拟存储计算机里,虚拟存储器划分成固定长度的相连区段,并有一个专门的逻辑地址寄存器来管理。

大多数 16/32 位微处理器都没有片内虚拟存储器,而是用辅助芯片来实现。

3.9.4 现代技术的应用

本节所介绍微处理器的几种现代技术在各种不同的 16/32 位微处理器得到广泛的应用,如表 3-9 所示。

表 3-9 各种微处理器采用现代技术的对比

16/32 位微处理器	微程序控制	流水线技术	高速缓存器	虚拟存储器
INTEL 8086	部分	有	无	无
INTEL 80286	部分	有	有	有
INTEL Pentium	有	有	有	有
MOTOROLA 68000	有	有	无	无
MOTOROLA 68020	有	有	有	外部芯片
NATIONAL 16032	有	有	无	外部芯片
NATIONAL 32032	有	有	有	外部芯片
ZILOG Z8000	无	有	无	外部芯片
ZILOG Z80000	无	有	有	有

本书主要讲述的 16 位微处理器都采用或部分采用了以上几种现代技术,比 8 位微处理机向前发展了一步。这是当前科技人员所必须掌握的。

3.10 习　　题

3.1　写出本章中简化式计算机的指令系统的每条指令的汇编语言的助记符及其相应的机器语言的机器码。

3.2　程序计数器 PC 的内容是什么意义?

3.3　指令寄存器 IR 从 PROM 接收到指令字(8 位)后的运行过程如何,起什么作用?

3.4　试简述程序设计的 4 个步骤。

3.5　环形计数器有何用处? 什么叫环形字?

3.6　什么叫例行程序? 什么叫机器周期、取指周期和执行周期? 本章简化式计算机的机器周期包括几个时钟周期(机器节拍)? 机器周期是否一定是固定不变的?

3.7　控制部件包括哪些主要环节? 各有何用处?

3.8　子程序计数器有何用处?

3.9　本章第 2 个微型计算机的指令系统有多少条指令? 它们可分成几种类型? 各个类型的特点是什么?

3.10　此微型机的控制字有几位? 各位的意义是什么?

3.11　变址寄存器 X 有何功能? 在运算中能起什么作用?

3.12　指令寄存器 IR 是如何将其指令字段和地址字段分送出去的? 这两个字段的位数是否保持不变?

3.13　试写出第 2 个微型计算机的各条指令的汇编语言的助记符及其相应的机器码。

第 4 章 16 位微处理器

4.1 16 位微处理器概述

微处理器(microprocessor)是微型计算机的运算及控制部件,也称中央处理单元(CPU)。它本身不构成独立的工作系统,因而它也不能独立地执行程序。通常,微处理器由算术逻辑部件(ALU)、控制部件、寄存器组和片内总线等几部分组成,这些都已在前面几章中讲过了。

第一代微处理器是 1971 年 Intel 公司推出的 4004,以后又推出了 4040 和 8008。它们是采用 PMOS 工艺的 4 位及 8 位微处理器,只能进行串行的十进制运算,集成度达到 2000 个晶体管/片,用在各种类型的计算器中已经完全能满足要求。

第二代微处理器是 1974 年推出的 8080,M6800 及 Z80 等。它们是采用 NMOS 工艺的 8 位微处理器,集成度达到 9000 个晶体管/片。在许多要求不高的工业生产和科研开发中已可运用。这些 8 位微处理器构成的计算机系统对许多算术运算和其他操作都必须编制程序。例如,即使是乘法和除法这样基本的运算都必须用子程序来实现。由于每次只能处理 8 位数据,处理大量数据就要分成许多个 8 位字节进行操作,数值越大或越小,计算时间都很长,这对数量大的数据库、文字处理或实时控制等应用来说就太慢了。通过提高时钟频率可弥补这一局限,但也是很有限度的。此外,8 位微处理器的寻址能力也有局限。典型 8 位微处理器有一条 16 位地址线,因此最多可寻址 2^{16} 个存储单元,对于具有大量数据的大型复杂程序都可能是不够的。

20 世纪 70 年代后期,超大规模集成电路(VLSI)投入使用,出现了第三代微处理器。Intel 公司的 8086/8088,Motorola 公司的 M68000 和 Zilog 公司的 Z8000 等 16 位微处理器相继问世,它们的运算速度比 8 位微处理器快 2~5 倍,采用 HMOS 高密度工艺,集成度达 29 000 个晶体管/片,赶上或超过了 20 世纪 70 年代小型机的水平。从此,传统的小型计算机受到严峻的挑战。

20 世纪 80 年代以来,Intel 公司又推出了高性能的 16 位微处理器 80186 及 80286。它们与 8086/8088 向上兼容。80286 是能满足多用户和多任务系统的微处理器,速度比 8086 快 5~6 倍。处理器本身包含存储器管理和保护部件,支持虚拟存储体系。

1985 年,第四代微处理器 80386 及 M68020 推向市场,集成度达 45 万个晶体管/片。它们是 32 位微处理器,时钟频率达 40MHz,速度之快,性能之高,足以同高档小型机相匹敌。

总之,20 世纪 70 年代至今,微处理器的发展是其他许多技术领域望尘莫及的,如 1989 年推出了 80486,1993 年推出了 Pentium 及 80586 等更高性能的 32 位及 64 位微处理器,它也促进了其他技术的进步。

本章以讲解 16 位 8086/8088 微处理器为中心,第 5 章再介绍 80386,80486 及 Pentium 等芯片的原理。因为它们是当今许多流行的微型计算机,如 IBM PC 及许多兼容机联想,同方、COMPAQ 等个人计算机的 CPU。

8086 和 8088 CPU 的内部基本相同,但它们的外部性能是有区别的。8086 是 16 位数据总线,而 8088 是 8 位数据总线,在处理一个 16 位数据字时,8088 需要两步操作而 8086 只需要一步。

8086 和 8088 CPU 的内部都采用 16 位字进行操作及存储器寻址,两者的软件完全兼容,程序的执行也完全相同。然而,由于 8088 要比 8086 有较多的外部存取操作,所以,对相同的程序,它执行得较慢。这两种微处理器都封装在相同的 40 脚双列直插组件(DIP)中。

4.2　8086/8088 微处理器

微型机是由具有不同功能的部件组成的。中央处理单元是微型机的心脏,它决定了微型机的结构。要构成一台微型计算机,必须了解 CPU 的结构。本节将详细介绍 8086/8088 CPU 的结构,它是掌握 80x86 微处理器和 IBM PC 微型计算机的基础。

4.2.1　8086/8088 CPU 的结构

8086 CPU 从功能上可分为两部分,即总线接口部件(bus interface unit,BIU)和执行部件(execution unit,EU)。8086 的内部结构如图 4-1 所示。图的左半部分为执行单元 EU,右半部分为总线接口单元 BIU。EU 不与外部总线(或称外部世界)相连,它只负责执行指令。而 BIU 则负责从存储器或外部设备中读取指令和读/写数据,即完成所有的总线操作。这两个单元处于并行工作状态,可以同时进行读/写操作和执行指令的操作。这样就可以充分利用各部分电路和总线,提高微处理器执行指令的速度。

1. 执行单元 EU

执行单元 EU 包括一个 16 位的算术逻辑单元 ALU、一个反映 CPU 状态和控制标志的状态标志寄存器 FLAGS、一组通用寄存器、运算寄存器和 EU 控制系统。所有的寄存器和数据传输通路都是 16 位的,它们之间进行快速的内部数据传输。EU 从 BIU 中的指令队列寄存器中取得指令和数据,执行指令要求的操作。该操作有两种类型:一是进行算术逻辑运算,二是计算存储器操作数的偏移地址。当指令要求执行存储器或 I/O 设备的数据存取操作时,EU 向 BIU 发出请求。BIU 根据 EU 的请求,完成 8086/8088 与存储器或外部设备之间的数据传送。

2. 总线接口单元 BIU

总线接口单元 BIU 包括一组段寄存器(CS,DS,SS,ES)、一个指令指示器 IP、6 个(8088 是 4 个)字节的指令队列、地址加法器和总线控制逻辑。段寄存器提供的段地址与偏移地址在地址加法器中相加,并将其结果存放在物理地址锁存器中。指令队列寄存器为一个能存放 6 个字节的存储器,在 EU 执行指令的过程中,BIU 始终根据指令指示器提供的偏移地址,从存放指令的存储器中预先取出一些指令存放在指令队列中。取来的指

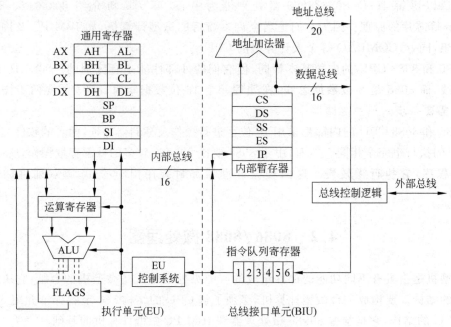

图 4-1　8086 的结构框图

令在指令队列中是按字节顺序存放的,如同排队购物一样,取来的指令在指令队列中排队。在大多数情况下,指令队列中至少应有一个字节的指令,这样 EU 不必等待 BIU 去取指令。BIU 在下面两种情况下执行取指操作:一是当指令队列中出现两个以上字节空的时候,BIU 自动地执行取指操作,将所取指令补充到指令队列中;二是当程序发生转移时,BIU 执行取指操作,BIU 将所取得的第 1 条指令直接送到 EU 中去执行,将随后取来的指令重新填入指令队列,冲掉转移前放入指令队列中的指令。

4.2.2　8086/8088 的寄存器

Intel 8086/8088 的寄存器如图 4-2 所示。8086/8088 的寄存器有 8 个通用寄存器、2个控制寄存器和 4 个段寄存器。

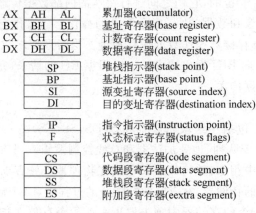

图 4-2　8086/8088 的寄存器

1. 通用寄存器

通用寄存器是 CPU 内部的存储器,如果一个 CPU 中没有通用寄存器,那么在指令执行过程中要用到操作数时,必须到存储器中去取,运算的结果(不是最后结果)也必须立即送到存储器中保存起来,而访问存储器的操作是比较费时间的。如果在 CPU 中设置一些寄存器用来暂时存放参加运算的操作数和运算的结果(中间结果),则在程序执行过程中不必每时每刻都到存储器中去存取数据,就可以提高程序执行的速度。一般来说,CPU 中包含的通用寄存器越多,编程就越灵活,程序执行的速度就越快。通用寄存器就是这样一些快速的访问单元。

8086/8088 的通用寄存器是 16 位的寄存器,它们是 AX,BX,CX,DX,SP,BP,SI 和 DI。其中 AX,BX,CX,DX 均可以分成高 8 位和低 8 位两部分,可以分别作为独立的 8 位寄存器使用。所以 8086/8088 既可以处理 16 位二进制数,又可以处理 8 位二进制数。BX,SP,BP,SI 和 DI 常用作地址寄存器。每个通用寄存器又各有某种专门的用途,所以对它们分别又有不同的称呼。称 AX 为累加器,BX 为基址寄存器,CX 为计数寄存器,DX 为数据寄存器,SP 为堆栈指示器,BP 为基址指示器,SI 和 DI 分别为源变址和目的变址寄存器。表 4-1 归纳了这些寄存器的专门用途。在大多数情况下,这些通用寄存器都可以互换地参与算术和逻辑操作。操作的结果存入参与操作的目的寄存器之中。

表 4-1 通用寄存器的专门用途

寄存器	专 门 用 途
AX,AL	在乘法、除法指令中,作累加器;在输入、输出指令中,作数据寄存器
AH	在非压缩 BCD 数调整指令中,作目的寄存器;在 LAHF(SAHF)指令中,作目的(源)寄存器
AL	在 BCD 数运算指令和调整指令中,作累加器;在 XLAT 指令中,作数据表的位移量
BX	作间址和基址寄存器
CX	在循环控制指令和串操作指令中,作计数器
CL	在移位指令中,作移位位数计数器
DX	在输入、输出指令中,作间址寄存器;在乘法、除法指令中,作辅助累加器
BP	作间址和基址寄存器
SP	作堆栈指示器
SI	作间址和变址寄存器;在串操作指令中,作源字符串的间址或变址寄存器
DI	作间址和变址寄存器;在串操作指令中,作目的字符串的间址或变址寄存器

2. 指令指示器 IP(instruction point)

计算机之所以能脱离人的直接干预,自动地进行计算或控制,是因为由人把实现这个计算或控制的一步一步操作用命令的形式,即一条一条指令预先输入到存储器中,在执行时 CPU 把这些指令一条一条地取出来,加以译码和执行。计算机所以能自动地一条一条地取出并执行指令,是因为 CPU 中有一个跟踪指令地址的电路,该电路就是指令指示器 IP。在开始执行程序时,给 IP 赋予第 1 条指令的地址;然后,每取一条指令 IP 的值就自动指向下一条指令的地址。

3. 状态标志寄存器(status flags)

8086/8088 的状态标志寄存器有 9 个标志位,如图 4-3 所示。其中 6 个是状态标志,3

个是控制标志。

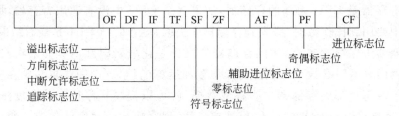

图 4-3 状态标志寄存器

状态标志位反映了 EU 执行算术或逻辑运算以后的结果,执行有些指令可以改变某些状态标志的状态。6 个状态标志位如下:

进位标志位 CF(carry flag):加减算术指令执行后,最高位有进位或借位,CF=1;无进位或借位,CF=0。该标志主要用于多字节或多字数的加减运算指令。指令 STC 将其置 1,CLC 将其清 0,CMC 将其取反。

辅助进位标志位 AF(auxiliary carry flag):最低 4 位 D3～D0 位有进位或借位,AF=1;无进位或借位,AF=0。该标志用于 BCD 数的算术运算(调整)指令。

溢出标志位 OF(overflow flag):计算机所进行的运算均是无符号数运算,即把符号数的符号位也当数值进行运算,又把所有数的运算结果当符号数来影响标志位,即若指令执行后结果超出了机器数所能表示的数的范围(字节运算为:-128～127,字运算为-32 768～32 767),OF=1;反之则 OF=0。该标志表示运算结果是否产生了溢出。

符号标志位 SF(sign flag):该标志表示结果的符号,其值与结果的符号位相同,即若结果为负数,SF=1;结果为正数,SF=0。

零标志位 ZF(zero flag):指令执行后结果为 0,ZF=1;结果不为 0,ZF=0。

奇偶标志位 PF(parity flag):指令执行后结果的低八位中 1 的个数为偶数,PF=1;若为奇数,PF=0。该标志可用于检查数据在传送过程中是否发生错误。

控制标志位:用于控制 CPU 的操作,它们是:

方向标志位 DF(direction flag):该标志用于控制数据串操作指令的步进方向。若 DF=0,则数据串中操作指令自动增量地从低地址向高地址方向进行;若 DF=1,串操作的方向是从高地址向低地址方向进行。指令 CLD 将其清 0,STD 将其置 1。

中断允许标志位 IF(interrupt enable flag):IF=1,允许 CPU 响应外部可屏蔽中断;IF=0,不允许 CPU 响应外部可屏蔽中断。允许中断又称开中断,不允许中断又称关中断。指令 STI 将其置 1,CLI 将其清 0。

追踪标志位 TF(trap flag):TF=1,CPU 每执行一条指令就自动地发生一个内部中断,CPU 转去执行一个中断程序,因而 CPU 单步执行程序,常用于程序的调试,故又称其为陷阱标志位;TF=0,CPU 正常执行程序。

4. 段寄存器

8086/8088 有 20 条地址线,存储器的地址必须用 20 位二进制数表示。可是它的地址加法器只能处理 16 位的地址运算,而且与地址有关的寄存器:指令指示器、堆栈指示器以及间接寻址的寄存器 BX,BP,SI,DI 等都只有 16 位。因此 8086/8088 把 20 位地址的存储器分成若干个段来表示。段的起始地址的高 16 位地址称为该段的段基址。段内再由 16 位二进制数来寻址,段内寻址的 16 位二进制数地址是存储单元到该段起始地址的距离,称为段内偏移地址,简称偏移地址。所以存储单元的地址由段基址和偏移地址两部分组成,用冒号连接段基址和偏移地址,即"段基址:偏移地址"来表示存储单元的地址。像这样表示的地址称为逻辑地址。

段寄存器就是用来存放段基址的寄存器。所以逻辑地址也可以表示为:段寄存器名:偏移地址。8086/8088 CPU 有 4 个段寄存器,它们是代码段寄存器 CS(code segment)、数据段寄存器 DS(data segment)、堆栈段寄存器 SS(stack segment)和附加段寄存器 ES(extra segment)。它们分别用来存放代码段、数据段、堆栈段和附加段的段基址。4 个段寄存器的使用,使得在任意时刻,程序都可以仅通过偏移地址立即访问 4 个段中的存储器。8086/8088 CPU 自动根据偏移地址安排到代码段中去存取指令代码,到数据段中去存取数据,到堆栈段中执行进栈和出栈操作。

4.2.3 存储器结构

1. 存储器编址

8086/8088 是 16 位的微处理器,所有的操作可以按字节为单位也可以按字为单位来处理。但 8086/8088 系统中的存储器是以 8 位(一个字节)为一个存储单元编址的。每一个存储单元用唯一的一个地址码来表示。一个字即 16 位的数据占据连续的两个单元。这两个单元都有各自的地址,规定处于低地址的字节的地址为这个字的地址。在存储器中,任何连续存放的两个字节都可以称为一个字。将偶数地址的字称为规则字,奇数地址的字称为非规则字。高地址的字节为高位字节,低地址的字节为低位字节。若 00000H 地址中存放一个字 2301H,则 00000H 单元中存放 01H,00001H 单元中存放 23H,如图 4-4 所示。字 4523H 的存放地址是 00001H。字 2301H 为规则字,而字 4523H 为非规则字。机器指令和数据(字节数据和字数据)可以自由地存放在任何地址中,存放时只需按字节顺序一个接着一个存放就可以了。

物理地址	存储器
00000	01
00001	23
00002	45
00003	67
00004	89
00005	AB
00006	CD
00007	EF

图 4-4 存储器中的数据

2. 存储器的分段

8086/8088 有 20 条地址线,可以寻址多达 2^{20} 单元(1MB),因此每个字节所对应的地址应是 20 位(二进制数),这 20 位的地址称为物理地址。20 位的物理地址在 CPU 内部就应有 20 位的地址寄存器,而机内的寄存器是 16 位的,16 位寄存器只能寻址 64KB。所以把 1MB 的存储器分为若干个逻辑段,其中每一个段最多可寻址 2^{16} B(64KB)。但存储器的分段并不是唯一的,段与段之间可以部分重叠、完全重叠、连续排列、断续排列,允许它们在整个存储空间浮动,非常灵活。对于一个具体的存储单元来说,它可以属于一个逻辑段,也可以同时属于几个逻辑段。如图 4-5 所示,地址 00000H~0FFFFH 为一个段,地址 00010~1000FH 为一个段……地址 F0000H~FFFFFH 为一个段。00020H 单元既属于 00000H~0FFFFH 段,又属于 00010H~1000FH 段,同时还属于 00020H~1001FH

段。段基址和偏移地址一样都是 16 位无符号二进制整数,其值可为 0000H～FFFFH,这样每一个段就一定开始于一个能被 16 整除的地址(即该地址的最低 4 位为全 0)。

3. 存储器中的逻辑地址和物理地址以及物理地址的生成

采用分段结构的存储器中,任何一个逻辑地址由段基址和偏移地址两部分构成,它们都是无符号的 16 位二进制数。存储器中的每个存储单元都可以用实际地址(或称物理地址)和逻辑地址两种形式的地址来表示。物理地址是用唯一的 20 位二进制数所表示的地址,CPU 与存储器交换信息时使用物理地址。程序中不能使用物理地址,而要使用逻辑地址,即段基址:偏移地址。

物理地址是由逻辑地址变换得来的。当 CPU 需要访问存储器时,总线接口部件 BIU 的地址加法器自动完成如下的地址运算:段基址×16+偏移地址,得到物理地址。具体运算过程是,地址加法器将段寄存器提供的段基址乘以 10H 即左移 4 位(得到段起始地址),然后与 16 位的偏移地址相加,并锁存在物理地址锁存器中,如图 4-6 所示。如逻辑地址 0001H:0010H 生成物理地址时,将段基址 0001H 左移 4 位,得到段起始地址 00010H,再与偏移地址 0010H 相加即可得到物理地址 00020H。

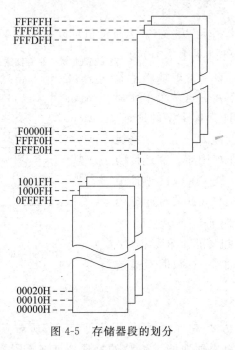

图 4-5　存储器段的划分

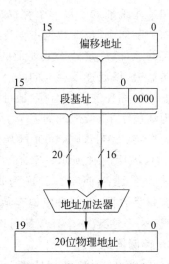

图 4-6　物理地址的生成

每次需要生成物理地址的时候,一个段寄存器会自动被选择,且能自动左移 4 位,再与一个 16 位的偏移地址相加,产生所需要的 20 位物理地址。

8086/8088 有 4 个段寄存器 CS,DS,SS,ES 用来存放段基址,还有 6 个 16 位的寄存器(IP,SI,DI,BX,BP,SP)用来存放偏移地址,在寻址时到底应该使用哪个寄存器是 BIU 根据执行操作的要求来确定的。若取指令,则由代码段寄存器 CS 给出段基址,指令指示器 IP 给出要取指令的偏移地址。执行堆栈操作,被寻址的操作数的段基址和偏移地址由堆栈段寄存器和堆栈指示器给出。若是存取数据,段基址一般是由 DS 给出,偏移地址可以是指令直接给出，也可以是由 BX，SI，DI 给出，或者是根据指令的具体要求由 EU 计算出来。计算出来的地址称为操作数的有效地址 EA(effective address)。

在不改变段寄存器值的情况下寻址的最大范围是 64KB，不可能寻址这个段以外的其他存储单元，要想超出这个段寻址就必须要改变这个段寄存器的值。若有一个任务，它的程序段、堆栈段以及数据段都不超过 64KB，则在程序开始时分别给 CS，SS，DS 赋值，然后在程序中就可以不再考虑这些段寄存器，程序就可以在各自的区域中正常地工作。若某一任务所需要的存储器空间不超过 64KB，则可以在程序开始时使 CS，SS，DS 相等，完全由 IP，SP 和有效地址 EA 来确定存储器的地址。

4.3 8086/8088 的 CPU 总线

4.3.1 8086/8088 的 CPU 引线

8086 是 16 位微处理器，它对外的数据线是 16 条；8088 是准 16 位微处理器，它对外的数据线是 8 条。8086/8088 的地址线是 20 条。8086/8088 均为 40 条引线、双列直插式封装。8088 的 40 条引线排列如图 4-7 所示。为了能在有限的 40 条引线范围内进行工作，CPU 内部设置了若干个多路开关，使某些引线具有多种功能，这些多功能引线的功能转换分两种情况：一种是分时复用，在总线周期的不同时钟周期内引线的功能不同；另一种是按组态来定义引线的功能，在构成系统时 8086/8088 有最小和最大两种组态，在不同组态时有些引线的名称及功能不同(最小组态时的名称如图 4-7 括号中所示)。所有的微处理器都有以下几类引线用来输出或接收各种信号：地址线、数据线、控制线和状态线、电源和定时线。8086/8088 的 40 条引线包括上述 4 种信号。

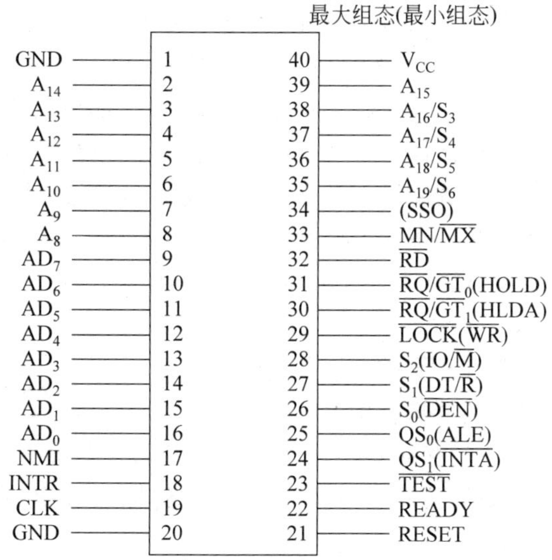

最大组态(最小组态)

GND	1	40	V_{CC}
A_{14}	2	39	A_{15}
A_{13}	3	38	A_{16}/S_3
A_{12}	4	37	A_{17}/S_4
A_{11}	5	36	A_{18}/S_5
A_{10}	6	35	A_{19}/S_6
A_9	7	34	(SSO)
A_8	8	33	$MN/\overline{MX}$
AD_7	9	32	$\overline{RD}$
AD_6	10	31	$\overline{RQ}/\overline{GT_0}$(HOLD)
AD_5	11	30	$\overline{RQ}/\overline{GT_1}$(HLDA)
AD_4	12	29	$\overline{LOCK}(\overline{WR})$
AD_3	13	28	$S_2(IO/\overline{M})$
AD_2	14	27	$S_1(DT/\overline{R})$
AD_1	15	26	$S_0(\overline{DEN})$
AD_0	16	25	QS_0(ALE)
NMI	17	24	$QS_1(\overline{INTA})$
INTR	18	23	$\overline{TEST}$
CLK	19	22	READY
GND	20	21	RESET

图 4-7 8088 CPU 引线的排列

8088 CPU 引线信号如下所述。

1. 地址和数据线

(1) $AD_7 \sim AD_0$ 地址/数据线。

这些低 8 位地址/数据引线是多路开关的输出。由于 8088 只有 40 条引线,而它的数据线是 8 条,地址线是 20 条,因此引线的数量不能满足要求,于是在 8088 内部采用一些多路开关,把低 8 位地址线和 8 位数据线分时使用这些引线。通常当 CPU 访问存储器或外设时,先要送出所访问单元或外设端口的地址,然后才是读写所需的数据,地址和数据在时间上是可区分的。只要在外部电路中用一个地址锁存器,把在这些引线上先出现的地址锁存下来就可以了。

(2) $A_{15} \sim A_8$ 地址线。

这 8 条地址线是在 8088 内部锁存的,在访问存储器或外设时输出 8 位地址。

8086 的地址/数据线是 $AD_{15} \sim AD_0$。

(3) $A_{19} \sim A_{16}/S_6 \sim S_3$ 地址/状态线。

这 4 条地址/状态线用于输出存储器的最高 4 位地址 $A_{19} \sim A_{16}$,也分时用于 $S_6 \sim S_3$ 状态输出。故这些引线也是多路开关的输出,访问存储器时这些线上输出最高 4 位地址,这 4 位地址也需锁存器锁存。访问外设时,这 4 位地址线不用。在存储器的读/写和 I/O 操作时这些线又用来输出状态信息:S_6 始终为低;S_5 为标志寄存器的中断允许标志的状态位;S_4 和 S_3 用于指示是哪一个段寄存器正在被使用,其编码和使用的段寄存器如下:00 为 ES,01 为 SS,10 为 CS,11 为 DS。

2. 控制和状态线

8088 的控制和状态线可以分成两种类型,一类是与 8088 的组态有关的信号线,另一类是与 8088 的组态无关的信号线。用 8088 微处理器构成系统时,根据系统所连接的存储器和外设的规模,可以有两种不同的组态。当用 8088 微处理器构成一个较小的系统时,即所连的存储器容量不大,I/O 端口也不多,则系统地址总线可以由 $A_{19} \sim A_{16}$ 和 $AD_7 \sim AD_0$ 通过地址锁存器再输出,$A_{15} \sim A_8$ 可以锁存或驱动,也可以直接输出。数据总线可以直接用 $AD_7 \sim AD_0$,也可以通过总线驱动器增大数据总线的驱动能力。控制总线就直接用 8088 的控制线。这种组态就称为 8088 的最小组态。若要构成的系统较大,要求有较强的驱动能力,除了地址线和数据线都要锁存和驱动外,还要通过一个总线控制器来产生各种控制信号。这时 8088 的组态就是最大组态。8088 处于何种组态由引线 MN/$\overline{\text{MX}}$ 来规定,若把 MN/$\overline{\text{MX}}$ 引线接电源($+5V$),8088 处于最小组态;若把它接地,则 8088 处于最大组态。

(1) 最小组态下的控制信号线。

① IO/$\overline{\text{M}}$ 输入输出/存储器选择信号。

这条引线用于区分是访问存储器还是访问 I/O 端口。若此线输出低电平,为访问存储器;若此线输出高电平,则为访问 I/O 端口。8086 的输入输出/存储器选择信号是 M/$\overline{\text{IO}}$,低电平访问 I/O 端口;高电平访问存储器。

② $\overline{\text{WR}}$ 写信号。

此信号是 8088 在执行存储器或 I/O 端口的写操作时输出的一个选通信号。

③ $\overline{\text{INTA}}$(interrupt acknowledge) 中断响应信号。

此信号是 8088 响应中断请求信号引线 INTR 来的外部中断时输出的中断响应信号，它可以用作中断向量类型码的读选通信号。

④ ALE(address latch enable)地址锁存允许信号。

此信号是 8088 输出的一个选通脉冲，把在 $AD_7 \sim AD_0$ 和 $A19/S6 \sim A_{16}/S_3$ 上出现的地址锁存到地址锁存器中。

⑤ $DT/\overline{R}$(data transmit/receiver)数据发送/接收信号。

此信号为高电平，8088 发送数据；此信号为低电平，则 8088 接收数据。在最小组态的系统中，为了增加数据总线的驱动能力，将 $AD_7 \sim AD_0$ 通过双向驱动器加以驱动，这时就需要用该信号来确定双向驱动器的数据传送方向。

⑥ $\overline{DEN}$(data enable)数据允许信号。

在使用双向驱动器以增强数据总线驱动能力的最小组态系统中，该信号用作双向驱动器的输出允许信号。

⑦ SSO(system status output)系统状态输出信号。

该信号与 $IO/\overline{M}$、$DT/\overline{R}$ 两信号一起，反映 8088 所执行的操作。8086 的该引出线是 $\overline{BHE}$。

⑧ HOLD，HLDA 保持请求和保持响应信号。

这两个信号用于直接存储器存取(DMA)操作。当系统其他总线设备要求占用总线时，就向 8088 发出 HOLD 信号，请求接管 3 总线。8088 收到该信号后，就发出 HLDA 信号，同时使所有的 3 态总线处于高阻或浮空状态。此时由发出 HOLD 信号的总线设备控制总线，系统进行 DMA 传送。当 DMA 传送完后，接管总线的总线设备撤除 HOLD 信号。8088 也撤除 HLDA 信号，退出保持状态，又控制 3 总线，接着执行原来的操作。

（2）最大组态下的控制信号线。

① S_2，S_1，S_0 3 个状态信号。

8088 在最大组态下没有 $\overline{WR}$、$\overline{DEN}$、$IO/\overline{M}$、$DT/\overline{R}$ 等对存储器和 I/O 端口进行读/写操作的直接控制信号输出。这些读写操作信号，由总线控制器 8288 根据 8088 提供的这 3 个状态信号译码后输出。3 个状态信号与 CPU 所执行的操作如表 4-2 所示。

表 4-2 状态信号与对应的操作

S_2	S_1	S_0	操　　作
0	0	0	中断响应
0	0	1	读 I/O 端口
0	1	0	写 I/O 端口
0	1	1	暂停(HALT)
1	0	0	取指
1	0	1	读存储器
1	1	0	写存储器
1	1	1	无操作

② $\overline{RQ}/\overline{GT}$，$\overline{RQ}/\overline{RT_1}$(request/grant)请求/允许信号。

这两个信号是最大组态下的 DMA 请求/允许信号。这两个信号是双向的，即向

CPU 的总线请求与 CPU 的总线允许信号均由请求/允许信号线传送。若 $\overline{RQ}/\overline{GT_0}$ 和 $\overline{RQ}/\overline{RT_1}$ 同时有总线请求,则 $\overline{RQ}/\overline{GT_0}$ 的请求首先被允许,即 $\overline{RQ}/\overline{GT_0}$ 的优先权高于 $\overline{RQ}/\overline{RT_1}$。这两条引线的内部有一个上拉电阻,若不用 DMA,可以不用连接它们。

③ $\overline{LOCK}$ 锁定信号。

该信号由前缀指令"LOCK"使其有效,且在下一条指令完成之前保持有效。当其有效时,别的总线设备不能取得对系统 3 总线的控制权。该信号被送到总线仲裁电路,使在此信号有效期间的指令执行过程中不发生总线控制权的转让,保证这条指令连续地被执行完。

④ QS_0, QS_1(queue status)队列状态信号。

这两个信号用于提供 8088 指令队列状态。指令队列是一个 4 字节的空间,它用来存放等待执行指令的代码。

(3) 与组态无关的引线。

① $\overline{RD}$ 读信号。

该信号是 CPU 发出的读选通信号。该信号有效,表示正在进行存储器或 I/O 端口的读操作。IBM PC XT 中未使用此信号。

② READY 准备就绪信号。

该信号是 CPU 寻址的存储器或 I/O 设备送来的响应信号。8088 所寻址的存储器或 I/O 设备若没有准备就绪就将该信号置为低电平,8088 就等待,直至它们准备就绪恢复该信号,8088 就完成与它们的数据传送。

③ $\overline{TEST}$ 测试信号。

该信号是由 WAIT 指令测试的信号。若为低电平,执行 WAIT 指令后面的指令;若为高电平,CPU 就处于空闲等待状态,重复执行 WAIT 指令。

④ INTR(interrupt)中断请求信号。

该信号是外设发来的可屏蔽中断请求信号。CPU 在每一条指令结束前均要采样该引线,以决定是否中断现行程序的执行,进入中断服务程序。该信号可以用标志寄存器中的中断允许标志位来屏蔽。

⑤ NMI(non-mask interrupt)非屏蔽中断请求信号。

该信号是一个边沿触发信号。这条线上的中断请求信号是不能屏蔽的,只要这条线上有由低到高的变化,就在现行指令结束之后中断现行程序的执行,进入非屏蔽中断服务程序。

⑥ RESET 复位信号。

该信号由低变高时,8088 立即结束现行操作;当其返为低时,8088 将发生以下情况:标志寄存器置成 0000H,其结果为禁止可屏蔽中断和单步中断;DS,SS,ES 和 IP 复位为 0000H;CS 置成 FFFFH,8088 将从存储单元 FFFF0H 开始取指执行。

3. 电源和定时线

(1) CLK 时钟信号。

该信号一般由时钟发生器 8284 输出,它提供 8088 的定时操作。8088 的标准时钟频率为 5MHz。

（2）V_{CC} 电源线。

要求加（$5\pm10\%$）V 的电压。

（3）GND 地线。

8086/8088 有两条地线，这两条地线都要接地。

4.3.2　8088 的 CPU 系统和 CPU 总线

从 8088 CPU 引线可以知道，8088 构成系统时需要附加地址锁存器、时钟发生器、数据总线驱动器、总线控制器等电路。因此，在介绍 8088 的 CPU 系统之前，将上述电路分别作简要的介绍。

1. 地址锁存器

8088 在访问存储器或 I/O 设备时，首先将存储单元或 I/O 端口的地址发送到地址线上，随后才将要传送的数据送到数据线上。由于 8088 的低 8 位地址和数据共享 $AD_7 \sim AD_0$ 这 8 条引线，所以 8088 无法在传送数据的同时又发送地址。若不将 8088 先送出的低 8 位地址锁存，它必然会丢失，从而造成 8088 不能对欲访问的存储单元或 I/O 端口传送数据的后果。$A_{19}/S_6 \sim A_{16}/S_3$ 这 4 条引线也同样存在着状态信号冲掉最高 4 位地址的情况。因此，用 8088 组建系统时，必须用地址锁存器。

用于地址锁存器的三态锁存器有 8282 和 74LS373。74LS373 的引线排列和功能如图 4-8 所示。当地址锁存允许信号 ALE 被送到 74LS373 的选通端 G 上时，74LS373 就能锁存送到它的数据输入端上的数据。被锁存的数据并不立即从数据输出端输出，当把一个低电平信号送给输出允许端 $\overline{OE}$ 上时，74LS373 就把锁存的数据从数据输出端输出。

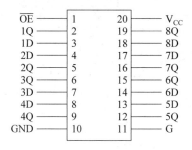

图 4-8　74LS373 的引线排列和功能

2. 双向总线驱动器

8088 发送和接收数据的负载能力是有限的。为了增强 8088 的负载能力，尤其是组建较大系统，如 IBM PC XT 系统，在 8088 CPU 和系统数据总线间有必要使用双向总线驱动器。

用于双向总线驱动器的芯片有 8286 和 74LS245，74LS245 的引线排列和功能如图 4-9 所示。74LS245 有两组数据输入/输出引线，可以交换这两组引线的任务，以使数据按任一方向通过 74LS245。74LS245 也有两条控制引线：一条是输出允许引线 $\overline{G}$，它控制驱动器何时传送数据，当其输入低电平时数据端 A 和 B 接通；另一条是传送方向引线 DIR，它控制数据往哪个方向传送，当 DIR 输入高电平时，数据从 A 传向 B；当 DIR 输入低电平时,数据从 B 传向 A。

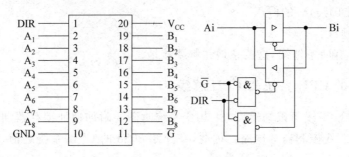

图 4-9　74LS245 的引线排列和功能

3. 时钟发生器 8284A

8088 内部没有时钟发生电路。8284A 就是供 8086 系列使用的单片时钟发生器,它由时钟电路、复位电路、准备就绪电路 3 部分组成,其内部电路的框图如图 4-10 所示。

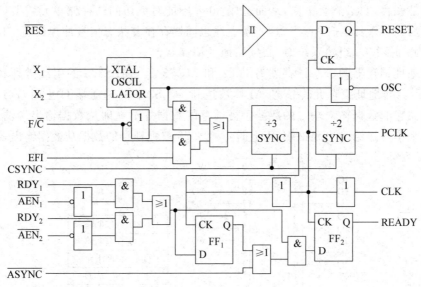

图 4-10　8284A 的框图

（1）时钟发生电路。

8284A 内部有一个晶体振荡器,只需在晶体连接端 X1,X2 两端外接石英晶体即可。也可由外振源输入端 EFI 输入一个 TTL 电平的振荡信号为时钟源。由外振源/晶体端 $F/\overline{C}$ 来控制上述的两种选择。振荡信号经 3 分频后由 CLK 输出一个占空比为 1/3 的 MOS 时钟信号。CLK 信号再经二分频为供外部设备使用的外部时钟 PCLK,这是一个占空比为 1/2 的 TTL 电平信号。时钟同步输入端 CSYNC 是为多个 8284A 的时钟同步而设置的。在多个 8284A 同时工作时,如果要求同相位的时钟信号,则把这些 8284A 的 EFI 端接到同一个外振源,并用 CSYNC 信号来控制它们同步工作。当 CSYNC 为高电平时,8284A 的分频计数器复位;CSYNC 为低电平时,计数器才开始工作。使用晶体时, CSYNC 应接地。8284A 还把晶振频率从 OSC 端输出。

PC XT 微机只使用一片 8284A，外接 14.31818MHz 的晶体（这是 IBM 彩色图形卡上必须使用的频率），OSC 端输出 14.32MHz 的振荡信号，CLK 端输出 4.77MHz 的时钟信号，PCLK 端输出 2.38MHz 的外部时钟信号。

（2）复位电路。

复位电路由一个施密特触发器和一个同步触发器组成。复位输入信号$\overline{RES}$经过施密特触发器整形，在时钟脉冲下降沿打入同步触发器，产生系统复位信号 RESET。由于在同步触发器 D 端接有一个施密特触发器，因此对复位输入信号要求不严格，由简单的 RC 放电回路即可生成。

（3）准备就绪电路。

准备就绪电路由两个 D 触发器和一些门电路组成。准备就绪输入信号 RDY_1，RDY_2 分别由对应的地址允许信号$\overline{AEN_1}$、$\overline{AEN_2}$来进行控制。$\overline{AEN}$虽然称为地址允许，但是它在 8284A 的内部是经反相后和 RDY 一起作为与门的输入端，因此，$\overline{AEN}$和 RDY 都是准备就绪信号输入端，只不过一个是低有效，一个是高有效。两组输入可仅使用一组，不用组的 RDY 接地，$\overline{AEN}$接 V_{cc}。当准备就绪输入信号已和时钟同步时，可只使用一级同步方式，$\overline{ASYNC}$接高电平；否则应选用二级同步方式，$\overline{ASYNC}$接低电平。二级同步方式是在准备就绪输入信号有效后，首先在 CLK 的上升沿同步到触发器 1(FF1)，然后在 CLK 下降沿同步到 FF2，使准备就绪信号 READY 有效（高电平）。准备就绪输入信号无效时，将直接在 CLK 下降沿同步到 FF2，使 READY 无效。一级同步方式则是将准备就绪输入信号直接在 CLK 的下降沿同步到 FF2。

4. 总线控制器 8288

当 8088 工作在最大组态方式时，就需要使用 8288 总线控制器。在最大组态的系统中，命令信号和总线控制所需要的信号都是 8288 根据 8088 提供的状态信号 S_0，S_1，S_2 输出的。8288 的框图如图 4-11 所示。

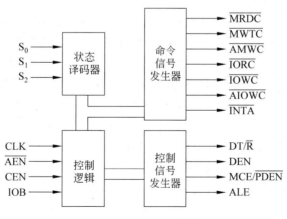

图 4-11　8288 的框图

（1）状态译码和控制逻辑。

8288 总线控制器对 8088 的状态信号 S_0，S_1，S_2 进行译码产生内部所需要的信号，命令信号发生器和控制信号发生器再利用这些信号产生命令信号和总线控制信号。

8288有系统总线方式和I/O总线方式两种工作方式,由IOB引线进行选择,IOB接地时,8288工作于系统总线方式;IOB接高电平时,8288工作于I/O总线方式。只把8288用于控制I/O设备时,才工作于I/O总线方式;通常情况下工作于系统总线方式,用作对存储器和I/O设备两方面的控制。8288的工作和输出信号受地址允许信号$\overline{AEN}$和命令控制信号CEN的控制。只有在输入的$\overline{AEN}$信号有效(低电平)并延迟115ns后,8288才能输出命令信号和总线控制信号。当$\overline{AEN}$输入为无效时,8288的命令输出立即进入高阻态。当$\overline{AEN}$有效时,CEN也有效(高电平),8288处于正常工作状态;而CEN无效时,迫使8288的所有命令输出和$\overline{AEN}$控制信号输出处于无效电平。IOB和CEN是供多处理机系统使用的,在单处理机系统中IOB和$\overline{AEN}$一般接地,CEN接高电平。

时钟输入信号CLK从时钟发生器8284A而来,与8088CPU的时钟频率相同,作为8288的基本时钟。

(2) 命令信号。

8288要根据8088的S_0,S_1,S_2向存储器或I/O设备输出各种命令,进行读或写操作。这些命令都是低电平有效,它们是:

① $\overline{MRDC}$:存储器读命令。此命令通知被选中的存储单元,把数据发送到数据总线上。

② $\overline{MWTC}$:存储器写命令。此命令把在数据总线上的数据,写入被选中的存储单元。

③ $\overline{IORC}$:I/O读命令。此命令通知被选中的I/O端口,把数据发送到数据总线上。

④ $\overline{IOWC}$:I/O写命令。此命令把在数据总线上的数据,写入被选中的I/O端口。

⑤ $\overline{AMWC}$:存储器超前写命令。此命令同$\overline{MWTC}$,超前$\overline{MWTC}$1个时钟脉冲。

⑥ $\overline{AIOWC}$:I/O超前写命令。此命令同$\overline{IOWC}$,超前$\overline{IOWC}$1个时钟脉冲。

⑦ $\overline{INTA}$:中断响应命令。

(3) 总线控制信号。

8288输出的总线控制信号有地址锁存允许信号ALE、数据允许信号$\overline{DEN}$、数据发送接收信号DT/$\overline{R}$和设备级联允许/外部数据允许信号MCE/$\overline{PDEN}$。

在使用8288的CPU系统中,由8288发出的ALE、$\overline{DEN}$和DT/$\overline{R}$信号分别代替8088的这3个信号。MCE/$\overline{PDEN}$是双义的输出信号:当8288工作在系统总线方式时,它是MCE,用于控制级联的中断控制器8259;当8288工作在I/O总线方式时,它是$\overline{PDEN}$,用于多总线结构中。在IBM PC XT中8288工作在系统总线方式,但是又只有一片8259,即没有8259的级联,因此该信号未使用。

5. 最小组态下的8088 CPU系统

典型的最小组态下的8088 CPU系统如图4-12所示。

8088的地址线$A_{19} \sim A_{16}$,$A_7 \sim A_0$为分时复用线,故必须把这12位地址用地址锁存器74LS373或8282锁存起来。$A_{15} \sim A_8$这8位地址不用锁存,也可以锁存。

数据线可以用双向驱动器,也可以不用,视系统所连部件的多少而定。若使用双向驱动器74LS245则74LS245的$A_8 \sim A_1$与$AD_7 \sim AD_0$相连,$B_8 \sim B_1$用于CPU总线的数据线。$\overline{OE}$与8088的$\overline{DEN}$相连,传送方向DIR与8088的DT/$\overline{R}$相连。这样,当8088输出

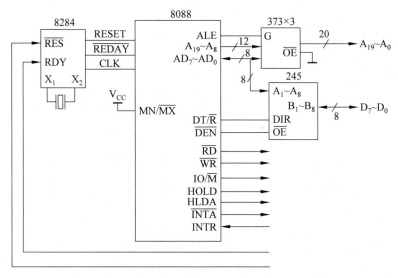

图 4-12　最小组态下的 8088 CPU 系统

数据时,数据从 A 至 B;而输入时,数据从 B 至 A。8088 的控制线不需经驱动可以直接用作系统控制总线。IO/$\overline{M}$ 和 $\overline{RD}$、$\overline{WR}$ 3 个信号需经过如图 4-13 所示的组合才能得到存储器读信号 $\overline{MEMR}$,存储器写信号 $\overline{MEMW}$、I/O 读信号 $\overline{IOR}$ 和 I/O 写信号 $\overline{IOW}$。

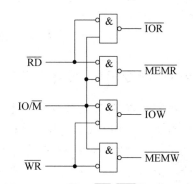

图 4-13　IO/$\overline{M}$ 和 $\overline{RD}$、$\overline{WR}$ 的逻辑组合

6. 最大组态下的 8088 CPU 系统

IBM PC XT 微机的 8088 工作在最大组态下,它的 CPU 系统除去协处理器 8087 后就是典型的最大组态下的 8088 CPU 系统。最大组态下的 8088 CPU 系统如图 4-14 所示。它所使用的外围电路有:地址锁存器 74LS373、数据总线驱动器 74LS245、总线控制器 8288、时钟发生器 8284A 和中断控制器 8259(8259 见第 9 章)。

8288 的 IOB 引线接地,8288 工作在系统总线方式。8288 的 $\overline{AEN}$ 接至系统总线仲裁逻辑的 AEN BRD,CEN 接至系统总线仲裁逻辑的 $\overline{AEN}$(AEN BRD 的反相信号),74LS373 的 $\overline{OE}$ 也接至 $\overline{AEN}$。当总线设备进行 DMA 操作时,总线仲裁逻辑将 AEN BRD 置为高电平,于是 74LS373 的 $\overline{OE}$ 和 8288 的 $\overline{AEN}$、CEN 均无效。无效的 $\overline{OE}$ 信号使地址锁存器的输出为高阻浮空态,无效的 $\overline{AEN}$ 和 CEN 使 8288 的所有命令输出均为高阻浮空态,从而使数据总线驱动器 74LS245 的输入与输出,即 A 与 B 间不通。这样使得 8088 和系统总线脱开,由执行 DMA 操作的总线设备享用系统总线。通常情况下,总线仲裁逻辑使 AEN BRD 为低电平,由 8088 CPU 系统控制总线,8088 及其总线控制逻辑正常工作。

中断控制器 8259 用来管理系统的中断。外部的硬件中断通过 8259 的 INT 引线向 8088 申请中断。仅当 8088 响应中断时,有效的 8259 $\overline{SP}/\overline{EN}$ 信号使 8088 的数据总线与系统的数据总线脱开,8259 把中断向量类型码送到 8088 的数据总线上供 8088 读取。

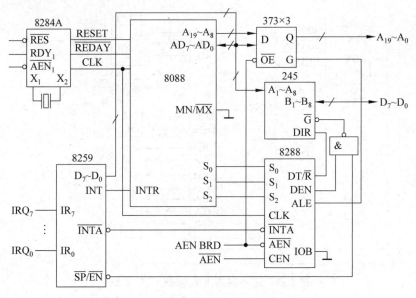

图 4-14　最大组态下的 8088 CPU 系统

4.4　8088 的主要操作时序

4.4.1　指令周期、总线周期和 T 状态

我们知道,计算机是在程序的控制下工作的。先把程序放到存储器的某个区域,再命令机器运行,CPU 就发出读指令的命令,从指定的地址(由 CS 和 IP 给定)读出指令,它被送到指令寄存器中,再经过指令译码器分析指令,发出一系列控制信号,以执行指令规定的全部操作,控制各种信息在机器(或系统)各部件之间传送。简单地说,每条指令的执行由取指令(fetch)、译码(decode)和执行(execute)构成。对于 8088 CPU 来说,每条指令的执行有取指、译码、执行这样的阶段,但由于 CPU 内有总线接口部分 BIU 和执行部分 EU,所以在执行一条指令的同时(在 EU 中操作),BIU 就可以取下一条指令,它们在时间上是重叠的。上述的这些操作都是在时钟脉冲 CLK 的统一控制下一步一步进行的,它们都需要一定的时间(当然有些操作在时间上是重叠的)。

执行一条指令所需要的时间称为指令周期(instruction cycle)。但是,8088 中不同指令的指令周期是不等长的,因为,首先指令就是不等长的,最短的指令只需要 1 个字节,大部分指令是 2 个字节,最长的指令可能要 6 个字节。指令的最短执行时间是两个时钟周期,一般的加、减、比较、逻辑操作是几十个时钟周期,最长的为 16 位数乘除法指令约要200 个时钟周期。

我们把指令周期划分为一个个总线周期(bus cycle)。基本的总线周期有存储器读或写周期、输入/输出端口的读或写周期和中断响应周期。每当 CPU 要从存储器或输入输出端口存取一个字节就是一个总线周期;多字节指令,取指就需要若干个总线周期(当然,在 8088 中,它们可能与执行前面的指令在时间上重叠)。在指令的执行阶段,不同的指令也会有不同的总线周期,有的只需要一个总线周期,而有的可能需要若干个总线周期。

每个总线周期通常包含 4 个 T 状态(T state),T 状态是 CPU 处理动作的最小单位,它就是时钟周期(clock cycle)。8088 的时钟频率为 5MHz,故时钟周期或 1 个 T 状态为 200ns。在 IBM PC XT 中,时钟频率为 4.77MHz,故一个 T 状态为 210ns。

学习和了解 CPU 的时序是非常必要的。它有利于我们深入了解指令的执行过程,从而有助于我们编写源程序时选用指令,以缩短指令的存储空间和估算指令的执行时间。当 CPU 与存储器芯片以及输入输出接口芯片连接时,还必须根据时序关系才能设计出正确的连接电路。

4.4.2 最小组态下的时序

1. 存储器读周期

存储器读周期由 4 个 T 状态组成,如图 4-15 所示。

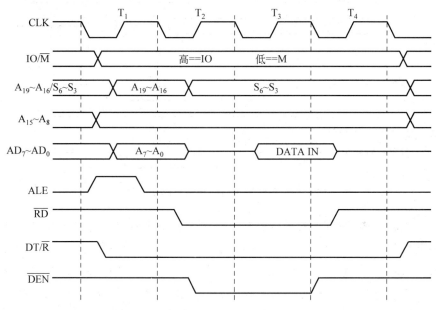

图 4-15　存储器读周期和输入周期时序

要从存储器的指定区域读出数据,首先需要由 $IO/\overline{M}$ 信号来确定是与存储器通信还是与外设通信。这个信号在 T_1 状态开始后就变为有效,若与存储器通信则它为低,而若与外设通信则它为高。

其次,要从指定单元读数据,则必须给出此单元的地址。8088 有 20 条地址线 $A_{19} \sim A_0$,但由于封装引线的限制,这些引线的用途不是单一的,而是由多路开关,按时间的先后,分成不同的用途。但从 T_1 状态开始,在这些线上出现的信号都是地址,地址信号由地址锁存允许信号 ALE 在 T_1 状态锁存到地址锁存器中。在 T_2 状态 $A_{19} \sim A_{16}$ 线上的信号变为状态信号 $S_6 \sim S_3$。而在 T_2 状态 $A_7 \sim A_0$ 变为三态,为以后读入数据做好准备。

再有,要读入数据就必须给出读命令,因此 $\overline{RD}$ 信号在 T_2 状态起变为有效(此时 $\overline{WR}$ 信号为无效),用以控制数据传送的方向。于是所访问的存储器,已由地址信号经过译码,找到了指定的单元,由 $\overline{RD}$ 信号把指定单元的内容读出在引线 $AD_7 \sim AD_0$ 上。若在系统中,应用了数据发送接收芯片 8286 或 74LS245,则必须有控制信号 $DT/\overline{R}$ 和 $\overline{DEN}$。由于是读,故 $DT/\overline{R}$ 应为低电平 $\overline{DEN}$ 信号也在 T_2 状态有效,它作为 8286 或 74LS245 的选通信号。CPU 在 T_3 状态的下降沿采样数据线,获取数据。

2. 存储器写周期

存储器写周期也由 4 个 T 状态组成,如图 4-16 所示。

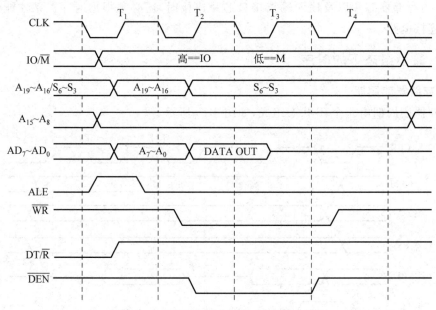

图 4-16 存储器写周期和输出周期的时序

它与存储器读周期类似,首先也要有 $IO/\overline{M}$ 信号来表示进行存储器操作。其次也要有写入单元的地址,以及 ALE 信号。不同的是要写入存储器的数据,在 T_2 的状态,也即当 12 位地址线 $A_{19} \sim A_{16}$,$A_7 \sim A_0$ 已由 ALE 锁存后,CPU 就把要写入的 8 位数据放至 $AD_7 \sim AD_0$ 上。要写入,当然要由信号 $\overline{WR}$ 来代替 $\overline{RD}$ 信号,它也在 T_2 状态有效。因为要实现写入,故 $DT/\overline{R}$ 信号应为高电平。

8088 在 T_4 状态后就使控制信号变为无效,所以实际上 8088 是认为在 T_4 状态对存储器的写入过程已经完成。若有的存储器和外设来不及在指定的时间内完成写的操作,这时候也可以利用 READY 信号,使 CPU 插入 T_W 状态,以保证时间配合。具有 T_W 的写入时序与读时序类似,不再赘述。

3. 输入输出周期

8088 从外设输入数据或把数据输出给外设的时序,与存储器读周期或写周期的时序几乎完全相同,只是 $IO/\overline{M}$ 信号为高,见图 4-15 或图 4-16,不再赘述。

4.4.3 最大组态下的时序

在最大组态下 8088 的基本总线周期仍是由 4 个 T 状态组成的。在 T_1 状态时,8088

发出 20 位地址信号,同时送出状态信号 S_0,S_1,S_2 给总线控制器。总线控制器对 $S_0 \sim S_2$ 进行译码,产生相应的命令控制信号。首先在 T_1 期间送出地址锁存允许信号 ALE,将 CPU 输出的地址信息锁存至地址锁存器中,再输出到系统地址总线上。

在 T_2 状态,8088 开始执行数据传送操作。此时,8088 内部的多路转换开关进行切换,将地址/数据线 $AD_0 \sim AD_7$ 上的地址撤销,切换成数据线,为读写数据做准备。发出数据允许信号 $\overline{DEN}$ 和数据发送/接收控制信号 $DT/\overline{R}$,允许数据收发器工作,使系统数据总线与 8088 的数据线接通,并控制数据传送的方向。同样,把地址/状态线 $A_{16}/S_3 \sim A_{19}/S_6$ 切换成与总线周期有关的状态信息,指示若干与周期有关的情况。

在 T_3 周期开始的时钟下降沿上,8088 采样 READY 线。如果 READY 信号有效(高电平),则在 T_3 状态结束后进入 T_4 状态,在 T_4 状态开始的时钟下降沿,把数据总线上的数据读入 CPU 或写到地址选中的存储单元或外设,在 T_4 状态中结束总线周期。如果访问的慢速存储器或是外设接口,则应该在 T_1 输出的地址,经过译码选中某个单元或设备后,立即驱动 READY 信号到低电平。8088 在 T_3 的前沿采样到 READY 信号无效,就在 T_3 状态后插入等待周期 T_w。在 T_w 状态的时钟下降沿 8088 再采样 READY 信号,只要 READY 为低电平,就继续插入 T_w 状态,直至采样到 READY 为高电平。接着就进入 T_4 状态,完成数据传送,结束总线周期。

在 T_4 状态,8088 完成数据传送,状态信号 $S_0 \sim S_2$ 变为无操作的过渡状态。在此期间,8088 结束总线周期,恢复各信号线的初态,准备执行下一个总线周期。

1. 存储器读周期

存储器读周期由 4 个时钟组成,即使用 T_1,T_2,T_3 和 T_4 4 个状态。

对存储器读周期,在 T_1 开始,8088 发出 20 位地址信息和 $S_0 \sim S_2$ 状态信息。总线控制器 8288 对 $S_0 \sim S_2$ 进行译码,发出 ALE 信号将地址锁存;同时判断为读操作,$DT/\overline{R}$ 信号输出为低电平。在 T_2 期间,8088 将 $AD_0 \sim AD_7$ 切换为数据线,8288 发出读存储器命令 $\overline{MRDC}$,此命令使地址选中的存储单元把数据送上数据总线;然后信号 $\overline{DEN}$ 有效,接通数据收发器,允许数据输入到 8088。在 T_3 开始时,8088 采样 RAEDY 线。由于在 IBM PC XT 中所用的存储器不需要插入等待状态,故 READY 为高电平。在 T_3 结束 T_4 开始时,8088 读取数据总线上的数据,到此读操作结束。在 T_4 之前的时钟周期的时钟信号的上升沿,8088 就发出过渡的状态信息($S_0 \sim S_2$ 为 111),使各信号在 T_4 期间恢复初态,准备执行下一个总线周期。存储器读周期的时序如图 4-17 所示。

2. 存储器写周期

存储器写周期也由 4 个时钟组成,即使用 T_1,T_2,T_3 和 T_4 4 个状态。

存储器写周期的大部分过程与存储器读周期类似,但执行的是写操作。T_1 期间 8088 发出 20 位地址信息和 $S_0 \sim S_2$,8288 判断为写操作,则 $DT/\overline{R}$ 信号变为高电平。在 T_2 开始,8288 输出写命令 $\overline{AMWC}$,命令存储器把数据写入选中的地址单元;同时 $\overline{DEN}$ 信号有效,使 8088 输出的数据马上经数据收发器送到数据总线上。T_3 开始,采样到 READY 为高电平,接着进入 T_4 状态,结束存储器写周期。存储器写周期的时序如图 4-18 所示。

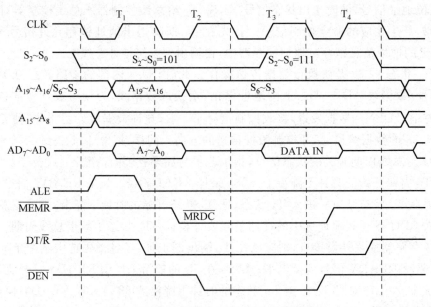

图 4-17 在最大组态时存储器读周期时序

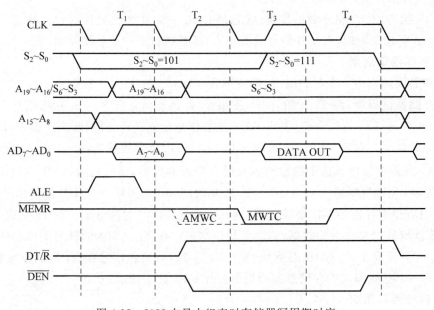

图 4-18 8088 在最大组态时存储器写周期时序

由图 4-18 可看到在存储器写周期,8088 有两种存储器写命令信号:存储器写命令
$\overline{\text{MWTC}}$ 和提前写命令 $\overline{\text{AMWC}}$,这两个信号大约差 200ns。

4.4.4 I/O 读和 I/O 写周期

8088 的 I/O 总线周期时序与存储器读/写的时序是类似的。I/O 读/写周期和存储
器读/写周期的时序基本相同,不同之点在于:

（1）由于 I/O 接口的工作速度较慢,要求在 I/O 读写的总线周期中插入一个等待状态 T_w,所以,只要是 I/O 操作,等待状态控制逻辑就使 8088 插入一个等待状态 T_w,即基本的 I/O 操作是由 T_1,T_2,T_3,T_w,T_4 组成,占用 5 个时钟周期。

（2）T_1 期间 8088 发出 $A_{15} \sim A_0$ 16 位地址信息,$A_{19} \sim A_{16}$ 为 0。同时 $S_0 \sim S_2$ 的编码为 I/O 操作。

（3）在 T_3 时采样到的 READY 为低电平,插入一个 T_w 状态。

（4）8088 发出的读写命令是 $\overline{\text{IORC}}$ 和 $\overline{\text{AIOWC}}$（$\overline{\text{IOWC}}$ 未用）。

I/O 读和 I/O 写周期的时序如图 4-19 所示。

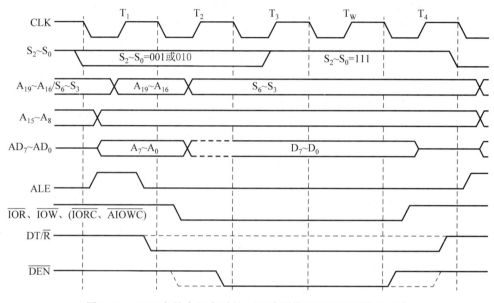

图 4-19　8088 在最大组态时的 I/O 读周期和 I/O 写周期的时序

4.5　习　　题

4.1　8086 CPU 与 8088 CPU 有哪些相同之处? 又有哪些区别?

4.2　8086 CPU 从功能上分为几部分? 各部分由什么组成? 各部分的功能是什么?

4.3　8086 CPU 由哪些寄存器组成? 各有什么用途? 标志寄存器的各标志位在什么情况下置位?

4.4　8086 系统中的物理地址是如何得到的? 假如 CS＝2000H,IP＝2100H 其物理地址应是多少?

4.5　什么叫总线周期? 8086 CPU 的一个总线周期包括多少时钟周期,什么情况下要插入 T_w 等待周期? 插入多少个 T_w 取决于什么因素?

4.6　什么是地址锁存器? 8088/8086 系统中为什么要用地址锁存器? 锁存的是什么信息?

4.7　最小组态和最大组态的区别何在? 用什么方法将 8086/8088 置为最大组态和

最小组态？

    4.8   IBM PC/XT 的控制核心有哪些部件？各自的作用是什么？

    4.9   8088/8086 系统中用时钟发生器 8284A 产生哪些信号？

    4.10 RESET 信号来到后，8086/8088 CPU 的 CS 和 IP 分别等于多少？

    4.11 什么是指令周期、总线周期和时钟周期？

    4.12 为什么要学习和了解 8086/8088 CPU 的操作时序？

    4.13 存储器读周期和存储器写周期的主要区别是什么？

    4.14 输入/输出周期与存储器读/写周期有何异同？8086/8088 CPU 发送和接收数据受什么信号控制？

第5章 32位微处理器

32位微处理器的问世,是微处理器发展过程中的又一个里程碑。目前,32位微处理器的型号很多,Intel公司推出的主要类型有80386,80486和Pentium微处理器。

32位80386微处理器是为多用户和多任务操作系统而设计的,具有32位寄存器和数据通道,支持32位地址和数据类型。CPU片内有存储器管理部件,可实现分段和分页管理,使微处理器地址有4GB(吉字节)物理存储器和64TB(太字节)虚拟存储器,以及有4级保护功能,因此程序不能访问段所规定区域以外的单元,数据也不能写入到禁止的段里。另外,其指令流水线,在高速缓冲存储器(cache)和高速总线带宽的作用下,缩短了指令执行时间及增加了系统的数据吞吐能力。它与所有的80x86系列微处理器的目标代码兼容。

80486微处理器是在80386基础上又增加了浮点运算部件和高速缓冲部件,其性能和速度又提高了一大步。Pentium处理器是一种最先进的32位微处理器。它是一种双ALU流水线工作的CPU,每一个时钟周期可执行两条指令,提供了强有力的工作站和服务器功能。Pentium Ⅱ、Pentium Ⅲ及Pentium 4微处理器又增添了多媒体处理功能,所以,Pentium微处理器也就最适用于多媒体计算机和网络计算机中。

这3种32位微处理器的工作原理类同,都属于80x86系列。它们的软件也与前面所学的16位微处理器兼容。为了学习方便,我们先从80386微处理器结构开始,讲述32位微处理器的工作原理。随后,再来介绍80486和Pentium微处理器。

本章着重讲解32位微处理器与16位微处理器在结构和工作原理上的区别,重点论述32位微处理器的实地址方式、保护方式和虚拟8086方式的机理,存储器的分段和分页管理以及32位微处理器的寻址方法。

5.1 80386微处理器的结构

80386微处理器的内部结构流程图如图5-1所示。这是一种采用流水线工作方式的结构,内部分为中央处理部件(CPU)、存储管理部件(MMU)和总线接口部件(BIU)3部分,图中各部分用虚线分开。

中央处理部件由指令部件和执行部件组成。指令部件包含两个指令队列,其一是指令预取队列,用来暂存从存储器中预取出来的指令代码;其二是已译码指令队列。这些预取指令经预译码后,送入已译码指令队列中等待执行。如果在预译码时发现是转移指令,可提前通知总线接口部件去取目标地址中的指令,取代原预取队列中的顺序指令。执行部件中包含32位的算术运算单元ALU,8个32位通用寄存器组。为了加快乘、除法运算速度,设置了一个64位的桶形移位器和乘/除硬件。

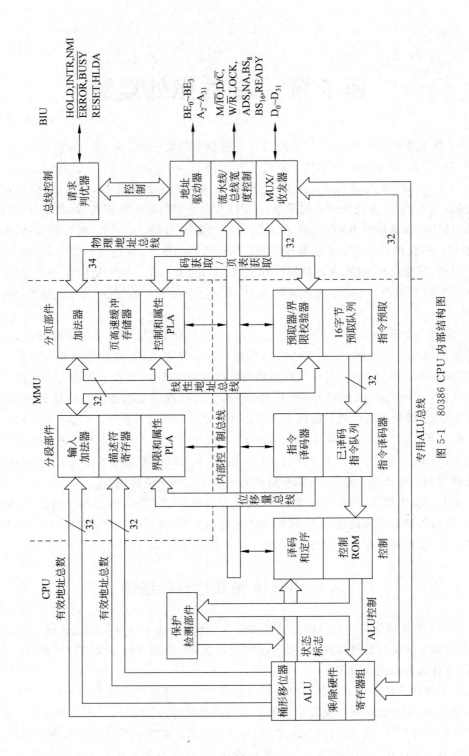

图 5-1 80386 CPU 内部结构图

存储管理部件由分段部件和分页部件组成,存储器采用段、页式结构。页是机械划分的,每4KB为一页,程序或数据均以页为单位进入实存。存储器按段来组织,每段包含若干个页,段的最大容量可达4000MB。一个任务最多可包含2^{12}个段,所以80386可为每个任务提供64TB的虚拟存储空间。为了加快访问速度,系统中还设置有高速缓冲存储器(cache),构成完整的cache-主存-辅存的3级存储体系。

总线接口部件通过数据总线、地址总线和控制总线负责与外部取得联系,包括访问存储器预取指令,读/写数据和访问I/O端口读/写数据等全部操作及其他控制功能。

80386微处理器中有通用寄存器、段寄存器、指令指示器和标志寄存器、控制寄存器、系统地址寄存器、调试寄存器以及测试寄存器,如图5-2所示。以下先作初步介绍。

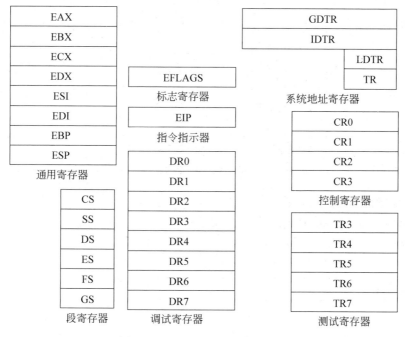

图 5-2 80386 微处理器的寄存器

1. 通用寄存器组

80386中设置8个32位通用寄存器,如图5-3所示,它们的低16位就是8086的通用寄存器,见图4-2。它们的用法与8086相同,也可当作8位、16位寄存器用。若作32位寄存器使用,前面必须加字符E。

2. 段寄存器

80386中设置6个16位段寄存器和6个64位描述符寄存器,如图5-4所示。其中CS,SS,DS和ES段寄存器与8086中的段寄存器完全相同。在实地址方式下,使用方法也与8086相同;在保护虚地址方式下,用来存放虚地址指示器中的段选择字。当段选择字装入段寄存器时,CPU会把相应的描述符中的段起始地址、段界限和段属性等自动地装入描述符寄存器,以供地址变换时使用。FS和GS寄存器是为减轻段寄存器负担而设置的,可由用户将FS,GS定义为其他数据段。

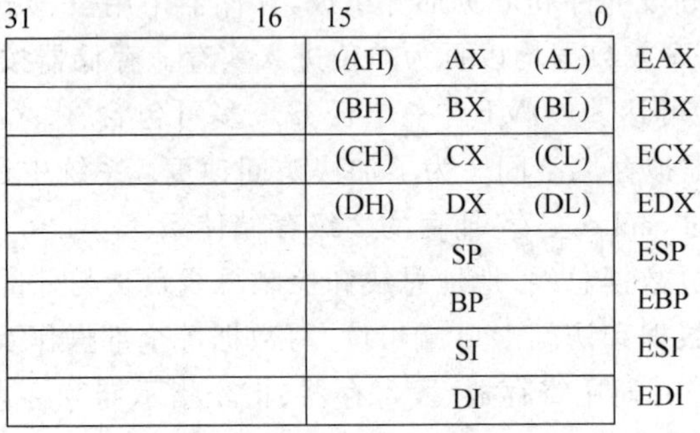

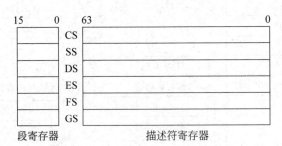

图 5-3 80386 的通用寄存器组

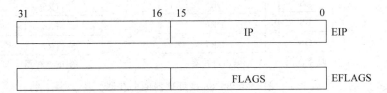

图 5-4 80386 的段寄存器和描述符寄存器

3. 指令指针和标志寄存器

80386 中设置一个 32 位的指令指针(EIP)和一个 32 位的标志寄存器(EFLAGS),如图 5-5 所示。

31	16	15	0	
		IP		EIP
		FLAGS		EFLAGS

图 5-5 80386 的指令指针和标志寄存器

利用 EIP 寄存器可直接寻址 4000MB(2^{32} 的实存空间)。

标志寄存器的位结构如图 5-6 所示。

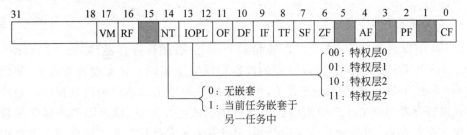

图 5-6 80386 的标志寄存器格式

其低端12位与8086标志寄存器完全相同,高端又设置了4个新的标位。其中,IOPL字段为特权标志,用来定义当前任务的特权层。NT位为任务嵌套标志,NT=1,表示当前执行的任务嵌套于另一任务中,否则NT=0。VM位是虚拟方式标志,如果VM位置"1",表示80386是工作在保护虚地址方式。RF位是恢复标志位,当RF位置"1",表示下边指令中的所有调试故障都被忽略,当成功地执行完每条指令时,RF将被置位。

4. 控制寄存器

80386中设置4个32位的控制寄存器,如图5-7所示。

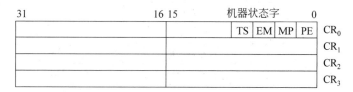

图5-7　80386的控制寄存器

CR_0寄存器中的低16位为机器状态字,目前只用低4位。其中,保护允许位(PE)用来启动CPU进入保护虚地址方式。PE=0,表示CPU当前处于实地址方式;PE=1,表示CPU当前已进入保护虚地址方式。任务切换位(TS)、仿真协处理器位(EM)及监督协处理器位(MP)的组合功能见表5-1。

表 5-1　TS、EM、MP 组合编码功能

TS	EM	MP	功　能
0	0	0	80386处于实地址方式下,当前是复位后的初始状态
0	1	0	没有协处理机可供使用,要求用软件仿真
0	0	1	有协处理机,不需要软件仿真
1	1	0	无协处理机,要求软件仿真,当前产生了任务切换,协处理机可属下一任务
1	0	1	有协处理机,不要软件仿真,产生了任务切换,协处理机可属下一任务

系统可用LMSW及SMSW指令把机器状态字取出和存入存储器,来改变其功能。可使用MOV指令对CR_0进行读/写操作;CR_1寄存器保留给将来开发的Intel微处理器使用;CR_2寄存器包含一个32位的线性地址,指向发生最后一次页故障的地址;CR_3寄存器中包含页目录表的物理基址,因为80386中的页目录表总是在页的整数边界上,每4KB为一页,所以CR_3的低端12位保持为0。

5. 系统地址寄存器

80386中设置4个专用的系统地址寄存器,如图5-8所示。

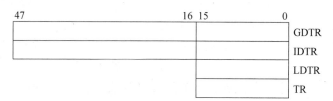

图5-8　80386的系统地址寄存器

GDTR 和 IDTR 长 48 位,LDTR 和 TR 长 16 位。GDTR 寄存器用来存放全局描述符表的基地址(32 位)和限值(16 位);IDTR 寄存器用来存放中断描述符表的基地址(32 位)和限值(16 位);LDTR 寄存器用来存放局部描述符表的段选择字;TR 寄存器用来存放任务状态段表的段选择字。

6. 调试寄存器组

80386 为程序员提供 8 个 32 位的调试(DEBUG)寄存器,如图 5-9 所示。

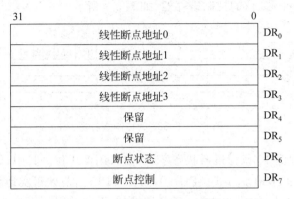

图 5-9 80386 的调试寄存器组

DR$_7$ 用来设置断点;DR$_6$ 用来保留断点状态。DR$_3 \sim$ DR$_0$ 可用来设置 4 个断点;DR$_4$,DR$_5$ 保留待用。

7. 测试寄存器组

80386 设置两个 32 位测试寄存器组,如图 5-10 所示。

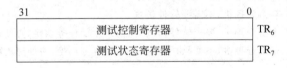

图 5-10 80386 的测试寄存器组

TR$_6$ 用作测试命令寄存器,可对 RAM 和相关联存储器进行测试;TR$_7$ 用来保留测试后的结果。

5.2 32 位微处理器的地址总线和数据总线

80386/80486 CPU 都是 Intel 公司典型的 32 位微处理器。它们的结构和工作原理基本相同,但 80386 CPU 的内部没有浮点数运算部件,所以它需要有 80387 数字协处理器一起工作,才能更快地完成浮点数运算。而 80486 CPU 内部已有浮点数运算部件,就不再需要数字协处理器了。80386 CPU 对外的地址总线和数据总线都是 32 条,但它们又如何来进行 16 位和 8 位数的传送呢? 这就是我们学习这一节的目的。

5.2.1 地址总线

80386 CPU 的 32 位地址总线是用 30 条地址线 $A_2 \sim A_{31}$ 加上 4 个字节允许符 $\overline{BE_0} \sim \overline{BE_3}$ 来实现。这 4 个字节允许符给出了两个最低有效地址位和传送宽度编码。地址总线提供内存和 I/O 端口的物理地址。32 位微处理器的物理寻址空间有 4GB,即 2^{32} 字节;而 I/O 地址空间只有 64KB,即 2^{16} 字节。所以,$A_2 \sim A_{31}$ 用来寻址到一个 4 个字节的单元,而用 $\overline{BE_0} \sim \overline{BE_3}$ 来标识在当前传送操作中这 4 个字节单元的处理方法。对于在执行计算机内存的读和写周期时,4 个字节允许符 $\overline{BE_0} \sim \overline{BE_3}$ 用来确定数据总线上哪些字节是有效驱动的。即 $\overline{BE_3}$ 使最高 8 位数据线 $D_{24} \sim D_{31}$ 有效,$\overline{BE_2}$ 使次高 8 位数据线 $D_{16} \sim D_{23}$ 有效,$\overline{BE_1}$ 使次低 8 位数据线 $D_8 \sim D_{15}$ 有效,$\overline{BE_0}$ 使最低 8 位数据线 $D_0 \sim D_7$ 有效。这样,字节允许符 $\overline{BE_0} \sim \overline{BE_3}$ 直接决定 32 位数据总线上传送数据的宽度是 1~4 个字节,为外部硬件电路提供了很大的方便。

5.2.2 数据总线

32 位数据总线是 32 条三态双向数据线 $D_0 \sim D_{31}$。$D_0 \sim D_7$ 为最低字节,$D_{24} \sim D_{31}$ 为最高字节。可以使用 BS8 和 BS16 引脚输入控制信号来改变数据总线的宽度,将数据传送到 8 位或 16 位设备中。使 32 位微处理器能直接与 32 位、16 位或 8 位总线相连接。CPU 每个时钟周期都采样这些引脚,当接收到 BS16 或 BS8 信号时,只需要 16 位或 8 位总线有效。当同时接收到 BS16 或 BS8 信号时,只有 8 位总线有效。

5.2.3 总线传送机制

32 位微处理器的所有数据传送都是由一个或多个总线周期来完成。1 字节,2 字节或 4 字节的逻辑数据操作数可以在物理地址不对界的情况下传送。在对界时的操作数只需要 1 个总线周期,而对于不对界时的操作数就需要 2 个或 3 个总线周期。

80386 CPU 地址信号的设计可以简化外部系统的硬件。高位地址由 $A_2 \sim A_{31}$ 提供。低位地址则以 $\overline{BE_0} \sim \overline{BE_3}$ 形式提供了 32 位数据总线 4 个字节的选择信号。

当字节允许符参与数据传送时,在数据总线上就会有相应的数据总线字节被传送,如表 5-2 所示。这样,由 $A_2 \sim A_{31}$ 和 $\overline{BE_0} \sim \overline{BE_3}$ 就能形成了完整的 80386 CPU 的 32 条地址线,如表 5-3 所示。

表 5-2 字节允许符与相应数据总线字节传送的关系

字节允许符	参与传送的相关数据
$\overline{BE_0}$	$D_0 \sim D_7$(字节 0,为最低字节)
$\overline{BE_1}$	$D_8 \sim D_{15}$(字节 1)
$\overline{BE_2}$	$D_{16} \sim D_{23}$(字节 2)
$\overline{BE_3}$	$D_{24} \sim D_{31}$(字节 3,为最高字节)

表 5-3　产生 80386 CPU $A_0 \sim A_{31}$ 物理地址的逻辑表

$A_{31} \sim A_2$	A_1	A_0	$\overline{BE_3}$	$\overline{BE_2}$	$\overline{BE_1}$	$\overline{BE_0}$
$A_{31} \sim A_2$	0	0	×	×	×	低
$A_{31} \sim A_2$	0	1	×	×	低	高
$A_{31} \sim A_2$	1	0	×	低	高	高
$A_{31} \sim A_2$	1	1	低	高	高	高

有时,对多总线接口需要 A_0 和 A_1 这两个地址信号,可由表 5-3 得到图 5-11 所示的逻辑电路产生。

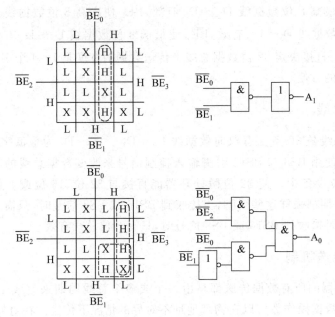

图 5-11　用 $\overline{BE_0} \sim \overline{BE_3}$ 信号线产生 A_0 和 A_1 的逻辑

5.3　32 位微处理器的工作方式

32 位微处理器有 3 种工作方式,即实地址方式(real mode)、保护方式(protected mode)和虚拟 8086 方式(virtual 8086 mode)。它们运行和转换的关系如图 5-12 所示。当 CPU 进行启动或复位时首先进入实地址方式工作。修改控制寄存器 CR_0 的机器状态字时,就可以由实地址方式转换到保护方式工作。再执行 IRET 指令或进行任务转换,就可由保护方式转移到虚拟 8086 方式工作。任务转换功能是 32 位微处理器的特点之一,我们采用中断处理,就可再把 CPU 从虚拟 8086 方式返回到保护方式和实地址方式。

32 位微处理器实地址方式的工作原理与 8086 基本相同,其主要区别是 32 位微处理器能处理 32 位数据。

在保护方式下,CPU 可访问 2^{32} 字节的物理存储空间,段长为 2^{32} 字节,而且还可以实施保护功能。分页功能是任选的。在保护方式中引入了软件可占用空间的虚拟存

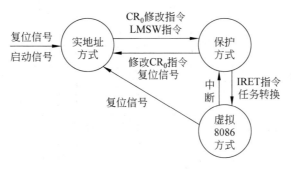

图 5-12　32 位微处理器的 3 种工作方式

储器的概念。

　　虚拟 8086 方式是一种既能有效利用保护功能,又能执行 8086 代码的工作方式。CPU 与保护方式下的原理相同,但程序指定的逻辑地址与 8086 CPU 解释相同。

　　由此可见,实地址方式主要是为微处理器建立保护方式所必需的。

　　在实地址方式运行时,32 位微处理器就像一个速度很快的 8086 CPU,但是,对某些指令,它也可扩展为 32 位。保护方式提供了复杂的存储器管理和处理器的特权级能力。在保护方式运行时,可实现任务的切换,即切换到虚拟 8086 方式,允许执行 8086 的操作系统和应用程序,使 32 位微处理器实现多任务和多用户的目标。

5.4　实地址方式

　　32 位微处理器复位或加电后即处于实地址方式。实地址方式具有与 8086 相同的特性,但允许访问 32 位寄存器组。其寻址机制、存储器访问范围和中断控制等都与 8086 CPU 相同。

　　本节重点讲解 32 位微处理器中分段存储器管理的工作原理。

　　在实地址方式中默认的操作数是 16 位数,段的大小是 64KB。则 32 位有效地址必须是比 0000FFFFH 小的值。为了使用 32 位寄存器和寻址方式必须用超越前缀。实地址方式寻址方法如图 5-13 所示。

　　实地址方式的首要目的是安排 32 位微处理器进入保护方式。

　　在实地址方式运行时,最大的存储器访问范围是 1MB。因此,仅 $A_0 \sim A_{19}$ 地址线有效,$A_{20} \sim A_{31}$ 地址线是高电平。

　　因为,在实地址方式运行时,不允许分页,物理地址是由相应的段寄存器内容:左移 4 位;再加上指定的偏移量而形成。这也与 8086 CPU 相同。在实地址方式中,存储器内保留两个固定的区域,即系统初始化区和中断向量表。FFFFFFF0H ～ FFFFFFFFH 为系统初始化保留区,C0000H ～ 003FFH 为中断向量表,对 256 级中断的每一级都有一个相应的 4 字节跳转向量。

5.4.1　32 位微处理器的地址空间

　　32 位微处理器有 3 种不同方式的地址空间:逻辑空间、线性空间和物理空间。它可

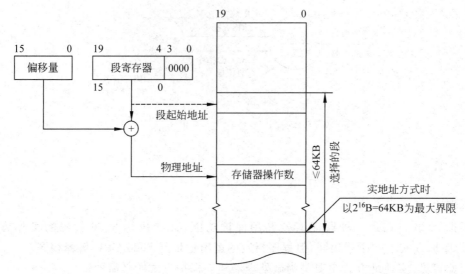

图 5-13　实地址方式寻址

以访问 2^{32} B 的物理存储器,但它支持多个任务时,每个任务又能得到最大为 2^{46} B。这就出现了 2^{32} B 的物理存储器如何去分配给多个任务的存储器管理问题。

物理存储器是 CPU 可访问的存储器空间,其容量由 CPU 的地址总线宽度所决定;而虚拟存储器是程序占有的空间,它的容量是由 CPU 内部结构所决定。

段部件将逻辑地址空间转换为 32 位的线性地址空间。如果不使用分页部件,则 32 位线性地址就对应着物理地址。分页部件能将线性地址空间转换为物理地址空间。

对于 8086 CPU 来说,程序占有的存储器与 CPU 可以访问的存储器是一致的,其容量都是 1MB。但对 32 位微处理器来说,物理存储器与虚拟存储器是有区别的,其容量也不同。用户在写程序时,其程序是存在磁盘里,因此可写 2^{46} B 的程序。然而,在执行程序时,一定要把程序加载到物理存储器。但是,物理存储器的容量只有 2^{32} B。因此,存在着物理存储器的如何分配问题,即存储器管理。这种存储器管理是由操作系统进行,但 32 位微处理器内部固件就有支持存储器管理的功能。

我们在对程序进行编码时,不可能直接指定物理存储器地址。这时,程序占有的是虚拟存储器地址。该地址是由程序指定,所以也叫做"逻辑地址"。

32 位微处理器中程序占有的虚拟存储器如图 5-14 所示。它与 8086 CPU 相同,程序可以是有多段构成的。图 5-14 只表示了一个有 OMEGA 变量(位置)的数据段。在程序中 OMEGA 的虚拟存储器地址由逻辑地址所决定。

例如,要把 AL 寄存器内容传送到这个位置,就要采用如下指令:

MOV　FS：OMEGA,AL

FS：OMEGA 是变量名为 OMEGA 的虚拟存储器地址的逻辑地址格式。像 8086 CPU 那样,OMEGA 是表示该段的开始地址到 OMEGA 的偏移地址。不同的是,在 8086 CPU 中,段寄存器中存放的是段基址;而在 32 位微处理器中,则是段选择字。段选择字的作用是间接地来指定段的起始地址。在本教材的"5.4.3 段寄存器"中还要讲解。

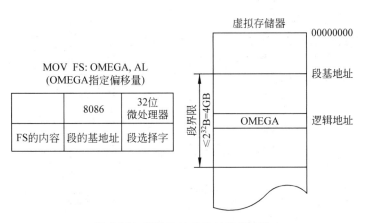

图 5-14　逻辑地址的地址指定方法

　　所以,用程序来处理的所有地址都是以逻辑地址格式指定的虚拟地址。32 位微处理器实际使用的 FS 寄存器是其中的高 14 位。因此,虚拟地址共有 46 位,虚拟存储器地址的空间范围也就是 2^{46}B。

　　那么,32 位微处理器对程序指定的 46 位虚拟地址又是怎样变换成为 32 位物理地址的呢？因为在 32 位微处理器里有了一个"分段部件",如图 5-15 所示。它能把 46 位虚拟地址变换成 32 位物理地址。

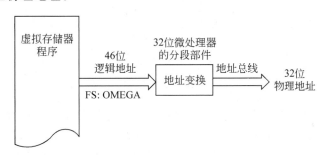

图 5-15　逻辑地址变换为物理地址

　　我们也可用 8086 CPU 中逻辑地址变换为物理地址的方法来理解 32 位微处理器的变换,如图 5-16 所示。

　　在 8086 CPU 中,段寄存器的内容就是段的段基址。为了换算成起始地址,我们把它逻辑左移 4 位(×16)即可。但对 32 位微处理器,用 16 位段选择字变换成 32 位段首址就比较复杂。

　　32 位 CPU 的段寄存器共有 16 位,除上述高 14 位作为虚拟存储器地址空间外,其最后两位是请求保护特权级(RPL)。这要在本教材的"5.5 保护方式"中进行讲解。

5.4.2　描述符表

　　在 32 位微处理器里,由虚拟地址变换为物理地址时需要用描述符表。描述符表与程序一起保存在虚拟存储器中,程序执行时都要装入物理存储器。在描述符表里描述符记载的仅是程序段数,如图 5-17 所示。描述符长度由 8B 组成。它记载着段的起始地址、大小和属性。CPU 根据段寄存器中的选择字从描述符表选定一个描述符,读取存于其描述

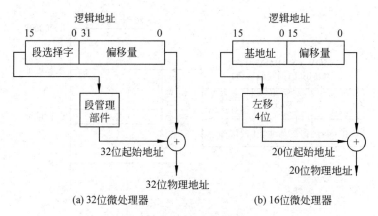

图 5-16　逻辑地址换算方法

符中的起始地址等参数,进行虚拟地址到物理地址的变换。

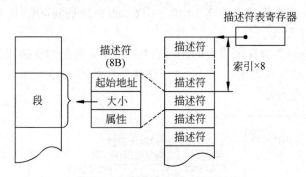

图 5-17　描述符表的工作原理

32 位微处理器为了读取描述符中的起始地址,一定先要知道描述符的物理地址。所以,在 CPU 中有描述符表寄存器,其中存有描述符表的起始地址。计算的方法如下:

(选择字中高 13 位数)×8＋(描述符表的起始地址)＝描述符的物理地址

其中,乘以 8 是因为描述符由 8 个字节组成。这样,利用选择字,从描述符表可以找到段的起始地址,也称为段首地址。可以说,选择字的功能是用间接方法指定段的首地址,也可理解为选择字在确定段起始地址时,起到索引的作用。

如上所述,32 位微处理器的软件在执行时需要有把虚拟地址变换为物理地址的描述符表,而 8086 CPU 的代码里不包含描述符表,因此,在保护方式时软件不可能执行。

操作系统的存储器管理工作是包括段起始地址的管理,可以以段为单位把程序分配到物理存储器。而 32 位微处理器的作用是根据描述符表把程序指定的虚拟地址变换为物理地址,它起到支持存储器管理的功能。

在 32 位微处理器中虚拟地址用以下格式表示:

段寄存器:偏移地址

例如:FS:OMEGA。

FS:OMEGA 所表示的地址是虚拟存储器中某位置的地址,不是实际物理地址,是虚拟地址,也称为逻辑地址。

5.4.3 段寄存器

32 位微处理器是根据描述符表实现把虚拟地址变换成物理地址的。访问描述符表就要花费时间,使 CPU 速度降低。为此,我们采用段寄存器来替代描述符表。

32 位微处理器的段寄存器要比 8086 CPU 中复杂得多。它由 16 位段寄存器与 64 位描述符寄存器构成,描述符寄存器中内容是复制记载在描述符表中的描述符。因为只有 CS,SS,DS,ES,FS 和 GS 6 个段寄存器,所以也只能复制 6 条描述符,如图 5-18 所示。

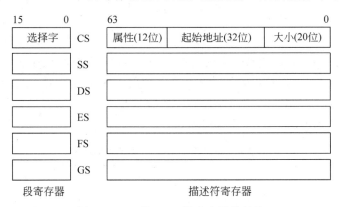

图 5-18 32 位 CPU 段寄存器的结构

这样,CPU 把虚拟地址变换成物理地址变成为访问存储器,实际上访问描述符寄存器,也就等于访问了描述符表,所以速度很快。请看例 5.1 及例 5.2。

【例 5.1】 MOV AH,FS:OMEGA

把 FS:OMEGA 的虚拟地址变换成物理地址时,要访问 FS 描述符寄存器,使用保存在描述符寄存器中的段起始地址,如图 5-19(a)所示。

(a) 例5.1 MOV AH,FS:OMEGA   (b) 例5.2 PUSH EAX

图 5-19 描述符寄存器计算物理地址

【例 5.2】 PUSH EAX

把 EAX 的内容压入堆栈 SS:ESP 的虚拟地址,但是存入 SS 描述符寄存器中的段起始地址加上 ESP 寄存器中内容(偏移量)形成物理地址如图 5-19(b)所示。

5.4.4 描述符

描述符的作用是描述段,由 8B 组成,如图 5-20 所示。

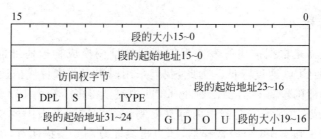

图 5-20　描述符的格式

在这 8 个字节里：其中 20 位记载段的大小，它等于段字节数减 1，同时也限制各逻辑段的长度不超过 64KB；32 位记载段的起始地址；8 位记载访问权字节，用来定义该段的有关特性；还记载有 G 位，D 位，U 位和 1 位预约位。G 位为 0 时，段的单位大小是 1 字节；G 位为 1 时，段的单位大小是 4KB。因此，当 G 位为 0 时，段的最大范围是 1MB；当 G 位为 1 时，段的最大范围是 4GB。举例如表 5-4 所示。

表 5-4　描述符中 G 位所确定段的范围

G 位	段的大小	段的字节数
0	1FFFH	1FFFFH＋1＝20000H
1	1FFFFH	1FFFFH×FFFH＋1＝20000000H

段的起始地址是段的最低物理地址。描述符中访问权字节定义见表 5-5。

表 5-5　段描述符访问权字节定义

字段名	占用位		定　义	
P	7		P＝1，该段已在实存中，段基址和限值有效 P＝0，该段未在实存中，段基址和限值无效	
DPL	6、5		该段所具有的特权级(0～3)	
S	4		S＝1，该段为代码段或数据段 S＝0，该段为非代码段或数据段	
TYPE	E	3	E＝0，该段是数据段	对数据段有效
	ED	2	ED＝0，该段向上生长偏移地址≤限值，即偏移量为 16 位 ED＝1，该段向下生长偏移地址＞限值，即偏移量为 32 位	
	W	1	W＝0，该段是不可写数据段 W＝1，该段是可写数据段	
TYPE	E	3	E＝1，该段是代码段	对代码段有效
	C	2	C＝0，当 CPL≥DPL 时，该代码段只能执行 C＝1，无此要求	
	R	1	R＝0，该段是不可读代码段(只可执行) R＝1，该段是可读代码段	
A	0		A＝0，该段未被访问过 A＝1，该段已被访问过	

5.5 保护方式

上节讲述了 32 位微处理器与 8086 CPU 在存储器地址空间概念上的区别。在 8086 CPU 中段寄存器的内容是段基地址,而 32 位微处理器的段寄存器从结构到数据处理都比原来的要复杂得多。此外,为了多任务操作系统的需要,微处理器必须要有一种对数据处理有更为可靠的运行方式,即保护方式。

本节着重讲解特权级、存储器保护功能和分页管理。

5.5.1 32 位微处理器的保护机制

32 位微处理器为了支持多任务操作系统,以 4 个特权级来隔离或保护各用户及操作系统。不同等级的特权级不能访问所规定区域外的单元,此外,数据也不能写到禁止写入的段里。

32 位微处理器提供的保护机制不是通过复杂的外部硬件,而是使用 CPU 内部固件来实现。它主要包括分段保护及分页保护。

1. 特权级及特权级规则

(1) 保护方式中的几个术语。

PL(protected level)——特权级。32 位微处理器在保护方式运行时,分为 4 个特权级,PL0 级是最高级,PL3 级是最低级。

RPL——请求特权级。由选择符提供的特权级请求符。RPL 由选择符的最低两位决定。

DPL——特权级描述符。一个任务可以访问的描述符。DPL 由选择符所访问权字节的第 5 和第 6 两位决定。

CPL——当前特权级,是当前正在执行任务的特权级。它相当于正执行代码段的优先级。CPL 由检测 CS 寄存器的最低两位来决定。

EPL——有效特权级,是 RPL 和 DPL 的最低特权级。因为较小的特权级值代表了较高的特权级,因此,EPL 是 RPL 和 DPL 两者中数值较大的那个特权级。

此外,对一个程序进行的实例称为任务(task)。

(2) 保护方式的概念:32 位微处理器用保护权等级来划分计算机中的各类软件。4 级特权在计算机中形成的保护体制如图 5-21 所示。

32 位微处理器内部的特权级是 PL＝0,为微处理器服务的 I/O 系统是 PL＝1,操作系统(OS)的特权级是 PL＝2,应用软件的特权级最低,是 PL＝3。它们之间的转换是由 CPU 强制实施的。

(3) 特权级的运作规则:32 位微处理器按下述规则对某任务各级之间的数据和过程进行访问:

① 存储在特权级为 PL 段中的数据,仅可由至少像 PL 同样特权级上执行的代码来访问。

② 具有特权级为 PL 的代码段或过程可由与 PL 相同或低于 PL 特权级的任务来

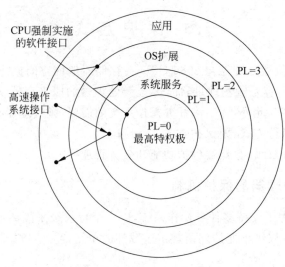

图 5-21 计算机的保护体制

调用。

2. 特权级分类

为了保证计算机系统在多任务下工作时的可靠性,32 位微处理器在许多操作中都设置了各自的特权级。下面举例说明几项特权级保护。

(1) 任务特权级:在任一时刻,32 位微处理器总是在 4 个特权级之一的特权级上运行。当前特权级 CPL 指定了任务的特权级。一个任务的 CPL 仅可通过段描述符来改变。因此,一个处于 PL=3 运行的应用程序可以调用在 PL=1 上的操作系统子程序,并设置该任务的 CPL=1,直到操作系统的子程序执行完。

(2) 请求特权级(RPL):由选择器寄存器中两个最低的有效位,即 RPL 位来设置。RPL 仅用于建立一个比某一段所用的现行特权级低的特权级。该特权级称作任务的有效特权级(EPL)。EPL 定义为任务的 CPL 和选择器 RPL 中的较低的特权级。

(3) I/O 特权级(IOPL):由 EFLAG 寄存器中的两位(12 及 13 位)来决定。该特权级定义了可以无条件执行的 I/O 指令的最低特权级。

5.5.2 保护方式的寻址方法

32 位微处理器的保护方式可以扩大线性地址空间,从 4GB(2^{32} 字节)扩大到 64TB(2^{46} 字节),可运行虚拟存储器程序。另外,保护方式提供了精巧复杂的内存管理和硬件辅助的保护机构。在保护方式下可以使用支持多任务操作系统。从学习 32 位微处理器的角度来看,保护方式和实地址方式间的主要差别是增加了地址空间和一个不同的寻址机制。

在保护方式下逻辑地址由两部分来组成,一个 16 位的选择字和一个 32 位的偏移地址。选择字用来确定段的起始地址,起始地址加上一个 32 位的偏移以形成一个 32 位线性地址。这个线性地址就叫做 32 位物理地址。

在保护方式下,选择符用来指定一个查找由操作系统定义的一个表所需的变址,如

图 5-22 所示。这个表包含一个已给段的 32 位起始地址。从这表中得到的起始地址加上偏移就得到物理地址。

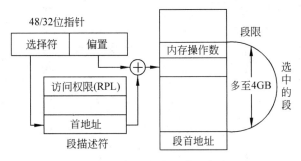

图 5-22　保护方式的寻址方式

5.5.3　分页

分页是另一种存储器管理方式。它与分段不同,分页是把程序分为许多大小相同的页;而分段是将程序和数据模块化,划成可变长度的段。所以,页与程序的逻辑结构没有直接关系。在任何时刻,每个任务所需激活的"页"是很少的。

"分页"提供一种另外的内存管理机制,只有在保护方式下才起作用,分页提供了一个管理 32 位微处理器非常大的段的方法。分页的作用是在分段的基础上进行的。分页机制把来自分段单元的线性地址转换为一个物理地址,如图 5-23 给出了在允许分页条件下32 位微处理器的寻址机制。

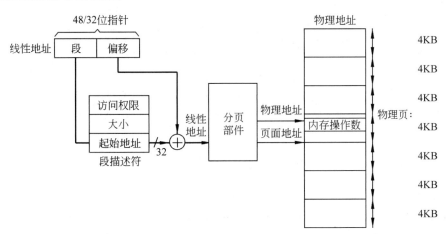

图 5-23　分页的寻址方式

1. 分页部件的结构

32 位微处理器用两级表形式,在分页部件中把线性地址转换成物理地址。其工作机制如图 5-24 所示。

分页部件由 3 部分组成:页目录、页表及页面。每一页面的长度均为 4KB。

CR_2 是页面故障线性地址寄存器,它保存最近一次页面故障的地址(32 位线性地址)。

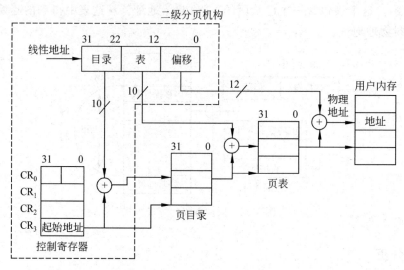

图 5-24　分页部件的工作机制

CR₃ 是页目录物理基地址寄存器,它存有页目录的物理起始地址。CR_3 中的低 12 位总为 0,以保证页目录始终按页面界对齐。

2. 页目录

页目录长度为 4KB。每一个页目录条目为 4B,其内容如图 5-25(a)所示。因此,页目录总共可容纳 1024 个页目录条目。线性地址的高 10 位($A_{22} \sim A_{31}$)用作要选取页目录条目的变址。

(a) 页目录条目

(b) 页表条目

图 5-25　页目录条目和页表条目

3. 页表

页表长度也为 4KB。每一个页表条目为 4B,其内容如图 5-25(b)所示。因此,页表总共也可容纳 1024 个页表条目,其地址 $A_{12} \sim A_{21}$ 位用于在 1024 个页表条目中选择其一的变址。页表条目中的高 20 位是页面地址,把页面地址加上线性地址的低 12 位(偏移)就是分页部件所得到的物理地址。

4. 页面级保护

32 位微处理器为分页系统提供了一组页面级保护特性。它可有两级保护:用户级保护和管理级保护。用户级保护相当于分段机制保护的第 3 级,管理级保护相当于 0,1,2 级。

在页表条目(见图5-25(b))中的第1位(R/W)和第2位(U/S)可用来保护该页面,而在页目录条目(见图5-25(a))中的第1位(R/W)和第2位(U/S)可用来保护页目录中所包括的全部页面。在表5-6中列出了访问存储器时U/S和R/W所提供的保护。

表5-6 访问存储器时U/S和R/W所提供的保护

U/S	R/W	允许3级	允许访问0,1或2级
0	0	无	读/写
0	1	无	读/写
1	0	只读	读/写
1	1	读/写	读/写

例如,在页目录条目中,其U/S和R/W位是10,而在页表条目中,其U/S和R/W位是01;这时,对页的访问权应在页表条目中和页目录条目中取最大限制的U/S和R/W值来寻址该页,也就是这两数值中的小者,即01。

5. 线性地址变换成物理地址

在保护方式寻址时,存储器用分页方式管理。把1234056H的线性地址变换为物理地址的实例如图5-26所示。CR_3寄存器内存有页目录的物理地址(5000H)。线性地址的31～22位(12H)作为页目录的索引使用。将索引乘以4即4×12H,得到页目录项的偏移量。因此,页目录项的物理地址为5048H。

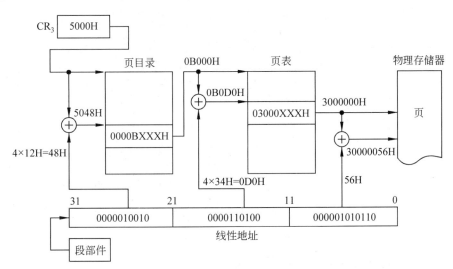

图5-26 线性地址变换为物理地址实例

求得的页表的物理地址的31～12位,存入页目录项31～12位,这页目录项的内容为0000BH。线性地址的位21～12(34H)为页表的索引使用,与页目录项相同,求得页表登记项的物理地址为0B0D0H。

页表项内容的位31～12(3000H)是物理存储器的页地址的位31～12。把作为线性地址的位11～0(56H)的偏移量与页地址相加,就形成物理地址(3000056H)。

上例说明如何把段部件输出的4834056H的线性地址由页部件换算为3000056H的

物理地址。计算物理地址时,利用了存入物理存储器的页目录与页表。图 5-26 中只画出一个页表,页表数最多为 2^{10} 个。

操作系统通过对项目与页表内容的管理,把 2^{32}B 的物理存储器以页为单位分配给每个任务,每个任务拥有 2^{46}B 的程序,并进行管理。CPU 的页管理部件由页目录与页表把线性地址变换为物理地址。

5.6　虚拟 8086 方式

32 位微处理器可以在实地址方式与虚拟 8086 方式(虚拟方式)下运行 8086 应用程序。在这两种方式中,虚拟方式为系统设计者提供了最大的灵活性。在虚拟方式下,运行 8086 程序可以尽量利用 32 位微处理器的保护机构。尤其是 32 位微处理器允许同时执行 8086 的操作系统及其应用程序和 32 位微处理器操作系统的应用程序。从而,在一个多用户的 80x86 计算机中,一个用户可以运行 Windows 版本,另一个用户可以使用 MS-DOS,而第 3 个用户则可以运行多个 UNIX 资源及其应用程序等。在这种环境下的每一个用户就好像完全拥有该计算机资源,如图 5-27 所示。

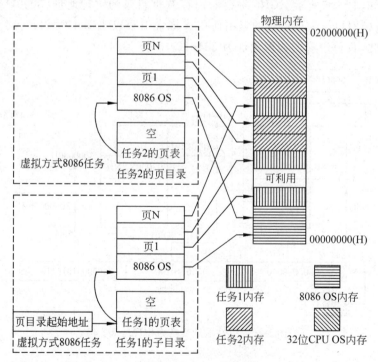

图 5-27　虚拟 8086 环境的存储器管理

1. 虚拟 8086 方式的寻址机制

32 位微处理器的实地址方式与保护方式的一个主要差别是对段选择字的不同解释。当处理器在虚拟 8086 方式下工作时,段寄存器与实地址方式是一样的。段寄存器的内容左移 4 位后与偏移量相加形成段基本线性地址。

32 位微处理器允许操作系统在每一个任务内指定哪些程序使用 8086 方式的地址机构,哪些程序则使用保护方式寻址。利用分页,可以把虚拟方式任务的 1MB 地址空间映射到 32 位微处理器的 4GB 线性地址空间的任一空间中。像实地址方式一样,若有效地址不能超出 64KB。然而,这些限制并不是很重要的,因为大多数在虚拟 8086 方式下运行的程序是目前已有的 8086 应用程序。

2. 虚拟 8086 方式下的分页

分页硬件允许同时运行多个虚拟任务,并提供保护及操作系统隔离。尽管不是运行虚拟方式任务一定要采用分页,但是对于运行多个虚拟任务或把虚拟方式任务的地址重新分配到大于 1MB 的物理地址空间上时需要分页部件。

分页机制把虚拟方式的程序产生的 20 位线性地址分成 256 个页面。每一页面可以安排在 32 位微处理器 4GB 物理地址空间的任何位置上。除此以外,由于是通过一个任务的切换来装载 CR_3(页检索基址寄存器)的,所以每一个虚拟方式下的任务可以利用不同的映射方式把页面映射到不同的物理地址上。最后一点要指出的是,分页机制允许多个 8086 应用程序共享 8086 操作系统。

图 5-27 表示了 32 位微处理器分页部件能使多个 8086 程序在虚拟存储器的情况下运行,这就要求分页系统。

3. 虚拟 8086 方式下的保护

所有的虚拟 8086 方式程序都是在特权级 3 下运行的,这是最低特权级。这样的话,虚拟 8086 方式程序要服从所有的保护方式所定义的保护检查(这与实地址方式不同,它是在特权级 0 下执行的,这是最高的特权级)。因此,在虚拟 8086 方式下,要想执行一条赋予了特权级的指令会导致系统故障。

有些特权级的指令,它们仅可在特权级 0 下执行的。因此,要想使这些指令在虚拟 8086 方式下(或当 CPL>0)执行将导致系统故障。也有些指令,特别是那些应用于多任务方式和保护方式的指令,只能在保护方式中执行。因此,要想使下面的指令在实地址方式或虚拟 8086 方式下执行会产生系统故障。

4. 中断处理

为了完全地支持 8086 的仿真,虚拟 8086 方式中的中断是在一个独特的方式中进行处理的。当在虚拟方式中运行时,所有的中断都包括一个返回主 32 位微处理器操作系统的特权级变化。中断是来自保护方式应用程序还是虚拟方式程序是由 32 位微处理器操作系统通过检查放在堆栈中的 EFLAGS 的映像中的 VM 位来加以确定的。

5.7　80486 微处理器的特点简介

下面对 80486 微处理器的特点作简单介绍。

(1) 80486 CPU 除了有一般 32 位微处理器的保护功能、存储器管理功能、任务转换功能、分页功能和片内高速缓存器外,还具有浮点数运算部件。因此,在计算机系统内不再需要数字协处理器,是一种完整的 32 位微处理器。

(2) 80486 CPU 能运行 Windows,DOS,OS/2 和 UNIX V/386 等操作系统,它与

Intel 公司的 80x86 系列的各种微处理器保持二进制兼容。

（3）80486 CPU 具有完整的 RISC 内核，使得常用的指令执行时间都只要一个时钟周期。

（4）80486 CPU 采用 8KB 统一的代码和数据 cache（高速缓冲存储器），具有 160MB/s 的突发总线，保证在整机中采用了廉价的 DRAM（动态 RAM）能达到较高的系统流通量。

（5）80486 CPU 内部的自测试功能包括执行代码和访问数据时的断点陷阱，会广泛地测试片上逻辑、cache 和分页转换 cache。

5.8　Pentium 微处理器

Pentium 微处理器是一种最先进的 32 位微处理器。它与 DOS，Windows，OS/2 和 UNIX 基础上的应用软件兼容。由于它有两组算术逻辑单元（ALU）、两条流水线、能同时执行两条指令；并且把数据 cache（高速缓冲存储器）和指令 cache 分开；不仅提高了总线的速度；还将数据总线增加到 64 条；流水浮点部件提供了工作站的特性。因此它几乎具有两台 80486 的功能。

5.8.1　Pentium 微处理器结构

Pentium 微处理器的结构方框如图 5-28 所示。它是一种双 ALU 流水线工作的结构，使得每个时钟周期可执行两条指令；并且把指令 cache 和数据 cache 分开，减少了 cache 的冲突。

Pentium 微处理器的内部是由总线部件、cache 部件、指令预取部件、指令译码部件、浮点数部件、页部件、控制部件、执行部件、分支目标缓冲器等组成；其内部数据总线为 64 位，同时可传输或处理 8B 的数据。

Pentium 微处理器包含了 80486 CPU 的全部性能，并其性能有显著增强，增强部分如下：

① 双 ALU，超标量结构；　　　　　　　⑨ 地址奇偶校验；

② 动态分支预测；　　　　　　　　　　⑩ 内部奇偶校验检查；

③ 流水线浮点部件；　　　　　　　　　⑪ 功能冗余度检测；

④ 改进的指令执行时间；　　　　　　　⑫ 执行跟踪；

⑤ 各自独立的 8K～64K 指令和数据 cache；　⑬ 性能监控；

⑥ 数据 cache 中的回写 MESI 协议；　　　⑭ IEEE 1149.1 边界扫描兼容性；

⑦ 64 位数据线；　　　　　　　　　　⑮ 系统管理模式；

⑧ 总线周期流水；　　　　　　　　　　⑯ 虚拟方式扩展。

Pentium 微处理器在多个方面增强了性能。两个指令流水和在 Pentium 微处理器上的浮点部件有独立操作的能力。每个流水线在单个时钟内可发出经常使用的指令。双流水使得在一个时钟内发出两条整数指令或一条浮点指令（在某些的情况下也可为两条浮点指令）。

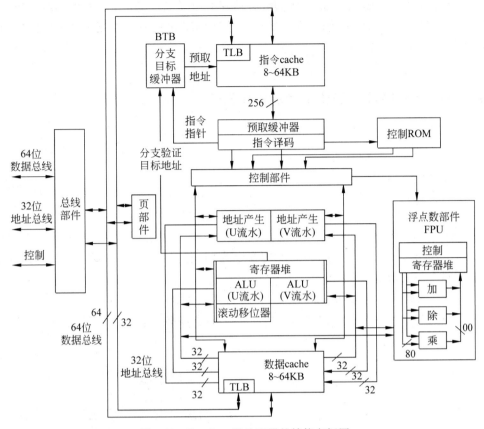

图 5-28　Pentium 微处理器的结构方框图

　　为了支持分支预测,Pentium 微处理器有两个预取缓冲器,一个以线性方式预取,另一种是根据 BTB 预取,那样所需指令几乎总是在它执行之间都能预取到。

　　Pentium 微处理器芯片上集成有各自独立的指令和数据 cache。每个 cache 都是 8KB 容量,每行为 32B 以及是两路组相关。每个 cache 都有专用的转换后备缓冲器 (TLB)将线性地址转换为物理地址。数据 cache 的特征是有 3 个端口,用于支持两个数据缓冲器及在同一时钟内的询问周期。指令 cache 是一个内含写保护的 cache。

　　Pentium 微处理器增加了数据总线到 64 位以改进其数据传输率。另外,总线周期流水线允许同时进行两个总线周期。Pentium 微处理器存储器管理部件包括可选的结构扩展,它允许有 2MB 和 4MB 的页大小。

　　在 Pentium 微处理器结构方框图中可以看到有 U 和 V 两个流水线。U 流水线执行全部整数和浮点指令。V 流水执行简单的整数指令和浮点数据交换(FXCH)指令。

　　数据 cache 有两个接口,对应着 U 和 V 两个流水线。数据 cache 有专用的转换后备缓冲器(TLB),将线性地址转换为数据 cache 所用的物理地址。

　　指令 cache,分支目标缓冲器和预取缓冲器其作用是将原始的指令放入 Pentium 微处理器的执行部件中。指令是从指令 cache 或从外部总线获得。分支地址由分支目标缓冲器存储。指令 cache 的 TLB 将线性地址转换为指令 cache 所用的物理地址。

译码部件将预取的指令译成 Pentium 微处理器可以执行的指令。控制 ROM 包含了微代码,它控制整个 Pentium 微处理器所必须执行的操作顺序。控制 ROM 直接控制两个流水线。

Pentium 微处理器包含一个浮点数部件,它提供了一个高效的浮点性能。

5.8.2　Pentium 微处理器流水线的工作原理

微处理器流水线对指令操作一般分为以下 5 个步骤:

① 预取(PF);

② 指令译码(D1);

③ 产生地址(D2);

④ 执行 ALU 和 cache 访问(EX);

⑤ 回写(WB)。

以每个操作步骤均为 1 个时钟周期的指令为例,其流水线工作过程如图 5-29 所示。这种指令称为整数指令。

Pentium 微处理器的流水线能支持并行执行两条指令。在并行执行中也有 5 个流水操作步骤,它在流水线中执行整数指令时,即每一个步骤都只有一个时钟周期,如图 5-30 所示。

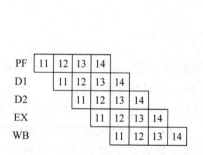

图 5-29　一般微处理器的流水过程

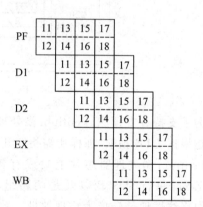

图 5-30　Pentium 微处理器的流水过程

Pentium 微处理器中的两条流水线称为 U 和 V 流水线。并行发出两条指令的过程称“配对”。当指令配对时,发到 V 流水线的指令总是发到 U 流水线这条指令后边紧接着的一条指令。

U 流水线可以执行 80486 CPU 结构的任何指令,而 V 流水线执行的只是简单的指令。所谓简单指令是指完全是由硬件实现,不需任何代码控制的指令。通常是在一个时钟内执行完成一条整数指令。

5.8.3　Pentium 微处理器的 CPU 总线

Pentium 由于增加了许多功能,使其 CPU 总线信号的数量大大增加,Pentium 的主要 CPU 总线信号及其传输方向如图 5-31 所示。Pentium CPU 总线的主要信号如下:

图 5-31　Pentium 的主要 CPU 总线信号

1. 数据线及控制信号

(1) $D_{63} \sim D_0$ 数据线。

Pentium 微处理器有 64 条数据总线,是一般 32 位微处理器的一倍。这 64 条数据线是三态双向数据线。它不采用 BS8 和 BS16 信号来改变数据总线的传输宽度,而是采用地址总线的接口电路来实现,如图 5-32 所示。

(2) $\overline{BE_7} \sim \overline{BE_0}$ 字节允许信号。

$\overline{BE_7} \sim \overline{BE_0}$ 分别是 8B(64 位数据)的允许信号。

(3) $DP_7 \sim DP_0$ 奇偶校验信号。

在对存储器进行读操作或写操作时,每个字节产生 1 个校验位,通过 $DP_7 \sim DP_0$ 输出。

(4) $\overline{PCHK}$ 读校验出错。

在对存储器进行读操作出错时,该信号有效,以告知外部电路读校验出错。

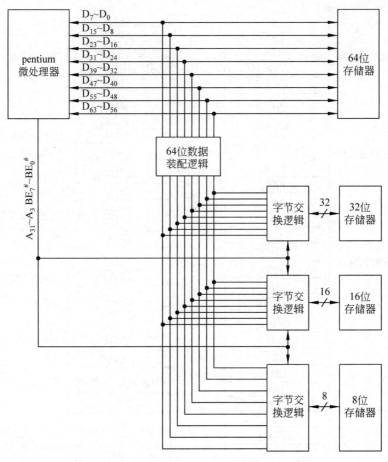

图 5-32 32 位、16 位和 8 位存储器数据接口

（5）$\overline{\text{PEN}}$奇偶校验允许信号。

若该信号输入为低电平,则在读校验出错时处理器会自动作异常处理。

2. 地址线及控制信号

（1）$A_{31} \sim A_3$ 地址线。

由于 Pentium 有片内 cache,所以,地址线是双向的,既能对外选择存储器和 I/O 端口,也能对内选择片内的 cache。32 位地址线中,低 3 位地址 $A_2 \sim A_0$ 组合成字节允许信号$\overline{\text{BE}_7} \sim \overline{\text{BE}_0}$,所以,$A_2 \sim A_0$ 不对外。Pentium 微处理器的 32 位地址总线是用 29 条地址线 $A_{31} \sim A_3$ 加上 8 个字节允许符$\overline{\text{BE}_7} \sim \overline{\text{BE}_0}$ 来实现。这 8 个字节允许符给出了 3 个最低有效地址位和传送宽度编码。地址总线提供内存和 I/O 端口的物理地址。32 位微处理器的物理寻址空间有 4GB,即 2^{32}B;而 I/O 地址空间只有 64KB,即 2^{16}B。所以,$A_{31} \sim A_3$ 用来寻址到一个 8 个字节的单元,而用$\overline{\text{BE}_7} \sim \overline{\text{BE}_0}$ 来标识在当前传送操作中这 8 个字节单元的处理方法。对于在执行计算机内存的读和写周期时,8 个字节允许符$\overline{\text{BE}_7} \sim \overline{\text{BE}_0}$ 用来确定数据总线上哪些字节是有效驱动的。即$\overline{\text{BE}_7}$ 使最高 8 位数据线 $D_{63} \sim D_{56}$ 有效,而$\overline{\text{BE}_0}$ 使最低 8 位数据线 $D_7 \sim D_0$ 有效。这些字节允许符$\overline{\text{BE}_7} \sim \overline{\text{BE}_0}$ 还不能直接决定 64 位数据

总线上传送数据的宽度是 1~8 个字节。

因为数据总线是 64 位,要接口到 32 位、16 位和 8 位存储器系统必须还要一些接口。这些接口需要用到的控制信号有:新的字节允许符 $BE_3'\sim BE_0'$,低字节使能控制信号 BLE 和高字节使能控制信号 BHE。它们由 $\overline{BE_7}\sim\overline{BE_0}$ 产生,参见表 5-7,表 5-8 和表 5-9。

表 5-7　新的字节允许符 $BE_0'\sim BE_3'$

新的字节允许符	$\overline{BE_7}$	$\overline{BE_6}$	$\overline{BE_5}$	$\overline{BE_4}$	$\overline{BE_3}$	$\overline{BE_2}$	$\overline{BE_1}$	$\overline{BE_0}$
BE_3'	低	×	×	×	低	×	×	×
BE_2'	×	低	×	×	×	低	×	×
BE_1'	×	×	低	×	×	×	低	×
BE_0'	×	×	×	低	×	×	×	低

表 5-8　低字节使能控制信号 BLE

	$\overline{BE_7}$	$\overline{BE_6}$	$\overline{BE_5}$	$\overline{BE_4}$	$\overline{BE_3}$	$\overline{BE_2}$	$\overline{BE_1}$	$\overline{BE_0}$
BLE	×	×	×	×	×	×	×	低
	×	×	×	×	×	低	高	高
	×	×	×	低	高	高	高	高
	×	低	高	高	高	高	高	高

表 5-9　高字节使能控制信号 BHE

	$\overline{BE_7}$	$\overline{BE_6}$	$\overline{BE_5}$	$\overline{BE_4}$	$\overline{BE_3}$	$\overline{BE_2}$	$\overline{BE_1}$	$\overline{BE_0}$
BHE	×	×	×	×	×	×	低	×
	×	×	×	×	低	×	高	高
	×	×	低	×	高	高	高	高
	低	×	高	高	高	高	高	高

64 位、32 位、16 位和 8 位存储器寻址接口,如图 5-33 所示。

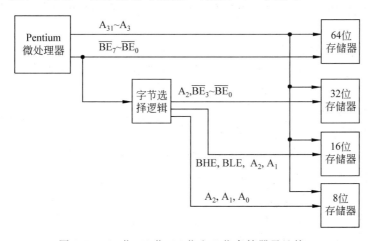

图 5-33　64 位、32 位、16 位和 8 位存储器寻址接口

（2）AP 地址的偶校验码输出线。

当 $A_{31} \sim A_3$ 输出地址时，AP 输出地址的偶校验码，供存储器对地址进行校验。

（3）ADS 地址状态信号。

（4）$\overline{A20M}$ A_{20} 以上的地址线屏蔽信号。

$\overline{A20M}$ 信号是与 ISA 总线兼容的计算机系统中必须有的信号，该信号有效时，将屏蔽 A_{20} 以上的地址，以便在访问 cache 和存储器时可仿真 1MB 存储空间。

（5）$\overline{APCHK}$ 地址校验出错信号。

在读取 cache 时，Pentium 会对地址进行偶校验，如校验有错，则地址校验信号 $\overline{APCHK}$ 输出低电平。

3. 总线周期控制信号

（1）$D/\overline{C}$ 数据/控制信号。

该信号为高电平时表示当前总线周期传输的是数据，为低电平时则表示当前总线周期传输的是指令。

（2）$M/\overline{IO}$ 存储器/输入输出访问信号。

该信号为高电平时访问存储器，为低电平时则访问 I/O 端口。

（3）$W/\overline{R}$ 读/写信号。

该信号为高电平时表示当前总线周期进行写操作，为低电平时则是读操作。

（4）$\overline{LOCK}$ 总线封锁信号。

该信号为低电平时将锁定总线。$\overline{LOCK}$ 信号由 LOCK 指令前缀设置，总线被锁定时，其他总线主设备不能获得总线控制权，从而确保 CPU 完成当前的操作。

（5）$\overline{BRDY}$ 突发就绪信号。

该信号有效表示结束一个突发总线传输周期，此时外设处于准备好状态。

（6）$\overline{NA}$ 下一个地址有效信号。

该信号为低电平时，CPU 会在当前总线周期完成之前就将下一个地址送到总线上，从而开始下一个总线周期。

（7）SCYC 分割周期信号。

该信号有效表示当前地址指针未对准字、双字或四字的起始字节，因此，要采用 2 个总线周期完成数据传输，即对周期进行分割。

4. cache 控制信号

（1）$\overline{CACHE}$ cache 控制信号。

在读操作时，此信号有效表示主存中读取的数据正在送入 cache；写操作时，此信号有效表示 cache 中修改过的数据正写回到主存。

（2）$\overline{EADS}$ 外部地址有效信号。

此信号有效时外部地址有效，此时可访问片内 cache。

（3）$\overline{KEN}$ cache 允许信号。

此信号确定当前存储器读周期传输的数据是否送到 cache。如此信号有效，就会在存储器读周期中将数据复制到 cache。

（4）$\overline{\text{FLUSH}}$ cache 擦除信号。

此信号有效时，CPU 强制对片内 cache 中修改过的数据回写到主存，然后擦除 cache。

（5）AHOLD 地址保持请求信号。

该信号有效，Pentium 使地址处于高阻状态即无效状态，为 DMA 传输从地址线输入地址访问 cache 作准备。

（6）PCD 和 PWT 片外 cache 控制信号。

PCD 为高电平时，当前访问的页面已在片内 cache 中，所以，不必访问片外 cache。PWT 信号有效时，对片外 cache 按通写方式操作，否则按回写方式操作。

（7）WB/$\overline{\text{WT}}$片内 cache 回写/通写选择信号。

此信号为 1，为回写方式；为 0 则为通写方式。

（8）$\overline{\text{HIT}}$和$\overline{\text{HITM}}$ cache 命中信号和命中 cache 的状态信号。

$\overline{\text{HIT}}$为低电平时，表示 cache 被命中。$\overline{\text{HITM}}$为低电平时，表示命中的 cache 被修改过。

（9）INV 无效请求信号。

此信号为高电平时，不能访问 cache。

5．系统控制信号

（1）INTR 可屏蔽中断请求信号。

（2）NMI 非屏蔽中断请求信号。

（3）RESET 系统复位信号。

（4）INIT 初始化信号。

INIT 信号和 RESET 信号类似，都用于对 CPU 处理器作初始化。但两者有区别，RESET 有效时，会使处理器在 2 个时钟周期内复位，而 INIT 有效时，处理器先将此信号锁存，直到当前指令结束时才执行复位操作。另外，用 INIT 信号复位时，只对基本寄存器进行初始化，而 cache 和浮点寄存器中的内容不变。但不管是用 RESET 信号还是用 INIT 信号，系统复位以后，程序均从 FFFFFFF0H 处重新开始运行。

（5）CLK 系统时钟信号。

6．总线仲裁信号

（1）HOLD 总线请求信号。

此信号是其他总线主设备请求 CPU 让出总线控制权的信号。

（2）HLDA 总线请求响应信号。

此信号是对 HOLD 的应答信号，表示 CPU 已让出总线控制权。

（3）BREQ 总线周期请求信号。

此信号是 CPU 向总线上其他拥有总线控制权的主设备提出的总线请求信号。此信号有效表示 CPU 当前已提出一个总线请求，并正在占用总线。

（4）$\overline{\text{BOFF}}$强制让出总线信号。

此信号有效是要强制 CPU 让出总线控制权，CPU 接到此信号就立即放弃总线控制权，外部总线主设备用该信号可快速获得总线控制权。

7. 检测与处理信号

（1）$\overline{\text{BUSCHK}}$转入异常处理的信号。

当前总线周期未正常结束时$\overline{\text{BUSCHK}}$信号有效，CPU 检测到此信号为低电平，便结束当前错误总线周期转入异常处理。

（2）$\overline{\text{FERR}}$浮点运算出错的信号。

（3）$\overline{\text{IGNNE}}$忽略浮点运算错误的信号。

低电平有效，此时 CPU 会忽略浮点运算错误。

（4）$\overline{\text{FRCMC}}$和$\overline{\text{IERR}}$功能冗余校验信号和冗余校验出错信号。

$\overline{\text{IERR}}$与$\overline{\text{FRCMC}}$配合使用。$\overline{\text{FRCMC}}$信号有效，CPU 就进入冗余校验状态，如校验出错，则$\overline{\text{IERR}}$输出低电平。

8. 系统管理模式信号

（1）$\overline{\text{SMI}}$系统管理模式中断请求信号。

$\overline{\text{SMI}}$是进入系统管理模式的中断请求信号，用来进入系统管理模式。要退出系统管理模式时，可用 RSM 指令。

（2）$\overline{\text{SMIACT}}$系统管理模式信号。

该信号是对$\overline{\text{SMI}}$信号的响应信号。$\overline{\text{SMIACT}}$有效，表示系统管理模式中断请求成功，当前已处于系统管理模式。

9. 测试信号

（1）TCK 测试时钟输入。

（2）TDI 测试数据输入。

（3）TDO 测试数据输出。

（4）TMS 测试方式选择。

（5）$\overline{\text{TRST}}$测试复位。

10. 跟踪和检测信号

（1）$BP_3 \sim BP_0$ 和 $PM_1 \sim PM_0$ 调试寄存器 $DR_3 \sim DR_0$ 中的断点匹配信号和性能监测信号。

PM_1，PM_0 和 BP_1，BP_0 是复用的，由调试寄存器 DR_7 中的 GE 和 LE 两位确定，如 GE 和 LE 都为 1，则为 BP_1 和 BP_0，否则为 PM_1 和 PM_0。

（2）$BT_3 \sim BT_0$ 分支地址输出信号。

（3）IU U 流水线完成指令的执行过程信号。

（4）IV V 流水线完成指令的执行过程信号。

（5）IBT 指令发生分支信号。

IU、IV、IBT 都是输出信号，可通过对其电平的检测来跟踪指令的执行。

（6）$R/\overline{S}$ 检测请求信号。

（7）PRDY 检测请求响应信号。

5.8.4 Pentium 微处理器的存储器结构

Pentium 微处理器可以 64 位、32 位、16 位和 8 位的数据进行访问。存储器空间是按

64 位组成一个单位构成的。每 64 位单元都有在存储器地址上连续的 8 个独立可寻址的字节,如图 5-34 所示。

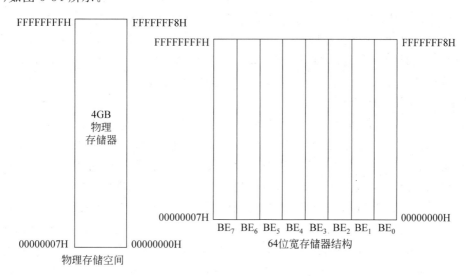

图 5-34 Pentium 微处理器的存储器结构

64 位存储器构成 4 字(8B)阵列,4 字的起始地址应可被 8 除,所以可通过 $A_{31} \sim A_3$ 寻址。

32 位存储器构成 2 字(4B)阵列,双字的起始地址应可被 4 除,所以可通过 $A_{31} \sim A_3$ 和 A_2 对双字寻址。

同样,16 位存储器构成字(2B)阵列,字的起始地址应可被 2 除,所以可通过 $A_{31} \sim A_3$ 和 A_2、A_1 对字寻址。

对 8 位存储器需要低 3 位 $A_2 \sim A_0$ 地址线,它们可按表 5-10 译码后得到。

Pentium 微处理器可在任何字节边界访问数据。在对准时传送字节、字、双字和 4 字传送数据都只要一个总线周期,而在不对准时数据传送需要 2 个总线周期。Pentium 微处理器认为跨 4B 边界的 2B 或 4B 操作数为未对准操作数;跨 8B 边界的一个 8B 操作数需要 2 个总线周期。

表 5-10 $A_2 \sim A_0$ 地址线信号译码表

A_2	A_1	A_0	$\overline{BH_7}$	$\overline{BH_6}$	$\overline{BH_5}$	$\overline{BH_4}$	$\overline{BH_3}$	$\overline{BH_2}$	$\overline{BH_1}$	$\overline{BH_0}$
0	0	0	×	×	×	×	×	×	×	低
0	0	1	×	×	×	×	×	×	低	高
0	1	0	×	×	×	×	×	低	高	高
0	1	1	×	×	×	×	低	高	高	高
1	0	0	×	×	×	低	高	高	高	高
1	0	1	×	×	低	高	高	高	高	高
1	1	0	×	低	高	高	高	高	高	高
1	1	1	低	高	高	高	高	高	高	高

5.8.5　Pentium 微处理器的分支预测

在程序设计中,循环程序和分支程序使用十分普遍,循环和分支是由分支转移指令实现的。通常,分支转移指令在执行前不能确定分支转移是否发生。而指令预取单元是顺序取指令的,如果产生转移,那么指令预取单元中取得的后续指令全部白取,且前几个流水线阶段的工作都要"作废",必须清除并重新到转移地址处取指令,从而造成流水线断流,影响了流水线操作的效率。

Pentium 微处理器借助分支目标缓冲器 BTB(branch target buffer)等逻辑单元部件实现了分支预测。BTB 含有 1KB 容量的 cache,其中可以存放 256 条转移指令的目标地址和历史状态。历史状态用 2 位二进制数表示 4 种可能情况,即一定转移、可能转移、可能不转移和一定不转移。被预取的指令送到指令寄存器,同时将指令的地址送入 BTB 中进行查找。如果在 BTB 中没有该指令的地址,就不进行预测,继续预取指令。倘若在 BTB 中找到了这个地址,那么微处理器就将根据 BTB 中对应记录的历史状态来预测执行这条指令时是否发生转移,然后根据预测来预取指令。当 BTB 判断正确时,循环程序或分支程序会如同分支转移未发生一样,维持流水线的照常运行;当 BTB 判断错误时,则修改历史记录并重新取指令,清除流水线中的内容,重新建立流水线。总的来说,Pentium 微处理器的分支预测功能大大加速了程序的执行。

5.8.6　Pentium 微处理器的写缓冲器和存储器顺序

由于 Pentium 微处理器具有 64 位数据总线,并且它的指令 cache 和数据 cache 又是相对独立的。因此,指令 cache 和数据 cache 都各有自己的写缓冲器,即有两个写缓冲器,相应于每个流水线都可以连续做存储器写的性能。写缓冲器为 4 字宽(64 位),它可于一个时钟周期内同时填满,但两个指令流水线不能同时进行写操作。

因此,Pentium 微处理器需要合理地安排写顺序,并将其发出的写顺序驱动于总线上,或者是进行 cache 的更新。但仅在存储器写时才进行 cache 缓冲,而在 I/O 写时则不采取缓冲。

5.8.7　Pentium 微处理器的外部中断

外部中断在指令边界识别,指令边界是指在指令流水线的执行步骤中的第 1 个工作时钟周期,即意味着在指令执行之前。外部中断优先级自高到低的次序为:

(1) BUSCHK——总线检查输入;

(2) R/S——异步中断输入;

(3) FLUSH——cache 清洗;

(4) SMI——系统管理中断;

(5) INIT——启动中断;

(6) NMI——非屏蔽中断;

(7) INTR——可屏蔽中断。

5.8.8　Pentium 微处理器的浮点数部件

Pentium 微处理器的浮点数据部件(floating point unit，FPU)有 8 个流水步骤如下：

(1) 预取(PF)。

(2) 指令译码(D1)。

(3) 产生地址(D2)。

(4) 存储器和寄存器读(EX)；转换浮点数为外部存储器数据格式，并进行存储器写操作。

(5) 浮点执行步骤 1(X1)；转换外部存储器格式为内部浮点数数据格式并进行写操作，把数放到浮点数寄存器堆中。

(6) 浮点数执行步骤 2(X2)。

(7) 执行舍入和写浮点数结果到寄存器堆(WF)。

(8) 错误报告或修改状态字(ER)。

整数指令仅需前 5 个步骤，它用 X1 步作为数据回写(WB)步。所以，不论是浮点数还是整数都需要有前 5 个步骤。对于浮点数需要有 8 个流水步骤。

在 Pentium 微处理器中浮点数指令的发出遵循下述规律：

① 浮点数指令不与整数指令构成对，但可以实现两条浮点指令的有限的配对。

② 当发出一对浮点数指令到 FPU 时，仅数据传送指令中交换寄存器指令 FXCH 指令可作为该对的第 2 条指令。第 1 条指令必须是一组浮点数指令(F 指令)之一，这里 F＝FLD 单/双，FLD ST(i)，FADD，FSUB，FMUL，FDIV，FCOM，FUCOM，FTST，FABS，FCHS。

③ 除了 FXCH 指令和属于 F 组(规律②中列出)的指令外，浮点数指令总是单条地发送到 FPU。

④ 没有紧接跟随交换寄存器指令的浮点数指令都是单独地发送到 FPU。

Pentium 微处理器堆栈结构指令要求所有的指令都有一个在堆栈顶的源操作数。新的源操作数必须在发一条算术指令之前传送到栈顶。

执行一条与其他浮点数指令配对的浮点数互换指令不占用时钟周期，因为它可以在 Pentium 微处理器上并行执行，当需要克服堆栈瓶颈时，可使用它们。如果互换的浮点数指令不配对，则执行需 1 个时钟周期。

在流水线的 X1 步骤，Pentium 微处理器的 FPU 要做安全指令识别(SIR)。SIR 能及早地检查操作数和操作码以确定某指令是否保证不产生算术上溢、下溢或未屏蔽的不精确事件。如果不会发生任何浮点运算错误，则指令是安全的，允许下条浮点数指令完成其 ER 步骤的操作。如果不安全，则下条浮点数指令就停在 ER 步，直到当前一条指令无错误地完成(ER 步)。

5.8.9　Pentium 微处理器的高速缓冲存储器

Pentium 微处理器集成有 16KB 至 64KB 的 cache，数据 cache 和指令 cache 各为一半。这些 cache 对应用软件透明以维持与 80x86 CPU 结构的兼容性。

数据 cache 完全支持 MESI(modified/exclusive/shared/invalid)回写 cache 一致性协议。指令 cache 具有固有的写保护以避免偶然的错误。

每 8KB 的 cache 构成为两路组相关。在每个 cache 中有 128 组,每组包含 2 行(每行都有其自己的标记地址)。每 cache 行是 32B 宽。

数据和指令两 cache 的替换是通过 LRU 机构管理,在每个 cache 中每组需要一位。图 5-35 给出了数据和指令 cache 结构。

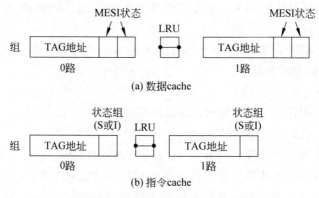

图 5-35　数据和指令 cache 结构

指令和数据 cache 可以同时访问。指令 cache 提供最多 32B 操作码,数据 cache 在相同时钟内提供两个数据。在数据 cache 中的标记(TAG)有 3 个出口。两个出口用于查找来自每个流水线的数据相应的两个独立的地址,另一出口用于监测。指令 cache 标记也 3个出口。两个出口用于简化裂开行访问(同时访问一行的高一半和下一行的低一半),另一出口用于支持监测。

每个 cache 都是用物理地址访问,都有其自己的后备缓冲器(TLB)。数据 cache 对4KB 的页有一个 4 路组相关,64 项目的 TLB 和支持 4MB 页的独立的 4 路组相关,8 项目的 TLB。指令 cache 对 4KB 页也有一个 4 路组相关,32 项目的 TLB 和 cache 构成 4MB的页。

5.8.10　Pentium 微处理器初始化方式

Pentium 微处理器开始工作以前先驱动 RESET 引脚有效,迫使它处于启动状态。在 RESET 下降沿对自测试(BIST),功能冗余度检测和三态测试模式进行选择。除了RESET 引脚外,Pentium 微处理器还有一个初始化引脚(INIT),它使处理器在不破坏内部 cache 内容或浮点状态的情况下,从一已知状态开始执行。

1. 加电

加电期间,当 V_{CC} 接近正常工作电压时,RESET 必须建立(此时 CLK 必须翻转)。在V_{CC} 和 CLK 达到它们规定的电气特性后,RESET 必须保持 1ms。

2. 测试

当 RESET 从高到低变化时采样 INIT,FLUSH 和 FRCMC 3 个输入引脚,以便确定CPU 以下是进行自测试,或者进入三态测试模式或功能冗余度检测模式。

（1）自测试：当 RESET 从高到低变化时，INIT 引脚有效即可启动自测试。在自测试期间，无总线周期运行。自测试时间约 2^{19} 时钟周期。Pentium 微处理器中有将近 70% 的器件在自测试时间内被测试。

自测试包括两部分：硬件和微代码的自测试。在硬件测试期间，微代码 ROM 和所有的 PLA（可编程逻辑阵列）都得到测试。微代码测试期间，常数 ROM，BTB（分支目标缓冲器），TLB（后备缓冲器）和所有 cache 也都进行了测试。

自测试结果保存在 EAX 寄存器中，若 EAX 中是 0H，表示全部检查通过。任何非零的结果表示有故障。在自测试期间检测起到了内部奇偶校验错误，处理器将从内部出错输出信号（IERR）引脚输出信号并试图停止运行。

（2）三态测试：当 RESET 从高到低变化时，处理器便可以进入三态测试模式，处理器浮空其所有输出和双向引脚。三态测试模式使板上内部连接测试变得较容易。在 RESET 引脚重新建立之前，处理器一直维持在三态测试模式。

（3）功能冗余度检查：它是当 RESET 在高电平时的采样功能。冗余度检查确定处理器是否构成主控制器方式还是检查器方式。在 RESET 下降沿之前确定 Pentium 微处理器的结构。当构成主控制器时，处理器按照总线协议要求驱动其输出引脚。当构成检查器时，Pentium 微处理器三态其所有输出引脚并采样输出引脚（除 IERR 和 TDO 外）。如果采样的值与内部计算值不同，Pentium 微处理器指示有错误。IRRR 为内部出错引脚，TDO 为测试数据输出引脚。

3. RESET 和 INIT

RESET 和 INIT 两引脚是用于以两种不同的方式来复位 Pentium 微处理器。前者是当 Pentium 微处理器开始加电时，与 RESET 建立有关的"冷"或"加电"复位。后者是当 V_{cc} 和 CLK 维持在规定的操作界限内，与 RESET 或 INIT 建立有关的"热"复位。

表 5-11 展示了 RESET 和 INIT 建立的作用。

表 5-11 Pentium 微处理器复位方式

RESET	INIT	BIST 运行	影响指令和数据 cache	影响 FP 寄存器	影响 BTB 和 TBL
0	0	否	n/a	n/a	n/a
0	1	否	不	不	无效
1	0	否	无效	初始化	无效
1	1	是	无效	初始化	无效

触发 RESET 或 INIT 引脚迫使 Pentium 微处理器从地址 FFFFFFF0H 开始执行。当 RESET 信号有效时，内部指令 cache 和数据 cache 将无效（数据 cache 中的修改行不回写）。当 INIT 有效而无 RESET 信号时，指令 cache 和数据 cache 不变。分支目标缓冲器（BTB）和转换后备缓冲器（TLB）失效。在 RESET（不做 BIST 测试）或 INIT 之后，Pentium 微处理器从 FFFFFFF0H 单元开始启动执行。当执行第一条内部段跳转或调子指令时，对 CS 相关的存储器周期地址线 $A_{20} \sim A_{31}$ 驱动为低，Pentium 微处理器将仅执行低 1MB 物理存储器中的指令。这使得系统设计者可用物理存储器顶部的 ROM 初始化系统。

RESET 迫使 Pentium 微处理器在两个时钟周期内结束全部执行和总线周期的活动。在 RESET 有效的时间中,没有发生指令或总线有效。INIT 相当一个沿触发的中断,并在指令边界识别它。Pentium 微处理器在完成 INIT 工序后,在 FFFFFFF0H 开始连续执行指令,且总线周期起作用。在 RESET(或不带自测试)或 INIT 结束时,DX 寄存器内包含了该器件的识别码。高字节是 05H,低字节是版本标识符。

5.9 习   题

5.1 32 位微处理器内部的寄存器比 16 位多了哪些部分? 增加部分的功能各是什么?

5.2 什么是物理地址、逻辑地址和线性地址? 它们三者之间的关系如何?

5.3 32 位微处理器的地址总线有几条? A_0 和 A_1 是怎样形成的?

5.4 32 位微处理器数据总线怎样与 16 位数据总线和 8 位数据总线相连接?

5.5 80486 CPU 有一个地址和数据合用的 cache,提高了总线速度,而在 Pentium CPU 中把地址 cache 和数据 cache 分开,它是怎样来提高总线速度的?

5.6 在 32 位微处理器中采用分页方式把 335679H 的线性地址变换成物理地址。页目录的物理基地址为 4000H。其他页目录和页表中内容同学们可自己设定。

5.7 在页目录条目中,其 U/S 和 R/W 位是 01;而在页表条目中,其 U/S 和 R/W 位是 10,这时存储器对页面访问会受到哪些限制?

5.8 Pentium 微处理器在结构上最主要的特点是什么?

第6章　PC 的总线及整机结构

6.1　总线概述

　　总线是一种数据通道,由系统中各部件所共享,或者说,是在部件与部件之间传送信息的一组公用信号线,是将发送部件发出的信息准确地传送给某个接收部件的信号通路。总线的特点在于其公用性,即它可同时挂接多个部件。总线上的任何一个部件发出的信息,计算机系统内所有连接到总线上的部件都可以接收到。但在进行信息传输时,每一次只能有一个发送部件可以利用总线给一个接收部件发送信息。

　　总线把微型计算机各主要部件连接起来,并使它们组成一个可扩充的计算机系统,因此总线在微型计算机的发展过程中起着重要的作用。总线不但和 CPU、存储器一样关系到计算机的总体性能,而且也关系到计算机硬件的扩充能力,特别是扩充和增加各类外部设备的能力。因此,总线也随着 CPU 的不断升级和存储器性能的不断提高在不断地发展与更新。

6.1.1　总线分类

　　在微型计算机系统内拥有多种总线,它们在微型计算机系统内的各层次上,为各部件之间的通信提供通路。按在微机系统的不同层次和位置,总线可分为内部总线与 CPU 总线、局部总线和输入输出接口总线 3 类。

1. 内部总线与 CPU 总线

　　内部总线是处于微处理器芯片内部的总线,是用来连接片内运算器、控制器、寄存器等各功能部件的信息通路。内部总线的对外引线就是 CPU 总线。CPU 总线用来实现 CPU 与主板上的存储器、芯片组、输入输出接口等的信息传输。根据使用功能 CPU 总线又被分为地址总线、数据总线和控制总线。局部总线和输入输出接口总线都源自 CPU 内部和外部的地址总线、数据总线和控制总线。

2. 局部总线

　　局部总线是在印刷电路板上连接主板上各个主要部件的公共通路。微机主板上都有并排的多个插槽,这就是局部总线扩展槽。要添加某个外设来扩展系统功能时,只要在其中的任何一个扩展槽内插上符合该总线标准的适配器(或称接口卡),再连接此适配器相应的外设便可。通过局部总线的扩展槽可以连接各种接口卡,例如,显卡、声卡、网卡等。因此,局部总线是微机系统设计人员和应用人员最关心的一类总线。局部总线的类型很多,而且不断翻新。自 PC 问世以来,共推出 3 代局部总线。第 1 代局部总线包括 ISA 总线、EISA 总线、MCA 总线、VESA 总线,第 2 代局部总线包括外部设备互连 PCI 总线、AGP 总线,第 3 代局部总线是 2002 年推出的 PCI Express 总线。之所以称为局部总线,是因为在高性能超级计算机系统中,还有更高层的总线作为系统总线。系统总线是多处理器系统即高性能超级计算机系统中连接各 CPU 插件板的信息通道,用来支持多个 CPU 的并行处理。在微型计算机机中,一般不用系统总线。

3. 输入输出接口总线

输入输出接口总线又称为通信总线,它用于微型计算机系统与系统之间,微型计算机系统与外部设备,如打印机、磁盘设备或微型计算机系统与仪器仪表之间的通信通道。这种总线数据的传送方式可以是并行或串行。对不同的设备所用总线标准也不同,常见的有串行总线 RS-232-C,用于硬盘和光驱连接的 IDE 总线、SATA 总线和 SCSI 总线,用于与并行打印机连接的 Centronics 总线以及通用串行总线 USB 等。

6.1.2 总线操作

Pentium 微处理机系统中的各种操作,包括存储器的读操作和写操作以及输入操作和输出操作,本质上都是通过总线进行的信息交换,统称为总线操作。在同一时刻,总线上只能允许一对主控设备(master)和从属设备(slave)进行信息交换。一对主控设备和从属设备之间一次完成的信息交换,通常称为一个数据传送周期或一个总线操作周期。当有多个主控设备都要使用总线进行信息传送时,由它们向总线仲裁机构提出使用总线的请求,经总线仲裁机构仲裁确定,把下一个总线操作周期的总线使用权分配给其中一个主控设备。取得总线使用权的主控设备,通过地址总线发出本次要访问的从属设备的地址及有关命令,通过译码选中参与本次传送操作的从属设备,并开始数据交换。本次总线操作周期完成后主控设备和从属设备的有关信息均从总线上撤除,主控设备让出总线,以便其他主控设备能继续使用。只要包含 DMA 控制器的多处理系统,就要有总线仲裁机构来受理请求和分配总线控制权。而对于只有一个主控设备的单处理机系统,不存在总线请求、分配和撤除问题,总线的控制权始终归它所有,它随时都可以和从属设备进行数据传送。

6.2 局 部 总 线

6.2.1 ISA 局部总线

ISA(Industry Standard Architecture)总线是在原 PC/XT 总线的基础上经过扩充修改而成的,原 PC/XT 总线的信号线均不改变,只不过是在原 62 线的基础上再增加 36 根信号线,以适应 80286 系统的要求。ISA 总线的信号线共 98 根,其扩充插座的引脚也从 PC/XT 的 62 个增加到 98 个。扩充插座分为两部分,前一部分为 62 脚(AB 槽)与 PC/XT 总线插座完全相同,唯一的区别是 B4 引脚的信号不同;PC/XT 总线插座的信号是 IRQ_2,ISA 总线插座的信号是 IRQ_9;后一部分为 36 脚(CD 槽),全部是新增加的引脚。这 98 个引脚分为 $A_1 \sim A_{31}$, $C_1 \sim C_{18}$ 和 $B_1 \sim B_{31}$, $D_1 \sim D_{18}$。ISA 总线的信号线与其扩展插座引脚的对应关系如图 6-1 所示。

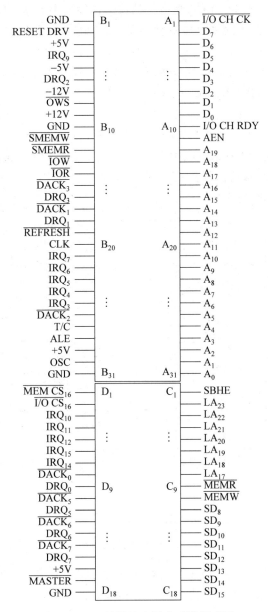

图 6-1 ISA 总线扩充插座引脚排列图

6.2.2 PCI 局部总线

1. PCI 局部总线慨述

PCI(peripheral component interconnect)局部总线是 Intel 公司为适应奔腾高性能而开发的 32/64 位总线,它的总线时钟频率为系统主板时钟频率的 1/2,是 ISA 总线的 4 倍。当系统主板时钟为 66MHz 时,PCI 总线速率为 33MHz。该总线最快时一个总线时钟即可实现 32 位即 4 个字节的传输,最大的数据传输速率可达 33×4＝132MB/s,是 ISA

总线的 24 倍。若数据总线为 64 位,则最大的数据传输速率可达 264MB/s。

PCI 扩展总线除了上述的高速传输特性外,最突出的特点是实现了外部设备自动配置功能,按 PCI 总线规范设计的设备连入系统后能实现自动配置 I/O 端口寄存器地址、存储器缓存区、中断资源与自动检测诊断等一系列复杂而烦琐的操作,无须用户人工介入,真正做到设备即插即用(Plug & Play)。

2. PCI 总线信号

PCI 有 120 个引脚,大部分是双向的。PCI 的分类信号以及各个引脚信号的命名、传输方向和有效电平如图 6-2 所示。图中左边的总线信号是 32 位总线必不可少的,右边则多数是扩展为 64 位总线时的信号。32 位 PCI 总线有 62 对引脚位置,其中有 2 对用做定位缺口,故实际上只有 60 对引脚。

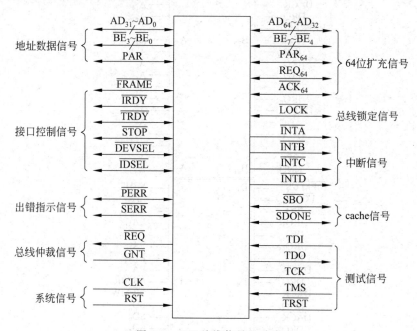

图 6-2　PCI 总线信号及分类

从众多的信号中,可以看出 PCI 控制器的复杂功能。使用 PCI 总线必须遵循 PCI 总线的传输协议,而 PCI 总线的传输协议的执行很复杂。给使用者带来一定的困难。为了推广 PCI 总线,降低 PCI 总线的使用难度,许多元件制造商纷纷推出 PCI 总线的传输协议控制芯片。AMCC 公司生产的 S5933 和 PLX Technology 公司生产的 PCI90×0 就是这类芯片。PCI 总线的传输协议控制芯片在 PCI 总线和用户应用电路之间完成 PCI 总线的传输协议的转换,使用户像使用 SIA 总线那样完成接口电路的设计。即使使用 PCI 总线的传输协议控制芯片,PCI 板卡的开发也要比 ISA 板卡的开发复杂得多。

6.2.3　视频接口总线 AGP

在 20 世纪 90 年代后期,计算机中的内存与图形适配器之间是用 PCI 总线连接的,其最大的数据传输率为 133MB/s。同时,由于硬盘控制器、网卡和声卡等都是通过 PCI 总线同内存交换数据的。因此,实际的数据传输率远低于 133MB/s。而在三维图形数据处理时不仅要求惊人的数据量,而且要求更宽广的数据传输频宽。例如,对 640×480 的分辨率,要求全部的数据频宽高达 370MB/s;若分辨率提高到 800×600,总频宽流量为 580 MB/s;若显示器分辨率提高到 1024×768MB/s,则总频宽要求更高。原有计算机中 133 MB/s 数据传输率的 PCI 总线就成为高速传送视频数据的一大瓶颈。

加速图形端口 AGP(Accelerated Graphics Port)就是 Intel 公司于 1996 年 7 月开发的专为实现高速图形显示的视频接口,习惯上称其为总线。AGP 实际上是建立在 PCI 总线基础上为了加快三维图形处理的视频接口技术,它用一种超高速的连接机构连接内存和显示适配器,将显示适配器中的显示存储器和内存直接连接,实现高速存取。另外 AGP 还利用双沿触发技术,使数据传输率提高一倍。当采用 AGP2.0 标准后,AGP 的时钟频率为 133MHz,有效带宽为 1GB/s,是传统 PCI 的 8 倍。当采用 AGP3.0 标准的 AGP 8x 模式后,AGP 的有效带宽达到 2.1GB/s。

AGP 不是像 PCI 总线那样将地址线和数据线设置在同一组引脚上分时复用,而是完全分开,这样就没有"切换"的开销,提高了随机访问内存时的性能。AGP 对内存实现流水线式的读/写,提高了数据传输速率。同时 AGP 是高速图形适配器的一条专用信息通道,不用与其他任何设备共享,任何时候想使用该信息通道都会立即得到响应,效率极高。另外,由于将图形适配器从 PCI 总线上分离出来,减轻了 PCI 总线的负担,使 PCI 总线上的其他设备的工作效率随之提高。

AGP 接口除可以采用直接存储器存取(Direct Memory Access)方式传输视频数据外,还支持直接内存执行(Direct Memory Execute)方式。DME 方式是通过硬件和软件互相配合进行调度的,它将内存的一部分作为显存来使用。因此,可以直接在系统内存中处理图形数据,而不再像传统机制中那样在内存和显存之间传输每一个视频数据,这样极大地减少了数据传输量,提高了性能。

6.2.4 PCI Express 总线

PCI-Express 是最新的总线和接口标准,它原来的名称为 3GIO(third generation I/O),是由 Intel 提出的,很明显 Intel 的意思是它代表着第 3 代 I/O 总线标准。这个新标准将全面取代现行的 PCI 总线和 AGP 总线,最终实现总线标准的统一。PCI Express 总线的主要优势就是数据传输速率高,其双向数据传输速率最高可达到 320GB/s。

PCI Express 总线是一种高速串行输入输出总线。PCI Express 总线继承了前两代局部总线的大多数优点,又吸收了近几年来计算机体系结构研发的新成果。PCI Express 总线采用点对点异步传输模式,将数据封装成数据包,在设备之间进行高速串行传输。

PCI Express 总线根据总线宽度的不同而有以下规格,PCI Express 1x(250MB/s)、2x、4x、8x、16x 和 32x。PCI Express 总线的规格从 1 条通道的连接到 32 条通道的连接供选择,以满足现在和将来一定时间内出现的低速设备和高速设备的需求。

PCI Express 总线除去提供极高数据传输带宽之外,PCI Express 因为采用串行数据包方式传递数据,所以 PCI Express 接口每个针脚可以获得比传统 I/O 标准更多的带宽,这样就可以降低 PCI Express 设备生产成本和体积。另外,PCI Express 也支持高阶电源管理,支持热插拔,支持数据同步传输,为优先传输数据进行带宽优化。

在兼容性方面,PCI Express 在软件层面上兼容目前的 PCI 技术和设备,支持 PCI 设备和内存模组的初始化,也就是说目前的驱动程序、操作系统无须推倒重来,就可以支持 PCI Express 设备。

6.3　输入输出接口总线

ATA 总线和 SCSI 总线都是并行外部总线,ATA 总线价格便宜但速度较慢,SCSI 总线速度快但价格高。两者都用于主机和硬盘的连接,ATA 用于微机系统中,SCSI 主要用于高性能计算机、小型机、服务器和工作站中。ASTA 和 SAS 分别是串行连接的 ATA 总线和 SCSI 总线,是未来硬盘接口总线的趋势。USB 是当前通用的串行总线,广泛用于微机系统中。

6.3.1　ATA 总线和 SATA 总线

ATA(advanced technology attachment)接口总线是 Compaq 公司联合 Westrn Digital 公司专门为主机和硬盘连接而设计的总线,也适用于光驱和软驱的连接,ATA 也称为 IDE(integrated drive electronics 或 inteligent drive electronics)。

IDE 是把"硬盘控制器"和"盘体"集成在一起的硬盘驱动器的接口总线,它通过 40 芯扁平电缆将磁盘驱动器或光盘驱动器连接到主机系统上。IDE 采用 16 位并行传输,其中,除了数据线外,还有 DMA 请求和应答信号、中断请求信号、输入输出读信号、输入输出写信号和复位信号等。IDE 的传输速率为 8.33MB/s,每个硬盘的最高容量为 528MB。一个 IDE 接口可连两个硬盘,硬盘的连接有三种模式。只连接一个硬盘时为 Spare 即单盘模式,连接两个硬盘时,其中一个为 Master 即主盘模式,另一个为 Slave 即从盘模式。使用时,模式可随需要而改变,这只要按盘面上的指示图改变跨接线即可。

增强型 IDE 即 EIDE 在 IDE 基础上进行了多方面的改进,尤其是采用了双沿触发技术(即上升沿和下降沿都作为有效触发信号),使其获得双数据率即 DDR(double data rate),EIDE 的传输速率为 18MB/s。EIDE 后来称为 ATA-2,在此基础上改进为 ATA-3,在 ATA-3 的基础上,不久又推出了传输率达 33 MB/s 的 ATA33。而 ATA66/100/133 则是在 ATA33 的基础上发展起来的,它们的传输速率分别可达 66MB/s、100MB/s 和 133MB/s。

串行硬盘驱动器接口 SATA(serial ATA)将硬盘的传输速率提高到了 150MB/s,比目前最新的并行 ATA 的最高传输速率还高,SATA 接口的传输速率还可提高到 600MB/s。SATA 接口非常小巧,仅为 7 针插座,排线也很细,有利于机箱内部的空气流动从而加强散热效果。SATA 还有一大优势是支持热插拔。在主板上标有 SATA1、SATA2 标志的 7 针插座就是 SATA 硬盘的数据线接口,通过扁平的 SATA 数据线,即可与 SATA 硬盘连接。SATA 采用点对点的连接方式,每个 SATA 接口只能连接一块 SATA 硬盘。

6.3.2 SCSI 总线和 SAS 总线

小型计算机系统接口 SCSI(small computer system interface)是一个高速智能接口,可以作各种磁盘、光盘、磁带机、打印机、扫描仪条码阅读器以及通信设备的接口。SCSI 是处于主适配器和智能设备控制器之间的并行输入输出接口,一块主适配器可以连接 7 台具有 SCSI 接口的设备。SCSI 接口总线由 8 条数据线、一条奇偶校验线、9 条控制线组成。SCSI 可以采用单级和双级两种连接方式,单级连接方式就是普通的连接方式,最大传输距离可达 6m,双级连接方式则是通过两条信号线传送差分信号,有较高的抗干扰能力,最大传输距离可达 25m。为了提高数据传输率,改善接口的兼容性,20 世纪 90 年代又陆续推出了 SCSI-2 和 SCSI-3 标准。扩充了 SCSI 的命令集,提高了时钟速率和数据线宽度,使其最高数据传输率可达 40MB/s。

SAS(Serial Attached SCSI)即串行连接 SCSI,是新一代的 SCSI 技术,和现在流行的 Serial ATA(SATA)相同,SAS 采取直接的点到点的串行传输方式,传输的速率高达 3Gb/s,估计以后会有 6Gb/s 乃至 12Gb/s 的高速接口出现。此接口的设计是为了改善存储系统的效能、可用性和扩充性,并且提供与 SATA 硬盘的兼容性。

SAS 的接口技术可以向下兼容 SATA。具体来说,二者的兼容性主要体现在物理层和协议层的兼容。在物理层,SAS 接口和 SATA 接口完全兼容,SATA 硬盘可以直接使用在 SAS 的环境中,从接口标准上而言,SATA 是 SAS 的一个子标准,因此 SAS 控制器可以直接操控 SATA 硬盘,但是 SAS 却不能直接使用在 SATA 的环境中,因为 SATA 控制器并不能对 SAS 硬盘进行控制;在协议层,SAS 由 3 种类型协议组成,根据连接的不同设备使用相应的协议进行数据传输。其中串行 SCSI 协议(SSP)用于传输 SCSI 命令;SCSI 管理协议(SMP)用于对连接设备的维护和管理;SATA 通道协议(STP)用于 SAS 和 SATA 之间数据的传输。因此在这 3 种协议的配合下,SAS 可以和 SATA 以及部分 SCSI 设备无缝结合。

SAS 系统的背板(Backplane)既可以连接具有双端口、高性能的 SAS 驱动器,也可以连接高容量、低成本的 SATA 驱动器。所以 SAS 驱动器和 SATA 驱动器可以同时存在于一个存储系统之中。但需要注意的是,SATA 系统并不兼容 SAS,所以 SAS 驱动器不能连接到 SATA 背板上。由于 SAS 系统的兼容性,使用户能够运用不同接口的硬盘来满足各类应用在容量上或效能上的需求,因此在扩充存储系统时拥有更多的弹性,让存储设备发挥最大的投资效益。

6.3.3 通用串行总线 USB

USB(universal serial bus)是 Intel、DEC、Compaq、Microsoft 和 IBM 等公司于 1996 年共同制订的串行接口标准,其设计初衷是作为一种通用的串行总线,能够用一个 USB 端口连接所有不带适配卡的外设,提供所谓"万用"(one size fits all)连接功能。而且可以在不开机箱的情况下增减设备,支持即插即用功能。

USB 的连接方式很简单,只用一条长度可达 5m 的 4 芯电缆(2 根电源线,2 根信号线以差分方式串行传输数据),不需要另加接口卡,便可把不同的接口统一起来。USB 可用菊花链式或集线器式两种方式连接多台设备,前者是链式扩展的,可连接多台外设,而后者是星形扩展的,可连接多达 127 台外设。

　　USB 适用于不同的设备要求。既可用于连接低速的外围设备,如键盘、鼠标等,也可用于中速装置,如移动盘、Modem、扫描仪、数码相机和打印机等。USB 可使中速、低速的串行外设很方便地与主机连接,不需要另加接口卡,并在软件配合下支持即插即用功能。不过,USB 对硬件和软件两方面都提出了要求,硬件上,CPU 必须为 Pentium 以上的芯片,软件上,必须为 Windows 98 以上的版本。1996 年推出的是 USB1.0 版本规范,2000年 4 月又推出了 USB2.0 版,既支持更高性能的外设的连接,也支持低速外设的连接。现在的 PC 大多配备了 USB 功能,而且市场上采用 USB 接口的外设越来越多,价格也较低廉。随着 USB2.0 输入输出带宽的显著提高,进一步刺激了 USB 外设的发展,随着新标准的推出,用户很快就可享受更快的宽带 Internet 接口、分辨率更高的电视会议摄影机、新一代打印机和扫描仪以及更快的外置存储设备。

　　USB 之所以能被大家广泛接受,主要是其有以下主要特点:

　　(1) 速度快。USB1.1 接口支持的数据传输率最高为 12Mb/s;USB2.0 接口支持的传输速度高达 480Mb/s。

　　(2) 连接简单快捷,可进行热插拔。USB 接口设备的安装非常简单,在计算机正常工作时也可以进行安装,无须关机、重新启动或打开机箱等操作。

　　(3) 无须外接电源。USB 提供内置电源,能向低压设备提供＋5V 的电源,使得系统不用另外配备专门的交流电源以供新增外设使用。

　　(4) 扩充能力强。USB 支持多设备连接,减少了 PC I/O 口的数量,避免了 PC 插槽数量对扩充外设的限制以及如何配置系统资源的问题。使用设备插架技术最多可扩充127 个外围设备。

　　(5) 具有高保真音频。在使用 USB 音箱时,由于是在计算机外生成 USB 的音频信息,从而减少了电子噪声对声音质量的干扰,使系统具有较高的保真度。

　　(6) 良好的兼容性。USB 接口标准具有良好的向下兼容性,以 USB2.0 和 USB1.1标准为例,USB2.0 标准就能很好地兼容以前的 USB1.1 的产品。系统在自动监测到 1.1版本的接口类型时,会自动按照以前的低速 1.5MB/s 或中速 12MB/s 的速度进行传输,而其他的采用 USB2.0 标准的设备,并不会因为接入了一个 USB1.1 标准的设备,而减慢它们的速度,它们还是能以 USB2.0 标准所规定的高速进行传输。

6.4　Pentium 微型计算机系统

　　早期的 80486 微型计算机系统中,控制芯片配合 CPU 控制整个系统的运行,控制芯片是一个个独立的芯片。第 4 章我们介绍的 IBM PC/XT 微机的 8088 CPU 系统,除了8088 CPU 外,还有地址锁存器 74LS373、数据总线驱动器 74LS245、总线控制器 8288、时钟发生器 8284A 和中断控制器 8259 等外围电路。紧接 IBM PC/XT 之后推出的 IBMPC/AT 即 80286 微机,主板上有 100 多个控制逻辑芯片,这种设计不仅增加了主板的生产成本,也不利于主板功能的扩展。1986 年,CHPS 公司推出了 82C206 芯片组,这是伴随 80386 产生的,其中包括了 5 个芯片,主芯片就是 82C206,该芯片集成了 IBM PC/AT 主板上主要控制逻辑芯片的功能,其中包括时钟发生器 82284、总线控制器 8288、中断控制器 8259A、计数/定时器 8284、DMA 控制器 8237 等芯片的功能,实现对整个微机系统的控制和总线管理。这种芯片组的设计思想很快被其他主板芯片生产厂商接受和推广。随着 CPU 结构越来越复杂,芯片组的设计和制造越来越高。

早期的 PC 由 CPU 总线/PCI 总线桥芯片和 PCI 总线/ISA 总线桥芯片将 CPU、PCI 总线、ISA 总线连成一个整体。桥芯片起到信号缓冲、电平转换和控制协议转换等作用。其他设备或其接口制成板卡,例如内存卡、显卡、串行接口卡、打印卡等,插到 PCI 总线扩展槽或 ISA 总线扩展槽上。随着大规模集成电路技术的进步,这种桥接思路的进一步发展就是芯片组。目前的芯片组主要有 2 个芯片,它们是北桥芯片和南桥芯片。北桥 (north bridge) 芯片除集成有 CPU 总线/PCI 总线的桥之外,还集成有内存控制器 (memory controller hub,MCH)。此外,北桥芯片通常还集成有显卡接口总线控制器,有的北桥芯片还集成有显卡的主要控制逻辑(图形控制核心)。集成有图形控制核心的北桥则称为图形和内存控制中心 (graphics and memory controller hub,GMCH)。南桥 (south bridge) 芯片通常集成有 IDE 控制器、SATA 控制器、PCI 或 PCI-E 控制器、USB 控制器、中断控制器和键盘控制器等。因此,Intel 公司将南桥芯片称作输入输出控制中心 (input/output controller hub,ICH)。

随着计算机技术的发展,北桥芯片的功能逐渐被 CPU 和南桥取代,南桥和北桥芯片组将整合成南北桥合一的单芯片组。

6.4.1 以北桥和南桥芯片组构建的 PCI 总线型的微型计算机系统

以北桥和南桥芯片组构建的 PCI 总线型的微型计算机系统的示意图如图 6-3 所示。PCI 总线型的微型计算机系统由北桥芯片和南桥芯片两个主控芯片和一个 I/O 控制芯片

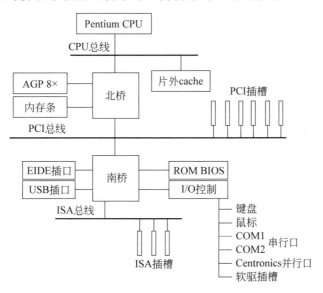

图 6-3 以北桥和南桥芯片组构建的 PCI 总线型的微型计算机系统的示意图

（如 Winbond 公司的 W83697HF）组成。微机系统通过 PCI 总线和总线扩展槽把各个控制芯片连接在一起，总线和控制系统的功能是由控制芯片组提供的。

北桥芯片面向 CPU、cache 和内存、显示部件，并且承担对 PCI 总线的部分管理，南桥芯片管理 PCI 总线，ISA（EISA）总线、IDE（EIDE）总线和 USB 总线，并且 I/O 控制芯片实现对众多常用输入输出设备的管理。南桥芯片引出 PCI 总线插槽、ISA 总线插槽以及众多的 I/O 插槽。插槽是成组的，每一组插槽可能有多个，同一组中的插槽没有区别。例如，一块符合 PCI 总线标准的插件板可插在任何一个 PCI 插槽上。

6.4.2　以北桥和南桥芯片组构建的专用总线型的微型计算机系统

随着微机技术的发展，控制芯片组不断改进，又出现了 I828X0 为代表的芯片组，其中包括两个主控芯片和两个附加芯片，北桥芯片 828X0 和南桥芯片 82801 以及固件集线器（FWH，firm ware hub）82802 和 I/O 控制芯片。

专用总线型的微型计算机系统和 PCI 总线型的微型计算机系统不同的是，专用总线型的芯片组的两个主控芯片即南桥和北桥之间不通过 PCI 总线连接，而是用 IHL（intel hub link）专用总线连接，片间的专用总线上不连任何其他部件。8 位的 IHL 总线，每个时钟周期能进行 4 次传输，时钟频率为 66MHz 时，IHL 总线的带宽达到 266MB/s，速度为 PCI 总线的 2 倍。16 位的 IHL 总线，每个时钟周期能进行 8 次传输，在 66MHz 时钟频率下带宽达到 1066MB/s。这种设计方法使两个主控芯片之间的信息传输不再有瓶颈情况，而且使连接在南桥上的外设和 CPU 之间的通信状态也得到改善。

北桥芯片面向 CPU、cache、内存和图形显示，南桥芯片面向 PCI 总线管理、IDE（EIDE）、USB 以及 I/O 控制芯片和 FWH 芯片。南桥芯片提供对 PCI 总线的驱动和管理功能，由此引出多个 PCI 插槽，含有网卡和调制/解调器，并含有多个外设接口部件，提供 2 个 EIDE 接口和 4 个 USB 接口，此外，南桥还提供和 I/O 控制芯片的连接功能，通过 I/O 控制芯片为慢速设备如软盘、键盘、鼠标提供接口，并为打印机等外设提供串行接口和并行接口。FWH 是一个附加芯片，包含了主板 BIOS 和显示 BIOS 以及一个用于数字加密、安全认证等领域的硬件随机数发生器。

由于使用 ISA 总线的设备逐渐趋于淘汰，所以在专用总线型的芯片组架构中，没有直接引出 ISA 扩展插槽，必要时，通过 PCI/ISA 扩展桥（多功能外围接口芯片组 82371AB），再扩展出 ISA 总线。

以北桥和南桥芯片组构建的专用总线型的微型计算机系统的示意图如图 6-4 所示。

6.4.3　单芯片组构建的微型计算机系统

随着芯片的集成度的进一步发展，为了减少芯片间的连线，北桥芯片的"权力"被削弱，北桥芯片的功能会被集成到 CPU 里或者南桥里。

将内存控制模块集成到 CPU 里，北桥芯片的功能大大减弱，使之仅成为输入输出通道（IOH）。IOH 和 ICH（即南桥）芯片组构建的微型计算机系统的示意图如图 6-5 所示。

从图 6-5 和图 6-4 可见，IOH 和 ICH 芯片组构建的微型计算机系统与以北桥和南桥芯片组构建的专用总线型的微型计算机系统的不同之处是，用快速链路互连（quick path

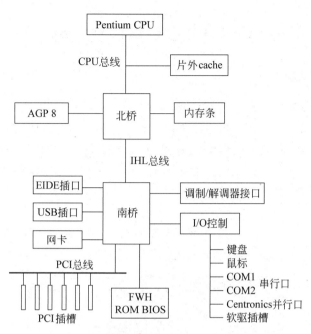

图 6-4　以北桥和南桥芯片组构建的专用总线型的微型计算机系统的示意图

interconnect,QPI)总线取代了 CPU 总线,用直接媒体接口(direct media interface,DMI)串行总线取代了 IHL 总线,用 PCI-E 总线取代了 PCI 总线和 AGP 视频接口总线,用 Serial ATA 取代了 ATA。

　　将内存控制模块和集成显卡模块都集成到 CPU 里的微处理器和南北桥合一单芯片组构建的微型计算机系统的示意图如图 6-6 所示。

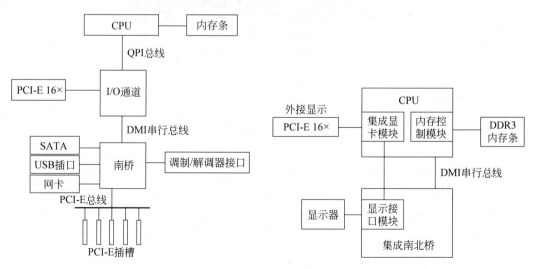

图 6-5　IOH 和 ICH 芯片组构建的微型
　　　　计算机系统的示意图

图 6-6　集成南北桥单芯片组构建的
　　　　微型计算机系统的示意图

6.5 PC主机结构及主板

6.5.1 PC主机结构

微型计算机,或称PC,现在已很普遍,几乎到处可见。虽然PC在不同场合,有不同的外围配置,或因品牌不同而外形包装各异,但万变不离其宗。PC最主要核心部分只不过"三大件":主机箱、监控器(显示器)和键盘。再缩小点说,PC只不过是一个主机箱。键盘和监控器是其外部设备,一个作为数据输入,另一个作为数据输出并兼有监控作用。这里讨论主机的结构,其他两大件将留到6.8节微型计算机的键盘及监控显示器中再行介绍。

打开主机的外壳,可以看到其中的主要部件或器具及片、卡。它们是:电源、CPU、(4条)内存条、(双)显卡、光驱和硬盘等,如图6-7所示。

图6-7 主机箱内的结构

6.5.2 主板的结构

主板的结构随着PC的发展而有很大的差异。就86系列的PC而论,从8086开始的80286,80386,80486直至现在的Pentium型的PC,已有许多代相差甚大的主板推出。即使是一个型号,由于产品的厂商不同,也有相当的差异。但是,同一型号CPU的各厂商生产的主板还是能够相互兼容的。用户只要注意所选用的主板的某些特点就可以了。

各种品牌的主板的基本组成都是相近的。主板上的器件很多,分布各异,但都可以分解为下列几个部分:

(1) CPU及其相关器件所组成的系统;

(2) 总线扩展槽所形成的系统;

(3) 主板上的存储器系统;

(4) 芯片组(chipset)及其他芯片;

（5）跳线(jumper)及各种辅助电路。

图 6-8 为某 PC 的主板的布局。从图可见,主板上有:CPU 插座、北桥芯片、南桥芯片、4 条内存插槽、PCI 插槽、PCI-E 16x 插槽、2 条 PCI-E 1x 插槽、6 个 SATA 接口、IDE 插槽和外置输入输出接口等。

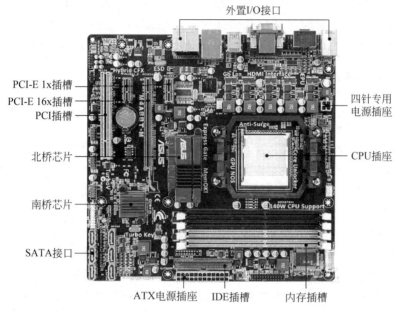

图 6-8 Pentium 的主板的布局

6.5.3 常用的 CPU 及其在主板上的插座

Intel 公司生产的 CPU 型号至 80486 为止,此后生产的 CPU 型号改为 Pentium(奔腾)。计算机技术发展很快,现在已有 Pentium 4、双核处理器 Pentium E5800 和 Cori 2、四核处理器 Cori i7 等。表 6-1 是部分常用的 CPU 的有关参数。

表 6-1 微型计算机常用的 CPU 的主要性能

CPU	时钟频率 MHz	数据总线 内部/外部	地 址 总 线
8088	4.77~10	16/8	20
80286	16	16	24
80386SX	25	32/16	32
80386DX	33	32	32
80486	100	32	32
Pentium	60~200	32/64	32
Pentium 4	1500~2800	32/64	36
Core i2	3000	64	64
Pentium E5800	3200	64	64
Core i7	3400	64	64

主板与 CPU 通过 CPU 插座连接在一起,CPU 插座目前常用的为 Socket 型插座和

LGA 型插座。Socket 型插座的四周均匀地分布着插孔,其右边还有一根压杆。在插入 CPU 之前,先将压杆提起,插下 CPU 之后,再把压杆压回原处,利用插座本身产生的挤压力将 CPU 的引脚与插座牢牢地接触,然后在 CPU 上安装一组散热片和风扇。拆卸 CPU 时,将压杆轻轻提起,压力即可解除,CPU 便可轻松取出。Socket 插座大多根据 CPU 引脚的多少进行编号。LGA 型插座没有插孔,只有一排排整齐排列的有弹性的金属圆点,因此 CPU 不能利用其引脚与插座孔的接触进行固定,而是利用安装扣架固定,使 CPU 正确压在 LGA 插座上的金属圆点上。LGA 插座可以随时解开扣架,更换 CPU 芯片。

6.5.4 主板上的芯片组

芯片组在主板上的作用仅次于 CPU,是主板的灵魂,它决定了主板性能的好坏和级别的高低,进而影响到整个计算机系统性能的发挥。

目前的主板芯片组由北桥芯片和南桥芯片组成,芯片组的名称一般以北桥芯片命名。北桥芯片不仅仅可以代表整块主板的名称,还能代表整块主板的档次。北桥芯片是芯片组中起主导作用的芯片,故也称之为主桥(host bridge)。其中北桥芯片的主要功能是控制内存,南桥芯片的主要功能是负责输入输出总线之间的通信。南桥芯片负责的功能较稳定,所以不同芯片组中,可能存在南桥芯片是相同的,不同的只是北桥芯片。例如,华硕 Rampage Ⅱ Extreme 主板所用北桥芯片的型号是 Intel X58,微星 P45D3 Neo-F 主板所用北桥芯片的型号是 Intel P45,映泰 TP43E Combo 主板所用北桥芯片的型号是 Intel P43,它们所用南桥芯片的型号都是 ICH10;华硕 M5A87 主板所用北桥芯片的型号是 AMD 870,华硕 M5A88-M 主板所用北桥芯片的型号是 AMD 880G,它们所用南桥芯片的型号都是 AMD SB850。主板的性能取决于北桥芯片,主板支持外设功能的多少则取决于南桥芯片。紧靠着 CPU,上面覆盖着散热片的芯片就是北桥芯片。而距离 CPU 较远,在局部总线扩展插槽附近的芯片是南桥芯片,南桥芯片上面一般没有覆盖散热片。

Intel 公司的芯片组的命名规则是一个英文字母后跟两个数字,其中英文字母代表针对的市场,第 1 个数字代表芯片组系列,第 2 个数字则代表芯片组的功能。在同一个系列中,且英文字母相同的情况下,数字大的芯片组的性能高于数字小的芯片组。目前常见的 Intel 公司的 5 系列、4 系列和 3 系列的北桥芯片有 X58、H57、H55、P55、P45/P43/P40、G45/G43/G41、P35/P33/P31 和 G35/G33/G31 等,常见的 Intel 公司的南桥芯片有 ICH10~ICH1。目前还出现了集成南北桥的 6 系列的芯片组,例如,华硕 P8Z68 DELUXE 主板和技嘉 Z68XP-UD3P 主板使用的 Intel Z68 芯片组,华硕 P8P67 EVO 主板使用的 Intel P67 芯片组,华硕 P8H67-V 主板使用的 Intel H67 芯片组。目前常见的 AMD 公司的 8 系列和 7 系列的北桥芯片有 AMD 880/870/790/785/770 等,常见的 AMD 公司的南桥芯片有 SB850/SB750/SB710/700 等。

6.5.5 主板上的总线扩展插槽

1. PCI 总线扩展槽

PCI 总线是 Intel 公司于 1992 年 7 月推出的,是为配合奔腾芯片而设计的。这种 PCI 总线也可在 386 和 486 系统上使用,但它主要是应用于奔腾系统。有 3 种不同的

PCI 扩展槽：一种用于 32 位总线，一种用于 3V 的 64 位总线，还有一种则用于 5V 的 64 位总线。PCI 总线扩展槽如图 6-9 所示。

PCI 总线的优点如下：

（1）即插即用（plug and play）——PCI 总线有自动将增加的 PCI 卡配置到系统中的能力。

图 6-9　PCI 总线扩展槽

（2）可使用在多处理器环境中，还可支援多媒体及数据量非常大的应用。它不会使 CPU 负担过重，又能支援更多的局部总线。

PCI 总线可与早期的 ISA 总线、EISA 总线、VESA 总线共存于同一主板上，上述总线各有各的标准。所谓总线，说全了就是"总线标准"。所谓总线标准就是由 CPU 出来的数据线、地址线、控制线等必须按照各自的标准在总线扩展槽上安排。根据 ISA 总线标准设计的总线扩展槽只能接受根据 ISA 总线设计的插件。根据 PCI 总线标准设计的总线扩展槽只能接受根据 PCI 总线设计的插件等。

（3）PCI 的扩展槽可以多达 10 个。

2. AGP 扩展槽

AGP 扩展槽如图 6-10 所示，每块主板只有 1 条 AGP 扩展槽，通常都是棕色的。AGP 扩展槽结构也与 PCI、ISA 完全不同，它不与 PCI、ISA 扩展槽处于同一水平位置，而是内进一些，这使得 PCI 卡、ISA 卡不可能插得进去。随着显卡速度的提高，AGP 扩展槽已经不能满足显卡传输数据的速度，目前 AGP 显卡已经逐渐淘汰，取代它的是 PCI Express 显卡。

3. PCI-E 扩展槽

尽管 PCI Express 技术规格允许实现 1x、2x、4x、8x、16x 和 32x 通道规格，但是依目前形式来看，PCI Express 1x 和 PCI Express 16x 是 PCI Express 的主流规格。芯片组厂商将在南桥芯片当中添加对 PCI Express 1x 的支持，在北桥芯片当中添加对 PCI Express 16x 的支持，用于取代 AGP 接口的 PCI Express 接口是 PCI-E 16x。其实 PCI-E 16x 与 PCI-E 1x 的传输标准是一样的。只不过 PCI-E 16x 有 16 条 PCI-E 通道，而 PCI-E 1x 只有一条 PCI-E 通道。每条 PCI-E 通道的通信带宽都是相同的，所以 PCI-E 16x 的通信带宽是 PCI-E 1x 的 16 倍。由于大多数的芯片组提供的 PCI-E 通道只有 18 或 20 条，所以大多数主板的 PCI-E 插槽都是一个 PCI-E 16x 和两个 PCI-E 1x。

PCI-E 1x 插槽针脚总数有 36 条，其中主接口区针脚数为 14 条；而 PCI-E 16x 插槽针脚总数有 164 条，其中主接口区针脚数为 142 条。PCI-E 16x 和 PCI-E 1x 插槽如图 6-11 所示。较短的 PCI Express 卡也可以插入较长的 PCI Express 插槽中使用。

图 6-10　AGP 扩展槽

图 6-11　PCI Express 总线插槽

6.5.6　主板上的内存条及内存条插槽

内存条中存放的信息单元是字节(byte),一个字节有 8 位,一个字节可以存放一个字母或数字,一个 8 位的字节可以表示 256 个不同的数值。内存的大小(size)是指有多少可以由 CPU 来存取的内存单元,一般标有 KB,MB,GB 及 TB。其中:

1KB＝1024 字节;

1MB＝1024KB＝1 048 576 字节;

1GB＝1024MB＝1 073 741 824 字节;

1TB＝1024GB＝1 099 511 627 776 字节。

内存条上的存储器(动态随机存储器 DRAM)和 CPU 之间的数据流动是经过自己的特殊的专用存储器总线的。在这个总线上数据以 CPU 的速度在 DRAM 和 CPU 之间流动。决定计算机速度的一个关键因素是数据在 CPU 和存储器之间流动所花费的时间,因而 CPU 和 DRAM 之间的特殊总线的宽度就成为计算机运行速度的关键。比如说原来 PC/XT 的总线宽度为 8 位,那么,IBM PC/AT(286)的总线为 16 位,其速度就比原来的高,即为原来的 2 倍。而总线为 32 位的 386 和 486 CPU 的速度又增加一倍,即为原来的 4 倍。奔腾机的总线宽度可以是 32 位、64 位,甚至是 128 位,这是随主板的设计而定的。当然主板上总线宽度愈宽,则其计算机的速度愈快。

最早的微机主板上配置的内存为 64KB 存储器,64KB 存储器需要 9 个芯片,每个芯片 8KB(64K×1 位),8 位共需 8 个芯片。第 9 个芯片是用于奇偶校验的。后来主板上的存储器增加到 256KB,直至 640KB。需占的面积,如用原来的芯片,就要大 10 倍以上,因而从 IBM PC/AT(286)开始改用内存条。内存条是将容量很大,但体积很小的存储芯片装在条形印刷电路板上,然后将内存条插在主板的内存插槽里。这样,一个内存条插槽即可插上 64MB、128MB、512MB、1GB 直至 2GB、4GB 的内存条。现在,一个主板上的内存条存储器可达到 16GB,甚至 32GB,如华硕 Magny-ready 服务器主板上板载了 8 个 DDR3 内存插槽。这就是采用内存条插槽的优点所在。

内存条插槽一般有 2～8 个,如图 6-12 所示,上图为 DDR2 内存条插槽,下图为 DDR3 内存条插槽。

现在内存条的容量愈来愈大,应该尽量选用大容量的内存条,少使用内存条插槽。今后如需增大内存,还有富余的内存条插槽可供备用。如果你需

图 6-12　内存条插槽

要的内存为 4GB,则最好选用 1 条 4GB 的内存条。如选用 1GB 的内存条,则需 4 条,就要占用 4 个内存条插槽。

6.5.7　主板上的其他接口

主板上的总线扩展槽是有限的。要减少扩展槽的一种方法就是将插件板要完成的功能集成在主板上。早期生产的主板没有这种接口,现在,新制主板上已有这种接口了。

1. IDE 接口插槽

现在已有集成在主板上的 IDE 接口,在主板上有 1～2 个用于连接硬盘驱动器或光

盘驱动器的 40 线扁平电缆的插槽,如图 6-13 所示。

2. SATA 接口插槽

集成在主板上的 SATA 接口的插槽如图 6-14 所示,其个数不等,有的主板上多达 6~8 个。

图 6-13　IDE 接口插槽

图 6-14　SATA 接口插槽

3. SCSI 接口插槽

有些主板上建有 SCSI 接口插槽,如图 6-15 所示,这种接口对于多媒体及其他许多应用上都是必不可少的。

图 6-15　SCSI 接口插槽

4. 外置 I/O 接口

现在,主板将许多常用外设的接口都集成在主板上,并将其接口插座安装在机箱上,使其应用简单而方便。如图 6-16 所示的某 PC 的外置 I/O 接口有,PS/2 键盘接口(紫色)、PS/2 鼠标接口(浅绿色)、4 个 USB2.0 接口、串口、并口、RJ-45 网络接口、VGA 接口和音频接口等。

图 6-16　键盘、鼠标、USB 接口等外置 I/O 接口

6.6　PC 的外存储设备

前面几节的内容是介绍 PC 的主板的。PC 的主机箱内除了主板外,还有软盘驱动器、硬盘驱动器和光盘驱动器。软盘驱动器、硬盘驱动器和光盘驱动器虽是在主机箱内,

但在主板外,所以称为 PC 的外存储设备。

6.6.1　软磁盘及软盘驱动器

PC 使用 5¼ 英吋及 3½ 英吋两种软磁盘,简称软盘,它是微型计算机系统中常用的一种外存储器。软盘可用来存放各类软件,但必须放入软盘驱动器并合上门开关后才能读写。工作时,软盘驱动器前的红色指示灯亮。

1. 软磁盘

软磁盘存储信息的原理与磁带相似,是利用磁性材料的磁化效应来记录信息的。记录信息的磁性介质是铁铬氧化物,它涂敷在聚酯薄膜片的表层,使软盘具有存储容量大、存取时间短、价格低、可靠性好等优点。

软盘有单面和双面两种,圆形的软盘片封装在一个正方形的塑料(或纸质)保护封套中,如图 6-17(a)所示。

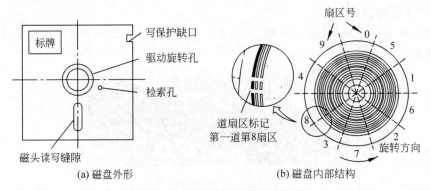

(a) 磁盘外形　　　　　　　　　(b) 磁盘内部结构

图 6-17　5¼ 英吋软磁盘外形及结构

图 6-17(a)中:

驱动旋转孔——供驱动电机旋转软盘用;

检索孔——检查盘面起始位置的索引标记;

磁头读写缝隙——供磁头寻找盘片磁道进行读写之用;

写保护缺口——若将此口封住,称为写保护,则盘片的所有信息被保护起来,盘片只能读出不能写入。若对盘片既要读又要写,则此缺口不能封住。

软盘信息存储在磁道上,磁道以同心圆分布,如图 6-17(b)所示。每条磁道又分成若干个扇区,每个扇区内可存放 512B。字节是信息的计量单位,1B 为 8 个二进制数。常用的 5¼ 英吋双面磁盘及 3½ 英吋高密双面磁盘的技术参数见表 6-2。

表 6-2　软盘的主要技术参数

磁 盘 规 格	存储容量(字节)	磁 道 编 号	扇　区　数
5¼ 英吋双面高密磁盘	360KB	0～39	9
5¼ 英吋双面高密磁盘	1.2MB	0～79	16
3½ 英吋双面高密磁盘	1.44MB	0～95	16

因此,每张软盘的储存容量计算为:

软盘储存容量＝每扇区字节数×扇区数×磁道数×面数

对于 80 磁道、16 扇区、双面软盘的存储容量为:

$$512×16×80×2＝1\ 310\ 736B＝1.2MB$$

2. 软盘驱动器

软盘驱动器由读写磁头、驱动电机、步进电机以及控制电路组成,如图 6-18 所示。

软盘驱动器的简单工作原理:当软盘插入驱动器,合上门开关后,驱动电机在 2s 内带动软盘以 360r/min 的速度,在保护封套内快速旋转。计算机发出控制命令,通过磁盘控制电路的控制逻辑,由检索孔检测磁道起始位置;同时使步进电机转动,通过齿轮、齿条机构带动磁头沿磁盘径向移动,以便找寻需要读写的磁道或扇区。一旦找到所寻磁道或扇区的起始位置,控制电路读写逻辑就控制磁头产生读写所需的电流,按程序控制命令,在磁盘上进行信息的存取。而对于写保护口被封住的软盘,就禁止写电流通过磁头,使信息不能写入,只能读出。

软盘驱动器由软盘控制器进行控制。它们之间的接口如图 6-19 所示。驱动器提供给控制器的信号有:读出数据信号、写保护信号、索引信号(表示盘片旋转到某起始位置,每转一周,发出一次)、0 号轨信号(表示磁头正停在 0 号磁道)。控制器发给软盘驱动器的信号有:驱动器选择信号(使驱动器与控制器逻辑上接通)、电机允许信号(控制驱动器的主轴电机旋转或停止)、走步信号(使所选驱动器的读/写磁头按指定方向移动,一次一轨)、方向信号(指出走步方向)、写数据及写允许信号(允许把数据写入磁盘)、磁头选择信号(选择两个磁头之一)等。

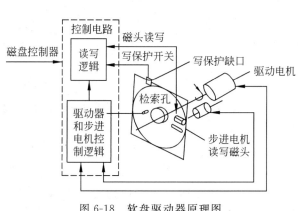

图 6-18　软盘驱动器原理图

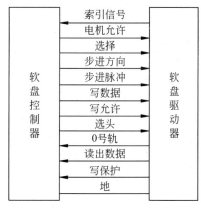

图 6-19　软盘控制器接口

6.6.2　硬盘及硬盘的接口

1. 硬盘

人们习惯将"硬盘控制器"与"盘体"集成在一起的硬盘驱动器称为硬盘机或者硬磁盘(简称硬盘),它的盘片是用一层很薄的氧化铁涂层覆盖在铝质盘片上,读写磁头以 $5\mu m$ 的间隙悬浮在硬盘表面上进行信息的存取,硬盘片以高速度旋转。

硬盘机和软盘机的工作原理基本相同。两者都是采用读写磁头在磁盘盘片表面上进行信息的存取,所不同的是工作速度与信息的存储量,硬盘机的速度为 4200~15 000r/min。硬盘机开机后一直在运转。硬盘片的存储密度很高,密封在一个小盒内。

硬盘机读写磁头的数目取决于该磁盘机包含多少个磁盘片。每张单面盘片只需一个磁头,而每张双面盘片的硬盘机,则需要两个磁头。

由于信息存储量大,故硬盘片的磁道多,扇区也多,每扇区存储 512B 的信息。硬盘读写以扇区为基本单位,即使只需读取一个字节,也必须一次把这个字节所在扇区的 512个字节全部读入内存,再使用所需的那个字节。早期硬盘的扇区结构与软盘一样,采用不等长扇区。不等长扇区的面积不一样大,磁盘外圈的扇区比磁盘内圈的扇区的面积大,但每个扇区存储的信息都是 512B,因此。不等长扇区严重浪费了硬盘的存储空间。目前,硬盘都采用等长扇区结构,等长扇区结构的所有扇区的面积都一样大,所以磁盘外圈的扇区比磁盘内圈的扇区的数量多,最大限度地利用了磁盘的面积。

由于硬盘的盘片分层,因此,将各层盘片对应的磁道称为柱面。以前常见的硬盘容量自 20~525MB,见表 6-3。现在容量常见的是以 GB 计,(1GB=1024MB),从 8~2500GB的都有。

表 6-3　常用硬磁盘主要参数

容量	柱面	磁头	扇区	容量	柱面	磁头	扇区
21.4MB	615	4	17	80.2MB	1 024	9	17
32.1MB	615	6	17	98.0MB	1 024	11	17
42.5MB	977	5	17	121.7MB	762	8	39
49.1MB	940	6	17	117.5MB	900	15	17
59.5MB	977	7	17	133.7MB	1 024	15	17
62.4MB	1 024	7	17	159.8MB	1 224	15	17

2. 硬盘接口

硬盘接口是硬盘与主机系统间的连接部件,作用是在硬盘缓存和主机内存之间传输数据。不同的硬盘接口决定着硬盘与计算机之间的连接速度,在整个系统中,硬盘接口的优劣直接影响着程序运行快慢和系统性能好坏。

硬盘接口分为 IDE、SATA、SCSI、SAS 和光纤通道 5 种,这 5 种接口的硬盘如图 6-20所示。下面仅对前面没做介绍的光纤通道做简单的介绍。光纤通道(Fibre Channel)和SCSI 接口一样,光纤通道最初也不是为硬盘设计开发的接口技术,是专门为网络系统设计的,但随着存储系统对速度的需求,才逐渐应用到硬盘系统中。光纤通道硬盘是为提高多硬盘存储系统的速度和灵活性才开发的,它的出现大大提高了多硬盘系统的通信速度。光纤通道的主要特性有:热插拔性、高速带宽、远程连接、连接设备数量大等。

目前使用较多的硬盘接口是 ATA(即 IDE)接口、SATA 接口和 SCSI 接口 3 种。ATA、SATA 硬盘接口插座如图 6-21 所示。SCSI 硬盘接口插座有窄口(narrow,50 脚)、宽口(wide,68 脚)和单接头(single connector attachment,80 脚)3 种,如图 6-22 所示。

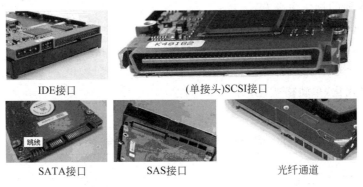

IDE接口 （单接头)SCSI接口

SATA接口 SAS接口 光纤通道

图 6-20 硬盘的 5 种接口

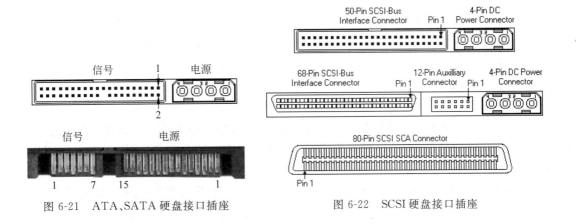

图 6-21 ATA、SATA 硬盘接口插座　　　　图 6-22 SCSI 硬盘接口插座

6.6.3 磁盘控制器

　　PC 的磁盘是由一块专门的选件板(称磁盘驱动适配卡)来控制的。一块磁盘驱动适配卡可控制两台软盘及两台硬盘。除了数据线和地址线外,它与 CPU 的接口信号主要有 DMA 请求信号(DRQ3 和 $\overline{\text{DACK3}}$)以及磁盘操作后发出的中断请求信号(IRQS)等。硬盘完成读、写或定位等操作时,必须通过 I/O 指令进行。

　　硬盘驱动适配卡上有一块 ROM,存放着 BIOS 的扩充程序。主要包括:

　　① 磁盘的加电诊断程序;

　　② 微机系统的自举程序;

　　③ 磁盘的驱动子程序。

　　当系统加电或热启动时,扩充 BIOS 程序,除了在地址 0034H～0037H 中填入硬盘中断服务程序的起始地址之外,还将修改原基本系统的中断向量表。例如,使仅用于处理软盘调用的 INT13 改成 INT40,而把 INT13 作为软盘和硬盘统一处理的软中断入口;把 INT19 修改成转向扩充 BIOS 中的新的自举程序等等。

　　磁盘控制器发出的操作命令由 6 个字节组成,称作硬盘控制块 DCB。磁盘控制器的操作命令的格式见表 6-4。表 6-4 中,d 为驱动器号。不同的操作命令其操作类型和操作

码各不相同,主要的操作命令有:

① 读,长读(包括读出数据中附有纠错码);

② 写,长写(包括写入数据中附有纠错码);

③ 定位;

④ 连续格式化,单轨格式化;

⑤ 取断定状态。

表 6-4　磁盘控制器的操作命令

	7　6　5	4　3　2　1　0
字节 0	操作类型	操 作 码
字节 1	0　0　d	磁 头 号
字节 2	柱面号(高)	扇 区 号
字节 3	柱 面 号 (低)	
字节 4	读/写块数	
字节 5	控 制 字 段	

DCB 的 6 个字节是连续使用 OUT 指令通过输入/输出通道送给控制器去执行的。

在图 6-23 中给出 PC/XT 的扩充 BIOS 中硬盘读出子程序的操作流程图,从中可以看出硬盘控制的工作原理。

当 CPU 发出操作命令后,硬盘控制器即可独立完成指定的操作。操作结束后,若处于中断允许方式,则立即向 CPU 发出中断请求,否则,会在硬件状态寄存器的第 0 位置 1,表示要求向 CPU 送出操作结束状态字节。

硬盘每次操作完毕后,都要形成一个结束状态字节,用于指出操作是否正常结束。结束状态字节中第 1 位(最右面是第 0 位)若为 1 表示有错,第 5 位是驱动器号,其他各位均不使用。

若操作有错可发出"取断定状态"命令了解出错的具体情况。断定状态由 4 个字节组成,字节 0 指出错误类型及错误码,若为全 0 则表示没有出错。它们的格式见表 6-5。

表 6-5　硬盘断定状态的格式

	7	6	5	4	3	2	1	0
字节 0	地址有效	0	错误类型		错 误 码			
字节 1	0　0		d		磁 头 号			
字节 2	柱面号(高)			扇 区 号				
字节 3	柱 面 号 (低)							

断定状态字节是在 CPU 发出命令后,通过 4 次读入的。此时,硬盘控制器应处于屏蔽 DMA 及中断的模式。

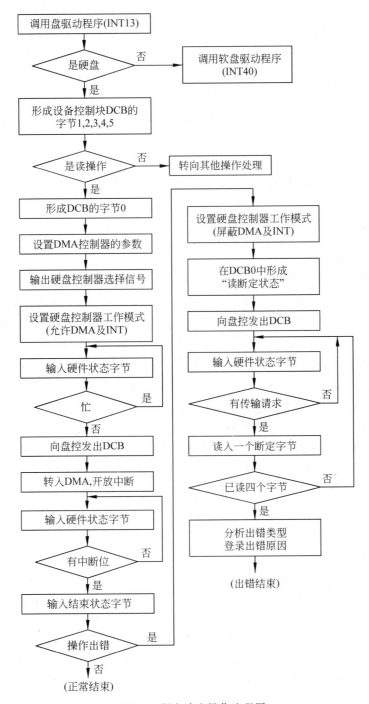

图 6-23　硬盘读出操作流程图

　　另外,硬盘控制器还提供一个硬件状态字节,它的格式如图 6-24 所示。CPU 随时可以通过输入指令读出这个字节,以便了解硬盘控制器的状态。

　　在不同牌号的硬盘控制卡上存放的 BIOS 是不相同的,它与磁盘的容量、磁道数、磁

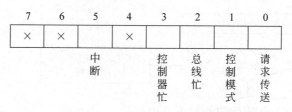

7	6	5	4	3	2	1	0
×	×		×				
	中断			控制器忙	总线忙	控制模式	请求传送

图 6-24　硬盘状态字节的格式

头数等参数有关。

6.6.4　光盘及光盘驱动器

光盘存储器是 20 世纪 90 年代计算机系统中广泛应用的一种大容量存储器。光盘驱动器在多媒体计算机中为必备的存储设备。

1. 光盘存储器

光盘存储器的分类有不同方法,按光盘读写可分为只读型光盘(如 CD-ROM、DVD-ROM、BD-ROM 即 Blu-ray Disc)、WORM(Write Once Read Many)光盘(CD-R、DVD-R)和反复读写光盘(DVD-RW、DVD-RAM);按存储内容可分为数据光盘(如 CD-ROM、DVD-ROM)、音频光盘(如 CD、DVD-Audio)和视频光盘(VCD、DVD-Video)。不同类型的光盘需要不同类型的光盘驱动器进行读和写。常将只能读取光盘信息的驱动器称为光驱,能够对光盘进行读和写这种操作的驱动器称为刻录机。使用最多的是只读型光盘 CD-ROM(compact disc read only memory)、DVD-ROM (digital video disc only memory)和反复读写光盘 DVD-RW 。CD-ROM 光盘的容量为 650MB,DVD-ROM 光盘的容量有 4.7GB、8.5GB、9.4GB 和 17GB。BD-ROM 光盘的容量为 50GB。

只读型光盘只能用来存储程序和数据,而不能写入。WORM 光盘只能一次性写入而可多次读出。可重写光盘是通过可重写光盘机来进行读写操作的。反复读写光盘是最理想的光盘,也是最有应用前景的光盘。各种类型光盘的结构与工作原理基本相同,与计算机的接口方式也相同,只是存储容量不同。下面以 CD-ROM 光盘为例来介绍光盘存储器。

CD-ROM 光盘同激光唱盘的尺寸是一样的,它们的直径都是 4.75 英吋(12 厘米),厚度为 1.2mm。实际上,CD-ROM 光盘和激光唱盘可以在一条生产线上压制。当然,CD-ROM 数字信息与唱盘所携带的信息不同,属不同的国际标准格式。

CD-ROM 利用高能量的激光束可聚焦成约 $1\mu m$(微米)的光斑在存储介质上进行光学读写。CD-ROM 光盘有一条从内向外由凹坑和凸区(平坦)表面相互交替而组成的连续的螺旋形路径。在这条路径上,每个信号元素占据的长度是相等的。CD-ROM 光盘的这种记录方式不同于软盘和硬盘等存储器,磁盘上的记录不是螺旋轨道,而是一个个的同心圆磁道。

2. 光盘驱动器

光盘驱动器最基本的技术指标是数据传输速率,光驱按其数据传输率分为单倍速、4倍速、8 倍速、16x、24x、40x、48x、52x、56x 光驱等。一般单倍数光驱的数据传输率是

150kB/s(是 Byte,不是 bit),那么,多少倍速光驱的数据传输率就是 150kB/s 的多少倍。如 40x 的 CD-ROM 光驱的速度近似为 6000kB/s。光驱的数据传输速率都是标称的最快速度,这个数值是指光驱在读取盘片最外圈时的最快速度,而读内圈时的速度要低于标称值,大约为外圈的一半。48 倍速的光驱大约只有 24 倍速的速率。此外,接口类型、内部缓存和寻道时间也是光盘驱动器的主要技术指标。

目前绝大部分的光驱使用的信号线和电源线与硬盘相同,所以光驱的接口插座与硬盘相同,在此就不再介绍光盘驱动器的接口方式了。

6.7 习　　题

6.1　什么是总线? 微型计算机内常有的总线有哪几类?

6.2　ISA 总线中,$\overline{\text{MEMR}}$、$\overline{\text{MEMW}}$、$\overline{\text{IOR}}$ 和 $\overline{\text{IOW}}$ 信号的作用是什么?

6.3　PCI 总线信号可分为哪几类?

6.4　输入输出接口总线有哪几种? 分别适合什么外部设备使用?

6.5　以北桥和南桥芯片组构建的 PCI 总线型微型计算机系统中的北桥和南桥各自有什么作用?

6.6　以北桥和南桥芯片组构建的专用总线型微型计算机系统中使用了哪几个芯片? 各自有什么作用?

6.7　微型计算机中有哪些常用并行总线和常用串行总线?

6.8　请简要介绍微型计算机的主板组成,并说明各部件的功能。

6.9　目前常用的 CPU 的插座是什么型号? 它们有什么不同?

6.10　主板上有哪些插槽和插座? 各有什么用处?

6.11　硬盘的接口有哪几种类型?

第7章 汇编语言与汇编程序

　　计算机的指令是由一个或多个字节二进制数组成的,这样一组二进制数形式的代码指出该指令进行什么操作,有哪些数据参与该操作,操作的结果如何处理,这种指令称为机器指令。机器指令是很难记忆的,记住它们不但很难做到,实际上也无必要,因为任何计算机的汇编语言都将机器指令与符号指令一一对应。符号指令使用助记符和符号等来指出该指令进行什么操作,有哪些数据参与该操作,操作的结果如何处理。所以往后凡不特别声明,指令均指符号指令。用符号指令书写程序的语言称为汇编语言。把用汇编语言编写的源程序翻译成机器指令(目标程序)的过程叫汇编。完成汇编任务的程序是汇编程序。除此之外,汇编程序还具有其他一些功能,如按用户要求自动分配存储区(包括程序区、数据区等);自动把各种进制数转换成二进制数;计算表达式的值;对源程序进行语法检查并给出错误信息(如非法格式、未定义符号)等。具有这些功能的汇编程序又被称为基本汇编。在基本汇编的基础上,进一步允许在源程序中把一个指令序列定义为一条宏指令的汇编称为宏汇编。

　　汇编语言的特点之一是用助记符表示指令所执行的操作,而它的另一个特点就是在操作数中使用符号。在源程序中使用符号给编程带来了极大的方便,并给汇编带来困难。因为汇编程序无法区分源程序中的符号是数据还是地址,也无法识别数据的类型,还搞不清源程序的分段情况等。汇编语言为了解决这些问题,使汇编程序准确而顺利地完成汇编工作,专门设置了伪指令和算符。伪指令和算符只为汇编程序将符号指令翻译成机器指令提供信息,没有与它们对应的机器指令。汇编时,它们不生成代码,汇编工作结束后它们就不存在了。

　　宏汇编语言有3类基本指令:符号指令、伪指令和宏指令。本章只介绍部分符号指令和伪指令,其余的符号指令和伪指令、宏指令留待后续章节介绍。汇编的伪指令和算符较多,本书仅介绍其中的一部分,不作全面介绍,读者若要全面地了解,可查阅"宏汇编语言程序设计"类的书籍。

7.1 符号指令中的表达式

　　使用符号指令编写程序,除了正确地使用助记符和定义符号外,其主要问题是正确地表示操作数的地址,即正确地使用寻址方式。而寻址方式的使用又可归结为地址表达式的使用。因此,正确、熟练地使用地址表达式是编写程序的基本技能。

　　为了表示某个存储单元、数据,需要定义一些符号。符号是以字母开始的一串字符。为了区别符号和数据,以字母开始的十六进制数,要在其前面添加一个前导0。如8位补码数-1,应写为0FFH。

宏汇编语言中定义的符号分为常量、变量和标号 3 类,其中变量和标号具有属性。它们的定义及属性介绍如下。

7.1.1 常量

1. 常量

常量是指那些在汇编时已经有确定数值的量。常量可以数值形式出现在符号指令中,这种常量称作数值常量;也可将那些经常使用的数值预先给它定义一个名字,然后用该名字来表示该常量,这种常量称作符号常量。

为便于程序设计,数值常量有多种表示形式。常用的有二进制数、十进制数、十六进制数和 ASCII 字符。ASCII 字符用作数值常量时,需用引号引起来,如'A'、'BC'、'$'等所有可以打印或显示的 ASCII 字符。

符号常量由伪指令 EQU 或"="号定义,如:

P EQU 314 或 P=314

汇编程序不给符号常量分配存储单元;它可以使源程序简洁明了,改善程序的可读性;可方便地实现参数的修改,增强程序的通用性。

2. 数值表达式

汇编语言允许对常量进行算术(+、-、×、/、MOD)、逻辑(AND、OR、XOR、NOT)和关系(EQ、NE、LT、GT、LE、GE)3 类运算。由常量和这 3 类运算符组成的有意义的式子,称作数值表达式。数值表达式的值的计算是在汇编时进行的,其结果仍为一数值常量。因此数值表达式也可以出现在用符号指令书写的源程序中,正确地使用数值表达式能给程序设计带来极大的方便。

7.1.2 标号

标号是指令地址的符号表示,也可以是过程名。过程名是过程入口地址的符号表示,即过程的第一条指令的地址。

标号的定义方式有 2 种:

(1) 用":"定义,直接写在指令助记符前,如定义标号 CYCLE。

CYCLE: MOV AL,[SI]

(2) 用 PROC 和 ENDP 伪指令定义过程。

标号一般只在代码段中定义和使用,标号代表指令的地址,因而它具有 3 个属性:段基址、偏移地址和类型。

标号的段基址是定义该标号所在段的起始地址。

标号的偏移地址是标号所在段的段基址到该标号定义指令的字节距离。

标号的类型有 NEAR 和 FAR 两种。用":"定义的标号为 NEAR 类型,过程名可以定义为 NEAR 类型也可以定义为 FAR 类型,NEAR 类型的标号只能在定义该标号的段内使用,而 FAR 类型的标号却无此限制。

过程用伪指令 PROC 和 ENDP 定义,过程定义的格式请见 7.4.1 节。

7.1.3 变量

1. 变量和地址表达式

变量是存储器中的数据或数据区的符号表示。变量名就是数据的地址或数据区的首地址。指令中的存储器的地址可以用变量表示。由于存储器是分段使用的,因此变量也有 3 重属性:段基址、偏移地址和类型。

变量的段基址是指变量所在段的起始地址的高 16 位。当需要访问该变量时,其段基址即段首址的高 16 位或段选择字一定要在其相应的段寄存器中。变量的偏移地址是指变量所在段的起始地址到该变量的字节距离。

同数值表达式一样,由变量、标号、寄存器(只能是 16 位和 32 位的通用寄存器,且16 位的寄存器只能是 SI、DI、BX、BP,用寄存器名置入方括号中表示)、常量和运算符组成的有意义的式子称作地址表达式。单个变量、标号、寄存器(必须用寄存器名加方括号表示)是地址表达式的特例。

2. 变量存储区域中数据的存放

8086/8088 微处理器的所有操作既可以按字节为单位也可以按字为单位来处理。80x86 系统为了向上兼容,既能按字节和字进行操作,也能按双字进行操作,因此 80x86系统中的存储器是以 8 位二进制数(一个字节)为一个存储单元编址的。每一个存储单元用唯一的一个地址码来表示。一个字即 16 位的二进制数据占据连续的 2 个单元。这两个单元都有各自的地址,只有处于低地址的字节的地址才是这个字的地址。将偶数地址的字称为规则字,奇数地址的字称为非规则字。同样,一个双字即 32 位的二进制数据占据连续的 4 个单元,虽然这 4 个单元都有各自的地址,但仅处于最低地址的字节的地址才是这个双字的地址。

在汇编中,几乎都使用变量和地址表达式来表示存储器的地址。在变量的存储区域中,任何连续存放的 2 个字节都可以称为一个字,任何连续存放的 4 个字节都可以称为一个双字。如图 7-1 所示,变量 BUFF 和地址表达式 BUFF+1 两个字节地址中存放的字是 2301H,字 2301H 的地址是 BUFF;字 4523H 的地址是 BUFF+1。字 2301H 为规则字,而字4523H 为非规则字。双字 AB896745H 的地址是 BUFF+2。

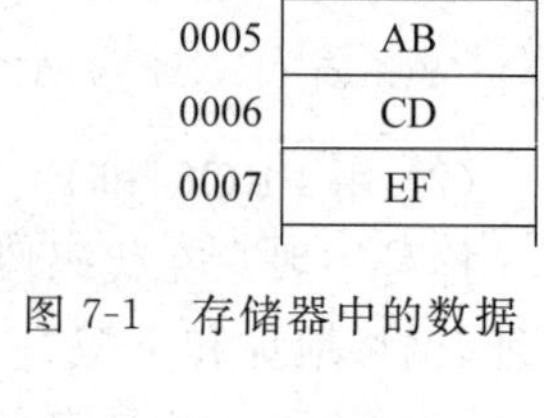

偏移地址		存储器
BUFF	0000	01
	0001	23
	0002	45
	0003	67
	0004	89
	0005	AB
	0006	CD
	0007	EF

图 7-1 存储器中的数据

3. 变量的段基址和偏移地址的指定算符

变量的段基址和偏移地址分别用 SEG 或 OFFSET 两个分析运算符来指定,只要在操作数中指定带 SEG 或 OFFSET算符的变量名,就可以分别产生该变量的段基址或偏移地址。例如,变量 W 的段基址和偏移地址分别表示为 SEG W 和 OFFSET W。

4. 变量的类型属性及变量的定义

变量的类型是指存取该变量中的数据所需要的字节数。变量的类型可以是字节(Byte)、字(Word)、双字(Dword)、6 字节(Fbyte)、4 字(Qword)和 10 字节(Tbyte)。变量使用数据定义伪指令 DB(定义字节)、DW(定义字)、DD(定义双字)、DF(定义 6 字节)、

DQ(定义 4 字)、DT(定义 10 字节)来定义。其格式是：

[变量名]　　　数据定义伪指令 表达式[,…]

若无变量名则为定义无名数据区。表达式确定了变量的初值,所使用的表达式可以是以下几种。

（1）数值表达式;

（2）ASCII 码字符串。表达式为 ASCII 码字符串时,若用 DB 定义,则字符按先后顺序存放且允许串长度即引号中的字符数超过 2 个字符;若用 DW 定义,则将字符的 ASCII 码按字存放且字符数不能超过 2 个;

（3）地址表达式(只适用 DW、DD 和 DF 3 个伪指令),如果该地址表达式为一变量或标号名时,用 DW 定义,则是取其偏移地址来初始化变量,若用 DD 定义,则是取其段基址和 16 位偏移地址来初始化变量,若用 DF 定义,则是取其段基址和 32 位偏移地址来初始化变量(这是 6 字节的字);

（4）n DUP(表达式),其中 DUP(duplicate)为重复字句,n 是重复因子(只能取大于等于 1 的正整数,它表示定义了 n 个表达式),它俩之间一定要空格,表达式的类型由数据定义伪指令确定;

（5）?,表示所定义变量无确定初值。一般用来预留若干字节(或字、双字)存储单元,以存放程序的运行结果;

（6）以上表达式组成的序列,各表达式用逗号分隔。

例如,在数据段 DATA1 中定义的变量如下：

W1	DW B2	;用 B2 的偏移地址初始化 W1 变量
B1	DB 'AB$'	;变量 B1 用 A、B、$ 的 ASCII 码初始化
W2	DW 1994H	
D	DD EW	;用变量 EW 的段基址和偏移地址初始化 D 变量
B2	DB 2 DUP(−5,−1)	
	DB 1 DUP(10, 'E')	;重复因子 1 不能省
	DB '13',1,3	

在附加数据段 DATA2 中定义的变量如下：

EQ	DQ 1234567890ABCDEFH
EW	DW 'AB', 'CD'

两个数据段中的数据在存储器中的存储形式如图 7-2 所示,图中的偏移地址和存储单元的内容

段	偏移地址	变量名	内容
DATA1	0000	W1	0B
	0001		00
	0002	B1	41
	0003		42
	0004		24
	0005	W2	94
	0006		19
	0007	D	08
	0008		00
	0009		DATA2
	000A		
	000B	B2	FB
	000C		FF
	000D		FB
	000E		FF
	000F		0A
	0010		45
	0011		31
	0012		33
	0013		01
	0014		03
DATA2	0000	EQ	EF
	0001		CD
	0002		AB
	0003		90
	0004		78
	0005		56
	0006		34
	0007		12
	0008	EW	42
	0009		41
	000A		44
	000B		43

图 7-2　变量的数据存储形式

都是十六进制数。从中可以看出变量名代表本数据存储区中第1个数据的存储地址。第 n 个字节数据的存储地址等于字节变量名 $+(n-1)$，第 m 个字数据的存储地址等于字变量名 $+2(m-1)$。如字节变量 B1 的第 2 个数据'B'的存储地址为 B1+1。又如字变量 EW 的第 2 个数据 4344H 的存储地址是 EW+2。字节变量 B2 的偏移地址为 000BH，所以字变量 W1 的值为 000BH。字变量 EW 的偏移地址为 0008H，EQ 的段基址有 DATA2(段名)和 SEG EQ 两种表现形式，所以双字变量 D 的值为 DATA2 和 0008H。

5. 地址表达式类型的变更

变量和标号均有类型属性，由其组成的地址表达式也有类型属性。地址表达式的类型属性由其中的变量或标号(一个地址表达式不可能同时含有变量和标号)决定。不含变量或标号，仅含寄存器(位于方括号中)的地址表达式没有类型属性。在编程时往往需要临时改变原定义的变量、标号或地址表达式的类型，或者明确没有类型属性的地址表达式的类型。组合运算符 PTR 可以用来明确地址表达式的类型属性，或者使它们临时兼有与原定义所不同的类型属性，但仍保持它们原来的段基址属性和偏移地址属性不变。其格式是：

类型 PTR 地址表达式。例如：

BYTE PTR W1

临时改变字变量 W1 的类型为字节变量。又如：

WORD PTR B2[BX]

临时改变字节类型的地址表达式 B2[BX]的类型属性为字类型。再如：

BYTE PTR [BX+5]

明确地址表达式[BX+5]的类型属性为字节类型。

立即数是没有类型的，组合运算符 PTR 也可以用来明确立即数的类型。

7.2 符号指令的寻址方式

符号指令的构成如下：

操作助记符［操作数］

操作助记符，也称指令助记符，它以符号形式给出该指令进行什么操作，如数据传送 MOV、加 ADD、减 SUB 和逻辑与 AND 等。操作数可以是操作数据本身，可以是寄存器，也可以是地址表达式。有的操作数隐含在助记符中(形式上无操作数)，有的只有 1 个操作数，有的有 2 个操作数，有的还有 3 个操作数，故符号指令的表示中使用了可选择符号［］。两个操作数的符号指令构成如下：

操作助记符 目的操作数，源操作数

通常，一条带有操作数的指令要指明用什么方式寻找操作数据，寻找操作数据的方式称为寻址方式。熟悉并灵活地运用计算机所采取的寻址方式是至关重要的。寻址方式有立即寻址方式、寄存器寻址方式、直接寻址方式、间接寻址方式、基址寻址方式、(比例)变址寻址方式和基址(比例)变址寻址方式。

7.2.1 寄存器寻址

操作数是寄存器,操作的数据在指令指定的寄存器中。如:

MOV BX,AX

其中 MOV 为传送指令的助记符,其目的操作数和源操作数分别是 BX 和 AX,即操作的数据在源寄存器 AX 之中,其操作是将 AX 的内容送 BX,BX 原来的内容被冲掉。若执行前,AX=2035H、BX=0178H;执行该指令后,BX=AX=2035H。又如:

ADD AL,BL

其中 ADD 为加法指令的助记符,AL 为目的操作数,BL 为源操作数。其操作是将 AL 的内容和 BL 的内容相加,结果送 AL,AL 原来的内容被冲掉。若执行前,AL=35H、BL=78H;执行该指令后,AL=ADH、BL=78H。

在寄存器寻址方式中,8 位操作数可以用 AH、AL、BH、BL、CH、CL、DH 和 DL 8 个 8 位通用寄存器;16 位操作数可以用 AX、BX、CX、DX、SI、DI、BP 和 SP 8 个 16 位通用寄存器(段寄存器仅用在部分传送指令中),而对于 80386 及后继微处理器还可以是 32 位操作数,可以用 EAX、EBX、ECX、EDX、ESI、EDI、EBP 和 ESP 8 个 32 位通用寄存器。由于通用寄存器是微处理器的一部分,不需要访问存储器即可存取操作数据,因此采用寄存器寻址方式可以提高工作效率。对于那些需要经常存取的操作数据,采用寄存器寻址方式较为合适。

7.2.2 立即寻址

操作数是数值表达式,操作数就是操作的数据,这样的操作数称为立即数。立即数就在指令中,实际上是不需要寻找的。例如:

```
MOV AL,5              ;将字节 05H 送 AL,指令执行后,AL=05H
MOV AX,18             ;将字 0012H 送 AX,指令执行后,AX=0012H
```

目的操作数分别是 AL 和 AX,源操作数分别是字节数据 5 和字数据 18,不论 AL 和 AX 原来的内容是什么,指令执行后,AL 和 AX 的值分别是 05H 和 0012H。又如:

ADD AX,100H

该指令是将 AX 的内容和立即数 100H 相加,再送回 AX。若指令执行前,AX=0012H;指令执行后,AX=0112H。

立即寻址方式只能用于源操作数,主要用来给寄存器或存储器赋初值,也可以与寄存器操作数或存储器操作数进行算术逻辑运算。

7.2.3 直接寻址

操作的数据在存储器中,其偏移地址由不含寄存器的地址表达式给出,段基址或段选择字(在不作专门说明时)由当前数据段寄存器 DS 确定。若变量定义的段不是当前数据

段 DS 而是其他段,则应在地址表达式前加段名或段寄存器和冒号。如字变量 W 是在当前数据段 DS 中定义的,则指令

    MOV AX,W

的源操作数的逻辑地址为 DS：OFFSET W。如：

    MOV AX,ES：W

该指令的源操作数的逻辑地址为 ES：OFFSET W。

7.2.4 间接寻址

操作的数据在存储器中,其偏移地址在指令给出的方括号中的寄存器中,即方括号中的寄存器的内容为操作数据的偏移地址。只有 4 个 16 位通用寄存器 BX、SI、DI 和 BP 可以用于间接寻址;所有 32 位的通用寄存器都可以用于间接寻址。段基址或段选择字由间址寄存器确定,若用 BP、EBP 和 ESP 间址,则操作数在堆栈段中,亦即段基址或段选择字在 SS 中;若用其他寄存器间址,则操作数据在当前数据段中,即段基址或段选择字在 DS 中。如：

    MOV CX,[BX]

该指令的源地址在当前数据段中,源操作数是 DS：[BX],目的操作数是 CX。执行的操作是：

    DS：[BX]→CL,DS：[BX+1]→CH

具体地,若 DS=1359H、BX=0124H,则传送数据的地址是 1359H：0124H=136B4H 和 1359H：0125H=136B5H;该指令执行的操作是将字节单元 136B4H 中的内容送 CL、将字节单元 136B5H 中的内容送 CH。再如：

    MOV EAX,[BX]

该指令执行的操作是将间址寄存器 BX 所指向的 4 个连续单元中的 32 位二进制数送入 EAX 中。

间接寻址的主要优点是只要对间址寄存器作适当修改,一条指令就可以对许多不同的存储单元进行访问。循环程序设计中,多用间接寻址。

7.2.5 基址寻址

操作的数据在存储器中,其偏移地址就是指令中给出的地址表达式的偏移地址,段基址或段选择字由变量和基址寄存器确定在哪一个段寄存器中。段基址或段选择字的确定首先要看地址表达式是否含有变量名,若地址表达式中含有变量名则段基址或段选择字由变量确定;若地址表达式中不含变量名则段基址或段选择字的确定同间址。地址表达式中的寄存器只能是一个基址寄存器。只有 2 个 16 位的通用寄存器 BX 和 BP 可以用作基址寄存器;32 位的所有通用寄存器都可以用作基址寄存器。如：

    MOV [BX+BUF+2],AL 或 MOV BUF[BX+2],AL

该指令的源操作数是寄存器 AL,目的地在当前数据段 DS 中,目的操作数是 DS：

BUF[BX+2]。该指令执行的操作是：

AL → DS：BUF[BX+2]

具体地，若 DS=1359H、BX=0124H，字节变量 BUF 的偏移地址等于 4，则传送数据的地址是 1359H：（0124H+4+2）=136BAH；该指令执行的操作是将 AL 的内容送 136BAH 单元。又如：

MOV [BP+6]，AX 或 MOV 6[BP]，AX

源操作数是寄存器 AX，目的地在堆栈段 SS 中，目的操作数是 SS：[BP+6]。执行的操作是：

SS：[BP+6]←AL，SS：[BP+7]←AH

具体地，若 SS=1355H、BP=0030H，则传送数据的地址是 1355H：（0030H+6）=13586H 和 1355H：（0030H+7）=13587H；该指令执行的操作是将 AL 的内容送 13586H 单元、将 AH 的内容送 13587H 单元。

变量名可以放在方括号前，也可以放在方括号中同寄存器、常量一起写成地址表达式。其意义是以寄存器的内容为基地址，以变量的偏移地址与常量之和作位移量；也可以将其理解为寄存器的内容与常量之和是该变量数据区的位移量。例如，设 BX=5，在图 7-2 中，地址表达式 B2[BX+1] 若以寄存器的内容为基地址，以变量的偏移地址与常量之和作位移量，则地址表达式的偏移地址是 5+000BH+1=0011H；若以寄存器的内容与常量之和作变量数据区的位移量，则该位移量是 5+1=0006H。由图 7-2 可见，在变量 B2 数据区中位移量为 0006H 这个单元在数据段 DATA1 中的偏移地址为 0011H，因此两种理解是一致的。

7.2.6 变址寻址

变址寻址与基址寻址类似，只不过是用变址寄存器取代基址寄存器。16 位的通用寄存器只有 SI 和 DI 可以用作变址寄存器；32 位的所有通用寄存器都可以用作变址寄存器。地址表达式中含有变量名则段基址或段选择字由变量确定；若地址表达式中不含变量名则段基址或段选择字的确定同间址。

在变量数据区中存取数据可以使用间接寻址，也可以使用基址寻址或变址寻址。如将 AH 的内容存入字节变量 BUF+5 单元中，若基址寄存器 BX 的内容等于存入单元 BUF+5 的偏移地址，则为间接寻址：

MOV BX，OFFSET BUF+5
MOV [BX]，AH

若基址寄存器 BX 的内容等于字节变量 BUF 数据区中的位移量，则为基址寻址：

MOV BX，5
MOV BUF[BX]，AH

基址寻址的地址表达式 BUF[BX] 是字节类型，而间接寻址的地址表达式 [BX] 无类型。

由此可见,在变量数据区中存取数据,若希望操作数的类型含糊就采用间接寻址;若希望操作数的类型明确就采用基址寻址或变址寻址。

7.2.7　基址变址寻址

操作的数据在存储器中,其偏移地址是指令中给出的地址表达式的偏移地址,地址表达式中既有一个基址寄存器又有一个变址寄存器。段基址或段选择字由变量和基址寄存器确定在哪一个段寄存器中。基址寄存器和变址寄存器的位数要相同,即不能一个是16 位的寄存器另一个是 32 位的寄存器。如:

MOV [BX+SI+5],AX 或 MOV 5[BX+SI],AX

目的地址是:DS:[BX+SI+5]和 DS:[BX+SI+6]。

7.2.8　比例变址寻址

操作的数据在存储器中,其偏移地址就是指令中给出的含有变址寄存器×比例因子的地址表达式的偏移地址,段基址或段选择字的确定同变址寻址。比例因子可为且只可为 1、2、4、8。可将变址寻址看作是比例因子为 1 的比例变址寻址。如:

MOV EBX,[ESI×4]

7.2.9　基址比例变址寻址

操作的数据在存储器中,其偏移地址就是指令中给出的地址表达式的偏移地址,地址表达式中既有一个基址寄存器又含有变址寄存器×比例因子。段基址或段选择字的确定同基址变址寻址。可将基址变址寻址看作是比例因子为 1 的基址比例变址寻址。如:

MOV ECX,[EDI×8+EAX]
MOV EAX,[ESI×8+EBX]

7.2.10　存储器寻址及存储器寻址中段基址或段选择字的确定

1. 存储器寻址与地址表达式

操作的数据在存储器中的寻址方式统称为存储器寻址,包括直接寻址、间接寻址、基址寻址、(比例)变址寻址和基址(比例)变址寻址。指令中的存储器的地址即存储器操作数可以用地址表达式给出。地址表达式由变量、基址寄存器(用基址寄存器名置入方括号中表示)、变址寄存器(用变址寄存器名置入方括号中表示)、比例因子和常量组成,地址表达式的偏移地址是变量的偏移地址、基址寄存器的内容、变址寄存器的内容与比例因子的乘积和常量 4 者之和。地址表达式的偏移地址通常是按上述公式经汇编程序计算后得到的数值。这个由汇编程序计算得到的偏移地址也称为有效地址 EA(Effective Address)。

地址表达式的一般形式是:

变量[基址寄存器+变址寄存器×比例因子+常量]

或者

〔基址寄存器＋变址寄存器×比例因子＋变量＋常量〕

这样完整的地址表达式是基址比例变址寻址。其他寻址方式都是基址比例变址寻址的不完整形式。

地址表达式中若没有寄存器，其形式是：

变量＋常量 或者〔变量＋常量〕

则是直接寻址。

地址表达式中若没有变量和常量，比例因子为1，且只有一个基址寄存器或变址寄存器，其形式是：

〔寄存器〕

则是间接寻址。

地址表达式中只有一个基址寄存器或变址寄存器，且比例因子为1，可以没有变量或常量，其形式是：

变量〔寄存器＋常量〕 或者 变量〔寄存器〕 或者 常量〔寄存器〕

则是基址或变址寻址。

地址表达式中若既有基址寄存器又有变址寄存器，且比例因子为1，可以没有变量或常量，其形式是：

变量〔基址寄存器＋变址寄存器＋常量〕

或

〔基址寄存器＋变址寄存器＋变量＋常量〕

则是基址变址寻址。

地址表达式中只有变址寄存器和比例因子，可以没有变量或常量，其形式是：

变量〔变址寄存器×比例因子＋常量〕 或〔变址寄存器×比例因子＋变量＋常量〕

则是比例变址寻址。

2. 存储器寻址中段寄存器的确定

80x86的存储器总是分段使用的，在存储器中寻找操作数时除了偏移地址外，还要有段基址。前面讲的没有变量的指令都没有特别指明段基址或段选择字由哪个段寄存器确定。段基址或段选择字的确定在80x86中有一个基本的约定，只要指令中不特别说明要超越这个约定，则就按这个约定来寻找操作数。这个基本约定以及是否允许超越，即段更换的情况如表7-1所列。

指令中段超越或段更换是在地址表达式前写上段名或段寄存器来表示的，如：

MOV ES：〔DI〕，AL

其中ES为前缀字节，产生目标代码时，它将放在这条MOV指令的前面：

26　　　　ES：
8805　　 MOV〔DI〕，AL

表 7-1　存储器寻址时段寄存器的基本约定和段更换

存储器存取方式	约定段寄存器	段　更　换	偏移地址
取指令	CS	不允许	IP、EIP
堆栈操作	SS	不允许	SP、ESP
数据存取（BP、EBP 和 ESP 间址、基址除外）	DS	ES、FS、GS、SS、CS	EA
BP、EBP 和 ESP 间址、基址数据存取	SS	DS、ES、FS、GS、CS	EA
字符串处理指令的源串	DS	ES CS SS	SI、ESI
字符串处理指令的目的串	ES	不允许	DI、EDI

其中符号指令前的 3 个字节即十六进制数 26 88 05 是符号指令 MOV ES：[DI]，AL 的目标代码，即机器指令。

7.3　常　用　指　令

80x86 有庞大的指令系统，形式多样，功能极强。本书不全面介绍 80x86 的指令，仅介绍本书用到的部分指令，本章将介绍其中的一部分常用指令，其余部分将结合程序设计技术和接口电路控制程序设计的讲述分散到其他章节中介绍，读者可通过目录或附录查找到。

7.3.1　数据传送类指令

不论是专用计算机，还是通用计算机，也不管是数值计算或信息处理，还是实时控制都需要传送数据。因此数据传送是一种最大量、最基本、最主要的操作。数据传送类指令的特点是把数据从计算机的一个部位传送到另一部位。把发送的部位称为源（source），接收的部位称为目的地（dest）。数据传送类指令大多数都是将源中的数送到目的地。只有交换指令是将源和目的地中的数据交换。80x86 设置了通用数据传送指令、数据交换指令、地址传送指令、标志传送指令、查表转换指令、栈操作指令和输入/输出指令等多种数据传送类指令，为用户编程提供了有利条件。

1. 通用数据传送指令

指令格式

MOV dest,source

指令的意义是把一个字节或一个字或者一个双字操作数据从源送到目的地（源保持不变）。数据传送指令的操作数及其传送方向如图 7-3 所示。由图可知，立即操作数、代码段寄存器 CS 只能作源操作数；源、目的操作数只能有一个存储器操作数。该指令有如下 9 种形式：

（1）MOV REG,REG　　　　　　;通用寄存器间传送

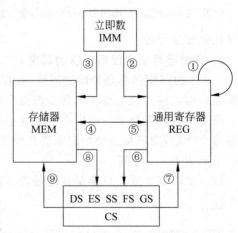

图 7-3　MOV 指令的操作数及传送方向

（2）MOV REG,IMM	;立即数送通用寄存器
（3）MOV MEM,IMM	;立即数送存储器
（4）MOV MEM,REG	;通用寄存器送存储器
（5）MOV REG,MEM	;存储器送通用寄存器
（6）MOV SEGREG,REG	;通用寄存器送段寄存器(CS 除外)
（7）MOV REG,SEGREG	;段寄存器送通用寄存器(含 CS)
（8）MOV SEGREG,MEM	;存储器送段寄存器(CS 除外)
（9）MOV MEM,SEGREG	;段寄存器送存储器(含 CS)

使用 MOV 指令须注意：源操作数和目的操作数不能同时为存储器操作数；两操作数的类型属性要一致；操作数不能出现二义性(至少 1 个操作数的类型要明确)；代码段寄存器 CS 和立即数不能作目的操作数。尤其要注意的是：立即数的类型属性是不明确的，不能把 16 位二进制数当作字类型的立即数，也不能把 8 位二进制数当作字节类型的立即数。在立即数送存储器的指令中，若存储器操作数的类型不明确，则必须使用组合运算符 PTR 来明确其中一个操作数的类型。下列指令是非法的：

MOV AX,BL	;类型不一致
MOV CS,AX	;CS 不能作目的操作数
MOV [DI],[BX]	;源和目的不能都是存储器操作数
MOV [BX],1	;两个操作数的类型都不明确,不知是字还是字节(二义性)

两个操作数的类型都不明确的指令,可以使用 PTR 算符使之成为合法指令：

MOV BYTE PTR [BX],1

2. 扩展传送指令

扩展传送指令的源操作数可以是 8 位或 16 位的寄存器或存储器,而目的操作数必须是 16 位或 32 位的通用寄存器。可以将 8 位数扩展为 16 位或 32 位数,也可以将 16 位数扩展为 32 位数。扩展传送指令的源操作数的长度一定要小于操作数的长度。

1) 符号位扩展传送(Move with Sign—Extend)指令

指令格式

MOVSX reg,source

指令的意义是对源操作数中的 8 位或 16 位补码数的符号位进行扩展,形成 16 位或 32 位补码数。如：

MOVSX EAX,BX

指令,若执行前 BX=8765H,指令执行后 EAX=FFFF8765H。

2) 零(Zero)扩展传送指令

指令格式

MOVZX reg,source

指令的意义是对源操作数中的 8 位或 16 位无符号数进行扩展,形成 16 位或 32 位无符号数。如：

MOVZX EAX,BL

指令,若执行前 BL＝65H,指令执行后 EAX＝00000065H。

3. 数据交换指令

1) 字节、字和双字交换指令

指令格式

XCHG dest,source

指令的意义是将源地址与目的地址中的内容交换。交换能在两个通用寄存器之间、通用寄存器与存储器之间进行,但不能在存储器之间进行。只有如下两种形式:

XCHG REG,REG   ;REG←→REG
XCHG REG,MEM

或

XCHG MEM,REG   ;REG←→MEM

使用 XCHG 指令须注意,源操作数和目的操作数两操作数的类型属性要一致。

如数据段中有两个字变量 W1 和 W2,将两个字数据互换的程序段如下:

MOV AX,W1
XCHG AX,W2
MOV W1,AX

不用数据交换指令,仅使用 MOV 指令的程序段如下:

MOV AX,W1
MOV BX,W2
MOV W1,BX
MOV W2,AX

如数据段中有两个字节变量 B1 和 B2,将 B1 和 B2 中的两个字节数据互换的程序段如下:

MOV AL,B1
XCHG B2,AL
MOV B1,AL

也可以不用数据交换指令,仅使用 MOV 指令来实现:

MOV AH,B1
MOV AL,B2
MOV B1,AL
MOV B2,AH

若字节变量 B1 和 B2 相邻且 B1 的地址低,则还可以采用如下程序段:

MOV AX,WORD PTR B1

XCHG AH,AL

MOV WORD PTR B1,AX

还可以使用循环移位指令实现。

2）32 位通用寄存器中 4 字节交换(Byte Swap)指令

指令格式

BSWAP reg

指令的意义是把 32 位通用寄存器的第 1 字节与第 4 字节交换,第 2 字节与第 3 字节交换。如指令:

BSWAP EAX

若执行前 EAX=12345678H,指令执行后 EAX=78563412H。

使用字节交换指令,将数据段中以 BX 为偏移地址的连续四单元的内容颠倒过来,编写的程序段如下:

MOV EAX,[BX]

BSWAP EAX

MOV [BX],EAX

4. 栈操作指令

1）堆栈的概念

堆栈是在存储器中开辟的一片数据存储区,这片存储区的一端固定,另一端活动,且只允许数据从活动端进出。这同在货栈中从下至上堆放货物的方式一样,最先堆放进去的货物总是压在最底层,而取出货物时,它将最后取出,即"先进后出"。堆栈中数据的存取也遵循"先进后出"的原则。我们把堆栈的活动端称为栈顶,固定端称为栈底。堆栈必须存在于堆栈段中,其段地址的有关信息存放于堆栈段寄存器 SS 中。

存储器的任何可用部分(只读存储器除外)均可被用来作为堆栈。只是因为栈顶是活动端,所以需要有一个指示栈顶位置,即栈顶地址的指示器,这个指示器就是堆栈指示器,它总是指向堆栈的栈顶。当堆栈的偏移地址长度为 16 位时用 SP 作堆栈指示器,当堆栈的偏移地址长度为 32 位时用 ESP 作堆栈指示器。往堆栈存入或从堆栈取出数据,一般是通过(E)SP 从栈顶存取。

栈的伸展方向既可以从高地址向低地址,也可以从低地址向高地址。80x86 的堆栈的伸展方向是从高地址向低地址。80x86 的堆栈操作都是字或双字操作。将一个字或双字数据压入堆栈称为进栈,进栈时堆栈指示器自动减 2 或 4,进栈的字或双字就存放在新增加的 2 个或 4 个单元内(增加的这几个单元中原来的内容被抹掉)。把一个字或双字数据从堆栈弹出称为出栈,出栈时堆栈指示器自动加 2 或 4,弹出的字或双字是堆栈指示器让出的 2 个或 4 个单元的内容(让出的这几个单元中原来的内容依然存在)。

堆栈的设置主要用来解决多级中断,子程序嵌套和递归等程序设计中难以处理的实际问题。还可以用来保护现场,寄存中间结果,并为主程序和子程序的调用与返回提供强有力的依托。

堆栈操作必须采用专门的指令进行。栈操作指令分为两类,即进栈指令 PUSH 和出栈指令 POP。

2）进栈指令 PUSH source

进栈指令的功能是将通用寄存器、段寄存器或存储器中的一个字或双字压入栈顶。80386 及其后继微处理器,进栈指令 PUSH 的操作数还可以是立即数。

例如：PUSH AX 的操作,如图 7-4 所示。

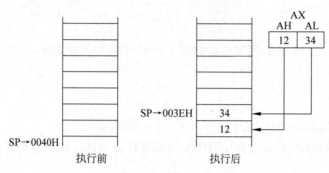

图 7-4   进栈操作

3）出栈指令 POP dest

出栈指令的功能是将栈顶的一个字或双字传送给通用寄存器、段寄存器（除 CS 外）或存储器。

例如：POP BX 的操作如图 7-5 所示。

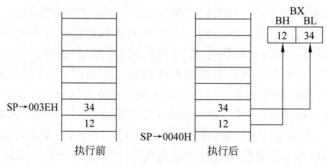

图 7-5   出栈操作

栈操作指令的操作数如果是立即数或类型不明确的存储器操作数,则要使用 PTR 算符说明其类型属性。

使用栈操作指令可以将两个字数据互换。如将数据段中的两个字变量 W1 和 W2 中的内容交换的程序段如下：

PUSH W1
PUSH W2
POP W1
POP W2

4）全部通用寄存器进栈 PUSHA/PUSHAD 和出栈指令 POPA/POPAD

PUSHA 指令执行的操作是将 16 位通用寄存器进栈,进栈次序为：AX、CX、DX、

BX、(指令执行前的)SP、BP、SI、DI,指令执行后 SP-16,如图 7-6 所示。

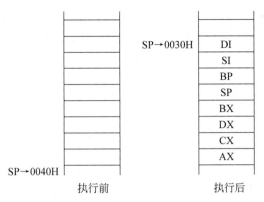

图 7-6　PUSHA 指令执行的操作

　　PUSHAD 指令执行的操作是将 32 位通用寄存器进栈,进栈次序为:EAX、ECX、EDX、EBX(指令执行前的)ESP、EBP、ESI、EDI,指令执行后 ESP-32。

　　5)状态标志寄存器的进栈指令 PUSHF/PUSHFD 和出栈指令 POPF/POPFD

　　80x86 还有标志寄存器的栈操作指令,其操作与进栈指令和出栈指令相同。它们专用于保护和恢复标志寄存器。

　　PUSHF/POPF 指令执行的操作是将 16 位标志寄存器进/出栈,PUSHFD/POPFD 指令执行的操作是将 32 位标志寄存器进/出栈。

　　利用这两条指令可以改变追踪标志 TF。在 80x86 的指令中没有能直接改变 TF 标志的指令,若要改变 TF 标志,可先用 PUSHF 指令将整个标志寄存器进栈,然后改变栈顶存储单元的 D_8 位,再用 POPF 指令出栈,这样标志寄存器其余的标志不受影响而只有 TF 标志按需要改变了。

　　堆栈中的数据也可以通过基址指示器 BP、EBP 或者 BX、SI、DI 和其他任何 32 位的寄存器进行存取,不受栈操作之限。此时,堆栈存储器就如同一般的数据存储器一样,可以在堆栈段的任何地址单元中存取数据。

5. 地址传送指令

　　80x86 有 3 条专门传送地址的指令,它们的目的操作数均是 16 位或 32 位的通用寄存器,源操作数都是存储器。

　　1)传送有效地址指令(load effective address to register)

指令格式:

LEA REG,MEM

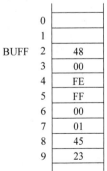

图 7-7　数据段中数据的存储形式

　　指令的意义是按存储器操作数 MEM 提供的寻址方式计算的有效地址送 16 位的间址寄存器或 32 位的通用寄存器。该指令通常用来给某个 16 位间址寄存器或 32 位的通用寄存器设置偏移地址的初值,以便从此开始存取多个数据。

　　若在数据段中,有一如图 7-7 所示的存储形式的字数据区,则

LEA SI,BUFF　　　　　　　　　　　　;将字变量 BUFF 的偏移地址送 SI

LEA DI,[SI+6]   ;将地址表达式[SI+6]的偏移地址送 DI

两条指令执行后,SI=0002H、DI=0008H。

若将图 7-7 中 BUFF 为偏移地址的存储区的内容分别送到 AX、BX、CX 和 DX,其程序段如下:

LEA SI,BUFF
MOV AX,[SI]
MOV BX,[SI+2]
MOV CX,[SI+4]
MOV DX,[SI+6]

该程序段执行后,AX=0048H、BX=FFFEH、CX=0100H、DX=2345H。

注意:LEA SI,BUFF 与 MOV SI,BUFF 两条指令是有区别的。LEA SI,BUFF 是取变量 BUFF 的偏移地址,执行后,SI=0002H;而 MOV SI,BUFF 是取字变量 BUFF 的内容,执行后,SI=0048H。这两条指令的源操作数的形式完全相同,取变量的偏移地址是立即寻址,取变量的内容是存储器寻址。为了避免这种由操作符决定操作数的寻址方式给初学者造成的困难,本书不用 LEA SI,BUFF 指令,而用与它功能相同的指令 MOV SI,OFFSET BUFF 来取代。若 SI 的值为变量 BUFF 的偏移地址,则指令 LEA DI,[SI+6]也可用指令 MOV DI,OFFSET BUFF+6 来取代。

2) 传送地址指针指令

传送地址指针指令有 5 条,它们是 LDS、LES、LFS、LGS 和 LSS。传送地址指针指令的源操作数只能是存储器,目的操作数是 16 位间址寄存器或 32 位的通用寄存器。当指令指定的是 16 位间址寄存器时,指令执行的操作是把存储操作数中低位字送该间址寄存器,并将存储操作数中高位字送指令指定的段寄存器。当指令指定的是 32 位通用寄存器时,指令执行的操作是把存储操作数中低位双字送该 32 位的通用寄存器,并将存储操作数中高位字送指令指定的段寄存器。这组指令为存取非当前数据段中的数据作地址准备。

以传送数据段地址指针指令(load point into DS)为例,传送地址指针指令格式为:

LDS REG,MEM

指令的意义是将地址指针的段地址送 DS,有效地址送 16 位的间址寄存器或 32 位的通用寄存器。如:

LDS SI,[BX]

指令所执行的操作为:[BX+3]和[BX+2]→DS、[BX+1]和[BX]→SI。如:

LES EDI,[BX+4]

指令所执行的操作为:[BX+9]和[BX+8]→ES、[BX+7]、[BX+6]、[BX+5]和[BX+4]→EDI。

将变量 EQ 的段地址和偏移地址分别送 ES 和 DI,可用以下 3 条指令:

MOV DI,SEG EB

MOV ES,DI

MOV DI,OFFSET EB

也可以用 EB 做地址表达式定义一个双字变量 D(参见图 7-2):

D   DD EQ

再仅用一条指令:

LES DI,D

即可实现。

6. 查表转换指令(translate)

指令格式:

XLAT[source-table]或 XLATB[source-table]

该指令的操作数都是隐含的,所执行的操作是将 BX(XLAT)或 EBX(XLATB)为基地址,AL 为位移量的字节存储单元中的数据送 AL,即[BX＋AL]→AL 或[EBX＋AL]→AL。该指令可以很方便地将一种代码转换为另一种代码。XLAT 指令的功能可以用如下的程序段代替:

ADD BL,AL

ADC BH,0   ;代替的条件是该指令不再产生进位

MOV AL,[BX]

数据传送类指令不影响状态标志位。

7.3.2 加减运算指令

算术运算指令包括加、减、乘、除 4 种基本运算。本节仅介绍加减运算指令。参与加减运算的操作数如图 7-8 所示。

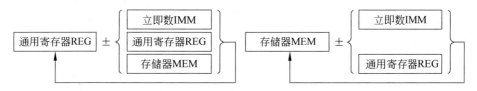

图 7-8   加减运算指令的操作数

1. 加指令 ADD(addition)

指令格式:

ADD dest,source

指令的意义是将源操作数中的数据和目的操作数中的数据相加,结果送目的操作数处,源操作数中的数据保持不变。

ADD 指令有如下 5 种形式:

① ADD REG,IMM   ;REG+IMM→REG
② ADD REG,REG   ;REG+REG→REG
③ ADD REG,MEM   ;REG+MEM→REG
④ ADD MEM,IMM   ;MEM+IMM→MEM
⑤ ADD MEM,REG   ;MEM+REG→MEM

2. 加进位的加指令 ADC(addition with carry)

指令格式及意义是

ADC dest,source   ;dest+source+CF→dest

ADC 指令也有如下 5 种形式:

① ADC REG,IMM   ;REG+IMM+CF→REG
② ADC REG,REG   ;REG+REG+CF→REG
③ ADC REG,MEM   ;REG+MEM+CF→REG
④ ADC MEM,IMM;   ;MEM+IMM+CF→MEM
⑤ ADC MEM,REG   ;MEM+REG+CF→MEM

ADD 和 ADC 两指令按执行结果影响状态标志位:

当结果的最高位(字节操作是 D_7,字操作是 D_{15},双字操作是 D_{31})产生进位时,CF=1;否则 CF=0。

当结果为 0 时,ZF=1;否则 ZF=0。

当结果的最高位为 1 时,SF=1;否则 SF=0,即 SF 总与结果的最高位一致。

当结果不在符号数范围: 字节运算时不在字节补码数范围($-128\sim127$),字运算时不在字补码数范围($-32\,768\sim32\,767$),双字运算时不在双字补码数范围($-65\,536\sim65\,535$)时,OF=1;否则 OF=0。

当结果的二进制位 1 的个数为偶数时,PF=1;否则 PF=0。

当运算时,D_3 产生进位,AF=1;否则 AF=0。

例如 3 个 32 位无符号数 12345678H、8765ABCDH 和 2468FEDCH 相加,将其和(仍为 32 位无符号数)放在双字变量 EQ 中。用 16 位通用寄存器编写的程序段如下:

```
MOV DX,1234H
MOV AX,5678H
ADD AX,0ABCDH
ADC DX,8765H
ADD AX,0FEDCH
ADC DX,2468H
MOV WORD PTR EQ,AX
MOV WORD PTR EQ+2,DX
```

用 32 位通用寄存器编写的程序段如下:

```
MOV EAX,12345678H
ADD EAX,8765ABCDH
ADD EAX,2468FEDCH
MOV EQ,EAX
```

3. 增量指令 INC(increment destination by one)

指令格式及意义：

INC dest   ;dest+1→dest

dest 既是目的操作数又是源操作数。该指令的操作数只能是通用寄存器和存储器，所以该指令只有如下两种形式：

INC REG

INC MEM

增量指令主要用于修改偏移地址和计数次数。增量指令

INC REG/MEM

与加 1 指令

ADD REG/MEM,1

的唯一区别是增量指令对 CF 标志位没有影响,而加 1 指令按操作影响 CF 标志位。

使用存储器增量指令

INC MEM

时,存储器操作数不得出现二义性,即类型要明确(不含变量的地址表达式没有类型属性,不能确定是字节,还是字或者双字!)。如：

INC [SI]

是非法的,因为汇编程序不能确定是字节增 1 还是字或者双字增 1。可以使用 PTR 算符使之成为合法指令：

INC BYTE PTR [SI]

或

INC WORD PTR [SI]

或者

INC DWORD PTR [SI]

4. 交换及相加指令 XADD(Add and Exchange)

指令格式：

XADD dest,REG

指令的意义是将目的操作数中的数据装入源操作数中,并把源操作数中的数据和目的操作数中的数据相加后送入目的操作数中。

可以将该指令的操作看作是先执行一条交换指令,然后再执行一条加指令。即该指令等于如下 2 条指令：

XCHG dest,REG

ADD dest,REG

该指令对标志位的影响和加指令 ADD 相同。该指令的目的操作数可以是寄存器和存储器,源操作数只能是寄存器。

5. 减指令 SUB(subtraction)
指令格式及意义:

SUB dest,source   ;dest-source→dest

6. 减借位的减指令 SBB(subtraction with borrow)
指令格式及意义:

SBB dest,source   ;dest-source-CF→dest

7. 减量指令 DEC（decrement）
指令格式及意义:

DEC dest   ;dest-1→dest

减指令和减量指令对标志位的影响,除将进位改为借位外分别与加指令和增量指令相同。

例如 2 个 32 位无符号数 8765ABCDH 和 2468FEDCH 相减,其差放双字变量 EQ 中。用 16 位通用寄存器编写的程序段如下:

MOV AX,0ABCDH
SUB AX,0FEDCH
MOV DX,8765H
SBB DX,2468H
MOV WORD PTR EQ,AX
MOV WORD PTR EQ+2,DX

用 32 位通用寄存器编写的程序段如下:

MOV EAX,8765ABCDH
SUB EAX,2468FEDCH
MOV EQ,EAX

8. 比较指令 CMP(compare)
指令格式及意义:

CMP dest,source   ;dest-source

比较指令除了不回送结果外,其他一切均同 SUB 指令。该指令主要用来判断两数的大小与是否相等。比较指令后面常常是条件转移指令,根据比较的结果实现程序的分支。

9. 比较并交换(Compare and Exchange)指令
指令格式:

CMPXCHG dest,REG

指令的意义是将累加器（AL/AX/EAX）和目的操作数相比较,若相等,则将通用寄存器 REG 中的数据传送给目的操作数;否则,将目的操作数中的数据传送给累加器。目的操作数可以是寄存器和存储器,但其类型要与通用寄存器一致。

10. 8 字节比较并交换（Compare and Exchange 8 Byte）指令

指令格式:

CMPXCHG8B MEM

指令的意义是将存储器中 8 字节的二进制数与 EDX：EAX 相比较,若相等,则将 ECX：EBX 中 8 字节的二进制数传送给存储器;否则,将存储器中 8 字节的二进制数传送给 EDX：EAX。

7.3.3 逻辑运算指令

由于逻辑运算是按位进行操作的,因此逻辑运算指令可以直接对寄存器或存储器中的位进行操作。

1. 求补指令 NEG（negate）

指令格式:

NEG dest

指令的意义是将操作数中的内容求补后再送入操作数中。该指令的操作数只有通用寄存器 REG 和存储器 MEM。

特别需要强调的是该指令是求补指令,不是求补码指令。不论操作数中的数是符号数还是无符号数,是正数还是负数,也不管它是补码形式还是原码形式或反码形式的数,该指令均对其进行求补操作。

如：AX＝FFFBH,执行 NEG AX 后,AX＝0005H。而 FFFBH 既可看作无符号数 65531,也可看作补码形式的数－5,还可以看作原码形式的数－32763 或反码形式的数－4。

又如：BX＝000AH,执行 NEG BX 后,BX＝FFF6H。000AH 是正数或无符号数 10;而 FFF6H 视为无符号数是 65526,视为补码是－10,视为原码是－32758,视为反码是－9。

由此可见,若将执行求补指令前后的数均视作补码数,求补指令则将该数变为绝对值相等符号相反的另一数。所以,该指令仅对补码数进行操作才有意义,而对其他形式的数进行操作是无意义的。

2. 求反指令 NOT

指令格式:

NOT dest

指令的意义是将操作数中的数逐位取反后再送回操作数中。

需要注意的是：求反指令不是求反码指令,它对符号位仍执行求反操作。

3. 逻辑与 AND、逻辑或 OR、逻辑异或 XOR

指令格式:

AND dest,source   ;dest $\wedge$ source $\rightarrow$ dest

OR dest,source   ;dest ∨ source → dest
XOR dest,source   ;dest⊕source → dest

这 3 类指令的形式相同,只是对目的操作数和源操作数按位进行不同的逻辑操作,将结果回送到目的操作数中,如图 7-9 所示。

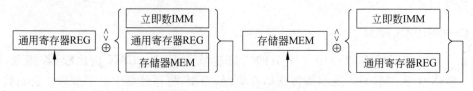

图 7-9　逻辑指令的操作数

这 3 类指令都将标志位 CF 和 OF 清 0,对标志位 SF、ZF 和 PF 的影响同加操作指令。这 3 类指令的主要作用如表 7-2 所示。从表 7-2 中可以看出这 3 类指令的主要作用。AND 指令可以用来取出目的操作数中与源操作数的 1 对应的位。OR 指令可以用来将目的操作数和源操作数中的所有 1 位拼合在一起。XOR 指令可以用来将通用寄存器清0,还可以用来将目的操作数中与源操作数中 1 对应的位取反。

表 7-2　AND OR XOR 3 类指令的主要作用

指　　令	执行前目的操作数	执行后目的操作数
AND AX,000FH	AX=0F6E5H	AX=0005H
OR BX,0056H	BX=7B00H	BX=7B56H
XOR CX,CX	CX=35EBH	CX=0000H

如用逻辑与和逻辑或指令可以将 AX 的高 4 位,CX 的中间 8 位,BX 的低 4 位拼合起来,其程序段如下:

AND AH,0F0H
AND BL,0FH
AND CX,0FF0H
OR CH,AH
OR CL,BL

4. 测试指令 TEST
指令格式:

TEST dest,source   ;dest ∧ source

TEST 指令与 AND 指令的关系如同 CMP 指令与 SUB 指令的关系。TEST 指令主要用来检测与源操作数中为 1 的位相对应的目的操作数中的那几位是否为 0 或为 1,供其后面的条件转移指令实现程序的分支。

7.3.4　移位指令

移位指令都有两个操作数,目的操作数是移位的对象,源操作数为移位的位数。移位指令的目的操作数可以是通用寄存器或存储器,可以是字节也可以是字还可以是双字;源操作数可以是 CL 或立即数。对于 80286 及其后继微处理器,其立即数的范围为 1～31,若移动位数大于 31,微处理器将自动调整为 32 的模运算的余数;而 8086 微处理器的立即数只能是 1,即若立即数不是 1 就要先将移动位数送入 CL,然后再执行源操作数为 CL 的移位指令。CL 的值为 0,则不移位。以 CL 为源操作数的移位指令执行以后,CL 的值不变。

移位有逻辑右移、算术右移、算术/逻辑左移、循环右移、循环左移、带进位循环右移、带进位循环左移、双精度右移和双精度左移 9 种。

1. 逻辑右移 SHR(shift logic right)

指令格式:

SHR dest,source

指令的意义是将 dest 中的 8 位、16 位或 32 位二进制数向右移动 1～31 位,最右边位(即最低位)或者最后移出位移至 CF,最左边的 1 位(即最高位)或 CL 位依次补 0,如下所示:

如:AL＝abcdefgh(abcdefgh 均为二进制数 1 或 0),逻辑右移指令

SHR AL,1

执行后,AL＝0abcdefg、CF＝h。

又如:AL＝abcdefgh(abcdefgh 均为二进制数 1 或 0)、CL＝3,逻辑右移指令

SHR AL,CL

执行后,AL＝000abcde、CF＝f。

2. 算术右移 SAR(shift arithmetic right)

指令格式:

SAR dest,source

指令的意义是将 dest 中的 8 位、16 位或 32 位二进制数向右移动 1～31 位,最右边位(即最低位)或者最后移出位移至 CF,最左边位(即最高位)既向右移动又保持不变,如下所示:

如:AL＝abcdefgh(abcdefgh 均为二进制数 1 或 0),算术右移指令

SAR AL,1

执行后,AL＝aabcdefg、CF＝h。

又如:AL＝abcdefgh(abcdefgh 均为二进制数 1 或 0)、CL＝3,算术右移指令

SAR AL,CL

执行后,AL＝aaaabcde、CF＝f。

算术右移指令执行后,保持目的操作数的符号位不变。如:

MOV CH,80H

MOV CL,4

SAR CH,CL

这 3 条指令执行后,CH＝F8H、CL＝4,补码数 F8H 的真值是－8。移位前 CH＝80H,补码数 80H 的真值是－128,而－128÷16＝－8。可见,算术右移 4 次的作用是将补码数除以 16。

3. 算术/逻辑左移 SAL/SHL

指令格式:

SAL/SHL dest,source

指令的意义是将 dest 中的 8 位、16 位或 32 位二进制数向左移动 1～31 位,最左边位(即最高位)或者最后移出位移至 CF,最右边的 1 位(即最低位)或右边的 CL 位移入 0,如下所示:

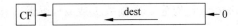

如:AL＝abcdefgh(abcdefgh 均为二进制数 1 或 0),逻辑左移指令

SHL AL,1

执行后,AL＝bcdefgh0、CF＝a。

又如:AL＝abcdefgh(abcdefgh 均为二进制数 1 或 0)、CL＝3,逻辑左移指令

SHL AL,CL

执行后,AL＝defgh000、CF＝c。

4. 循环右移

指令格式:

ROR dest,source

指令的意义是将 dest 中的 8 位、16 位或 32 位二进制数向右移动 1～31 位,从右边移出位既移入 CF 又移入左边的空出位,最后移出位移至最左边位(即最高位),同时保留在 CF,如下所示:

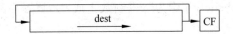

如:AL＝abcdefgh(abcdefgh 均为二进制数 1 或 0),循环右移指令

ROR AL,1

执行后,AL＝habcdefg、CF＝h。

5. 循环左移

指令格式：

ROL dest,source

指令的意义是将 dest 中的 8 位、16 位或 32 位二进制数向左移动 1～31 位,从左边移出位既移入 CF 又移入右边的空出位,最后移出位移至最右边位(即最低位),同时保留在 CF,如下所示：

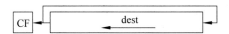

如：AL＝abcdefgh(abcdefgh 均为二进制数 1 或 0)、CL＝5,循环左移指令

ROL AL,CL

执行后,AL＝fghabcde、CF＝e。

利用循环右移或循环左移指令也可以将数据段中的两个相邻字节变量 B1 和 B2(B1 的地址低)中的两个 8 位二进制数交换,其程序段为：

MOV CL,8
ROR WORD PTR B1,CL

6. 带进位循环右移

指令格式：

RCR dest,source

指令的意义是将 dest 和进位 CF 中的 9 位、17 位或 33 位二进制数一同向右移动 1～31 位,dest 中的最右边位(即最低位)或者最后移出位移至 CF,CF(原内容)移至 dest 的最左边位(即最高位)或者中间位,如下所示：

如：AL＝abcdefgh、CF＝i(abcdefghi 均为二进制数 1 或 0)、CL＝4,带进位循环右移指令

RCR AL,CL

执行后,AL＝fghiabcd、CF＝e。

7. 带进位循环左移

指令格式：

RCL dest,source

指令的意义是将 dest 和进位 CF 中的 9 位、17 位或 33 位二进制数一同向左移动 1～31 位,dest 中的最左边位(即最高位)或者最后移出位移至 CF,CF(原内容)移至 dest 的最右边位(即最低位)或者中间位,如下所示：

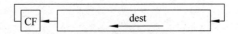

如：AL=abcdefgh、CF=i（abcdefghi 均为二进制数 1 或 0），带进位循环左移指令

RCL AL,1

执行后，AL=bcdefghi、CF=a。

8．双精度（Double Precision）右移指令

指令格式：

SHRD dest,REG,imm/CL

指令的意义是将目的操作数和源操作数一同向右移动 1～31 位，源操作数 REG 移入目的操作数，而源操作数本身不变，移动位数由立即数 imm 或 CL 指定，目的操作数最后移出的一位保留在进位位 CF 中，如下所示：

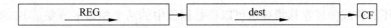

双精度右移指令有 3 个操作数，目的操作数和源操作数之外的第 3 个操作数是移位的位数。目的操作数可以是寄存器和存储器，目的操作数的类型可以是字和双字；源操作数只能是与目的操作数的类型一致的寄存器；移动位数不大于 31。

9．双精度左移指令

指令格式：

SHLD dest,REG,imm/CL

指令的意义是将目的操作数和源操作数一同向左移动 1～31 位，源操作数 REG 移入目的操作数，而源操作数本身不变，移动位数由立即数 imm 或 CL 指定，目的操作数最后移出的一位保留在进位位 CF 中，如下所示：

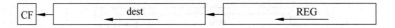

如程序段：

MOV AX,1234H
MOV BX,5678H
SHLD AX,BX,11

执行后，AX=A2B3H、BX=5678H、CF=1。

7.3.5　位搜索（扫描 Bit Scan）指令

指令格式：

BSF/BSR REG,source

指令的意义是按由低向高（BSF）或按由高向低（BSR）对源操作数进行搜索，将遇到的第 1 个 1 的位置值送到目的操作数中，且将零标志位 ZF 置 0。若源操作数为 0，则将零标志位 ZF 置 1。目的操作数只能是 16 位或 32 位的寄存器；源操作数可以是寄存器和存储器，源操作数的类型可以是与目的操作数的类型一致的字和双字。

7.3.6　位测试（Bit Tests）指令

指令格式：

BT/BTC/BTR/BTS dest,source

BT 指令的意义是将目的操作数中由源操作数指定的位传送给进位标志位 CF，然后使用条件转移指令 JC/JNC(CF＝1 转移/CF＝0 转移)对该位进行测试。目的操作数可以是寄存器和存储器，目的操作数的类型可以是字和双字；源操作数可以是立即数和寄存器，源操作数的取值是 0～15(目的操作数的类型是字)或 0～31(目的操作数的类型是双字)。如：

BT EAX,15	;测试 EAX 的 D_{15} 位
JNC NEXT	;EAX 的 D_{15} 位＝0，转移至 NEXT
NEXT：　　　⋮	;EAX 的 D_{15} 位＝1，不转移而顺序执行

BTC、BTR 和 BTS 指令除了将目的操作数中由源操作数指定的位传送给进位标志位 CF 外，还将该位求反(BTC)、置 0(BTR)或置 1(BTS)。

7.3.7　常用指令应用举例

【例 7.1】　编写程序段实现将字变量 W 中的无符号数除以 8，商和余数分别放入字变量 QUOT 和字节变量 REMA 中。

变量中的无符号数除以 8，只须将该变量中的数右移 3 位即可实现，若用 CL(CL＝3)为源操作数的逻辑右移指令，则进位标志 CF 中只保留有最后移入的 1 位二进制数，先移出来的 2 位二进制数都将丢失，这样就得不到余数。所以要用逻辑右移 1 位的指令，将被除数按低位到高位的顺序 1 次移 1 位，待移入 CF 中的较低位移走后，再将较高位右移入 CF 中。将每次移入 CF 中的余数，用带进位的循环右移指令移入字节变量 REMA 中。3 位余数都移入字节变量 REMA 中后再用逻辑右移指令右移 5 位将 3 位余数从 D_7～D_5 移至 D_2～D_0。其程序段如下：

```
W          DW 65525
QUOT       DW 0
REMA       DB 0
           MOV AX,W
           SHR AX,1
           RCR REMA,1
           SHR AX,1
           RCR REMA,1
           SHR AX,1
           RCR REMA,1
```

```
MOV QUOT,AX
MOV CL,5
SHR REMA,CL
```

该程序的执行过程如下：

$65525=65536-11=10000H-BH=FFF5H$ 即 AX$=$FFF5H。执行第一条 SHR AX,1 指令后,AX$=$7FFAH,CF$=$1。执行第一条 RCR REMA,1 指令后,(REMA)$=$ $1\times\times\times\times\times\times\times$B。执行第二条 SHR AX,1 指令后 AX$=$3FFDH,CF$=$0。执行第二条 RCR REMA,1 指令后,(REMA)$=$01$\times\times\times\times\times\times$B。执行第三条 SHR AX,1 指令后, AX$=$1FFEH,CF$=$1。执行第三条 RCR REMA,1 指令后,(REMA)$=$101$\times\times\times\times$B; 执行最后两条指令后(REMA)$=$00000101B$=$05H。最终的结果为：商是 1FFEH、余数 是 05H 即 5($65525\div8=8190\cdots\cdots5$);1FFEH 的十进制数是 8190,转换过程为：1FFEH $=$2000H$-$2$=$8192$-$2$=$8190。移位过程如图 7-10 所示。

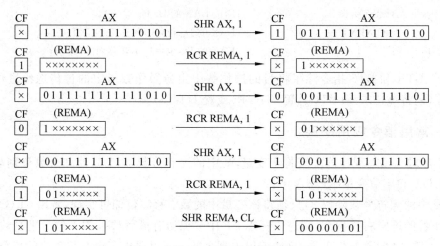

图 7-10　例 7.1 移位指令的执行过程

还可以先取出余数,再连续逻辑右移 3 位得商：

```
MOV REMA,7                    ;取最低 3 位的逻辑尺(7)
MOV AX,W
AND REMA,AL                   ;取余数
MOV CL,3
SHR AX,CL
MOV QUOT,AX
```

使用 32 位指令编写的程序段如下：

```
W          DW 65525
QUOT       DW 0
REMA       DB 0,0
           MOVZX EAX,W
           ROR EAX,3
```

```
        MOV DWORD PTR QUOT,EAX
        ROL WORD PTR REMA,3
```

【**例 7.2**】 编写程序段将字变量 W 中的无符号数乘以 10,乘积存入字变量 J2 中。

因为 $10=8+2=2^3+2$,所以将 16 位无符号数乘以 10,等于 16 位无符号数分别乘以 2 和乘以 8 后再相加,16 位无符号数乘以 2 和乘以 8 分别用左移 1 位和左移 3 位实现。因为没有限定 16 位无符号数的大小,它乘以 2 有可能大于 16 位无符号数的最大值 65535,因此要将它扩展为 32 位的无符号数再乘以 2,也即要用逻辑左移双字来实现乘以 2 的操作。可以用逻辑左移低位字,再带进位循环左移高位字两条指令来实现逻辑左移双字的操作。用逻辑左移双字 3 位可以实现乘以 8 的操作。同除以 8 一样,左移 3 位不能连续移 3 位要用左移 1 位,移 3 次来完成。其程序段如下:

```
W       DW 65525
J2      DW 0,0
        MOV AX, W
        XOR DX, DX              ;DX 清 0,将 16 位无符号数扩展为 32 位
        SHL AX, 1               ;乘以 2
        RCL DX, 1
        MOV J2+2, DX            ;保存乘以 2 的结果
        MOV J2, AX
        SHL, AX, 1              ;W 中的内容乘以 4
        RCL DX, 1
        SHL AX, 1               ;W 中的内容乘以 8
        RCL DX, 1
        ADD J2, AX             ;2(W)+8(W)
        ADC J2+2, DX
```

该程序的移位指令的执行过程如图 7-11 所示。

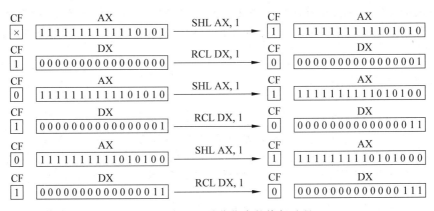

图 7-11 例 7.2 移位指令的执行过程

J2+2 和 J2 中的乘以 2 的 32 位数为 00000000000000011111111111101010B＝0001FFEAH 。

DX 和 AX 中的乘以 8 的 32 位数为 00000000000001111111111110101000B＝

0007FFA8H。

32 位数的相加也分为低 16 位和高 16 位分别相加,低 16 位相加产生的进位通过进位标志传递到高 16 位,所以高 16 位要用带进位的加指令。

相加以及将结果转换为十进制数的计算为:

$$0001FFEAH + 0007FFA8H$$
$$= 0009FF92H$$
$$= 000A0000H - 6EH$$
$$= 10 \times 10000H - 40H - 20H - 0EH$$
$$= 65536 \times 10 - 64 - 32 - 14$$
$$= 655250$$

可见达到了乘以 10 的目的。

使用 32 位指令编写的程序段如下:

```
W           DW 65525
J2          DD 0
            MOVZX EAX,W
            SHL EAX,1
            MOV EDX,EAX
            SHL EAX,2
            ADD EAX,EDX
            MOV J2,EAX
```

【例 7.3】 字变量 NUMW 中有一无符号数,编写计算(NUMW)×16+30 并将结果送入 NUMW+2 和 NUMW 中的程序。

16 位二进制数乘以 16,应先将其扩展为 32 位二进制数,然后用上例的方法将 32 位二进制数逻辑左移 4 位。其结果的高位字等于移位前低位字的最高 4 位,结果的低位字等于移位前的低位字逻辑左移 4 位。由此可见可以将低位字循环左移 4 位,把低位字的最高 4 位移到最低 4 位中,再将其最低 4 位取出放入高位字中即可。此法编写的程序段如下:

```
NUMW        DW 1234H,0
            MOV CL,4
            ROL NUMW,CL         ;将 NUMW 字单元中的 1234H 变成 2341H
            MOV AX,000FH        ;取 16 位二进制的最低 4 位的逻辑尺送 AX
            AND AX,NUMW         ;取低位字的最低 4 位(即移位前的最高 4 位),AX=0001H
            AND NUMW,0FFF0H     ;清低位字的最低 4 位(NUMW)=2340H
            ADD NUMW,30         ;低位字加 30
            ADC AX,0            ;将低位字加 30 的进位(若产生)加入高位字
            MOV NUMW+2,AX
```

使用 32 位指令编写的程序段如下:

```
NUMW        DW 1234H,0
```

```
MOVZX EAX,NUMW
SHL EAX,4
ADD EAX,30
MOV DWORD PTR NUMW,EAX
```

【例 7.4】 将 AX 中小于 255 大于 0 的 3 位 BCD 数转换为二进制数,存入字节变量 SB 中。

本题可以用(百位×10+十位)×10+个位的方法将 BCD 数转换为二进制数。如将 BCD 数 255H 转换为二进制数 11111111B,用二进制数运算的过程如图 7-12 所示。

$$
\begin{array}{ccccc}
& 00000010 & 00010100 & 00011001 & 11111010 \\
\times & 1010 & + \quad 101 & \times \quad\quad 1010 & + \quad\quad 101 \\
\hline
& 00010100 & 00011001 & 11001 & 11111111 \\
& & & + \quad 11001 & \\
& & & \hline & \\
& & & 11111010 &
\end{array}
$$

图 7-12 例 7.4 的运算过程图

因为 $10=2^3+2$,$10X=2^3X+2X$,所以可以用逻辑左移指令和加法指令将 BCD 数转换为二进制数。实现转换的程序段如下:

```
SB          DB 0
            MOV CL, 2
            SHL AH, 1          ;百位乘以 2
            MOV SB,AH          ;暂存 2 百位
            SHL AH, CL         ;百位再乘以 4 得 2³ 百位
            ADD AH,SB          ;2³ 百位+2 百位得 10 百位
            MOV SB,AL          ;暂存十位和个位
            SHR AL,CL          ;取十位
            SHR AL,CL
            ADD AH,AL          ;10 百位+十位
            MOV AL, SB         ;十位和个位送 AL
            SHL AH, 1          ;(10 百位+十位)×10
            MOV SB,AH
            SHL AH, CL
            ADD SB,AH          ;2³(10 百位+十位)+2(10 百位+十位)
            AND AL, 0FH        ;取个位
            ADD SB, AL         ;加上个位
```

7.4 常用伪指令

7.4.1 过程的定义

过程由伪指令 PROC 和 ENDP 定义。定义过程的格式为:

```
过程名      PROC[NEAR]或 FAR
              ⋮
```

过程名　　ENDP

其中,PROC 和 ENDP 必须成对出现,且前面都有同一过程名(过程名是必须有的),过程的类型由 PROC 的操作数指出。若 PROC 后无操作数,则默认为 NEAR 类型。

在汇编程序中,可以使用过程定义伪指令定义子程序,通过调用指令 CALL 调用子程序。过程名是为该子程序起的名字,在调用子程序时,作为调用指令 CALL 的操作数。PROC 和 ENDP 两伪指令之间,是为实现某功能的程序段,其中至少有一条子程序返回指令 RET 以便返回调用它的程序。

子程序也可以用":"定义,":"定义的标号是为该子程序起的名字。主程序把用":"定义的子程序作为远过程来调用。若子程序与调用它的主程序在同一代码段,则必须用过程来定义该子程序。中断调用都是远调用,所以中断服务子程序可以用":"定义。若用过程来定义中断服务子程序,则必须将中断服务子程序定义为远过程,无论它与调用程序是否在不同的代码段。

7.4.2　微处理器选择伪指令

微处理器选择伪指令一般位于源程序的开始处,以确定微处理器的指令集,它告诉汇编程序当前的源程序是针对哪种微处理器而执行的。各种微处理器选择伪指令的格式和意义如下:

(1).8086:它告诉汇编程序只接受 8086/8088 和协处理器 8087 的指令。这是默认方式,可以缺省。

(2).286:它告诉汇编程序除可接受 8086/8088 的指令外,还可接受 80286 新增加的非保护方式下的特权指令以及协处理器 80287 的指令。若还要使用保护方式下的特权指令,则可用伪指令.286P。

(3).386:它告诉汇编程序除可以接受 8086/8088 的指令外,还可接受 80286 和 80386 新增加的非保护方式下的特权指令以及协处理器 80387 的指令。若还要使用保护方式下的特权指令,则可用伪指令.386P。

(4).486:它告诉汇编程序除可以接受 8086/8088 的指令外,还可接受 80286、80386 和 80486 新增加的非保护方式下的特权指令以及协处理器 80387 的指令。若还要使用保护方式下的特权指令,则可用伪指令.486P。

(5).586:它告诉汇编程序除可以接受 8086/8088 的指令外,还可接受 80286、80386、80486 和 Pentium 新增加的非保护方式下的特权指令以及协处理器 80387 的指令。若还要使用保护方式下的特权指令,则可用伪指令.586P。

7.4.3　段的定义

段的定义通过 SEGMENT 和 ENDS 伪指令进行。定义一个段的格式是:

段名　　SEGMENT[定位方式][组合方式][字长选择]['类别名']
　　　　　⋮
段名　　ENDS

其中,SEGMENT 和 ENDS 必须成对出现,它们的前面需有相同的名字,该名字为段名。段名也可以用来表示段地址,如取段名为 DATA 的段地址送 AX 的指令为:

MOV AX,DATA

伪指令 SEGMENT 有 4 个可选择的操作数:定位方式、组合方式、字长选择和类别名。

1. 字长选择

字长选择用来说明是使用 16 位寻址方式还是 32 位寻址方式。字长有两种选择:

(1) USE16:16 位寻址方式,段寄存器的值是段基址即段首址的高 16 位,偏移地址是 16 位,段内最大寻址空间为 64KB。

(2) USE32:32 位寻址方式,段寄存器的值是段选择字,而偏移地址是 32 位,段内最大寻址空间高达 4GB。

8086 只有 16 位段模式。80386、80486 和 Pentium 有 16 位和 32 位两种段模式。在 16 位段模式方式下,虽然 80386、80486 和 Pentium 同 8086 一样,寻址空间仍为 64KB,但在源程序开始处使用了伪指令.386、.486、.586 的情况下,指令中可以使用它们的 32 位寄存器。如果字长选择项缺省,则在使用伪指令.386、.486、.586(或.386P、.486P、.586P)时默认为 32 位段模式。

在实模式下字长选择应该使用 USE16,若缺省字长选择则是 USE32。因此 8086 在实模式下段定义的格式是:

```
段名        SEGMENT[定位方式][组合方式]['类别名']
            ⋮
段名        ENDS
```

这 3 个可选操作数用于模块化程序设计中,源程序经汇编告知连接程序 LINK 各模块之间的通信方式和各段之间的组合方式,从而把各模块正确地连接在一起。

2. 组合方式

组合方式有[NONE],STACK 等 6 种,它们表明本段同其他段的组合关系。NONE 即无组合方式,表示本段与其他段逻辑上不发生关联,这是隐含的组合方式。STACK 表示本段与其他模块中所有 STACK 组合方式的同名段组合成一个堆栈段。为它保留的存储器空间是各堆栈段所需字节之和,在运行时就是堆栈段寄存器 SS 所指物理段,且 SP 指向该段的末地址+1。另外,所有模块中至少有一个 STACK 段,否则连接程序 LINK 在连接时会指出有一个错误。所以定义堆栈段时,必须至少有组合方式 STACK。

3. 定位方式

定位方式有[PARA]、BYTE、WORD 和 PAGE 4 种,它们表明如何将经组合后的段定位到存储器中。PARA 表示本段要从 16 的整数倍地址处开始存放,即段首址的最低四位必须为 0,这是隐含的定位方式。它使得段间可能有 1～15 个字节的间隙。BYTE 表示本段可从任何地址开始,它使得段间不留任何间隙。WORD 表示本段要从偶地址开始,它使得段间可能留有一个字节的间隙。PAGE 表示本段要从 256(即一页)的整数倍地址开始,即段首址的最低八位必须为 0,它使得段间可能留有 1～255 个字节的间隙。

4. 类别名

类别名是用单引号括起来的字符串,它是任意的一个名字。连接时 LINK 将把类别名相同的所有段(它们不一定同段名)存放在连续的存储区域中。典型的类别名有 DATA、CODE、STACK 等。

7.4.4 汇编地址计数器

在汇编程序对源程序进行汇编的过程中,使用汇编地址计数器来记录正在被汇编程序汇编的指令的偏移地址,即它的内容标出了汇编程序当前的工作位置。在一个源程序中,往往包含了多个段,汇编程序在将源程序汇编成目标程序时,每遇到一个新的段,就为该段分配一个初值为 0 的汇编地址计数器,然后再对该段中的(伪)指令汇编。在汇编过程中,对凡是需要申请分配存储单元的变量和产生目标代码的指令,汇编地址计数器就按存储单元数和目标代码的长度增值。

汇编地址计数器的值用符号 $ 来表示,汇编语言允许用户直接用 $ 来引用汇编地址计数器的值。汇编地址计数器可以用作指令的操作数,此时汇编地址计数器的值就是该指令的偏移地址。汇编地址计数器也可以出现在表达式中,此时汇编地址计数器的值就是当前值。如:

```
DATA        SEGMENT
BUF         DB '0123456789ABCDEF'
COUNT       EQU  $ -BUF
DATA        ENDS
```

汇编地址计数器 $ 的值是 16,变量 BUF 的偏移地址是 0,表达式 $ -BUF 的值等于 16。可见,常量 COUNT 的值就是变量 BUF 数据区所占的存储单元数 16。

汇编地址计数器的值可以用伪指令 ORG 来设置,其格式是:

ORG 数值表达式

功能是将汇编地址计数器设置成数值表达式的值。其中数值表达式的值为 0000H~FFFFH 之间的整数。

7.4.5 段寄存器的设定

宏汇编程序 MASM 将源程序翻译成目标程序,依赖于各段寄存器的内容。我们知道,每个存储单元的逻辑地址是一对 16 位或者 32 位二进制数,即段地址和偏移地址。几乎所有访问存储器的指令都仅使用偏移地址。而段地址来自某个段寄存器。所以源程序在程序代码段的开始就要对段寄存器与段之间的关系作说明,以便汇编程序根据给定的偏移地址和段寄存器计算出正确的物理地址。

段寄存器与段的关系,由伪指令 ASSUME 设定,设定格式是:

ASSUME SEGREG：SEGNAM[,SEGREG：SEGNAM,…]

其中 SEGREG 为 6 个段寄存器 CS、SS、DS、ES、FS、GS 中的任一个,SEGNAM 是

段名。

需要说明的是,伪指令 ASSUME 只是将段寄存器与段间的对应关系告诉汇编程序,它并没有将段首址的有关信息置入对应的段寄存器中,这一工作要到程序最后投入运行时才能完成。那时 CS 和 SS 的内容将由系统自动设置,不用程序处理;但对 4 个数据段寄存器 DS、ES、FS 和 GS,则必须由程序将其段首址的有关信息分别置入。

7.4.6　源程序的结束

源程序的结束要用伪指令 END,其格式是:

END[表达式]

该伪指令用在源程序的最后,用于表示整个源程序的结束,即告诉汇编程序,汇编工作到此结束。

其中可选项表达式的值必须是存储器的地址,该地址即程序的启动地址,亦即程序的第一条可执行指令的地址。表达式一般为过程名。如果不带表达式,则该程序不能单独运行,只是供其他程序调用的子模块。

7.4.7　宏汇编源程序的格式

宏汇编源程序一般由 3 个段组成,在 DOS 的实地址方式环境下,80386(或者 80486 和 Pentium)的 16 位段模式的格式如下:

```
              .386(或者.486 和.586)
stack         segment stack USE16 'stack'
              dw 32 dup(0)
stack         ends
data          segment USE16
                 ⋮
data          ends
code          segment USE16
begin         proc far
              assume ss：stack,cs：code,ds：data
              push ds
              sub ax,ax
              push ax
              mov ax,data
              mov ds,ax
                 ⋮
              ret
begin         endp
code          ends
              end begin
```

8086 的 16 位段模式的格式如下:

```
stack        segment stack 'stack'
             dw 32 dup(0)
stack        ends
data         segment
                ⋮
data         ends
code         segment
begin        proc far
             assume ss：stack,cs：code,ds：data
             push ds
             sub ax,ax
             push ax
             mov ax,data
             mov ds,ax
                ⋮
             ret
begin        endp
code         ends
             end begin
```

  堆栈段定义了 32 个字,32 个字是堆栈比较适宜的大小,它的组合方式和类别名均是 STACK。数据段和代码段没有指定组合方式和类别名。这 3 个段都采用的是隐含的定位方式,即这 3 个段的段首址都是 16 的整数倍。代码段中定义了一个远过程,该过程中有 6 条指令。前 5 条指令是初始化程序,最后一条指令是返回指令。返回指令(远返回)所执行的操作是将栈顶 4 个单元的内容送 IP 和 CS,SP 加 4。这 6 条指令的作用如下。

  汇编语言源程序都是经汇编和连接两个步骤才能生成一个可在 DOS 状态下直接执行的文件 EXE 程序,而在 DOS 状态下,执行 EXE 程序时,DOS 会在 COMMAND.COM 暂存部分之后建立一个 256 字节的程序段前缀 PSP(program segment prefix),在其后装入 EXE 程序,并把控制权转移给它(即源程序结束伪指令 END 后的参数指向的远过程)。PSP 的 256 个字节包含 3 部分的信息:有被装入程序与 DOS 连接时使用的信息,有供装入程序使用的参数,还有供 DOS 本身使用的信息。在其首地址处有一条 INT 20H 指令。DOS 在转移控制权时,将 CS 指向 EXE 程序的代码段,SS 指向堆栈段,DS 和 ES 并不指向用户程序的数据段和附加数据段而是指向 PSP,这样便于用户使用和处理 PSP 中的信息。所以在初始化程序中有将数据段的段地址送 DS 的两条指令(若有附加数据段,还应有将附加段的段地址送 ES 的指令):

MOV AX,DATA
MOV DS,AX

  DOS 像调用子程序一样,把控制权转移给 EXE 程序,EXE 程序执行完成后也应像子程序返回调用程序一样返回 DOS。IBM PC DOS 为 EXE 程序返回 DOS 安排了两种方法:其一是用调用号为 4CH 的系统功能调用,即使用 4CH 功能调用结束 EXE 程序。4CH 功能调用的格式如下:

```
MOV AH,4CH
INT 21H
```

其二是用软中断指令(见 10.3.1 节)INT 20H,其指令机器码是 CD20(H)。

本书使用 INT 20H 从 EXE 程序返回 DOS。这是因为 4CH 功能调用返回 DOS 虽简单,但不论是什么程序调用它均返回 DOS。作为被用户调用的子(程序)过程应该返回调用它的用户程序,就不能使用 4CH 功能调用返回,仅返回 DOS 的主过程才能使用 4CH 功能调用返回。而软中断 INT 20H 是返回调用程序,被用户调用的子过程和被 DOS 调用的主过程可以统一使用 INT 20H 结束 EXE 程序来返回调用程序。在用调试程序 DEBUG 调试 EXE 程序时就返回调试程序 DEBUG,这样又便于调试。但是 INT 20H 返回调用程序要求 CS 指向 PSP,即 CS 要等于 PSP 的段地址。除了远过程中的返回指令能将堆栈中的数据传送给 CS 外,再没有其他指令可把数据传送给 CS。因此,在远过程中首先将 PSP 的首地址进栈,返回指令正好可将 CS 指向 PSP,然后执行放在 PSP 首地址中的 INT 20H 指令,从而使 EXE 程序结束返回调用程序。程序段为:

```
PUSH DS              ;PSP 的段基址(段基址在 DS 中)进栈
SUB AX,AX
PUSH AX              ;PSP 首地址的偏移地址(偏移地址为 0)进栈
  ⋮
RET                  ;PSP 的首地址出栈送 IP 和 CS
```

综上述可知,执行初始化程序的作用其一是使 PSP 的首地址进栈,以便远返回指令结束用户程序返回调用程序,其二是使 DS 指向数据段的段首址。

汇编源程序的格式虽较复杂,但千篇一律,在本书中用小写体给出,各源程序均可保留这些部分,只要将编写的程序段插入它们之中即可。程序段(包括变量和常量的定义)本书用大写体给出。在汇编时,源程序中的大写与小写是等价的,可不加区分,本书区分开只是为了突出程序段。

7.5 常用 DOS 系统功能调用和 BIOS 功能调用

80x86 微机系统为汇编用户提供了两个程序接口。一个是 DOS 系统功能调用,另一个是 ROM 中的 BIOS(basic input/output system)功能调用。系统功能调用和 BIOS 由一系列的服务子程序构成,但调用与返回不是使用子程序调用指令 CALL 和返回指令 RET,而是通过软中断指令 INT N 和中断返回指令 IRET 调用和返回。调用指令中的 N 为中断类型码,不同的中断类型码调用的是不同的功能模块。每个中断模块中都有若干个子功能,这些子功能用功能号来区分,在调用前需要将功能号放入 AH 中。

DOS 系统功能调用和 BIOS 的服务子程序,使得程序设计人员不必涉及硬件即可以实现对系统的硬件尤其是 I/O 的使用与管理。

7.5.1 DOS 系统功能调用

DOS 系统功能调用通过软中断指令 INT 21H 调用。

DOS 系统功能调用主要分为字符 I/O 与磁盘控制功能,文件操作功能,记录和目录操作功能,程序结束、内存分配与其他功能 4 类。编号亦即功能号从 0～75H。本书仅介绍设备管理 DOS 系统功能调用中基本的 I/O 管理功能。

使用 DOS 系统功能调用的一般过程为:把功能号放入 AH 中,设置入口参数,然后执行 INT 21H 指令,最后分析处理出口参数。

键盘和显示器的 DOS 系统功能调用如表 7-3 所示。

表 7-3　键盘和显示器的 DOS 系统功能调用

功能号	功　　能	入 口 参 数	出 口 参 数
1	输入并显示一个字符		输入字符的 ASCII 码在 AL 中
2	显示器显示一个字符	DL 中置输出字符的 ASCII 码	
5	打印机打印一个字符	DL 中置输出字符的 ASCII 码	
8	键盘输入一个字符		输入字符的 ASCII 码在 AL 中
9	显示器显示字符串	DS：DX 置字符串首址,字符串以 $ 结束	
10(0AH)	输入并显示字符串	DS：DX 置字符串首址,第 1 单元置允许输入的字符数(含一个回车符)	输入的实际字符数在第 2 单元中,输入的字符从第 3 单元开始存放
11(0BH)	检测有无输入		有输入 AL＝FFH,无输入 AL＝0

本节仅介绍常用的 1、2、9、10 号四个 DOS 系统功能调用。

1. 1 号功能调用

调用格式:

MOV AH,1
INT 21H

系统执行该功能调用时将扫描键盘等待输入,一旦有键按下就将该按键所表示字符的 ASCII 码读入 AL,并同时将该字符送显示器显示。

注:若输入 Ctrl＋Break,则退出本调用。

2. 2 号功能调用

调用格式:

MOV DL,待显示字符的 ASCII 码
MOV AH,2
INT 21H

本调用执行后,显示器显示待显示的字符。

3. 9 号功能调用

调用格式:

MOV DX,待显示字符串的首偏移地址

MOV AH,9

INT 21H

本调用执行后,显示器显示待显示的字符串。执行前要在 DS 数据段定义一串字符,该字符串必须以 $ 结尾。

当需要输出数据区中某一字符串时,若该字符串的尾部无 $,一定要在其尾部置入一个 $;若该字符串中间就有 $,则要采用 2 号功能调用逐个输出该字符串中的字符。

4. 10 号功能调用

调用格式:

MOV DX,数据区的首偏移地址

MOV AH,10

INT 21H

当需要输入字符串时,应在 DS 数据段中事先定义一个变量数据区 IBUF,其定义格式如下:

IBUF DB 数据区大小,0,数据区大小 DUP(0)

其中:数据区大小即允许输入的字符数是一个无符号数,可以为 0~255。若定义为 0,则执行 10 号功能调用时程序不接收输入就结束 10 号功能调用;若定义为 1,则执行 10 号功能调用时程序会等待接收,但不接收其他字符,仅接收一个回车(ASCII 码为 0DH)即结束 10 号功能调用;若定义为 2~255,则等待接收字符,接收的字符比定义值至少要少 1 个,接收的字符数可以少,但不能多。当接收的字符数达到(定义值-1)个数时还输入其他字符,10 号功能调用既不接收输入的字符也不结束,10 号功能调用会继续等待接收回车才结束调用。在 10 号功能调用的过程中可以对输入的字符进行修改,实际输入的字符数是显示器显示的字符的个数。DUP(0)前的"数据区大小"应与前面一个数据区大小一致,因为数据区的大小是由前面的即第 1 个单元规定的,从第 3 个单元开始是预留给 10 号功能调用装载输入字符的,留多了不能多装,是浪费;留少了可多装,当输入的字符数超过预留的单元数时,数据区就会自动往下延伸,冲掉紧跟其后的存储单元中的内容,造成程序运行的混乱。第 2 个单元是预留给 10 号功能调用装载实际输入字符数的,实际输入的字符数不包括回车。由此可见,回车既是一个字符又是一个命令,其 ASCII 码 0DH 要作为最后一个字符存入数据区的一个单元,只有输入了回车才会命令 10 号功能调用结束。

要注意,汇编语言不同于其他语言,汇编语言是将 Enter 键仅定义为回车,即将光标移至本行的行首;而其他语言都是将 Enter 键定义为回车又换行,即将光标移至下一行的行首。10 号功能调用是输入并显示一串字符,10 号功能调用每次都要从键盘接收 1 个 Enter 键,当然就要执行 1 个回车操作,将显示器的光标移到本行的行首。所以一般在 10 号功能调用后要再使用 2 号功能调用输出一个换行,将光标从本行的行首移到下一行的行首;否则,再输出的字符就会覆盖 10 号功能调用输入的字符。

最后,要特别强调的是:2 号功能调用、9 号功能调用和 10 号功能调用虽然未使用 AL,但调用后也会破坏 AL 中原来的内容。为防止 AL 中原来的内容被破坏,在调用前应先保护 AL,调用后再恢复。

7.5.2　常用 DOS 系统功能调用应用举例

【例 7.5】　编写汇编语言源程序,在显示器上显示 Wish you success!。

只需将欲显示字符串的 ASCII 码存放到字节变量数据区中(字节变量数据区一定要以'$'结束),用 9 号功能调用即可显示该字符串。程序如下:

```
stack     segment stack 'stack'
          dw 32 dup (0)
stack     ends
data      segment
OBF       DB 'Wish you success! $ '
data      ends
code      segment
start     proc far
          assume ss: stack, cs: code, ds: data
          push ds
          sub ax, ax
          push ax
          mov ax, data
          mov ds, ax
          MOV DX, OFFSET OBF
          MOV AH, 9
          INT 21H
          ret
start     endp
code      ends
          end start
```

【例 7.6】　编写汇编语言源程序,将输入的 4 位十进制数(如 5,则输入 0005)以压缩 BCD 数形式存入字变量 SW 中。

该程序首先接收输入的 4 位十进制数,然后拼合为压缩 BCD 数,存入字变量 SW。为了接收输入的 4 位十进制数,需要在数据段中定义一变量数据区。该数据区应有 7 个字节,其中第 1 字节定义为 5,即可接收 5 个字符,第 2 字节预留给 10 号功能调用装载实际输入字符数,第 3～7 字节预留给 10 号功能调用装载实际输入的字符:4 字节十进制数的 ASCII 码和 1 字节回车的 ASCII 码。程序如下:

```
stack     segment stack 'stack'
          dw 32 dup (0)
stack     ends
data      segment
IBUF      DB 5, 0, 5 DUP (0)
SW        DW 0
```

```
data        ends
code        segment
begin       proc far
            assume ss：stack，cs：code，ds：data
            push ds
            sub ax，ax
            push ax
            mov ax，data
            mov ds，ax
            MOV DX, OFFSET IBUF            ;10 号功能调用,输入 4 位十进制数
            MOV AH, 10
            INT 21H
            MOV AX, WORD PTR IBUF＋4       ;输入数的个位和十位送 AX(个位在 AH 中)
            AND AX, 0F0FH                 ;将两个 ASCII 码变为两位非压缩 BCD 数
            MOV CL, 4
            SHL AL ,CL                    ;将十位移至 AL 的高 4 位
            OR AL, AH                     ;十位和个位拼合在 AL 中
            MOV BYTE PTR SW,AL            ;存 BCD 数的十数和个位
            MOV AX, WORD PTR IBUF＋2       ;输入数的百数和千位送 AX
            AND AX, 0F0FH                 ;将两个 ASCII 码变为两位非压缩 BCD 数
            SHL AL,CL                     ;将千位移至 AL 的高 4 位
            OR AL, AH                     ;千位和百位拼合在 AL 中
            MOV BYTE PTR SW＋1,AL          ;存 BCD 数的千位和百位
            ret
begin       endp
code        ends
            end begin
```

【例 7.7】 "镜子"程序。

"镜子"程序的功能是接收并显示键盘输入的一串字符,然后在下一行再将该串字符显示出来。可见该功能主要由 10 号功能调用和 9 号功能调用来完成。根据 10 号功能调用的入口参数,在数据段定义了字节变量 IBUF。第 1 个单元是允许输入字符数 FFH,即最多可接收除回车外的 254 个任意字符和一个回车字符;第 2 单元是预留装载实际输入字符个数的;从第 3 单元开始是预留装载输入字符的。只要把 10 号功能调用输入的回车换为字符'$',即可使用 9 号功能调用把自 IBUF＋2 单元开始的字符送显示器显示,直至'$'结束 9 号功能调用。回车的 ASCII 码 0DH 存放单元的偏移地址等于 IBUF 的偏移地址、立即数 2 与输入字符个数 3 数之和。若将输入字符个数即 BUF＋1 单元的内容送给 BX,则地址表达式 IBUF[BX＋2]所表示的偏移地址就是'$'要存入的单元地址。10 号功能调用接收并执行了回车操作,将显示器的光标移到了输入字符行的行首。所以要再输出一个换行,将光标从本行的行首移到下一行的行首再执行 9 号功能调用。"镜子"程序如下:

```
stack       segment stack 'stack'
            dw 32 dup (0)
stack       ends
data        segment
OBUF        DB '>', 0DH, 0AH, '$'
IBUF        DB 0FFH, 0, 255 DUP (0)
data        ends
code        segment
begin       proc far
            assume ss：stack，cs：code，ds：data
            push ds
            sub ax，ax
            push ax
            mov ax，data
            mov ds，ax
            MOV DX，OFFSET OBUF              ;显示提示符">"并回车换行
            MOV AH，9
            INT 21H
            MOV DX，OFFSET IBUF             ;输入并显示字符串
            MOV AH，10
            INT 21H
            MOV BL，IBUF+1                  ;将'$'送输入字符串后
            MOV BH，0
            MOV IBUF［BX+2］，'$'
            MOV DL，0AH                     ;换行
            MOV AH，2
            INT 21H
            MOV DX，OFFSET IBUF+2           ;再显示输入的字符串
            MOV AH，9
            INT 21H
            ret
begin       endp
code        ends
            end begin
```

"镜子"程序的执行过程是：

首先显示提示符＞，并将光标移至下行的行首,等待输入字符。如输入 ABCD12345 等 9 个字符和 Enter 键后,字节变量 IBUF 的前 12 个单元中的内容如图 7-13 所示。然后做 9 号功能调用前的准备工作：将'＄'送字符串尾,即送到回车 0D 的存放单元;并将光标从上一行的行首移到下一行的行首。最后即可以通过 9 号功能调用把输入时存入 IBUF+2 为首地址的字符串再显示出来。

图 7-14 是"镜子"程序的内存映像图。"镜子"程序的数据段有 261 个字节,因为 261 不是 16 的整数倍,按定位方式的要求,数据段占有 272(=110H)字节,堆栈段应占有

64(＝40H)字节,程序段前缀 PSP 占有 100H 字节。数据段在代码段之上,其偏移地址范围是 0000H～010FH,设代码段的首地址是 37ED0H(37EDH：0000H),则数据段的首地址为 37DCH：0000H。堆栈段位于数据段之上,其地址范围是 0000H～003FH,故堆栈段的首地址是 37D8H：0000H。同理 PSP 的首地址是 37C8H：0000H。

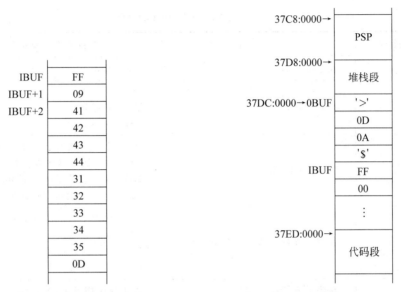

图 7-13　"镜子"程序 10 号功能调用的数据区　　图 7-14　"镜子"程序的内存映像图

7.5.3　BIOS

BIOS 软中断服务程序依功能分为两种,一种为系统服务程序,另一种为设备驱动程序。本书介绍中断类型号为 10H、16H 和 17H 的显示器、键盘和打印机的服务程序。调用 BIOS 程序类同于 DOS 系统功能调用,先将功能号送 AH,并按约定设置入口参数,然后用软中断指令 INT N 实现调用。

1. 键盘服务程序

键盘服务程序的中断类型码为 16H,用 INT 16H 调用。软中断 INT 16H 服务程序有 3 个功能,功能号为 0～2,功能号及出口参数如表 7-4 所示。

表 7-4　INT 16H 的功能

功能号	功　　能	出　口　参　数
0	从键盘读字符	输入字符的 ASCII 码在 AL 中
1	检测键盘是否输入字符	输入了字符 ZF＝0,未输入字符 ZF＝1
2	读键盘各转换键的当前状态	各转换键的状态在 AL 中

2. 打印机服务程序

打印机服务程序的中断类型码为 17H,用 INT 17H 调用。软中断 INT 17H 服务程序有 3 个功能,功能号为 0～2,其中打印一字符的功能号为 0,入口参数是将打印字符的

ASCII 码送 AL,打印机号(0~2)送 DX。

3. 显示器服务程序

显示器服务程序的中断类型码为 10H,用 INT 10H 调用。软中断 INT 10H 服务程序有 16 个功能,功能号为 0~15。常用功能如表 7-5 所示。

表 7-5　INT 10H 的功能

功能号	功　　能	入口参数或出口参数(仅功能号 15)
0	设置显示方式	AL=显示方式
2	设置光标位置	DH=光标行 DL=光标列 BH=页号
6(7)	屏幕上(下)滚	AL=上(下)滚行数(0 为清屏幕) CH、CL=滚动区域左上角行、列 DH、DL=滚动区域右下角行、列 BH=上(下)滚后空留区的显示属性
9	在当前光标位置写字符和属性	AL=要写字符的 ASCII 码 BH=页号 BL=字符的显示属性 CX=重复次数
10	在当前光标位置写字符	除无显示属性外,其他同 9
11	图形方式设置彩色组或背景颜色	BH=1(设置彩色组)或 0(设置背景颜色) BL=0~1(彩色组)或 0~15(背景颜色)
12	图形方式写像点	DX=行号 CX=列号 AL=彩色值(1~3)
14	写字符到光标位置,光标进一	AL=欲写字符 BL=前台彩色(图形模式)
15	读取当前显示状态	AL=显示方式 BH=显示页号 AH=屏幕上字符列数

表 7-5 中的显示方式有 7 种,如表 7-6 所示。表 7-5 中的显示属性是字符方式下字符的显示属性,由一个字节定义,由它来设置字符和背景的颜色。显示属性字节如图 7-15 所示。其中背景颜色和字符颜色如表 7-7 所示。

表 7-6　显示方式

AL 的值	显　示　方　式	AL 的值	显　示　方　式
0	40×25 黑白字符方式	4	320×200 黑白图形方式
1	40×25 彩色字符方式	5	320×200 彩色图形方式
2	80×25 黑白字符方式	6	640×200 黑白图形方式
3	80×25 彩色字符方式	7	80×25 单色字符方式

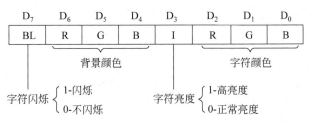

图 7-15　显示属性字节

表 7-7　背景颜色和字符颜色

RGB	背景颜色或正常 亮度字符颜色	高亮度字符颜色	RGB	背景颜色或正常 亮度字符颜色	高亮度字符颜色
000	黑	灰	100	红	浅红
001	蓝	浅蓝	101	品红	浅品红
010	绿	浅绿	110	棕	黄
011	青蓝	浅青蓝	111	白	高强度白

黑白字符方式下字符的显示属性仅为黑或白(灰或高亮度白)。

图形方式的颜色设置与字符方式不同,其颜色不用显示属性字节来设置。设置的方法是用功能号 11 设置背景颜色,用功能号 11 和 12 设置像点颜色。背景颜色有 16 种,编号为 0~15,其颜色是彩色字符方式下正常亮度和高亮度字符颜色的组合,即 0 为黑色,1 为蓝色……15 为高强度白色。像点的颜色只有 6 种,由彩色组和彩色值来选择,如表 7-8 所示。

表 7-8　像点颜色

彩色值	彩色组 0	彩色组 1	彩色值	彩色组 0	彩色组 1
1	绿	青	3	黄	白
2	红	品红			

调用 BIOS 程序可以编写各种有趣的程序,由于要用到一些没有学过的指令和编程技术,故仅举一例说明其调用方法,其他举例请见第 8 章第 8.3 节的例 8.17、例 8.18 和例 8.25。

【例 7.8】　在屏幕的 13 行 40 列位置显示高亮度闪动的"太阳"。

```
stack      segment stack stack
           dw 32 dup(0)
stack      ends
code       segment
begin      proc far
           assume ss：stack,cs：code
           push ds
           sub ax,ax
           push ax
           MOV AH,7                          ;80×25 单色字符方式
```

```
              MOV AL,2
              INT 10H
              MOV AH,15                      ;读取显示页号
              INT 10H
              MOV AH,2                       ;设置光标位置
              MOV DX,0D28H
              INT 10H
              MOV AH,9                       ;高亮度白闪烁的太阳
              MOV AL,0FH
              MOV BL,8FH
              MOV CX,1
              INT 10H
              ret
begin         endp
code          ends
              end begin
```

7.6 习　题

7.1　变量和标号都有哪些属性?它们的区别是什么?

7.2　80x86 的指令有哪些寻址方式?它们的具体含义是什么?指令中如何表示它们?

7.3　设 AX＝1122H、BX＝3344H、CX＝5566H、SS＝095BH、SP＝40H,下述程序段执行后 AX、BX、CX 和 DX 4 个通用寄存器的内容是多少?画出堆栈存储器的物理地址及其存储内容和 SP 指向的示意图。

```
PUSH AX
PUSH BX
PUSH CX
POP BX
POP AX
POP DX
```

7.4　设 SP＝0040H,如果用进栈指令存入 5 个数据,则 SP＝＿＿＿＿＿,若又用出栈指令取出 2 个数据,则 SP＝＿＿＿＿＿。

7.5　将表中程序段各指令执行后 AX 的值用十六进制数填入表中:

程　序　段	AX	程　序　段	AX
MOV AX,0		OR AX,3FDFH	
DEC AX		AND AX,0EBEDH	
ADD AX,7FFFH		XCHG AH,AL	
ADC AX,1		SAL AX,1	
NEG AX		RCL AX,1	

7.6 用十六进制数填写下表。已知 DS＝1000H，ES＝2000H，SS＝0FC0H，通用寄存器的值为 0。

指　　令	存储器操作数的逻辑地址（H）
SUB [BP]，AL	
MOV [BX]，BH	
MOV [DI]，DL	
MOV ES：[SI]，BL	
ADD 500H[BP]，AH	
SUB [SI－300H]，AL	
MOV 1000H[DI]，DL	
MOV [BX－8]，CL	
MOV ES：1000H[DI]，CH	
MOV [BP＋SI]，DH	
MOV [BX＋DI]，DL	

7.7 试给出执行完下列指令后 OF、SF、ZF、CF 4 个可测试标志位的状态（要求用十六进制数给出 16 位标志寄存器 FLAG 的值，其余各位均填 0）：

(1) MOV AX，2345H
    ADD AX，3219H

(2) MOV BX，5439H
    ADD BX，456AH

(3) MOV CX，3579H
    SUB CX，4EC1H

(4) MOV DX，9D82H
    SUB DX，4B5FH

7.8 AX 中有一负数，欲求其绝对值，若该数为补码，则用指令_____；若该数为原码，则用指令_____。

7.9 分别写出实现如下功能的程序段：

(1) 将 AX 中间 8 位（作高 8 位），BX 低 4 位和 DX 高 4 位（作低 4 位）拼成一个新字。

(2) 将 CX 中间 8 位取反，其余位不变。

(3) 将数据段中以 BX 为偏移地址的连续 3 单元中的无符号数求和。

(4) 将数据段中以 BX 为偏移地址的连续 4 单元的内容颠倒过来。

(5) 将 BX 中的 4 位压缩 BCD 数用非压缩 BCD 数形式按序放在 AL，BL，CL 和 DL 中。

(6) 不用乘法指令实现 AL（无符号数）乘以 20。

7.10 一数据段定义为：

```
DATA      SEGMENT
S1        DB 0,1,2,3,4,5
S2        DB '12345'
COUNT     EQU $－S1
NB        DB 3 DUP (2)
NW        DW 120,－256
P         DW －1
DATA      ENDS
```

（1）画出该数据段中数据的存储形式。

（2）在下表中填写各变量的偏移地址和各变量的值。

变量名	偏移地址	变量的值	变量名	偏移地址	变量的值
S1			NW		
S2			P		
NB					

（3）填写表中程序段各指令执行后，目的寄存器的值，并指出源操作数所使用的寻址方式：

程　序　段	目的寄存器的值	源操作数的寻址方式
MOV BX，OFFSET S1＋3		
MOV SI，OFFSET S2		
MOV CL，COUNT		
MOV BP，NW＋2		
MOV DX，WORD PTR NB		
MOV AL，[SI＋3]		
MOV AH，[SI＋BX＋1]		
MOV CH，BYTE PTR NW＋3		

（4）改正下列程序段中不正确指令的错误：

a. MOV AX,S1

b. MOV BP,OFFSET S2
　 MOV CL,[BP]

c. MOV SI,OFFSET NB
　 MOV [SI], '+'

d. MOV DL,NW＋2

e. MOV DI,CH

f. MOV BX,OFFSET S1
　 MOV DH,BX＋3

g. INC COUNT

h. MOV NB,S2

i. MOV AX,[BX＋S1]

j. ADD AX，[DX＋NW]

7.11 阅读如下源程序，画出程序在 9 号功能调用之前数据段的内存映像图并指出此程序的功能。

```
stack      segment stack 'stack'
           dw 32 dup(0)
stack      ends
data       segment
BUF        DB 58H
```

```
OBUF1    DB 0AH,0DH,'(BUF)='
OBUF2    DB 4 DUP(0)
data     ends
code     segment
begin    proc far
         assume ss: stack,cs: code,ds: data
         push ds
         sub ax,ax
         push ax
         mov ax,data
         mov ds,ax
         MOV AL,BUF
         MOV AH,AL
         MOV CL,4
         SHR AH,CL
         ADD AH,30H
         AND AL,0FH
         ADD AL,30H
         MOV OBUF2,AH
         MOV OBUF2+1,AL
         MOV OBUF2+2,'H'
         MOV OBUF2+3,'$'
         MOV DX,OFFSET OBUF1
         MOV AH,9
         INT 21H
         ret
begin    endp
code     ends
         end begin
```

第8章 汇编语言程序设计

在汇编语言程序中,最常见的形式有顺序程序、分支程序、循环程序和子程序。这几种程序的设计方法是汇编程序设计的基础。本章将结合实例详细地介绍这些程序的设计技术以及第7章尚未讲述的指令。如前所述,本书有关汇编语言程序设计的讨论只限于DOS环境下(MASM 5.0)的实地址方式,而在实地址方式下,一个逻辑段的空间最大为64KB,因此在实地址方式下最好采用16位寻址的控制转移。本章介绍的控制转移类指令,包括转移指令、子程序的调用指令和返回指令在实现转移或调用时都要修改IP或EIP,在实地址方式下的EIP就是16位的IP,所以关于这两类指令就只限于修改IP的介绍。

8.1 顺序程序设计

顺序程序是最简单的程序,它的执行顺序和程序中指令的排列顺序完全一致。下面先介绍乘除法指令及BCD运算的调整指令。

8.1.1 乘除法指令

乘除法指令应该有无符号数乘除法指令和符号数乘除法指令之分。这是因为乘除法不同于加减法,无符号数的乘法和除法指令对符号数进行乘除运算不能得到正确的结果。如用无符号数的乘法运算做FFH乘以FFH结果为FE01H。把它们看作无符号数为$255 \times 255 = 65025$(FE01H=65025),其结果是正确的;若把它们看作符号数(一般情况下,都将符号数看作补码数)为$(-1) \times (-1) = -511$(FE01H=-511),显然是错误的。因此符号数必须用专用的乘除法指令。

1. 乘法指令 MUL 和符号整数乘法指令 IMUL(signed integer multiply)

指令格式:

MUL source
IMUL source

其中源操作数 source 可以是字节、字或者双字,与其对应的目的操作数是 AL、AX或 EAX。源操作数只能是寄存器和存储器,不能为立即数。在乘法指令之前必须将另一个乘数数送 AL(字节乘)、AX(字乘)或者 EAX(双字乘)。乘法指令所执行的操作是AL、AX 或者 EAX 乘 source,乘积放回到 AX、DX 和 AX 或者 EDX 和 EAX,如图 8-1所示。

如用乘法指令实现例 7.4(将 AX 中小于 255 大于 0 的 3 位 BCD 数转换为二进制数,

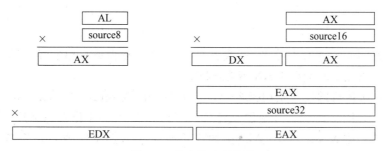

图 8-1　乘法指令的操作

存入字节变量 SB 中。)的程序段如下：

```
MOV CH,10
MOV CL,4
MOV SB,AL                    ;暂存十位和个位
MOV AL,AH
MUL CH                       ;百位×10
MOV AH,SB
SHR AH,CL                    ;取十位
ADD AL,AH                    ;加十位
MUL CH                       ;(百位×10＋十位)×10
AND SB,0FH                   ;取个位
ADD SB,AL                    ;(百位×10＋十位)×10＋个位
```

　　乘法指令对除 CF 和 OF 以外的状态标志位无定义(注意：无定义和不影响不同，无定义是指指令执行后这些状态标志位的状态不确定，而不影响则是指该指令的执行不影响状态标志位，因而状态标志应保持原状态不变)。对于 MUL 指令，如果乘积的高一半为 0(即字节操作的 AH＝0、字操作时 DX＝0 或双字操作时 EDX＝0)，则 CF 和 OF 均为0；否则 CF 和 OF 均为 1。对于 IMUL 指令，如果乘积的高一半是低一半的符号扩展，则 CF 和 OF 均为 0，否则 CF 和 OF 均为 1。

　　除了 8086 微处理器外，符号整数乘法指令 IMUL 还有双操作数指令和 3 操作数指令，其格式及其功能如下：

```
IMUL REG, source              ;REG ← REG×source
IMUL REG, source,imm          ;REG ← source×imm
```

　　双操作数乘法指令的意义是用源操作数乘目的操作数，乘积存入目的操作数。目的操作数只能是 16 位和 32 位的寄存器，源操作数可以是寄存器和存储器，但其类型要与目的操作数一致。若目的操作数是 16 位的寄存器，则源操作数还可以是立即数。

　　3 操作数乘法指令的意义是用源操作数乘立即数，乘积存入目的操作数。目的操作数只能是 16 位和 32 位的寄存器，源操作数可以是寄存器和存储器，但其类型要与目的操作数一致。

2. 除法指令 DIV 和符号整数除法指令 IDIV(singed integer divide)

指令格式：

```
DIV source
IDIV source
```

其中源操作数 source 可以是字节、字或者双字,可为寄存器或存储器操作数,不能为立即数。目的操作数是 AX、DX 和 AX 或者 EDX 和 EAX。

除法指令所执行的操作是用指令中指定的源操作数 source 除 AX 中的 16 位二进制数或 DX 和 AX 中的 32 位二进制数或者 EDX 和 EAX 中的 64 位二进制数,被除数是 AX 还是 DX 和 AX 或者 EDX 和 EAX,由源操作数是字节还是字或者双字确定。商放入 AL、AX 或者 EAX 中,余数放入 AH、DX 或者 EDX 中,如图 8-2 所示。

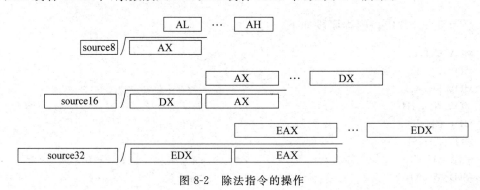

图 8-2　除法指令的操作

可用除法运算将二进制数转换为 BCD 数。如把 AL 中的 8 位无符号二进制数转换为 BCD 数放入 AX 中的程序段如下:

```
MOV CL,10
MOV AH,0                      ;8 位二进制数扩展为 16 位二进制数
DIV CL
MOV CH,AH                     ;暂存 BCD 数个位
MOV AH,0
DIV CL
MOV CL,4
SHL AH,CL                     ;BCD 数十位移至高 4 位
OR CH,AH                      ;BCD 数十位与个位拼合
MOV AH,0
MOV CL,10
DIV CL                        ;AH 中的余数为 BCD 数百位
MOV AL,CH                     ;BCD 数十位与个位送 AL
```

用除 10 取余法将 8 位二进制数 FFH 转换为 BCD 数 255H 的二进制运算如图 8-3 所示。

除法指令对所有的状态标志位均无定义。

3. 扩展指令

从除法指令的操作可知,要把一个 8 位二进制数除以一个 8 位二进制数,要有一个 16 位二进制数在 AX 中,只是把一个 8 位的被除数放入 AL 中是不行的,因为除法指令将

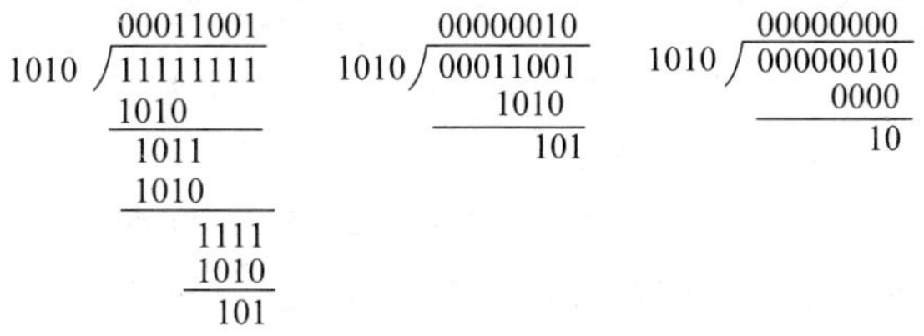

```
          00011001              00000010            00000000
     1010 ╱11111111        1010 ╱00011001      1010 ╱00000010
          1010                   1010                0000
          1011                   101                 10
          1010
          1111
          1010
          101
```

图 8-3　8 位二进制数 FFH 转换为 BCD 数 255H 的二进制运算

把任何在 AH 中的数当作被除数的高 8 位。所以在做 8 位除以 8 位的除法之前先要把 8 位被除数扩展为 16 位,在做 16 位除以 16 位的除法之前要把 16 位被除数扩展为 32 位,在做 32 位除以 32 位的除法之前要把 32 位被除数扩展为 64 位,才能保证除法指令的正确操作。这种扩展对于无符号数除法是很容易办到的,只需将被除数的高半部清 0 即可。对符号整数除法就不能用将被除数的高半部清 0 来实现,而要通过扩展符号位来把被除数扩展。例如把 −2 的 8 位形式 1111 1110 转换为 16 位形式 1111 1111 1111 1110,即要把高半部全部置 1(−2 的符号位);而把 +3 的 8 位形式 0000 0011 转换成 16 位形式 0000 0000 0000 0011,却要把高半部全部置'0'(+3 的符号位)。

指令格式:

CBW(convert byte to word)
CWD/CWDE(convert word to double word)
CDQ(convert double to quad)

将字节扩展为字指令 CBW 所执行的操作是把 AL 的最高位扩展到 AH 的所有位。将字扩展为双字指令 CWD 把 AX 的最高位扩展到 DX 的所有位,形成 DX 和 AX 中的双字;而将字扩展为双字指令 CWDE 把 AX 的最高位扩展到 EAX 的高 16 位,形成 EAX 中的双字。将字扩展为双字指令 CWDE 与符号位扩展传送指令功能相当,指令 CWDE 就等于指令 MOVS EAX,AX。将双字扩展为 4 字指令 CDQ 把 EAX 的最高位扩展到 EDX 的所有位,形成 EDX 和 EAX 中的 4 字。在做 8 位除以 8 位,16 位除以 16 位,32 位除以 32 位的除法之前,应先扩展 AL、AX 或 EAX 中的被除数。

例如,在数据段中,有一符号字数组变量 ARRAY,第 1 个字是被除数,第 2 个字是除数,接着存放商和余数,其程序段是:

MOV SI,OFFSET ARRAY
MOV AX,[SI]
CWD
IDIV WORD PTR 2[SI]
MOV 4[SI],AX
MOV 6[SI],DX

一般情况下,都将符号数看作补码数,扩展指令和符号整数除法指令仅对补码数适用。若特别指出该符号数为原码数,则其扩展和除法运算都要另编程序段实现。

8.1.2　BCD 数调整指令

第 7.3 节介绍的加减指令和本节介绍的乘除指令都是对二进制数进行操作。二进制

数算术运算指令对 BCD 数进行运算,会得到一个非 BCD 数或不正确的 BCD 数。如:

$$0000\ 0011B + 0000\ 1001B = 0000\ 1100B$$
$$0000\ 1001B + 0000\ 0111B = 0001\ 0000B$$

第一个结果是非 BCD 数;第二个结果是不正确的 BCD 数。其原因是 BCD 数向高位的进位是逢 10 进 1,而 4 位二进制数向高位进位是逢 16 进 1,中间相差 6。若再加上 6,就可以得到正确的 BCD 数:

$$0000\ 1100B + 0000\ 0110B = 0001\ 0010B$$
$$0001\ 0000B + 0000\ 0110B = 0001\ 0110B$$

8086/8088 对 BCD 数使用二进制数算术运算指令进行运算,然后执行一条能把结果转换成正确的 BCD 数的专用调整指令来处理 BCD 数的结果。

1. BCD 数加法调整指令 DAA(decimal adjust for add)和 AAA(ASCII adjust for add)

指令格式:

```
DAA
AAA
```

DAA 指令的意义是将 AL 中的数当作两个压缩 BCD 数相加之和来进行调整,得到两位压缩 BCD 数。具体操作是,若(AL&0FH)>9 或 AF=1,则 AL 加上 6;若(AL&0F0H)>90H 或 CF=1,则 AL 加 60H。如:

```
MOV AX,3456H
ADD AL,AH                              ;AL=8AH
DAA                                    ;AL=90H
```

【例 8.1】 已知字变量 W1 和 W2 分别存放着两个压缩 BCD 数,编写求两数之和,并将其和送到 SUM 字节变量中的程序。

此例应注意以下两个问题:

(1) 定义字变量 W1 和 W2 的 4 位数应为 BCD 数,其后要加 H,只有这样定义装入内存中的数据才是 4 位 BCD 数。

(2) BCD 数的加减运算只能做字节运算,不能做字运算。这是因为加减指令把操作数都当作二进制数进行运算,运算之后再用调整指令进行调整,而调整指令只对 AL 作为目的操作数的加减运算进行调整。

程序如下:

```
stack       segment stack 'stack'
            dw 32 dup(0)
stack       ends
data        segment
W1          DW   8931H
W2          DW   5678H
SUM         DB 3 DUP(0)
data        ends
code        segment
```

```
begin        proc far
             assume   ss：stack,cs：code,ds：data
             push ds
             sub ax,ax
             push ax
             mov ax,data
             mov ds,ax
             MOV AL, BYTE PTR W1                      ;AL=31H
             ADD AL, BYTE PTR W2                      ;AL=A9H, CF=0, AF=0
             DAA                                       ;AL=09H, CF=1
             MOV SUM, AL
             MOV AL, BYTE PTR W1+1                    ;AL=89H
             ADC AL, BYTE PTR W2+1                    ;AL=E0H, CF=0, AF=1
             DAA                                       ;AL=46H, CF=1
             MOV SUM+1, AL
             MOV SUM+2, 0                             ;处理向万位的进位
             RCL SUM+2, 1                             ;也可用指令 ADC SUM+2, 0
             ret
begin        endp
code         ends
             end   begin
```

　　AAA 指令的意义是将 AL 中的数当作两个非压缩 BCD 数相加之和进行调整,得到正确的非压缩 BCD 数送 AX。具体操作是,若(AL&0FH)＞9 或 AF=1,则(AL+6)&0FH 送 AL,AH 加 1 且 CF 置 1;否则 AL&0FH 送 AL,AH 不变且 CF 保持 0 不变。应特别注意,AAA 指令执行前 AH 的值。如：

```
MOV AX,0806H
ADD AL,AH                                            ;AX=080EH
MOV AH,0
AAA                                                  ;AX=0104H
```

又如：若要将两个 BCD 数的 ASCII 码相加,得到和的 ASCII 码,可以直接用 ASCII 码相加,加后再调整：

```
MOV AL,35H                                           ;'5'
ADD AL,39H                                           ;'9',AL=6EH
MOV AH,0
AAA                                                  ;AX=0104H
OR AX,3030H                                          ;AX=3134H 即'14'
```

【例 8.2】 已知字变量 W1 和 W2 分别存放着两个非压缩 BCD 数,编写求两数之和,并将其和送到 SUM 字节变量中的程序。

　　定义字变量 W1 和 W2 的数应为两位非压缩 BCD 数,其后要加 H。程序如下：

```
stack        segment stack 'stack'
```

```
                    dw 32 dup(0)
        stack       ends
        data        segment
W1                  DW    0809H
W2                  DW    0607H
SUM                 DB 3 DUP(0)
        data        ends
        code        segment
        begin       proc    far
                    assume   ss：stack，cs：code，ds：data
                    push ds
                    sub ax,ax
                    push ax
                    mov ax,data
                    mov ds,ax
                    MOV AX,W1                               ；AX=0809H
                    ADD AL,BYTE PTR W2                      ；AL=10H, AF=1
                    AAA                                     ；AX=0906H
                    MOV SUM,AL
                    MOV AL,AH
                    ADD AL,BYTE PTR W2+1                    ；AL=0FH, AF=0
                    MOV AH,0
                    AAA                                     ；AL=05H，AH=01H
                    MOV WORD PTR SUM+1,AX
                    ret
        begin       endp
        code        ends
                    end    begin
```

由调整指令所执行的具体操作可以看到，对结果进行调整时要用到进位标志和辅助进位标志，所以调整指令应紧跟在 BCD 数作为加数的加法指令之后。所谓"紧跟"是指在调整指令与加法指令之间不得有改变标志位的指令。

2. BCD 数减法调整指令 DAS（decimal adjust for subtract）和 AAS（ASCII adjust for subtract）

指令格式：

DAS
AAS

DAS 指令的功能是将 AL 中的数当作两个压缩 BCD 数相减之差来进行调整，得到正确的压缩 BCD 数。具体操作是：若（AL&0FH）>9 或 AF=1，则 AL 减 6，（AL&0F0H）>90H 或 CF=1，则 AL 减 60H。如：

```
    MOV AX, 5634H
    SUB AL,AH                                   ；AL=DEH,有借位
```

DAS   ;AL=78H,保持借位即 134-56

AAS 指令的功能是将 AL 中的数当作两个非压缩 BCD 数相减之差进行调整得到正确的非压缩 BCD 数。具体操作是:若(AL&0FH)>9 或 AF=1,则(AL-6)&0FH 送 AL,AH 减 1;否则 AL&0FH 送 AL,AH 不变。应特别注意,AAS 指令执行前 AH 的值。如:

```
MOV AX,0806H
SUB AL,07H              ;AX=08FFH
AAS                    ;AX=0709H
```

3. 非压缩 BCD 数乘除法调整指令 AAM(ASCII adjust for multiply)和 AAD(ASCII adjust for divide)

压缩 BCD 数对乘除法的结果不能进行调整,故只有非压缩 BCD 数乘除法调整指令。指令格式:

```
AAM
AAD
```

AAM 指令的功能是将 AL 中的小于 64H 的二进制数进行调整,在 AX 中得到正确的非压缩 BCD 数。具体操作是 AL/0AH 送 AH,AL MOD 0AH 送 AL。如:

```
MOV AL,63H
AAM                    ;AX=0909H
```

【例 8.3】 字变量 W 和字节变量 B 分别存放着两个非压缩 BCD 数,编写求两数之积,并将它存储到 JJ 字节变量中的程序。

定义字变量 W 的数应为两位非压缩 BCD 数,其后要加 H。

由于是 BCD 数的乘法,所以只能用 AL 做被乘数,因此要做两次乘法。先将第一次乘法的部分积 0603H 存入 JJ+1 和 JJ 两个单元(JJ+1 存高 8 位 06H,JJ 存低 8 位 03H),然后将两次乘法的部分积相加。第二次乘法的部分积 0207H(在 AX 中)与第一次乘法部分积相加,是第二次乘法部分积的低 8 位与第一次乘法的部分积的高 8 位相加,相加的进位加入第二次部分积的高 8 位中。由于这个加法也是非压缩 BCD 数的加法,故加后也要调整,调整后若产生进位,该进位直接加入 AH,由于此时 AH 的内容正是第二次乘法部分积的高 8 位,所以加法调整指令正好调整到位。程序如下:

```
stack       segment stack 'stack'
            dw 32 dup(0)
stack       ends
data        segment
W           DW 0307H
B           DB 9
JJ          DB 3 DUP(0)
data        ends
code        segment
```

```
begin        proc far
             assume ss：stack,cs：code,ds：data
             push ds
             sub ax,ax
             push ax
             mov ax,data
             mov ds,ax
             MOV AL, BYTE PTR W              ;AL=07H
             MUL B                           ;AX=003FH
             AAM                             ;AX=0603H
             MOV WORD PTR JJ, AX
             MOV AL, BYTE PTR W+1            ;AL=03H
             MUL B                           ;AX=001BH
             AAM                             ;AX=0207H
             ADD AL, JJ+1                    ;07H+06H=0DH, 即 AL=0DH
             AAA                             ;调整后的进位,直接加入 AH!AX=0303H
             MOV WORD PTR JJ+1,AX
             ret
begin        endp
code         ends
             end begin
```

AAD 指令的功能是将 AX 中的两位非压缩 BCD 数变换为二进制数。在做二位非压缩 BCD 数除以一位非压缩 BCD 数时,先将 AX 中的被除数调整为二进制数,然后用二进制除法指令 DIV 相除,保存 AH 中的余数后,再用 AAM 指令把商变回为非压缩的 BCD 数。如：

```
MOV AX,0906H
MOV DL,06H
AAD                          ;AX=0060H
DIV DL                       ;AL=10H、AH=0
MOV DL,AH                    ;存余数
AAM                          ;AX=0106H
```

应注意的是,除法的调整不同于加法、减法和乘法,它们的调整是在相应运算操作之后进行,而除法的调整在除法操作之前进行。

【例 8.4】 字变量 W 和字节变量 B 中分别存放着两个非压缩 BCD 数,编制程序求二者的商和余数,并分别存放到字变量 QUOT 和字节变量 REMA 中。

定义字变量 W 的数应为两位非压缩 BCD 数,其后要加 H。

由于是 BCD 数的除法,所以要先调整,因此先将 W 中的非压缩 BCD 数存到 AX 中,然后将 AX 中的非压缩 BCD 数调整为二进制数。二进制数的除法之后,又应用 AAM 指令将结果调整为非压缩 BCD 数。AAM 指令是将 AL 中的小于 100 的二进制数调整为非压缩 BCD 数,存入 AX 中,因此,调整前应将除法产生的余数存入 REMA 中。程序如下：

```
stack      segment stack 'stack'
           dw 32 dup(0)
stack      ends
data       segment
W          DW 0909H
B          DB 5
REMA       DB 0
QUOT       DW 0
data       ends
code       segment
begin      proc far
           assume ss: stack,cs：code,ds: data
           push ds
           sub ax,ax
           push ax
           mov ax,data
           mov ds,ax
           MOV AX,W
           AAD                          ;0909H→63H
           DIV B                        ;63H÷5=13H……4, AL=13H, AH=04H
           MOV REMA, AH
           AAM                          ;13H→0109H
           MOV QUOT,AX
           ret
begin      endp
code       ends
           end begin
```

调整指令都隐含着 AX 或 AL,都在 AX 或 AL 中进行。

8.1.3 顺序程序设计举例

【例 8.5】 从键盘上输入 0～9 中任一自然数 N,将其立方值送显示器显示。

求一个数的立方值可以用乘法运算实现,也可以用查表法实现。查表法运算速度比较快,是常用的计算方法。因只要送显示,故将 0～9 的立方值的 ASCII 码按顺序造一立方表。立方值最大值为 729,需 3 个单元存放它的 ASCII 码,表的每项的单元数相同,再在每项之后加一个 $,所以立方表的每项均占 4 个字节。根据这种存放规律可推知,表的偏移首地址与自然数 N 的 4 倍之和,正是 N 的立方值和 $ 的 ASCII 码的存放单元的偏移首地址。

用查表法编制的程序如下:

```
stack        segment stack 'stack'
             dw 32 dup(0)
```

```
stack        ends
data         segment
INPUT        DB 'PLEASE INPUT N(0-9)：$'
LFB          DB '  0 $    1 $    8 $  27 $  64 $ 125 $ 216 $ 343 $ 512 $ 729 $'
N            DB  0
data         ends
code         segment
start        proc far
             assume ss:stack,cs:code,ds:data
             push ds
             sub ax,ax
             push ax
             mov ax,data
             mov ds,ax
             MOV DX,OFFSET INPUT                    ;显示提示信息
             MOV AH,9
             INT 21H
             MOV AH,1                               ;输入并回显 N(1 号功能调用)
             INT 21H
             MOV N,AL
             MOV AH,2                               ;换行(2 号功能调用)
             MOV DL,0AH
             INT 21H
             MOV DL,N
             AND DL,0FH                             ;将'N'转换为 N
             MOV CL,2                               ;将 N 乘以 4
             SHL DL,CL
             MOV DH,0                               ;8 位 4N 扩展为 16 位
             ADD DX,OFFSET LFB                      ;4N+表的偏移地址
             MOV AH,9
             INT 21H
             ret
start        endp
code         ends
             end start
```

【例 8.6】 编写两个 32 位无符号数的乘法程序。

使用 32 位指令编写的程序如下：

```
.386
stack        segment stack USE16 'stack'
             dw 32 dup (0)
stack        ends
data         segment USE16
```

```
AB          DD 12345678H
CD          DD 12233445H
ABCD        DD 2 DUP(0)
data        ends
code        segment USE16
start       proc far
            assume ss:stack,cs:code,ds:data
            push ds
            sub ax,ax
            push ax
            mov ax,data
            mov ds,ax
            MOV EAX, AB
            MUL CD
            MOV ABCD,EAX
            MOV ABCD+4, EDX
            ret
start       endp
code        ends
            end start
```

若用 16 位指令编写该程序就要用 16 位乘法指令做 4 次乘法,然后把部分积相加,如图 8-4 所示,相应的程序如下。

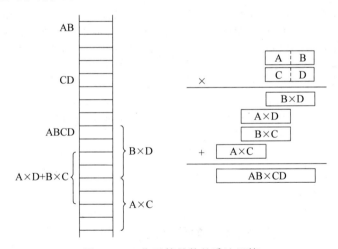

图 8-4　32 位无符号数的乘法运算

```
stack       segment stack 'stack'
            dw 32 dup (0)
stack       ends
data        segment
AB          DD 12345678H
CD          DD 12233445H
```

```
ABCD        DD 2 DUP(0)
data        ends
code        segment
start       proc far
            assume ss:stack,cs:code,ds:data
            push ds
            sub ax,ax
            push ax
            mov ax,data
            mov ds,ax
            MOV BX,OFFSET AB
            MOV AX, [BX+4]              ;d→AX,AX=3445H
            MUL WORD PTR [BX]          ;d×b
            MOV [BX+8], AX             ;存入 db 的低 16 位
            MOV [BX+10], DX            ;存入 db 的高 16 位
            MOV AX, [BX+4]             ;d→AX；AX=3445H
            MUL WORD PTR [BX+2]        ;d×a
            ADD [BX+10], AX            ;d×a 的低 16 位加上 d×b 的高 16 位
            ADC DX, 0                  ;上述加法若有进位,则加入 d×a 的高 16 位中
            MOV [BX+12], DX            ;存入 d×a 的高 16 位
            MOV AX, [BX+6]             ;c→AX；AX=1223H
            MUL WORD PTR [BX]          ;c×b
            ADD [BX+10], AX            ;c×b 的低 16 位加入
            ADC [BX+12], DX            ;c×b 的高 16 位加入存放单元
            MOV BYTE PTR [BX+14], 0    ;清 0a×c 的高 16 位的存放单元
            ADC BYTE PTR [BX+14], 0    ;c→b 的高 16 位加入时产生的进位存入
            MOV AX, [BX+6]             ;c×AX；AX=1223H
            MUL WORD PTR [BX+2]        ;a×c
            ADD [BX+12], AX            ;a×c 的低 16 位加入
            ADC [BX+14], DX            ;a×c 的高 16 位加入
            ret
start       endp
code        ends
            end start
```

8.2　分支程序设计

顺序程序的特点是从程序的第一条指令开始,按顺序执行,直到最后一条指令。然而,许多实际问题并不能设计成顺序程序,需要根据不同的条件作出不同的处理。把不同的处理方法编制成各自的处理程序段,运行时计算机根据不同的条件自动作出选择判别,绕过某些指令,仅执行相应的处理程序段。按这种方式编制的程序,执行的顺序与指令存储的顺序失去了完全的一致性,称之为分支程序。分支程序是计算机利用改变标志位的指令和转移指令来实现的。

转移指令有 JMP 和 Jcond 两类。前者是无条件转移,后者是条件转移。转移指令将控制转向其后的目的标号指定的地址。条件转移指令紧跟在能改变并设置状态标志的指令之后,根据设置的状态标志决定程序的走向,当条件满足时控制程序转向其后的目的地址,否则不发生程序转移而顺序向下执行。

8.2.1 条件转移指令

指令格式:

Jcond short-label

该指令的功能是,若条件满足则程序转移到目的标号 short-label 即 short-label 的偏移地址送 IP,否则顺序执行。

条件转移指令是相对转移指令。相对转移指令的转移范围,即从当前地址(执行该指令时的 IP)到目的标号地址的偏移量为 $-128 \sim 127$(从条件转移指令的地址到目的标号的地址则为 $-126 \sim 129$),故条件转移指令只能实现段内转移。从 80386 开始扩大了转移范围,在实地址方式下能够转移到代码段的任何位置。

1. 简单的条件转移指令

简单的条件转移指令是仅根据一个可测试标志位实现转移的指令。简单的条件转移指令如表 8-1 所示。

表 8-1 简单的条件转移指令

指令助记符	功　能	标志设置	指令助记符	功　能	标志设置
JE/JZ	相等/等于 0 转移	ZF=1	JNS	为正转移	SF=0
JNE/JNZ	不相等/不等于 0 转移	ZF=0	JO	溢出转移	OF=1
JC	有进(借)位转移	CF=1	JNO	无溢出转移	OF=0
JNC	无进(借)位转移	CF=0	JP/JPE	偶转移	PF=1
JS	为负转移	SF=1	JNP/JPO	奇转移	PF=0

2. 无符号数条件转移指令

条件转移指令常根据比较指令比较两个数的关系的结果来实现转移。两个数的关系除了相等与否外,还有两个数中哪一个比较大。但这就有一个有趣的问题,如 8 位二进制数 11111111 大于 00000000 吗?答案既可肯定又可否定。因为若视这两个二进制数为无符号数,11111111 当然大于 00000000;若视这两个二进制数为符号数(补码),11111111 为 -1,就比 0 小了。为此要使用两种术语来区分无符号数和符号数的这种关系。如果把数作为符号数来比较,就使用术语"小于"和"大于";如果把数作为无符号数来比较,就使用术语"低于"和"高于"。因此 8 位二进制数 11111111 高于 00000000,小于 00000000,而 00000001 既高于又大于 00000000。所以 80x86 设置了符号数的条件转移指令和无符号数的条件转移指令。

无符号数条件转移指令有 4 条,如表 8-2 所示。

表 8-2 无符号数条件转移指令

指令助记符	功　　能	指令助记符	功　　能
JB/JNAE	低于/不高于等于转移	JA/JNBE	高于/不低于等于转移
JNB/JAE	不低于/高于等于转移	JNA/JBE	不高于/低于等于转移

　　已知 AL 中有一个十六进制数的 ASCII 码,将它转换为十六进制数需判别该 ASCII 码是 0~9 的 ASCII 码还是 A~F 的 ASCII 码,可以用无符号数条件转移指令来判别,其程序段为:

```
        CMP AL,'A'
        JB NS7                      ;AL 低于 A 的 ASCII 码跳到 NS7
        SUB AL,7
NS7:    SUB AL,30H
        ⋮
```

也可以用简单的条件转移指令

```
    JC NS7
```

代替无符号数条件转移指令。因为 AL 低于 A 的 ASCII 码,AL 与'A'比较(即相减)后有借位。

3. 符号数条件转移指令

　　符号数条件转移指令也有 4 条,如表 8-3 所示。

表 8-3 符号数条件转移指令

指令助记符	功　　能	指令助记符	功　　能
JL/JNGE	小于/不大于等于转移	JG/JNLE	大于/不小于等于转移
JNL/JGE	不小于/大于等于转移	JNG/JLE	不大于/小于等于转移

8.2.2　无条件转移指令

　　条件转移指令的转移有一定的范围(从 80386 开始,在实地址方式下能够实现段内转移),若超过这个范围时就要在这个范围的某处放一条无条件转移指令来实现转移。无条件转移指令没有范围限制。在分支程序中还要用无条件转移指令将各分支又重新汇集到一起。

　　无条件转移指令有直接转移和间接转移两类。

1. 无条件直接转移指令

格式:

JMP target

　　功能:将控制转向目的标号 target,即 target 的偏移地址送 IP,target 的段首址送 CS (若 target 与该指令在同一段,则无此操作,只改变 IP)。

2. 无条件间接转移指令

格式：

JMP dest

目的操作数可为寄存器和存储器。若为寄存器，则是将寄存器的内容送 IP。存储器操作数若为字变量，则是将字变量送 IP(仅能实现段内转移)；若为双字变量，则是将双字送 CS 和 IP(可实现段间转移)。如：

JMP W(W 为字变量)的操作是将 W 的内容送 IP；

JMP DUW(DUW 为双字变量)的操作是将 WORD PTR DUW 的内容送 IP、WORD PTR DUW+2 的内容送 CS。又如：

JMP WORD PTR [BX]的操作是将[BX+1]和[BX]送 IP；

JMP DWORD PTR [BX]的操作是将[BX+1]和[BX]送 IP；[BX+3]和[BX+2]送 CS。

8.2.3 分支程序设计举例

分支的实现有多种方法，这里仅介绍两种基本方法：利用比较转移指令实现分支和利用跳转表实现分支。

【例 8.7】 编制计算下面函数值的程序(X、Y 均为字节符号数)。

$$Z = \begin{cases} 1 & X \geqslant 0, Y \geqslant 0 \\ -1 & X < 0, Y < 0 \\ 0 & X, Y \text{ 异号} \end{cases}$$

根据题意，先判 x、y 是否异号，异号 Z 赋 0 后结束；若不异号即同号，则只需再判其中任一数的符号即可得知 X 和 Y 是大于等于 0 还是小于 0。使用 XOR 指令判别 X、Y 是否异号，XOR 指令执行 X、Y 按位加，X 和 Y 的符号位按位加，若 X、Y 同号则按位加结果为 0 即 SF=0，若 X、Y 异号则按位加结果为 1 即 SF=1。为了减少分支，采用先赋值后判断的方法。赋 0 和 1 是用 MOV 指令完成的，赋 -1 是用对 1 求补即用求补指令 NEG 完成的。

```
stack      segment stack 'stack'
           dw 32 dup(0)
stack      ends
data       segment
X          DB -5
Y          DB 20
Z          DB 0
data       ends
code       segment
start      proc far
           assume ss:stack,cs:code,ds:data
           push ds
```

```
                sub ax,ax
                push ax
                mov ax,data
                mov ds,ax
                MOV AL,X
                XOR AL,Y                         ;根据 X、Y 的符号置 S 标志,相同为 0
                JS DIFF                          ;相异为 1,X、Y 相异则转到 DIFF
                MOV Z,1
                CMP X,0                          ;相同后,判断其中某数的符号
                JNS NOCHA                        ;大于等于 0 结束
                NEG Z                            ;小于 0;Z 赋-1 结束
    NOCHA:      RET
    DIFF:       MOV Z,0
                ret
    start       endp
    code        ends
                end start
```

【例 8.8】 从键盘上输入 0～9 中任一自然数 N,将 2 的 N 次方值在显示器的下一行显示出来。

求一个数的 N 次方值可以用查表法实现,也可以用乘法运算实现。用查表法求一个数的 N 次方值与例 8.5 类似,此处使用乘法运算来编制该程序。由于乘法运算都是乘 2 操作,故用逻辑左移实现。设其初值为 1,输入的 N 值就是对该初值移位的位数。求得的值是一个二进制数,为了输出还要将二进制数转换为十进制数的 ASCII 码。其最大值是 2 的 9 次方,$2^9=512$,最大值的 ASCII 码占 3 个单元,再加上回车、换行和'$'',所以输出数据区 OBUF 最多 6 个单元。

使用简单的条件转移指令和乘法运算编制的程序如下:

```
    stack       segment stack 'stack'
                dw 32 dup(0)
    stack       ends
    data        segment
    OBUF        DB 6 DUP(0)
    data        ends
    code        segment
    start       proc far
                assume ss:stack,cs:code,ds:data
                push ds
                sub ax,ax
                push ax
                mov ax,data
                mov ds,ax
                MOV AH,1
                INT 21H
```

```
                AND AL,0FH                              ;将'N'转换为 N
                MOV CL,AL
                MOV AX,1
                SHL AX,CL
                MOV BX,5
                MOV OBUF[BX],'$'
                MOV CX,10                               ;转换为十进制数的 ASCII 码
AGAIN：         MOV DX,0
                DIV CX
                OR DL,30H
                DEC BX
                MOV OBUF [BX],DL
                AND AX,AX
                JNZ AGAIN
                SUB BX,2
                MOV WORD PTR OBUF [BX],0A0DH            ;存入回车换行
                MOV DX,BX
                ADD DX,OFFSET OBUF
                MOV AH,9
                INT 21H
                ret
start           endp
code            ends
                end start
```

【例 8.9】 从键盘上输入 2 位十六进制数将其拼合成一个字节存入字节变量 SB 中。

本题主要是将十六进制数字符即其 ASCII 码转换为十六进制数的程序段的设计。

程序如下：

```
stack           segment stack 'stack'
                dw 32 dup(0)
stack           ends
data            segment
IBUF            DB 3,0,3 DUP(0)
SB              DB 0
data            ends
code            segment
begin           proc far
                assume ss：stack, cs：code, ds：data
                push ds
                sub ax, ax
                push ax
                mov ax, data
                mov ds, ax
                MOV DX, OFFSET IBUF                     ;10 号功能调用,输入 2 位十六进制数
```

· 209 ·

```
              MOV AH, 10
              INT 21H
              MOV AX, WORD PTR IBUF+2      ;输入的字符送 AX,高位字符在 AL 中
              SUB AX, 3030H                ;将两个字符的 ASCII 码变为两位十六进制数
              CMP AL,0AH
              JB LNSUB7
              SUB AL,7
LNSUB7：      CMP AH,0AH
              JB HNSUB7
              SUB AH,7
HNSUB7：      MOV CL, 4                    ;将 AX 中的两位十六进制数拼合成一个字节
              SHL AL,CL
              OR AL, AH
              MOV SB,AL
              ret
begin         endp
code          ends
              end begin
```

【例 8.10】 某工厂的产品共有 8 种加工处理程序 P0～P7,而某产品应根据不同情况,作不同的处理,其选择由输入的值 0～7 来决定。若输入 0～7 以外的键,则退出该产品的加工处理程序。程序如下:

```
stack         segment stack 'stack'
              dw 32 dup(0)
stack         ends
data          segment
INPUT         DB 'INPUT(0～7):$'
data          ends
code          segment
start         proc far
              assume ss:stack,cs:code,ds:data
              push ds
              sub ax,ax
              push ax
              mov ax,data
              mov ds,ax
AGAIN：       MOV DX,OFFSET INPUT
              MOV AH,9
              INT 21H
              MOV AH,1
              INT 21H
              CMP AL,'0'
              JE  P0
              CMP AL,'1'
```

```
                JE P1
                    ⋮
                CMP AL,'7'
                JE P7
                RET
P0：
                    ⋮
                JMP AGAIN

                    ⋮
P7：
                    ⋮
                JMP AGAIN
start           endp
code            ends
                end start
```

该程序的编制方法是利用比较转移指令实现分支,每次比较转移实现二叉分支。这种方法编程条理清楚,容易实现。但各处理程序不能太长,且分支不能太多。因为分叉进入各处理程序所用的指令均是条件转移指令(此例为 JE Pi),条件转移指令所允许的转移范围为$-128 \sim 127$,若各处理程序较长或者分支再多一些,就会超过条件转移指令所允许的范围。为了解决这个问题,可以利用跳转表法来实现这种多叉分支。

跳转表法实现分支的具体做法是,在数据区中开辟一片连续存储单元作为跳转表,表中顺序存放各分支处理程序的跳转地址。跳转地址在跳转表中的位置,即它们在表中的偏移始地址等于跳转表首地址加上它们各自的序号与所占字节数的乘积。要进入某分支处理程序只须查找跳转表中相应的地址即可。用跳转表法编制的程序如下。

```
stack           segment stack 'stack'
                dw 32 dup(0)
stack           ends
data            segment
INPUT           DB 'INPUT(0-7)：$ '
PTAB            DW P0,P1,P2,P3,P4,P5,P6,P7
data            ends
code            segment
start           proc far
                assume ss:stack,cs:code,ds:data
                push ds
                sub ax,ax
                push ax
                mov ax,data
                mov ds,ax
AGAIN：         MOV DX,OFFSET INPUT
                MOV AH,9
```

```
                INT 21H
                MOV AH,1
                INT 21H
                CMP AL,'0'
                JB EXIT
                CMP AL,'7'
                JA EXIT
                AND AX,0FH
                ADD AL,AL
                MOV BX,AX
                JMP PTAB[BX]
EXIT:           RET
P0:
                ⋮
                JMP AGAIN

                ⋮
P7:
                ⋮
                JMP AGAIN
start           endp
code            ends
                end start
```

8.3　循环程序设计

顺序程序和分支程序中的指令,最多只执行一次。在实际问题中重复地做某些事的情况是很多的,用计算机来做这些事就要重复地执行某些指令。重复地执行某些指令,最好用循环程序实现。

循环程序一般有 4 部分:

(1) 循环准备。亦称循环初始化,它为循环作必要的准备。这部分的主要工作是建立地址指针,置计数器,设置些必要的常数,将工作寄存器或工作单元清 0 等。

(2) 循环体。完成循环的基本操作,是循环程序的实质所在。

(3) 循环的修改。修改或恢复某些内容,为下一轮循环做好必要的准备。修改的内容一般包括计数器、寄存器和基址或变址寄存器。有的循环还要恢复某些计数器,寄存器和基址或变址寄存器。

(4) 循环的控制。修改计数器,判断控制循环的继续或终止。

任何循环程序一般都应有这 4 部分,但各部分的界限并不是很清楚的。有时为设计方便或为了节省存储空间或为了控制简单等原因,这 4 部分形成相互包含、相互交叉的情况,很难分出某条或某几条指令究竟属于哪一部分。

8.3.1　循环程序的基本结构

　　循环程序的基本结构有两种,如图 8-5 所示。一种如图 8-5(a)所示,是"先执行,后判断",这种结构的循环先执行一次循环体,后判断循环是否结束。这种结构的循环至少执行一次循环体,上面所举程序属于这种结构。另一种如图 8-5(b)所示,是"先判断,后执行",这种结构的循环首先判断是否进入循环,再视判断结果,决定是否执行循环体。这种结构的循环,如果一开始就满足循环结束的条件,会一次也不执行循环体,即循环次数可以为 0,若能确保一个循环程序在任何情况下都不会出现循环次数为 0 的情况,采用以上任一种结构都可以;当不能确保时,用后一种结构较好。

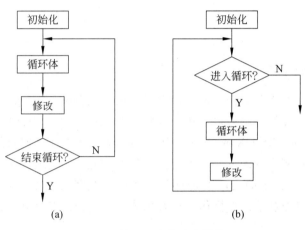

图 8-5　循环程序的基本结构

　　例如,编程统计字变量 W 中有多少位 1。

　　这个程序最好采用"先判断,后执行"的结构。先将 W 送 AX,判断 AX 是否为 0,如果 AX=0,则不必做统计工作了;如果 AX≠0,则将 AX 左移或者右移 1 位,通过判断移出位是 1 还是 0,决定字节变量 N 是否加 1 来统计 W 中 1 的位数。其程序如下:

```
stack       segment stack 'stack'
            dw   32 dup(0)
stack       ends
data        segment
W           DW 1999H
N           DB 0
data        ends
code        segment
start       proc far
            assume ss:stack,cs:code,ds:data
            push ds
            sub ax,ax
            push ax
            mov ax,data
```

```
             mov ds,ax
             MOV N,0
LOP:         CMP W,0
             JE DONE
             SHL W,1
             JNC LOP
             INC N
             JMP LOP
DONE:        ret
start        endp
code         ends
             end start
```

8.3.2　重复控制指令

循环程序必须要有指令来控制循环,重复控制指令在循环的首部或尾部确定是否进行循环。确定是否循环的方法通常是在计数寄存器 CX 或 ECX 中预置循环次数,重复控制修改 CX 或 ECX,再判断 CX 或 ECX。当 CX 或 ECX 不等于 0 时,循环至目的地址;否则顺序执行该重复控制指令的下一条指令。重复控制指令同条件转移指令一样,也是相对转移指令,重复控制指令的目的地址必须在本指令地址的－126～129 字节的范围之内。这些指令对串操作和数据块操作是很有用的。重复控制指令有下述 5 条。

1. LOOP 指令

指令格式:

LOOP short-label

指令的意义是将计数寄存器 CX 或 ECX 减 1,然后判断计数寄存器 CX 或 ECX 是否等于 0。若 CX 或 ECX≠0,则控制程序转移到 short-label 所指的指令,否则顺序执行。

使用 LOOP 指令之前,必须把循环次数送入计数寄存器中,一条 LOOP short-label 指令,相当于 DEC CX 或者 DEC ECX 和 JNZ short-label 两条指令。使用 LOOP 指令实现 0 次循环必须使用如图 8-5(b)所示的结构,且在循环准备时将 CX 或 ECX 置 1。若将 CX 或 ECX 置 0,则循环要进行 65 536 次或者 4 294 967 296 次。其原因是执行 LOOP 指令时,CX 或 ECX 先减 1,后判断 CX 或 ECX 是否为 0。

2. LOOPZ/LOOPE 指令

指令格式:

LOOPZ short-label 或 LOOPE short-label

指令意义是先将计数寄存器减 1,然后判断计数寄存器的内容和 ZF 标志的状态。若计数寄存器≠0,且 ZF＝1 时,将程序转移到 short-label 所指的指令,否则顺序执行。

3. LOOPNZ/LOOPNE 指令

指令格式:

LOOPNZ short-label 或 LOOPNE short-label

指令意义是先将计数寄存器减 1,然后判断计数寄存器的内容和 ZF 标志的状态。若计数寄存器≠0,且 ZF＝0 时,将程序转移到 short-label 所指的指令,否则顺序执行。

4. JCXZ 指令

指令格式:

JCXZ   short-label

指令意义是若 CX＝0,则将程序转移到 short-label 所指的指令,否则顺序执行。

5. JECXZ 指令(80386 及其后继微处理器可用)

指令格式:

JECXZ   short-label

指令意义是若 ECX＝0,则将程序转移到 short-label 所指的指令,否则顺序执行。

8.3.3　单重循环程序设计举例

1. 计数控制的循环程序

此类循环程序的特点是循环次数已知,故可用某个寄存器或存储单元作为计数器,用计数器的值来控制循环的结束。

【例 8.11】　计算 Z＝X＋Y,其中 X 和 Y 是双字变量。

双字变量占 4 个字节,故其和可能占 5 个字节。采用 32 位指令编制的程序如下:

```
.386
stack        segment stack USE16 'stack'
             dw 32 dup (0)
stack        ends
data         segment USE16
X            DD 752028FFH
Y            DD 9405ABCDH
Z            DB 5 DUP(0)
data         ends
code         segment USE16
start        proc far
             assume ss:stack,cs:code,ds:data
             push ds
             sub ax,ax
             push ax
             mov ax,data
             mov ds,ax
             MOV EAX,X
             ADD EAX,Y
             MOV DWORD PTR Z,EAX
             MOV Z+4, 0
```

```
                    RCL Z+4,1
                    ret
start               endp
code                ends
                    end start
```

仅用 16 位指令编制的程序如下。

```
stack               segment stack 'stack'
                    dw 32 dup (0)
stack               ends
data                segment
X                   DD 752028FFH
Y                   DD 9405ABCDH
Z                   DB 5 DUP(0)
data                ends
code                segment
start               proc far
                    assume ss:stack,cs:code,ds:data
                    push ds
                    sub ax,ax
                    push ax
                    mov ax,data
                    mov ds,ax
                    MOV CX,4
                    MOV SI,0
                    AND AX,AX                    ;清 CF,即 CF 为 0
AGAIN:              MOV AL,BYTE PTR X[SI]
                    ADC AL,BYTE PTR Y[SI]
                    MOV Z[SI],AL
                    INC SI
                    LOOP AGAIN
                    MOV Z[SI],0
                    RCL Z[SI],1
                    ret
start               endp
code                ends
                    end start
```

【例 8.12】 编写将某数据区中的十六进制数加密的程序,每个数字占一个字节。

在实际的应用中为了对某些信息保密,通常可通过硬件或软件的方法对信息进行加密,使用时再进行解密。软件的加密和解密是通过运行加密和解密程序实现的。加密程序是用与原数字对应的加密表中的信息代替原数字。解密程序则是通过解密表将加密信息还原。表 8-4 中所示的是任意设计的十六进制数的加密数和相应的解密数。

表 8-4　十六进制数的加密数和相应的解密数表

十六进制数	0	1	2	3	4	5	6	7	8	9	A	B	C	D	E	F
加密数	A	9	8	E	F	1	0	B	2	5	D	3	7	4	6	C
解密数	6	5	8	B	D	9	E	C	2	1	0	7	F	A	3	4

加密程序如下：

```
stack        segment stack 'stack'
             dw 32 dup（0）
stack        ends
data         segment
HEXS         DB 1,2,…,0EH
NUMBER       EQU $-HEXS
JMB          DB 0AH,9,8,0EH,0FH,1,0,0BH,2,5,0DH,3,7,4,6,0CH
JMHEX        DB NUMBER DUP(0)
data         ends
code         segment
start        proc far
             assume ss:stack,cs:code,ds:data
             push ds
             sub ax,ax
             push ax
             mov ax,data
             mov ds,ax
             MOV BH,0            ;JMB 表中的位移量的高 8 位为 0
             MOV SI,0            ;HEXS 和 JMHEX 两个数据区的位移量
             MOV CX,NUMBER
AGAIN：      MOV BL,HEXS[SI]     ;取十六进制数
             MOV AL,JMB[BX]      ;AL←[BX＋JMB]（十六进制数的加密数）
             MOV JMHEX[SI],AL
             INC SI
             LOOP AGAIN
             ret
start        endp
code         ends
             end start
```

【例 8.13】 将字节变量 SB 中的 8 位二进制数送入显示器显示。

先将字节变量中的 1 位二进制数移入 AH 中，再将移入的二进制数变为 ASCII 码。为了避免通过 CF 来传递二进制数，先将 SB 中的 8 位二进制数送入 AL 中，再左移 AX，将 1 位二进制数直接移入 AH 中。程序如下：

```
stack        segment stack 'stack'
             dw 32 dup(0)
stack        ends
```

```
data        segment
SB          DB 9AH
OBUF        DB 9 DUP(0)
data        ends
code        segment
start       proc far
            assume ss:stack,cs:code,ds:data
            push ds
            sub ax,ax
            push ax
            mov ax,data
            mov ds,ax
            MOV CX, 8
            MOV BX,0
            MOV AL,SB
AGAIN:      MOV AH, 0
            SHL AX,1
            ADD AH,30H
            MOV OBUF[BX],AH
            INC BX
            LOOP AGAIN
            MOV 0BUF[BX],'$'
            MOV DX,OFFSET OBUF        ;将输出数据区的偏移首地址送 DX
            MOV AH,9
            INT 21H
            ret
```

改为以十六进制数形式显示的程序如下:

```
start       endp
code        ends
            end start
stack       segment stack 'stack'
            dw 32 dup(0)
stack       ends
data        segment
SB          DB 9AH
OBUF        DB 3 DUP(0)
data        ends
code        segment
start       proc far
            assume ss:stack,cs:code,ds:data
            push ds
            sub ax,ax
            push ax
```

```
              mov ax,data
              mov ds,ax
              MOV CX, 204H
              MOV BX,0
              MOV AL,SB
AGAIN：        MOV AH, 3
              SHL AX,CL
              CMP AH,39H
              JBE NAD7
              ADD AH,7
NAD7：         MOV OBUF[BX],AH
              INC BX
              DEC CH
              JNZ AGAIN
              MOV 0BUF[BX],'$'
              MOV DX,OFFSET OBUF      ;将输出数据区的偏移首地址送 DX
              MOV AH,9
              INT 21H
              ret
start         endp
code          ends
              end start
```

【例 8.14】 编写将键盘输入的十进制数（−32768～32767）转换为二进制数的程序。

将 i 位十进制整数转换为二进制数的方法有多种,其中之一是使用算法$((0\times10+a_{i-1})\times10+\cdots)\times10+a_0$。例如,将 548 转换为二进制数,计算机执行的二进制运算如图 8-6 所示。

```
     5×10              (5×10)+4           (5×10+4)×10        (5×10+4)×10+8
    00000101           00110010           00110110           1000011100
  ×     1010         +      100         ×     1010         +      1000
        101            00110110            110110            1000100100
  +     101                              +110110
    00110010                             1000011100
```

图 8-6 将 548 转换为二进制数的二进制运算

图 8-6 中的计算机运算的结果是：10 0010 0100B＝224H,即 548＝224H。

非计算机计算即将十进制数转换为十六进制数的计算如下：

$$548=512+32+4=200H+20H+04H=224H$$

用该方法将输入的十进制数转换为二进制数比较适宜,因为输入的十进制数是一个单元一位按高位到低位的顺序存放在数据存储区中的,且十进制数的位数也是已知的。在转换之前,先判别该数是正数还是负数。为简化设计,正数则按习惯不输入＋号。若是负数,则十进制数的位数要比输入的字符数少一位;另外在转换完后,还要将转换的结果进行求补。

数据段中定义两个变量：IBUF 和 BINARY。IBUF 共计定义 9 个单元用来存放输入的十进制字符串,因为输入的字符串连同负号最多 6 个字符,加 1 个回车,共计 7 个。另外,根据 10 号功能调用的入口参数的要求,还要在第 1 单元装入允许输入的字符数,并预留第 2 单元给 10 号功能调用存放实际输入的字符数。字变量 BINARY 用来存放转换的结果。程序如下:

```
stack       segment stack 'stack'
            dw 32 dup(0)
stack       ends
data        segment
IBUF        DB 7,0,7 DUP(0)
BINARY      DW 0
data        ends
code        segment
start       proc far
            assume ss:stack,cs:code,ds:data
            push ds
            sub ax,ax
            push ax
            mov ax,data
            mov ds,ax
            MOV DX, OFFSET IBUF              ;输入十进制数(10 号功能调用)
            MOV AH, 10
            INT 21H
            MOV CL, IBUF+1                   ;十进制数(含一号)的位数送 CX
            MOV CH,0
            MOV SI,OFFSET IBUF+2             ;指向输入的第一个字符
            CMP BYTE PTR [SI], '一'          ;判断是否为负数
            PUSHF                            ;保护零标志,供转换之后再判别
            JNE SININC                       ;正数跳转,到 SININC
            INC SI                           ;越过一号指向数字
            DEC CX                           ;实际字符数少 1(一号)
SININC:     MOV AX, 0                        ;开始将十进制数转换为二进制数
AGAIN:      MOV DX, 10                       ;((0×10+a₄)×10+⋯)×10+a₀
            MUL DX
            AND BYTE PTR [SI], 0FH           ;将十进制数的 ASCII 码转换为 BCD 数
            ADD AL,[SI]
            ADC AH,0
            INC SI
            LOOP AGAIN
            POPF                             ;恢复判断是否为负数时的零标志 ZF
            JNZ NNEG                         ;非 0 即正数,则不求补
            NEG AX                           ;负数对其绝对值求补
NNEG:       MOV BINARY, AX                   ;存放结果
            ret
```

```
start        endp
code         ends
             end start
```

【例8.15】 对多个字符号数求和,结果不超出双字符号数,以十六进制数的形式显示其结果。

采用32位指令编制的程序如下:

```
             .386
stack        segment stack USE16 'stack'
             dw 32 dup(0)
stack        ends
data         segment USE16
NUM          DW 1111H,2222H,3333H,4444H,5555H,6666H,7777H,8888H,9999H
COUNT        EQU( $ －NUM)/2
RESULT       DD 0
OBUF         DB 10 DUP(0)
data         ends
code         segment USE16
begin        proc far
             assume ss：stack,cs：code,ds：data
             push ds
             sub ax,ax
             push ax
             mov ax,data
             mov ds,ax
             MOV CX,COUNT
             MOV EBX,0
AGAIN1：      MOVSX EAX,NUM[EBX * 2]
             ADD RESULT,EAX
             INC EBX
             LOOP AGAIN1
             MOV DI,OFFSET OBUF
             MOV CX,8                       ;将8位十六进制数拆转为ASCII字符
AGAIN2：      ROL RESULT,4
             MOV AL,0FH
             AND AL,BYTE PTR RESULT
             ADD AL,30H
             CMP AL,39H
             JNA NA7
             ADD AL,7
NA7：         MOV [DI],AL
             INC DI
```

```
                LOOP AGAIN2
                MOV WORD PTR[DI],'$ H'
                MOV BX,OFFSET OBUF-1              ;去掉前面的 0
CONT:           INC BX
                CMP BYTE PTR [BX],'0'
                JE CONT
                MOV DX,BX
                MOV AH,9
                INT 21H
                ret
begin           endp
code            ends
                end begin
```

【例 8.16】 从键盘上输入两个加数 N1 和 N2(1~8 位十进制数),求和并送入显示器显示。

该程序分为 3 部分:输入两个加数 N1 和 N2、相加并将结果以 ASCII 码形式存入输出数据区 OBUF、输出结果。输入两个加数部分和输出结果部分有 3 个数据区:N1、N2 和 OBUF。用 BX 做数位较多加数的指针,用 SI 做数位较少加数的指针,用 DI 做存放和数的 ASCII 码的输出数据区 OBUF 的指针。相加并将结果以 ASCII 码形式存入输出数据区部分是本程序的主要部分。N1 和 N2 两个加数的数位不一定相等,哪个的数位多也未作规定。因此,应先按较少数位的位数进行两数的相加运算,然后进行数位较多加数的剩余位与进位的相加,最后再处理两数相加后的进位。例如 99 567+768,先做 567+768 3 位的相加运算,再做 99 与进位的相加,最后再处理进位。程序框图如图 8-7 所示。程序如下。

```
stack           segment stack 'stack'
                dw 32 dup(0)
stack           ends
data            segment
OBF1            DB 'PLEASE INPUT N1:$'
OBF2            DB 'PLEASE INPUT N2:$'
N1              DB 9,0,9 DUP(0)
N2              DB 9,0,9 DUP(0)
OBUF            DB 10 DUP(0)
data            ends
code            segment
start           proc far
                assume ss:stack,cs:code,ds:data
                push ds
                sub ax,ax
                push ax
                mov ax,data
```

· 222 ·

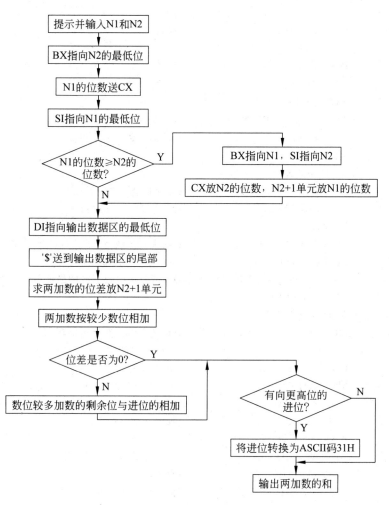

图 8-7　例 8.16 的程序框图

```
mov ds,ax
MOV DX, OFFSET OBF1              ;提示并输入 N1
MOV AH,9
INT 21H
MOV DX, OFFSET N1
MOV AH,10
INT 21H
MOV DL,0AH                       ;换行
MOV AH,2
INT 21H
MOV DX, OFFSET OBF2              ;提示并输入 N2
MOV AH,9
INT 21H
MOV DX, OFFSET N2
MOV AH,10
```

```
                INT 21H
                MOV DL,0AH                    ;换行
                MOV AH,2
                INT 21H
                MOV BL,N2+1                   ;N2 的位数送 BX
                MOV BH,0
                ADD BX,OFFSET N2+1            ;BX 指向 N2 的最低位
                MOV CL,N1+1                   ;N1 的位数送 CX 和 SI
                MOV CH,0
                MOV SI,CX
                ADD SI,OFFSET N1+1            ;SI 指向 N1 的最低位
                CMP CL,N2+1                   ;N1 与 N2 的位数相比
                JC NXCHG
                XCHG CL,N2+1                  ;N1 大,CX 放 N2 的位数,N2+1 单元放 N1 的位数
                XCHG BX,SI                    ;BX 指向 N1,SI 指向 N2
NXCHG:          MOV DI,WORD PTR N2+1         ;DI 指向输出数据区的最低位
                AND DI,00FFH
                ADD DI,OFFSET OBUF
                MOV BYTE PTR[DI+1],'$'        ;'$'送到输出数据区的尾部
                SUB N2+1,CL                   ;求两加数的位差放 N2+1 单元
                MOV AL,0                      ;清 AL(进位)
AGAIN:          MOV AH,0                      ;清 AH,以便 AAA 指令放进位
                ADD AL,[BX]                   ;将某加数的 1 位与低位的进位相加
                ADD AL,[SI]                   ;加另一加数的 1 位
                AAA
                ADD AL,30H                    ;一位和数转换为 ASCII 码
                MOV [DI],AL                   ;存入输出数据区
                MOV AL,AH                     ;向高位的进位放 AL 中
                DEC BX                        ;调整指针 BX、SI 和 DI
                DEC SI
                DEC DI
                LOOP AGAIN                    ;按较少数位的两数相加完否?
                MOV CL,N2+1                   ;两加数的位差送 CL
                AND CL,CL                     ;判断位差是否为 0
                JZ DONE
AGAIN1:         MOV AH,0                      ;数位较多加数的剩余位与进位的相加
                ADD AL,[BX]
                AAA
                ADD AL,30H
                MOV [DI],AL
                MOV AL,AH
                DEC BX
                DEC DI
                LOOP AGAIN1
DONE:           AND AL,AL                     ;判断是否有向更高位的进位
```

```
                    JNZ DONE1
                    INC DI                          ;无向更高位的进位,调整指针
                    JMP DONE2
DONE1:              ADD AL,30H                       ;有则将进位转换为 ASCII 码 31H
                    MOV [DI],AL
DONE2:              MOV DX,DI                        ;将输出数据的偏移首地址送 DX
                    MOV AH,9
                    INT 21H
                    ret
start               endp
code                ends
                    end start
```

【例 8.17】 在屏幕中部四处分别显示黑桃、红心、方块和草花,如图 8-8 所示。

将草花、方块、黑桃和红心的 ASCII 码、显示属性、显示
的行和列按顺序排成数据表,用计数循环调用 BIOS 中的
显示器服务程序。程序如下所示。

```
stack               segment stack 'stack'
                    dw 32 dup(0)
stack               ends
data                segment
CDSH                DB 5,70H,10,40
                    DB 4,74H,13,37
                    DB 6,70H,13,43
                    DB 3,74H,16,40
data                ends
code                segment
begin               proc far
                    assume ss:stack,cs:code,ds:data
                    push ds
                    sub ax,ax
                    push ax
                    mov ax,data
                    mov ds,ax
                    MOV AH,0                         ;设置 80×25 彩色文本方式
                    MOV AL,3
                    INT 10H
                    MOV AH,15                        ;读显示方式
                    INT 10H
                    MOV SI,OFFSET CDSH
                    MOV CX,4
AGAIN:              PUSH CX
                    MOV AH,2
```

图 8-8 屏幕显示的黑桃、
红心、方块和草花

```
            MOV DH,[SI+2]                   ;置光标位置
            MOV DL,[SI+3]
            INT 10H
            MOV AH,9                        ;写字符和属性
            MOV AL,[SI]
            MOV BL,[SI+1]
            MOV CX,1
            INT 10H
            ADD SI,4
            POP CX
            LOOP AGAIN
            ret
begin       endp
code        ends
            end begin
```

【例 8.18】 在屏幕中部画一条红线。

在屏幕中部画一条红线的程序如下所示。

```
stack       segment stack 'stack'
            dw 32 dup(0)
stack       ends
code        segment
begin       proc far
            assume ss：stack,cs：code
            push ds
            sub ax,ax
            push ax
            MOV AH,0                        ;设置 320×200 彩色图形方式
            MOV AL,5
            INT 10H
            MOV AH,0BH                      ;设置背景色为黑色
            MOV BH,0
            MOV BL,0
            INT 10H
            MOV AH,0BH                      ;设置彩色组 0
            MOV BH,1
            MOV BL,0
            INT 10H
            MOV CX,320                      ;设置 320 个像点计数器
            MOV BP,0                        ;设置像点列号初值
AGAIN：     PUSH CX
            MOV CX,BP                       ;写像点,行号为 100,列号从 0 至
            MOV AH,0CH                      ;319 像点为红色(彩色值为 2)
            MOV AL,2
```

```
                MOV DX,100
                INT 10H
                INC BP                          ;像点列号加 1
                POP CX
                LOOP AGAIN
                ret
begin           endp
code            ends
                end    begin
```

2. 条件控制的循环程序

【**例 8.19**】 将存储器中的 16 位无符号二进制数转换成十进制数,送显示器显示出来。

将二进制数转换为十进制数的方法也有多种。可以采用除 10 取余法将二进制转换为十进制数,每除一次得到一位十进制数,最先得到最低位,最后得到最高位。由于仅由显示器显示,所以得到一位十进制数后即将它转换为它的 ASCII 码存入输出数据区中。输出数据区的尾部存入 '$' 供 9 号功能调用作结束符用。本例虽是 16 位二进制数,但不能用 16 位除以 8 位的除法,而要用 32 位除以 16 位的除法,这是因为 16 位二进制数除以10 所得的商仅在 AL 中,AL 有可能装不下所得商!如 $32\,768/10=3276\cdots8$,即商为 3276,余数为 8,AL 装不下商 3276(0CCCH)。$32\,768/10=3276\cdots8$ 的二进制运算为:8000H/0AH=0CCCH···08H(0CCCH=800H+400H+80H+40H+0CH=2048+1024+128+64+12=3276)。16 位无符号二进制数的最大值为 5 位即十进制数 65 535,再加上 9 号功能调用的结束符 '$',输出数据区 OBUF 最多只需 6 个单元。程序如下:

```
stack           segment stack 'stack'
                dw 32 dup(0)
stack           ends
data            segment
BINARY          DW 55H
OBUF            DB 6 DUP(0)
data            ends
code            segment
start           proc far
                assume ss:stack,cs:code,ds:data
                push ds
                sub ax,ax
                push ax
                mov ax,data
                mov ds,ax
                MOV BX,OFFSET OBUF+5
                MOV BYTE PTR [BX],'$'
                MOV AX,BINARY
                MOV CX, 10                      ;做 32 位除以 16 位的除法,故将 10 送 CX
```

```
AGAIN:        MOV DX, 0                    ;无符号数扩展将 16 位扩展为 32 位
              DIV CX
              ADD DL,30H                   ;将 DL 中的一位十进制数转换为 ASCII 码
              DEC BX                       ;调整指针
              MOV [BX],DL
              OR AX,AX                     ;根据商是否为 0,设置 ZF
              JNZ AGAIN                    ;判断商是否为 0,不为 0 继续除以 10
              MOV DX,BX                    ;将输出数据区的偏移首地址送 DX
              MOV AH,9
              INT 21H
              ret
start         endp
code          ends
              end start
```

【例 8.20】 编制程序,反复从键盘输入字符,并将其送显示器和打印机输出。当输入 ctrl+←(BACK SPACE)时,结束程序运行返回调用程序。程序设计如下:

```
stack         segment stack 'stack'
              dw 32 dup(0)
stack         ends
code          segment
begin         proc far
              assume ss:stack,cs:code
              push ds
              sub ax,ax
              push ax
AGAIN:        MOV AH,0                     ;接收输入字符
              INT 16H
              MOV AH,14                    ;送显示器
              INT 10H
              MOV DX,0                     ;送 0 号打印机
              MOV AH,0
              INT 17H
              CMP AL,0DH                   ;输入字符是否回车?
              JNE NEXT                     ;输入字符不是回车,接收下一个字符
              MOV AL,0AH                   ;显示器和打印机换行
              MOV AH,14
              INT 10H
              MOV AH,0
              INT 17H
NEXT:         CMP AL,7FH                   ;判断输入字符是不是 ctrl+←
              JNE AGAIN                    ;不是,循环执行
              ret
begin         endp
```

```
code          ends
              end begin
```

3. 双重控制的循环程序

【**例 8.21**】 已知字节变量 BUF 存储区中存放着以 0DH(回车的 ASCII 码)结束的十进制数的 ASCII 码。编程检查该字节变量存储区中有无非十进制数,若有显示 ERROR;若无则统计十进制数的位数(小于 100)并送显示器显示。

结束本程序有两种情况:存储区中有非十进制数或者统计工作完毕。程序执行后,显示器显示 ERROR 或者显示统计的十进制数的位数(00~99)。程序如下:

```
stack          segment stack 'stack'
               dw 32 dup(0)
stack          ends
data           segment
BUF            DB '345678…',0DH
OBUF           DB 3 DUP(0)
ERR            DB 'ERROR $ '
data           ends
code           segment
start          proc far
               assume ss:stack,cs:code,ds:data
               push ds
               sub ax,ax
               push ax
               mov ax,data
               mov ds,ax
               MOV AX,0            ;统计十进制数的位数(ASCII BCD 数)
               MOV BX,0            ;存储区的位移量
AGAIN:         CMP BUF[BX],0DH
               JE DONE
               CMP BUF[BX],'0'
               JB ERROR
               CMP BUF[BX],'9'
               JA ERROR
               INC AL             ;AAA 不用识别 CF,所以可不用 ADD 指令
               AAA
               INC BX
               JMP AGAIN
DONE:          OR AX,3030H        ;ASCII BCD 数转换为十进制数的 ASCII 码
               MOV OBUF+1,AL
               MOV OBUF,AH
               MOV OBUF+2,'$ '
               MOV DX,OFFSET OBUF
               MOV AH,9
```

```
                INT 21H
                RET
ERROR：         MOV DX,OFFSET ERR
                MOV AH,9
                INT 21H
                ret
start           endp
code            ends
                end  start
```

8.3.4 多重循环程序设计举例

多重循环指的是循环体内仍然是循环程序,也就是循环的嵌套。称具有嵌套的循环程序为多重循环程序。

【例 8.22】 编制将字节变量 BUF 存储区中存放的 n 个无符号数排序的程序。

排序问题可以采用逐一比较法或两两比较法。

逐一比较法的具体做法是:将第 1 个单元中的数与其后 n−1 个单元中的数逐个比较,每次比较之后总是把较大的数放在一个寄存器中,经过 n−1 次比较之后得到 n 个数中的最大数,存入第 1 个单元。接着将第 2 个单元中的数与其后的 n−2 个单元中的数逐个比较,经过 n−2 次比较得到 n−1 个数的最大数(亦即 n 个数中的第 2 大数)存入第 2 个单元。如此重复下去,当最后两个单元中的数比较之后,从大到小的顺序就排好了。其程序如下:

```
stack           segment stack 'stack'
                dw 32 dup(0)
stack           ends
data            segment
BUF             DB 20,19,…,250
COUNT           EQU $−BUF
data            ends
code            segment
start           proc far
                assume ss:stack,cs:code,ds:data
                push ds
                sub ax,ax
                push ax
                mov ax,data
                mov ds,ax
                MOV SI,OFFSET BUF
                MOV DX,COUNT−1          ;设置外循环计数器
OUTSID：        MOV CX,DX               ;设置内循环计数器
                PUSH SI
                MOV AL,[SI]
```

```
INSIDE：     INC SI
             CMP AL,[SI]
             JNC NEXCHG
             XCHG [SI],AL
NEXCHG：     LOOP INSIDE
             POP SI
             MOV [SI],AL
             INC SI
             DEC DX
             JNZ OUTSID
             ret
start        endp
code         ends
             end start
```

两两比较法的具体做法是：首先将第 1 个单元中的数与第 2 个单元中的数进行比较，若前者大于后者，两数不交换；反之则交换。然后将第 2 单元中的数与第 3 单元中的数进行比较，按同样原则决定是否交换。依此类推，最后将第 n−1 单元中的数与第 n 单元中的数比较，也按同样的原则决定是否交换。如此经过 n−1 次循环，n 个数中的最小数到了第 n 单元。再经过 n−2 次上述同样的比较与交换的循环，n 个数中的第 2 小数到了第 n−1 单元。这样不断地循环下去，最多经过 n−1 次这样的循环，就可以将这 n 个数按从大到小的顺序排好。在内循环中两两比较的次数，第 1 次为 n−1，第 2 次为 n−2，……。一般情况下，无须经过 n−1 次外循环，就可以将这 n 个单元中的数据按顺序排好。为了去掉不必要的外循环，可以设置一个标记，在每次内循环开始时，该标记置 1。若在内循环中发生过交换，则修改该标记为 2。内循环结束以后，检查该标记，若不为 1，表示内循环发生过交换，即数的顺序未排好，继续进行外循环；若为 1，则表示数已按顺序排好，就结束外循环。其程序如下：

```
stack        segment stack 'stack'
             dw 32 dup(0)
stack        ends
data         segment
BUF          DB 20,19,…,250
COUNT        EQU $ −BUF
data         ends
code         segment
start        proc far
             assume ss：stack,cs：code,ds：data
             push ds
             sub ax,ax
             push ax
             mov ax,data
             mov ds,ax
```

```
                MOV DX,COUNT-1          ;循环次数
                MOV AH,1               ;未交换标记
OUTSID          MOV SI,OFFSET BUF
                MOV CX,DX             ;设置内循环计数器
INSIDE:         MOV AL,[SI]
                INC SI
                CMP AL,[SI]
                JNC NXCHG
                XCHG AL,[SI]
                MOV [SI-1],AL
                MOV AH,2             ;置交换标记
NXCHG:          LOOP INSIDE
                DEC AH
                JZ BACK              ;判断是否进行过交换,没交换则退出循环
                DEC DX               ;修改内循环次数
                JNZ OUTSID           ;判断外循环是否结束,没有则继续循环
BACK:           ret
start           endp
code            ends
                end start
```

【例 8.23】 已知 m×n 矩阵 A 的元素 a_{ij}(80H 和～7FH,字节符号数)按行序存放在存储区中,试编写程序求每行元素之和 S_i(8000H 和～7FFFH,字符号数)。

程序如下:

```
stack           segment stack 'stack'
                dw 32 dup(0)
stack           ends
data            segment
A               DB 11H,12H,13H,14H,15H
N               EQU $-A
                DB 21H,22H,23H,24H,25H
                DB 31H,32H,33H,34H,35H
                DB 41H,42H,43H,44H,45H
M               EQU ($-A)/N
S               DW M DUP(0)
data            ends
code            segment
start           proc far
                assume ss:stack,cs:code,ds:data
                push ds
                sub ax,ax
                push ax
                mov ax,data
                mov ds,ax
```

```
                MOV SI,OFFSET A
                MOV DI,OFFSET S
OUTSID:         MOV CX,N
                MOV DX,0
INSIDE:         MOV AL,[SI]
                CBW
                ADD DX,AX
                INC SI
                LOOP INSIDE
                MOV [DI],DX
                ADD DI,2
                DEC M
                JNZ OUTSID
                ret
start           endp
code            ends
                end start
```

【例 8.24】 多位压缩 BCD 数与两位压缩 BCD 数相乘。

8086/8088 乘法指令可以实现 8 位或 16 位二进制数相乘;经过 AAM 指令调整还可以实现两个非压缩 BCD 数相乘。但对于两个两位压缩 BCD 数,就不能用乘法指令直接相乘,这是因为没有相应的调整指令。只能用累加的方法,编一个程序来实现。具体算法是对被乘数累加乘数所规定的次数。被乘数每次累加的和都要经过 DAA 指令调整;乘数每次减 1 之后也要用 DAS 指令调整。由两个两位压缩 BCD 数相乘的算法,可推知多位压缩 BCD 数与两位压缩 BCD 数乃至多位 BCD 数相乘的算法,如图 8-9 所示。程序如下。

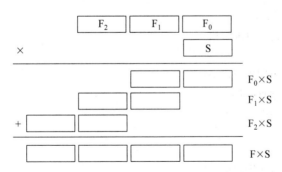

图 8-9 多位压缩 BCD 数与两位压缩 BCD 数相乘

```
stack           segment stack 'stack'
                dw 32 dup (0)
stack           ends
data            segment
FIRST           DB 78H,56H,…,12H
COUNT           EQU $−FIRST
```

```
SECOND      DB   15H
THIRD       DB COUNT+1 DUP(0)
data        ends
code        segment
start       proc far
            assume ss:stack,cs:code,ds:data
            push ds
            sub ax,ax
            push ax
            mov ax,data
            mov ds,ax
            MOV SI,0
            MOV THIRD[SI],0
            MOV CX,COUNT
OUTSID:     MOV BL,SECOND
            MOV AX,0
INSIDE:     ADD AL,FIRST[SI]
            DAA
            XCHG AH,AL
            ADC AL,0
            DAA
            XCHG AH,AL
            XCHG AL,BL
            SUB AL,1
            DAS
            XCHG AL,BL
            JNZ INSIDE
            ADD AL,THIRD[SI]
            DAA
            MOV THIRD[SI],AL
            XCHG AH,AL
            ADC AL,0
            DAA
            INC SI
            MOV THIRD[SI],AL
            LOOP OUTSID
            ret
start       endp
code        ends
            end start
```

【例 8.25】 编制程序在显示屏幕的左上角显示一排"小人",白色、红色、绿色、黄色各8个。

小人由 3 个字符组成,如图 8-10 所示。只要将组成"小人"的这三个字符分 3 行在一列上显示出来,就可在显示屏幕上出现如图 8-10 所示的"小人"。再配以字符的显示属性就可以出现彩色"小人"了。这 3 个字符的 ASCII 码分别是 01H,04H 和 13H。白色、红色、绿色和黄色这 4 种颜色字符的显示属性分别是 7、4、2 和 14。

图 8-10　3 个字符组成的小人

按题意要求将这 32 个"小人"排在显示屏幕的第 0 行至第 2 行,则白色"小人"排在第 0 列至第 7 列;红色"小人"排在第 8 列至第 15 列;绿色"小人"排在第 16 列至第 23 列;黄色"小人"排在第 24 列至第 31 列。

将字符的 ASCII 码,显示属性和行列坐标(偏移量)组成一个数据表,用双重循环调取该表中的元素,即可以完成这 32 个"小人"的显示。程序如下:

```
stack        segment stack 'stack'
             dw 32 dup(0)
stack        ends
data         segment
DATAB        DB 1,7,0,0,1,4,0,8,1,2,0,16,1,14,0,24
             DB 4,7,1,0,4,4,1,8,4,2,1,16,4,14,1,24
             DB 13H,7,2,0,13H,4,2,8,13H,2,2,16,13H,14,2,24
data         ends
code         segment
begin        proc far
             assume ss：stack,cs：code,ds：data
             push ds
             sub ax,ax
             push ax
             mov ax,data
             mov   ds,ax
             MOV AH,0             ;80×25 彩色字符方式
             MOV AL,3
             INT 10H
             MOV AH,15            ;读取当前页号
             INT 10H
             MOV SI,OFFSET DATAB
             MOV CX,3             ;3 行
AGAOT：      PUSH CX
             MOV CX,4             ;4 色
AGAIN：      PUSH CX
             MOV AH,2             ;光标位置(DH 和 DL)
             MOV DH,[SI+2]
             MOV DL,[SI+3]
             INT 10H
```

```
        MOV AL,[SI]                    ;写字符和属性(AL 和 BL)
        MOV AH,9
        MOV BL,[SI+1]
        MOV CX,8
        INT 10H
        ADD SI,4
        POP CX
        LOOP AGAIN
        POP CX
        LOOP AGAOT
        ret
begin   endp
code    ends
        end begin
```

8.4 串处理程序设计

循环程序的设计几乎都是利用基址或变址寄存器建立地址指针,设置循环计数器,执行完循环体后修改地址指针和计数器,判断循环是否结束。宏汇编为了方便这类循环程序设计,设计了字符串操作指令以及重复前缀。它们的方便之处体现在,只要按要求设计好初始值,执行正确的串操作指令及重复前缀,就可以完成规定的操作,而不要考虑地址指针如何修改,循环次数如何控制等问题。而这两个问题也正是循环程序成功或失败的关键之所在,从而简化了程序设计。

串操作指令有一个共同的规定:源串的偏移地址指针用 SI 或 ESI,在无段更换前缀的情况下,段地址取自 DS 段寄存器;目的串的偏移地址指针用 DI 或 EDI,在无段更换前缀的情况下,段地址总是取自 ES 段寄存器;源串和目的串的偏移地址指针的移动方向由方向标志 DF 确定:DF=0,SI 和 DI 增量,DF=1,SI 和 DI 减量,增量或减量的量值由串属性决定。

8.4.1 方向标志置位和清除指令

1. 方向标志置位指令

指令格式:

STD

指令的操作是将 DF 置 1。

2. 方向标志清除指令

指令格式:

CLD

指令的操作是将 DF 置 0,即清除 DF。

8.4.2 串操作指令

串操作指令有 5 条指令。它们是串传送指令 MOVS、从源串中取数指令 LODS、往目的串中存数指令 STOS、串比较指令 CMPS 和串搜索指令 SCAS。

1. 串传送指令

指令格式：

(1) MOVS dest-string,source-string

(2) MOVSB

(3) MOVSW

(4) MOVSD

指令的意义是把 DS 所指向的数据段中(形式(1)的指令无段更换前缀的情况下) SI 或 ESI 为偏移地址的源串中的一个字节、一个字或者一个双字(形式(1)的指令由串的属性确定)，传送到 ES 所指向的数据段中 DI 或 EDI 为偏移地址的目的串；并且相应地修改 SI 或 ESI 和 DI 或 EDI，以指向串中的下一个字节、字或双字。在有段更换的情况下才使用形式(1)的指令，源串和目的串的属性要相同。

SI 或 ESI 和 DI 或 EDI 的修改方向和修改值由方向标志 DF 和串的属性决定：

DF=0,SI 或 ESI 和 DI 或 EDI 增量,字节串增 1,字串增 2,双字串增 4；

DF=1,SI 或 ESI 和 DI 或 EDI 减量,字节串减 1,字串减 2,双字串减 4。

2. 从源串中取数指令

指令格式：

(1) LODS source-string

(2) LODSB

(3) LODSW

(4) LODSD

指令的意义是将 DS 数据段中 SI 或 ESI 为偏移地址的源串中的一个字节、一个字或一个双字取出送 AL、AX 或者 EAX；同时修改 SI 或 ESI 指向下一个字节、字或者双字。

3. 往目的串中存数指令

指令格式：

(1) STOS dest-string

(2) STOSB

(3) STOSW

(4) STOSD

指令的意义是将 AL、AX 或者 EAX 中的内容存放到 ES 数据段中 DI 或 EDI 为偏移地址的目的串中；同时修改 DI 或 EDI 指向下一个字节、字或者双字。

4. 串比较指令

指令格式：

(1) CMPS dest-string,source-string

（2）CMPSB

（3）CMPSW

（4）CMPSD

指令的意义是用 DS：SI 或 DS：ESI 指向的源串中的一个字节、字或者双字减去 ES：DI 或 ES：EDI 指向的目的串中的一个字节、字或者双字,减的结果既不送入源串也不送入目的串,仅根据减操作设置标志位;同时修改 SI 或 ESI 和 DI 或 EDI 指向下一个字节、字或者双字。

5. 串搜索（扫描）指令

指令格式：

（1）SCAS dest-string

（2）SCASB

（3）SCASW

（4）SCASD

指令的意义是用 AL、AX 或者 EAX 减去 ES：DI 或 ES：EDI 指向的目的串中的一个字节、字或者双字,减的结果,既不送累加器也不送目的串中,减操作仅影响标志位;同时修改 DI 或 EDI 指向下一操作数。

8.4.3 重复前缀

重复前缀有 3 个：重复 REP、相等/为 0 重复 REPE/REPZ 和不相等/不为 0 重复 REPNE/REPNZ。

重复前缀只允许用在串操作指令之前,与串操作指令仅能用空格隔开。它的作用是使紧跟其后的串操作指令重复执行,重复执行的次数由 CX 或 ECX 的值决定。它与重复控制指令不同的是先判 CX 或 ECX 是否等于 0,然后确定是否重复,等于 0 不再重复,不等于 0 继续重复。每重复一次,CX 或 ECX 减 1。若 CX 或 ECX 的初值为 0,则串操作指令一次也不执行。

1. REP

REP 作为串传送指令和往目的串中存数指令的前缀,使传送操作无条件地重复执行,直到 CX＝0 或 ECX＝0 为止。

2. REPE/REPZ

REPE/REPZ 作为串比较指令和串搜索指令的前缀,使比较或搜索操作重复执行 ,直到 CX＝0 或 ZF＝0 或者 ECX＝0 或 ZF＝0 为止。

3. REPNE/REPNZ

REPNE/REPNZ 作为串比较指令和串搜索指令的前缀,使比较或搜索操作重复执行,直到 CX＝0 或 ZF＝1 或者 ECX＝0 或 ZF＝1 为止。

8.4.4 串操作程序设计举例

串操作程序设计应注意以下 3 点：

（1）源串一般用 DS：SI 或者 DS：ESI 间址,目的串一定用 ES：DI 或者 ES：EDI 间址。对于不很长的串操作,简单而又不易出错的方法是把源串和目的串都定义在同一个数据段中,且使 DS 和 ES 均指向该数据段。

（2）一定要先设置方向标志 DF,规定串操作的方向。

（3）若使用重复前缀,则应将串长度送 CX 或 ECX 寄存器。

【例 8.26】 用串操作指令和不用串操作指令两种方式编写将 source-string 传送到 dest-string 的程序。

用串操作指令编写的程序为：

```
stack       segment stack 'stack'
            dw 32 dup(0)
stack       ends
data        segment
SSTRING     DB ' * FGDHFJGU♯@…'
COUNT       EQU $－SSTRING
data        ends
DATAE       SEGMENT
DSTRING     DB COUNT DUP(0)
DATAE       ENDS
code        segment
start       proc far
            assume ss：stack,cs：code,ds：data,ES：DATAE
            push ds
            sub ax,ax
            push ax
            mov ax,data
            mov ds,ax
            MOV AX,DATAE
            MOV ES,AX
            MOV SI,OFFSET SSTRING
            MOV DI,OFFSET DSTRING
            MOV CX,COUNT
            CLD
            REP MOVSB
            ret
start       endp
code        ends
            end start
```

不用串操作指令编写的程序为：

```
stack       segment stack 'stack'
            dw 32 dup(0)
stack       ends
data        segment
```

```
SSTRING    DB '* FGDHFJGU#@…'
COUNT      EQU $-STRING
data       ends
DATAE      SEGMENT
DSTRING    DB COUNT DUP(0)
DATAE      ENDS
code       segment
start      proc far
           assume ss: stack,cs: code,ds: data,ES: DATAE
           push ds
           sub ax,ax
           push ax
           mov ax,data
           mov ds,ax
           MOV AX,DATAE
           MOV ES,AX
           MOV SI,OFFSET SSTRING
           MOV DI,OFFSET DSTRING
           MOV CX,COUNT
AGAIN:     MOV AL,[SI]
           MOV ES: [DI],AL
           INC SI
           INC DI
           LOOP AGAIN
           ret
start      endp
code       ends
           end start
```

通过例 8.26 可以看出,串操作指令的功能完全可以用其他指令代替,带重复前缀的串操作也可以用循环程序来实现,只是使用串操作指令编程要方便一些、程序简短一些。串传送指令还可以实现存储单元之间的直接传送,而 MOV 指令要用寄存器作为桥梁才能实现存储单元之间的传送。

【例 8.27】 编制程序将一串字节符号数中的正、负数分别送到变量 PLUS 和 MINUS 的数据存储区中,同时记录 0 的个数(小于 65 536)。

程序框图如图 8-11 所示,程序如下。

```
stack      segment stack 'stack'
           dw 32 dup (0)
stack      ends
data       segment
STRING     DB 1, -1, 5, 10, 0, -25, 80, …
COUNT      EQU $-STRING
PLUS       DB COUNT DUP(0)
```

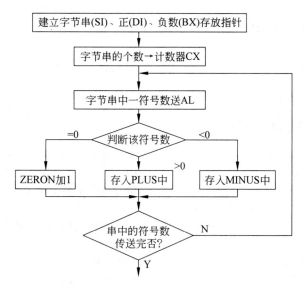

图 8-11 例 8.27 的程序框图

MINUS	DB COUNT DUP(0)	
ZERON	DW 0	
data	ends	
code	segment	
start	proc far	
	assume ss：stack，cs：code，ds：data	
	push ds	
	sub ax，ax	
	push ax	
	mov ax，data	
	mov ds，ax	
	MOV ES,AX	
	MOV SI,OFFSET STRING	;SI 指向源串即字节串
	MOV DI,OFFSET PLUS	;DI 指向目的串即正数存放单元的偏移地址
	MOV BX,OFFSET MINUS	;BX 指向负数存放单元的偏移地址
	CLD	
AGAIN：	LODSB	;字节串中一符号数送 AL
	AND AL,AL	;判断符号
	JZ ZERO	;为 0 存入 ZERO
	JS MINU	;为负存入 MINU
	STOSB	;为正存入 PLUS
	LOOP AGAIN	
	RET	
ZERO：	INC ZERON	
	LOOP AGAIN	
	RET	
MINU：	MOV ［BX］，AL	;为负存入 MINUS

```
          INC BX
          LOOP AGAIN
          ret
start     endp
code      ends
          end start
```

不用串操作编写的程序段如下：

```
          XOR SI, SI              ;SI 指向字节串的第一个字符
          XOR DI,DI               ;DI 指向正数存放单元的第一个单元
          XOR BX,BX               ;BX 指向负数存放单元的第一个单元
          MOV CX,COUNT
AGAIN：    MOV AL,STRING[SI]       ;字节串中一符号数送 AL
          INC SI
          AND AL,AL               ;判断符号数
          JZ ZERO                 ;为 0 存入 ZERO
          JS MINU                 ;为负存入 MINU
          MOV PLUS[DI],AL         ;为正存入 PLUS
          INC DI
          LOOP AGAIN
          RET
ZERO：     INC ZERON
          LOOP AGAIN
          RET
MINU：     MOV MINUS[BX], AL       ;为负存入 MINUS
          INC BX
          LOOP AGAIN
          ⋮
```

【例 8.28】 编制判断两个串长相等的字符串 STRING1 和 STRING2 是否相同的程序。若不同，将不同处的偏移地址送 DIFF 字变量,否则将－1 送 DIFF。

用串操作编写的程序如下：

```
stack     segment stack 'stack'
          dw 32 dup(0)
stack     ends
data      segment
STRING1   DB 'SDFASDGDHHFJH…'
COUNT     EQU $－TRING1
STRING2   DB 'WRFERGHRHTYJU…'
DIFF      DW 0
data      ends
code      segment
start     proc far
          assume ss：stack,cs：code,ds：data
```

```
                push ds
                sub ax,ax
                push ax
                mov ax,data
                mov ds,ax
                MOV ES,AX
                MOV SI,OFFSET STRING1
                MOV DI,OFFSET STRING2
                MOV CX,COUNT
                CLD
                REPE CMPS STRING1,STRING2
                MOV DIFF,−1
                JE SAME
                DEC SI
                MOV DIFF,SI
SAME：          ret
start           endp
code            ends
                end start
```

不用串操作编写的程序段如下：

```
                MOV BX,0
                MOV CX,COUNT
AGAIN：         MOV AL,STRING1[BX]
                CMP AL,STRING2[BX]
                JNE DIF
                INC BX
                LOOP AGAIN
                MOV DIFF,−1
                RET
DIF：           ADD BX,OFFSET STRING1
                MOV DIFF,BX
                ⋮
```

【例 8.29】 用串搜索指令编制"镜子"程序。

例 7.7 的"镜子"程序是利用输入并显示字符串和显示器输出字符串,即 10 号和 9 号两个系统功能调用,并根据 10 号系统功能调用的出口参数计算求得输入字符串的末地址,再将 $ 的 ASCII 码送入字符串的尾部完成的。因输入字符串一定是以回车结束的,所以可以在输入并显示字符串后用串搜索指令在输入字符串的存储区内搜索回车的 ASCII 码 0DH,找到后将其换为 $ 的 ASCII 码 24H,再利用 9 号功能调用输出显示该输入的字符串,完成"镜子"功能。程序如下：

```
stack           segment stack 'stack'
                dw 32 dup(0)
```

```
stack       ends
data        segment
OBUF        DB '>',0DH,0AH,'$'
IBUF        DB 255,0,255 DUP(0)
data        ends
code        segment
start       proc far
            assume ss: stack,cs: code,ds: data
            push ds
            sub ax,ax
            push ax
            mov ax,data
            mov ds,ax
            MOV ES,AX
            MOV AH,9
            MOV DX,OFFSET OBUF
            INT 21H
            MOV AH,10
            MOV DX,OFFSET IBUF
            INT 21H
            MOV AL,0DH
            MOV CX,255
            MOV DI,OFFSET IBUF+2
            CLD
            REPNZ SCASB
            DEC DI
            MOV BYTE PTR [DI],'$'
            MOV AH,2
            MOV DL,0AH
            INT 21H
            MOV DX,OFFSET IBUF+2
            MOV AH,9
            INT 21H
            ret
start       endp
code        ends
            end start
```

8.5 子程序设计

　　子程序设计是程序设计中最主要的方法与技术之一。本节主要介绍子程序的概念、主程序与子程序之间的连接及参数传递方式,子程序设计的基本方法和调用方法。

8.5.1 子程序的概念

循环程序设计技术解决了同一程序中连续多次有规律重复执行某个或某些程序段的问题。但对于无规律的重复就不能用循环程序实现。更多的情况是在不同的程序中或在同一个程序的不同位置常常要用到功能完全相同的程序段,如数制之间的转换、代码转换、初等函数计算等。对于这样的程序段,为避免编制程序的重复劳动,节省存储空间,往往把它独立出来,附加少量额外的指令,将其编制成可供反复调用的公用的独立程序段,并通过适当的方法把它与其他程序段连接起来。这种程序设计的方法称为子程序设计,被独立出来的程序段称为子程序。调用子程序的程序称为主程序或调用程序。主程序与子程序是相对的。如程序 X 调用程序 Y,程序 Y 又调用程序 Z,那么程序 Y 对于程序 X 来说是子程序,而对于程序 Z 来说,则是主程序。称进入子程序的操作为子程序调用。每次调用后,就进入子程序运行,运行结束后回到主程序的调用处继续执行。称子程序返回到主程序的操作为子程序的返回。上述的 X、Y、Z 3 个程序之间的调用和返回关系如图 8-12 所示。

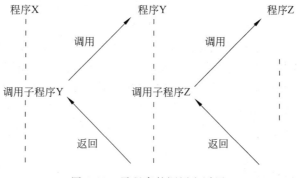

图 8-12　子程序的调用和返回

子程序设计是使程序模块化的一种重要手段。当设计一个比较复杂的程序时,根据程序要实现的若干主要功能及各功能要调用的公用部分,将程序划分为若干个相对独立的模块。确定各模块调用关系和参数传递方式,为各模块分配不同的名字(入口地址),然后把每个模块都编制成子程序,最后将这些模块根据调用关系连成一个整体。这样既便于分工合作,又可避免重复劳动,节省存储空间,提高程序设计的效率和质量,使程序整洁、清晰、易读,便于修改和扩充。

设计包含子程序的程序时,应解决的问题如下。

1. 主程序与子程序之间的转返

子程序的调用和返回实质上就是程序控制的转移,原则上用一般的转移指令即可完成,可事实上并不那么简单。对于主程序,在什么时刻,应从什么位置进入哪个子程序,事先是很清楚的,因此主程序调用子程序是可以预先安排的。但对于子程序,每次执行完应返回到哪个调用程序以及调用程序的什么位置,子程序是无法预先安排的。因为子程序不能预先知道哪个主程序什么时候在什么位置调用它,因此也无法知道执行完后返回到哪个主程序的什么位置。该位置与主程序的调用位置有关。所以主程序与子程序间的转返是子程序设计必须解决的一个问题,这个问题是通过调用指令和返回指令解决的。

2. 主程序与子程序间的参数传递

主程序与子程序相互传递的信息称为参数。主程序提供给子程序以便加工处理的信息称为入口参数,经子程序加工处理后回送给主程序的信息称为出口参数。每个子程序的功能虽然是确定的,但每次调用它所完成的具体工作和传递的结果一般是不同的,即主程序与子程序间传递的参数对每一次来说一般是不一样的。为了实现主程序与子程序间参数的传递,就要约定一种主程序和子程序双方都能接受的参数传递方法。传递的参数可以是信息本身,还可以是信息的地址,其基本方法有如下 3 种:

(1) 寄存器法。该法就是主程序与子程序间传递的参数都在约定的寄存器中。当所需传递的参数较少时,一般用这种方法。在调用子程序前主程序将入口参数送到约定寄存器中,子程序直接从这些寄存器中取得这些参数进行运算处理。经加工处理后得到的结果,即出口参数也放在约定的寄存器中,返回主程序后,主程序就从该寄存器中得到结果。

(2) 堆栈法。堆栈法是把主程序与子程序间传递的参数都放到堆栈中。在调用子程序前,入口参数由主程序送到堆栈中。子程序从堆栈中取得这些参数,并将处理结果送到堆栈中。返回主程序后,主程序从堆栈取得结果。

(3) 参数赋值法。参数赋值法是把参数存放在主程序的调用子程序指令后面的一串单元中。对于入口参数,一般是信息的地址,当入口参数很少时,也可以是信息本身。对于出口参数,一般是信息本身,当出口参数较多时,也可以是信息的地址。若给出的是信息本身,称直接赋值法;若给出的是信息的地址,称间接赋值法。调用子程序指令执行后用于返转的专用存储器中自动存入的地址,正好是第一个入口参数的地址,或是第一个入口参数地址的地址,子程序引用很方便。如果有 N 个参数,那么紧接第 N 个参数后面的那条指令的地址就是返回地址。

还有一些传递参数的方法,如约定存储单元法。到底采用什么方法传递参数要根据具体情况而定。有时是几种方法混合使用。

以上所述是指主程序和子程序之间有参数传递的情况。也有的主程序和子程序之间无参数传递,子程序只是按规定完成某种功能操作,此时,自然不考虑参数的传递问题。

3. 主程序和子程序公用寄存器的问题

子程序不可避免地要使用一些寄存器,因此子程序执行后,某些寄存器的内容会发生变化,如果主程序在这些寄存器中已经存放了有用的信息,则从子程序返回主程序后,主程序的运行势必因原存信息被破坏而出错。解决这个问题的方法是在使用这些不能被破坏的寄存器之前,将其内容保存起来,使用之后再将其还原。前者称为保护现场,后者称为恢复现场。

保护现场与恢复现场的操作可以在主程序中完成,也可以在子程序中完成。一般情况下是在子程序中完成,其方法是在子程序的开始,将子程序要用到的寄存器的内容都保存起来,在子程序返回主程序之前再恢复这些寄存器的内容。保存和恢复操作可以通过进栈指令和出栈指令实现。如某子程序要用 AX、BX、CX、DX 4 个寄存器,则该子程序的保护现场和恢复现场的具体程序段如下:

PUSH AX
PUSH CX
PUSH DX
PUSH BX
⋮
POP BX
POP DX
POP CX
POP AX

凡子程序用到的不是携带入口参数的寄存器,包括段寄存器(CS 除外)一般都应保护。携带入口参数的寄存器,若问题无特殊要求,则不必保护。携带出口参数的寄存器,一般不能保护。

由上述设计包含子程序的程序时应解决的问题可知,子程序一般有如下结构:首先保护现场;其次取入口参数进行加工处理,并将处理结果送出口参数约定的寄存器或存储单元保存;然后恢复现场;最后返回主程序。

8.5.2　子程序的调用指令与返回指令

为了方便地实现子程序的调用与返回,80x86 专门设计了子程序的调用指令和返回指令。主程序通过调用指令对子程序进行调用,子程序执行完毕用返回指令返回到主程序的调用处。

调用指令有直接调用和间接调用两类,通常都使用直接调用。当子程序的调用因条件不同而有所选择,且只允许使用一条调用指令时,才使用间接调用。

1. 直接调用指令

指令格式:

CALL target

其中,操作数 target 是子程序的标号即子程序的入口地址。直接调用指令的功能是将返回地址进栈保存后将程序控制转移到子程序 target。

80x86 允许子程序与调用它的主程序在同一代码段,此时 target 一般属于 NEAR 类型,这种调用方式称为段内调用;也允许子程序与调用它的主程序在不同的代码段,此时 target 一般属于 FAR 类型,这种调用方式称为段间调用。

段内调用指令执行后 CS 内容不改变,只改变 IP 的内容,而段间调用指令执行后,CS 和 IP 的内容都要变。因此它们将返回地址进栈保存的操作有差别,段内调用只需要将 IP 进栈保存;而段间调用却要将 CS 和 IP 都进栈保存。

段内调用的具体操作是:

$[SP-2] \leftarrow IP_L$、$[SP-1] \leftarrow IP_H$
$SP \leftarrow SP-2$
$IP \leftarrow OFFSET\ target$

段间调用的具体操作是:

$[SP-2] \leftarrow CS_L \, 、[SP-1] \leftarrow CS_H$

$[SP-4] \leftarrow IP_L \, 、[SP-3] \leftarrow IP_H$

$SP \leftarrow SP-4$

$CS \leftarrow SEG \ target$

$IP \leftarrow OFFSET \ target$

2. 间接调用指令

指令格式:

CALL dest

间接调用指令的功能是将返回地址保存后将目的操作数的内容送 IP 或 CS 和 IP,实现程序转移到子程序。

间接调用也有段内和段间两类调用。间接段内调用指令的目的操作数可为寄存器和存储器。所执行的操作是将 IP 进栈保存后,将寄存器或字存储变量的内容送 IP。即:

$[SP-2] \leftarrow IP_L \, 、[SP-1] \leftarrow IP_H$

$SP \leftarrow SP-2$

$IP \leftarrow REG16/MEM16$

间接段间调用指令的目的操作数为存储器。所执行的操作是 CS 和 IP 进栈保存后,将双字存储变量的内容送 CS 和 IP。即:

$[SP-2] \leftarrow CS_L \, 、[SP-1] \leftarrow CS_H$

$[SP-4] \leftarrow IP_L \, 、[SP-3] \leftarrow IP_H$

$SP \leftarrow SP-4$

$CS \leftarrow MEM32+2$

$IP \leftarrow MEM32$

3. 返回指令

指令格式:

RET [N] (N 为正偶数,可默认)

指令的功能是将程序控制返回到主程序。段内返回和段间返回的符号指令的形式是一样的,都是 RET,它们的差别在于机器指令不同。段内返回即近返回的机器指令为 C3H;而段间返回即远返回(反汇编时给出的符号指令是 RETF)的机器指令为 CBH。

段内返回的操作是:

$IP_L \leftarrow [SP] \, 、IP_H \leftarrow [SP+1]$

$SP \leftarrow SP+2;$

段间返回的操作是:

$IP_L \leftarrow [SP] \, 、IP_H \leftarrow [SP+1]$

$CS_L \leftarrow [SP+2] \, 、CS_H \leftarrow [SP+3]$

$SP \leftarrow SP+4$

带有正偶数 N 的返回指令的操作 SP 还要多加 N,加 N 的目的是废除栈中 N/2 个无用字。用堆栈法传递参数的子程序常用带有正偶数的返回指令返回主程序。

8.5.3 子程序及其调用程序设计举例

下面用几个实例说明如何解决设计包含子程序的程序应解决的 3 个问题。在设计包含子程序的程序之前应先明确两个问题:一是子程序所处的位置,子程序与调用它的主程序是同一个模块,还是分属两个模块,在同一模块时还要明确是在同一代码段,还是在不同的代码段;二是子程序与主程序的参数传递问题。

先看两个常用的数制转换子程序的编制方法。

【例 8.30】 编制将标准设备输入的一串十进制数的 ASCII 码(如键盘输入的十进制数)转换为 16 位二进制数的子程序。

入口参数:DS:SI←待转换十进制数的 ASCII 码的首地址

CX←ASCII 十进制数的位数

出口参数:AX←转换结果,即 16 位二进制数

方法 1 调用子程序的主程序与子程序在同一模块同一代码段,子程序过程应定义为 NEAR 过程,与主程序过程并列放在同一代码段中。子程序过程如下:

```
ABCDCB      PROC
            MOV AX, 0
ABCDC1:     PUSH CX
            MOV CX, 10                    ;X_i×10+X_{i-1}
            MUL CX
            AND BYTE PTR[SI], 0FH
            ADD AL, [SI]
            ADC AH, 0
            INC SI
            POP CX
            LOOP ABCDC1
            RET
ABCDCB      ENDP
```

方法 2 子程序与主程序在同一模块但不在同一代码段,子程序应定义为 FAR 过程。子程序代码段如下:

```
SUBCODE     SEGMENT
            ASSUME CS:SUBCODE
ABCDCB      PROC FAR
            MOV AX, 0
ABCDC1:     PUSH CX
            MOV CX, 10                    ;X_i×10+X_{i-1}
            MUL CX
            AND BYTE PTR[SI], 0FH
```

```
                ADD AL, [SI]
                ADC AH, 0
                INC SI
                POP CX
                LOOP ABCDC1
                RET
ABCDCB          ENDP
SUBCODE         ENDS
```

方法 3　子程序与主程序各自独立成模块。由于主程序和子程序不在同一模块,所以要用到模块通信伪指令 PUBLIC 和 EXTRN。

说明公共符号伪指令 PUBLIC 的格式:

PUBLIC 符号[,符号,…]

其功能是用来说明其后的符号是公共符号,可以被其他模块调用。该伪指令用于子模块。

说明外部符号伪指令 EXTRN 的格式:

EXTRN 符号:类型[,符号:类型,…]

其功能是用来说明其后的符号是外部符号及该符号的类型。这些外部符号必须在它定义的模块中被说明是公共符号,符号的类型必须与它们原定义时的类型一致。该伪指令用于主模块。

子模块和主模块如下:

```
PUBLIC      ABCDCB
CODE        SEGMENT
            ASSUME CS:CODE
ABCDCB      PROC FAR
            MOV AX, 0
ABCDC1:     PUSH CX
            MOV CX, 10                      ;$X_i \times 10 + X_{i-1}$
            MUL CX
            AND BYTE PTR [SI], 0FH
            ADD AL, [SI]
            ADC AH, 0
            INC SI
            POP CX
            LOOP ABCDC1
            RET
ABCDCB      ENDP
CODE        ENDS
            END
EXTRN       ABCDCB:FAR
stack       segment stack 'stack'
```

```
                    ⋮
code        segment
begin       proc far
                    ⋮
            CALL ABCDCB
                    ⋮
begin       endp
code        ends
            end begin
```

【例 8.31】 编制将 16 位二进制补码数转换为可供标准输出设备输出的十进制数的 ASCII 码(如用于显示器显示的十进制数)子程序。

入口参数：AX←待转换的二进制数

　　　　　　ES：DI←转换后的十进制数的 ASCII 码存放首地址

```
BCABCD      PROC
            PUSH AX
            PUSH BX
            PUSH CX
            PUSH DX
            PUSH DI
            OR AX,AX                ;判断数的符号
            JNS PLUS
            MOV BYTE PTR ES：[DI],'—'   ;为负,送负号至输出数据区,
            INC DI                  ;并求该负数的绝对值
            NEG AX
PLUS：      MOV CX,0                ;将 AX 中的二进制数转换
            MOV BX,10               ;为十进制数
LOP1：      MOV DX,0
            DIV BX
            PUSH DX                 ;余数进栈
            INC CX                  ;十进制数位数加 1
            OR AX,AX                ;商不为 0 继续除以 10
            JNZ LOP1
LOP2：      POP AX                  ;将十进制数转换为 ASCII 码
            ADD AL,30H
            MOV ES：[DI],AL
            INC DI
            LOOP LOP2
            MOV AL,'$'
            MOV ES：[DI],AL
            POP DI
            POP DX
            POP CX
            POP BX
```

```
                POP AX
                RET
BCABCD          ENDP
```

【例 8.32】 调用例 8.29 和例 8.30 的子程序编制十进制数运算的加(或减、或乘、或除)法程序。要求显示＞后输入算式"加数 1＋加数 2",经过运算再显示"＝结果"。设两个加数和结果的范围均为－32 768～32 767。为使编程简单,正数输入和输出时均不带＋号,负数前带－号,即使运算符＋与符号－相连也不将负号与数字置于括号内。

该程序首先要接收从键盘输入的加法算式存入字节数据区 BUF 中。BUF＋1 存放着算式的字符数,从 BUF＋2 开始存放算式中各字符的 ASCII 码。然后要将两个加数各自转换成二进制数相加。最后将和转换为 ASCII BCD 数显示输出。ASCII BCD 数与二进制数间的转换调用例 8.29 和例 8.30 的子程序 ABCDCB 和 BCABCD 完成。因为本程序可在一个数据段内完成,所以转换后的十进制数的 ASCII 码的存放地址改由 DS：DI 间址。主程序的大部分指令是在求取两个加数各自的位数及偏移首地址,以便调用 ABCDCB 子程序。求取的方法是这样的：从 BUF＋2 开始至＋号是第一加数,往后至 0DH 是第二加数;BUF＋1 中的字符数去掉第一个加数和运算符即第二个加数的位数。对于每个加数均将其绝对值转换为二进制数。若是负数则将转换后绝对值求补,得其补码。程序如下：

```
stack       segment stack 'stack'
            dw 32 dup(0)
stack       ends
data        segment
IBUF        DB 14,0,14 DUP(0)
OBUF        DB '=',7 DUP(0)
data        ends
code        segment
            assume cs：code,ss：stack,ds：data
begin       proc far
            push ds
            sub ax,ax
            push ax
            mov ax,data
            mov ds,ax
            MOV DL,'>'               ;显示提示符>
            MOV AH,2
            INT 21H
            MOV DX,OFFSET IBUF       ;输入算式
            MOV AH,10
            INT 21H
            MOV DL,0AH               ;换行
            MOV AH,2
            INT 21H
```

```
              MOV SI,OFFSET IBUF+2      ;SI 指向输入算式的首址
              CMP BYTE PTR[SI],'—'      ;判断第一加数的符号,并进栈保存
              PUSHF
              JNE NS1
              INC SI                    ;为负,指针指向第一加数的数字位
              DEC IBUF+1                ;实际字符数减 1(符号)
NS1:          MOV CX,0
              PUSH SI                   ;第一加数首址进栈
CONT:         CMP BYTE PTR[SI],'+'      ;求得第一加数的位数
              JE DONE
              INC SI
              INC CX
              JMP CONT
DONE:         POP SI
              PUSH CX
              CALL ABCDCB               ;将第一加数的绝对值转换为二进制
              POP CX                    ;数
              POPF                      ;恢复第一加数的符号所置的 Z 标志
              JNZ NNEG1
              NEG AX                    ;为负则求补
NNEG1:        MOV BX,AX                 ;暂存加数 1
              INC SI                    ;跳过运算符指向第二加数
              DEC IBUF+1                ;实际字符数减 1(运算符)
              CMP BYTE PTR[SI],'—'
              PUSHF
              JNE NS2
              INC SI
              DEC IBUF+1
NS2:          MOV AL,IBUF+1             ;求取第二加数的位数,并送 CX
              MOV AH,0
              SUB AX,CX
              XCHG AX,CX
              CALL ABCDCB
              POPF
              JNZ NNEG2
              NEG AX
NNEG2:        ADD AX,BX                 ;两数相加
              MOV DI,OFFSET OBUF+1      ;建立结果的 ASCII BCD 数存放地址指针
              CALL BCABCD
              MOV DX,OFFSET OBUF
              MOV AH,9
              INT 21H
              RET
BEGIN         ENDP
```

```
ABCDCB      PROC
            MOV AX,0
ABCDC1：     PUSH CX
            MOV CX,10
            MUL CX
            AND BYTE PTR[SI], 0FH
            ADD AL,[SI]
            ADC AH,0
            INC SI
            POP CX
            LOOP ABCDC1
            RET
ABCDCB      ENDP
BCABCD      PROC
            OR AX,AX
            JNS PLUS
            MOV BYTE PTR[DI],'—'
            INC DI
            NEG AX
PLUS：       MOV CX,0
            MOV BX,10
LOP1：       MOV DX,0
            DIV BX
            PUSH DX
            INC CX
            OR AX,AX
            JNZ LOP1
LOP2：       POP AX
            ADD AL,30H
            MOV [DI],AL
            INC DI
            LOOP LOP2
            MOV BYTE PTR[DI],'$'
            RET
BCABCD      ENDP
code        ends
            end begin
```

　　上面 3 个例子都是用寄存器法传递参数。下面介绍堆栈法和参数赋值法传递参数的子程序的设计方法。假定主程序和子程序在同一模块同一代码段。

　　【例 8.33】 编制求某数据区中无符号字数据最大值的子程序及调用它的主程序。

　　方法 1　堆栈法——参数都通过堆栈传递、子程序存取参数都由 BP 间址。高级语言调用汇编语言子程序常用此法。程序如下：

```
stack        segment stack 'stack'
             dw 32 dup(0)
stack        ends
data         segment
BUF          DW 63,76,857,829,323,66,21,888
COUNT        =($-BUF)/2
SMAX         DW 0
data         ends
code         segment
begin        proc far
             assume ss：stack,cs：code,ds：data
             push ds
             sub ax,ax
             push ax
             mov ax,data
             mov ds,ax
             MOV AX,OFFSET BUF              ;入口参数进栈
             PUSH AX
             MOV AX,COUNT
             PUSH AX
             CALL MAX
             POP SMAX                       ;最大值出栈,送 SMAX
             ret
begin        endp
MAX          PROC
             PUSH BP
             MOV BP,SP
             PUSH SI
             PUSH AX
             PUSH BX
             PUSH CX
             PUSHF
             MOV SI,[BP+6]                  ;BUF 的偏移地址送 SI
             MOV CX,[BP+4]                  ;COUNT 送 CX
             MOV BX,[SI]                    ;取第一个数据至 BX 中
             DEC CX                         ;字数据个数减 1
MAX1：       ADD SI,2                       ;指向下一个字数据
             MOV AX,[SI]                    ;取一个字数据至 AX 中
             CMP AX,BX
             JNA NEXT                       ;AX 不高于 BX,与下一个比较
             XCHG AX,BX                     ;AX 高于 BX,则将较大字数据送 BX
NEXT：       LOOP MAX1
             MOV [BP+6],BX                  ;最大值存入堆栈
             POPF
```

```
            POP CX
            POP BX
            POP AX
            POP SI
            POP BP
            RET 2                                      ;返回后 SP 指向最大值
MAX         ENDP
code        ends
            end begin
```

下述 5 条指令执行之前或之后：(1)CALL MAX 之前；(2)CALL MAX 之后；(3)保护现场之后；(4)恢复现场之后；(5)RET 2 之后，堆栈存储区中的有关内容及 SP 的变化如图 8-13 所示。

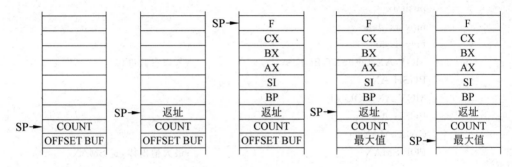

图 8-13　例 8.33　图 1

方法 2　参数赋值法——将参数存放到 CALL 指令后的一串单元中,子程序通过返回地址存取参数并修改返回地址。代码段中的程序和传递的参数如图 8-14 所示。

图 8-14　例 8.33　图 2

```
stack       segment stack 'stack'
            dw 32 dup(0)
stack       ends
data        segment
BUF         DW 63,76,857,829,323,66,21,888,…
COUNT       =($—BUF)/2
data        ends
code        segment
begin       proc far
            assume ss：stack,cs：code,ds：data
            push ds
            sub ax,ax
            push ax
            mov ax,data
            mov ds,ax
            CALL MAX
```

	DW BUF,COUNT	
SMAX	DW 0	
	ret	
begin	endp	
MAX	PROC	
	MOV BP,SP	
	MOV DI,[BP]	;取返回地址
	MOV SI,CS：[DI]	;取 BUF 的偏移地址
	MOV CX,CS：[DI+2]	;取 COUNT
	ADD DI,6	;修改返址
	MOV [BP],DI	;修改后的返址存入堆栈
	MOV BX,0	;求最大值并保存在 BX 中
MAX1：	MOV AX,[SI]	
	ADD SI,2	
	CMP AX,BX	
	JNA NEXT	
	XCHG AX,BX	
NEXT：	LOOP MAX1	
	MOV CS：[DI−2],BX	;存最大值
	RET	
MAX	ENDP	
code	ends	
	end begin	

在参数的传递方法中,寄存器法最简单;堆栈法最节省存储单元;参数赋值法最直观。但它们各有不足,如寄存器法不能传递较多的参数,堆栈法和参数赋值法编程较麻烦。经验证明,参数不多时用寄存器法最适宜;参数较多时可用堆栈法或参数赋值法。

【例 8.34】 编制两个 64 位无符号二进制数相加的子程序及其调用程序。

假定子程序及其调用程序在同一代码段。本例说明用参数赋值法传递两个加数和结果本身及它们的存放地址两种方法的编程方法。

方法 1　用参数赋值法传递两个加数与结果的存放首地址。代码段中的程序和传递的参数如图 8-15 所示。

stack	segment stack 'stack'
	dw 32 dup(0)
stack	ends
data	segment
NUM1	DQ 7654321089ABCDEFH
NUM2	DQ 0FEDCBA9801234567H
RESULT	DT 0
data	ends
code	segment
start	proc far
	assume ss：stack,cs：code,ds：data

	CALL ADDDQ
返址	OFFSET NUM1
+2	OFFSET NUM2
+4	OFFSET RESULT
+6	RET

图 8-15　例 8.34　图 1

```
                push ds
                sub ax,ax
                push ax
                mov ax,data
                mov ds,ax
                CALL ADDDQ
                DW NUM1,NUM2,RESULT
                ret
start           endp
ADDDQ           PROC
                PUSH BP
                MOV BP,SP
                PUSH AX
                PUSH BX
                PUSH CX
                PUSH DX
                PUSH SI
                PUSH DI
                PUSHF
                MOV BX,[BP+2]              ;取返回地址
                MOV SI,CS:[BX]            ;第一加数存放首地址
                MOV DX,CS:[BX+2]         ;第二加数存放首地址
                MOV DI,CS:[BX+4]         ;结果存放首地址
                XCHG BX,DX
                MOV CX,4
                CLC
AGAIN:          MOV AX,[SI]               ;取 NUM1 中 16 位二进制数
                ADC AX,[BX]               ;加上 NUM2 中 16 位二进制数
                MOV [DI],AX               ;存入 RESULT 中
                INC SI                    ;修改指针
                INC SI
                INC DI
                INC DI
                INC BX
                INC BX
                LOOP AGAIN
                MOV WORD PTR[DI],0        ;清除结果的最高字存放单元
                RCL WORD PTR[DI],1        ;将向最高字的进位移入
                ADD DX,6                  ;修改返回地址
                MOV [BP+2],DX             ;修改后的返址存入堆栈
                POPF
                POP DI
                POP SI
                POP DX
```

```
                POP CX
                POP BX
                POP AX
                POP BP
                RET
ADDDQ       ENDP
code        ends
            end start
```

方法 2　用参数赋值法直接传递两个加数与结果。代码段中的程序、两个加数和结果的存放形式如图 8-16 所示。

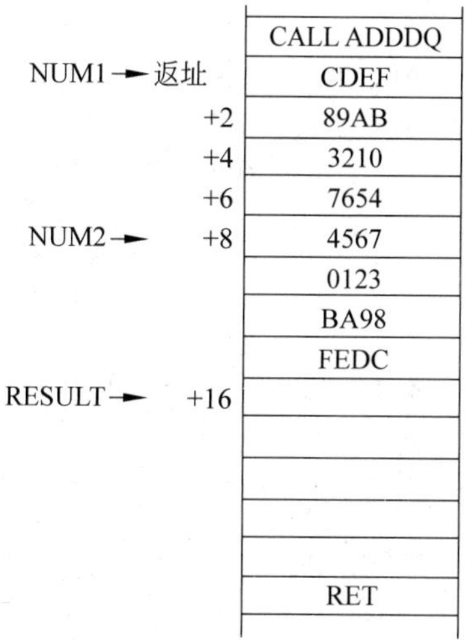

	CALL ADDDQ
NUM1→返址	CDEF
+2	89AB
+4	3210
+6	7654
NUM2→ +8	4567
	0123
	BA98
	FEDC
RESULT→ +16	
	RET

图 8-16　例 8.34　图 2

```
stack       segment stack 'stack'
            dw 32 dup(0)
stack       ends
code        segment
start       proc far
            assume ss: stack,cs: code
            push ds
            sub ax,ax
            push ax
            CALL ADDDQ
NUM1        DQ 7654321089ABCDEFH
NUM2        DQ 0FEDCBA9801234567H
RESULT      DT 0
            ret
start       endp
ADDDQ       PROC
            PUSH BP
            MOV BP,SP
            PUSH AX
            PUSH BX
            PUSH CX
            PUSHF
            MOV BX,[BP+2]          ;取返回地址,即 NUM1 的偏移地址
            MOV CX,4
            CLC
AGAIN:      MOV AX,CS:[BX]         ;取 NUM1 中 16 位二进制数
            ADC AX,CS:[BX+8]       ;加上 NUM2 中 16 位二进制数
            MOV CS:[BX+16],AX      ;存入 RESULT 中
            INC BX
            INC BX
            LOOP AGAIN
            PUSHF
            ADD BX,16              ;修改指针指向结果的最高字符
```

```
                POPF
                MOV WORD PTR CS：[BX],0
                RCL WORD PTR CS：[BX],1
                ADD BX,2                    ;修改指针指向返回地址(RET 指令的地址)
                MOV [BP+2],BX               ;修改后的返回地址存入堆栈
                POPF
                POP CX
                POP BX
                POP AX
                POP BP
                RET
   ADDDQ        ENDP
   code         ends
                end start
```

8.6 习   题

8.1 写出执行下列程序段的中间结果和结果

1.

```
MOV AX,0809H
MUL AH                          ;AX=_____
AAM                             ;AX=_____
```

2.

```
MOV AX,0809H
MOV DL,5
AAD                             ;AX=_____
DIV DL                          ;AX=_____
MOV DL,AH
AAM                             ;AX=_____,DL=_____
```

3.

```
MOV AX,0809H
ADD AL,AH
MOV AH,0                        ;AX=_____
AAA                             ;AX=_____
```

4.

```
MOV AX,0809H
MOV DL,10
XCHG AH,DL
MUL AH                          ;AX=_____
```

```
        AAM                              ;AX=_____
        ADD AL,DL                        ;AX=_____
```

5.

```
MOV AL,98H
MOV AH,AL
MOV CL,4
SHR AH,CL
AND AL,0FH
AAD                                  ;AL=_____H。
```

6.

```
MOV CL,248
XOR AX,AX
MOV CH,8
AG：SHL CL,1
    ADC AL,AL
    DAA
    ADC AH,AH
    DEC CH
    JNZ AG
结果：AX=_____H
```

8.2 编写程序,将字节变量 BVAR 中的压缩 BCD 数转换为二进制数,并存入原变量中。

8.3 编写程序,求字变量 W1 和 W2 中的非压缩 BCD 数之差(W1−W2、W1≥W2),将差存到字节变量 B3 中。

8.4 编写求两个 4 位非压缩 BCD 数之和,将和送显示器显示的程序。

8.5 编写求两个 4 位压缩 BCD 数之和,将和送显示器显示的程序。

8.6 编写程序,将字节变量 BVAR 中的无符号二进制数(0~FFH)转换为 BCD 数,在屏幕上显示结果。

8.7 用查表法求任一输入自然数 N(0≤N≤40)的立方值送显示器显示,并将其存入一字变量中。

8.8 已知字变量 WA 中存放有 4 位十六进数 a_3,a_2,a_1,a_0,现要求将 a_i(i 由键盘输入)存入字节变量 BA 的低 4 位,试编写该程序。

8.9 有一原码形式的双字符号数,试编制求其补码的程序。

8.10 设平面上一点 P 的直角坐标为(X,Y),X,Y 为字符号数,试编制若 P 落在第 i 象限内,则令 $k=i$;若 P 落在坐标轴上,则令 $k=0$ 的程序。

8.11 将键盘输入的 8 位二进制数以十六进制数形式在显示器上显示出来,试编写这一程序。

8.12 将键盘输入的十进制数(−128~127)转换为二进制数,以十六进制数形式在显示器上显示出来,试编写这一程序。

8.13 编写将字变量 SW 中的 16 位无符号二进制数以十制数形式送显示器显示的程序。

8.14 编程序将符号字数组 ARRAYW 中的正负数分别送入正数数组 PLUS 和负数数组 MINUS,同时把'0'元素的个数送入字变量 ZERON。

8.15 下列各数称为 Fibonacci 数,0,1,1,2,3,5,8,13,…,这些数之间的关系是:从第 3 项起,每项都是它前面两项之和。若用 a_i 表示第 i 项,则有 $a_1=0$,$a_2=1$,$a_i=a_{i-1}+a_{i-2}$,…,试编写显示第 24 项 Fibonacci 数(两字节)的程序。

8.16 从键盘输入一字符串(字符数>1),然后在下一行以相反的次序显示出来(采用 9 号和 10 号系统功能调用)。

8.17 编写求输入算式"加数 1+加数 2"的和并送显(加数及其和均为 4 位 BCD 数)。

8.18 编写程序将某字节存储区中的 10 个未压缩的 BCD 数以相反的顺序送到另一个字节存储区中,并将这两个存储区中的数字串分两行显示出来。

8.19 编写 ASCII 码的查询程序。要求该程序运行后显示提示信息:The ASCII code of,待查询者输入欲查字符后再显示 is 和该字符的 ASCII 码,换行后又输出提示信息 The ASCII code of 待查,如此不断循环。直至查询者输入回车符输出 is 0DH 后结束该程序的运行。

8.20 编写将 26 个英文字母字符 ABCD…Z 存储到字节变量中的程序。

8.21 已知 BUF1 中有 N1 个按从小到大的顺序排列互不相等的字符号数,BUF2 中有 N2 个从小到大的顺序排列互不相等的字符号数。试编写程序将 BUF1 和 BUF2 中的数合并到 BUF3 中,使在 BUF3 中存放的数互不相等且按从小到大的顺序排列。

8.22 在字节字符串 STR 中搜索子串 AM 出现的次数送字变量 W。试编写其程序。

8.23 设有一稀疏数组 ai(i=1,2,…,1000)存放在字变量 BUFA 的存储区中,现要求将数组加以压缩,使其中的非 0 元素仍按序存放在 BUFA 存储区中,而 0 元素不再出现。试编写实现上述功能的程序。

8.24 源程序如下所示,阅读后做如下试题:

(1)该程序共分 5 部分,在分号后给这 5 部分加上注释。

(2)列举具有代表性的 4 例,说明该程序的功能。

(3)画出上述 4 例的数据存储图。

```
stack      segment stack 'stack'
           dw 32 dup(0)
stack      ends
data       segment
IBF        DB 5,0,5 DUP(0)
OBF        DB 9 DUP(0)
data       ends
```

```
code        segment
begin       proc far
            assume ss:stack,cs:code,ds:data
            push ds
            sub ax,ax
            push ax
            mov ax,data
            mov ds,ax
            MOV DX,OFFSET IBF          ;
            MOV AH,10
            INT 21H
            MOV BX,1                   ;
            MOV CH,IBF[BX]
            MOV CL,4
            XOR AX,AX
AGAIN:      INC BX
            SUB IBF[BX],30H
            CMP IBF[BX],0AH
            JB NS7
            SUB IBF[BX],7
NS7:        SHL AX,CL
            OR AL,IBF[BX]
            DEC CH
            JNZ AGAIN
            AND AH,AH                  ;
            JNZ NAP
            CBW
NAP:        MOV BX,OFFSET OBF+8
            MOV BYTE PTR[BX], '$'
            MOV CX,10
            AND AX,AX
            PUSHF
            JNS NNEG
            NEG AX
NNEG:       AND AX,AX
            JZ JOUT
            MOV DX,0
            DEC BX
            DIV CX
            ADD DL,30H
            MOV [BX],DL
            JMP NNEG
JOUT:       POPF                       ;
            JNS PLUS
```

```
            DEC BX
            MOV BYTE PTR[BX], '—'
PLUS:       DEC BX
            MOV BYTE PTR[BX], '='
            DEC BX
            MOV BYTE PTR[BX],0AH
            MOV DX,BX
            MOV AH,9
            INT 21H
            ret
begin       endp
code        ends
            end begin
```

8.25 编制计算 N 个(N<50)偶数之和(2+4+6+…)的子程序和接收输入 N 及将结果送显示器显示的主程序。要求用以下 3 种方法编写：(1)主程序和子程序在同一代码段；(2)在同一模块但不在同一代码段；(3)各自独立成模块。

8.26 编写程序,实现接收输入的一串以逗号分隔的十进制正数(十进制数均小于 10 000,个数不超过 51 个),并将其中的最大值送显示。要求把输入的 ASCII 码形式的十进制数转换为压缩 BCD 数、求十进制数的个数、求最大值的程序分别编写为子程序。

8.27 编写程序,接收输入的一串以逗号分隔的十进制符号数,并按从小到大的顺序显示出来(仍以逗号分隔)。

8.28 源程序如下所示,阅读后做如下试题：

(1) 在分号后给指令或(向下)给程序段加上注释(实质是做什么？例如,第 1 个注释若注为将 2 送 BX,则视为非实质注释,不给分)。

(2) 列举实例,说明该程序的功能(输入什么？显示什么？)。

(3) 画出实例的数据存储图。

```
stack       segment stack 'stack'
            dw 32 dup(0)
stack       ends
data        segment
IBUF        DB   255,0,255 DUP(0)
ABCD        DB 0AH,'ABCD: ', 255 DUP(0)
MNOPQ       DB 0AH,0DH,'MNOPQ: ', 255 DUP(0)
data        ends
code        segment
begin       proc far
            assume cs:code,ss:stack,ds:data
            push ds
            sub ax,ax
            push ax
            mov ax,data
```

```
            mov ds,ax
            MOV DX,OFFSET IBUF
            MOV AH,10
            INT 21H
            MOV BX,2                              ;
            MOV SI,OFFSET ABCD+7
            MOV DI,OFFSET MNOPQ+9
AG1:        CMP IBUF[BX],'—'                      ;
            JNE P1
            CALL MP
AG2:        CMP IBUF[BX-1],0DH                    ;
            JE EXIT
            JMP AG1
P1:         XCHG SI,DI                            ;
            CALL MP
            XCHG SI,DI
            JMP AG2
EXIT:       MOV BYTE PTR[SI-1],'$'
            MOV BYTE PTR[DI-1],'$'
            MOV AH,9
            MOV DX,OFFSET ABCD
            INT 21H
            MOV DX,OFFSET MNOPQ
            INT 21H
            ret
begin       endp
MP          PROC                                  ;
            MOV AL,IBUF[BX]
            MOV [DI],AL
            INC DI
            INC BX
            CMP IBUF[BX-1],0DH
            JE   BACK
            CMP IBUF[BX-1],','
            JNE MP
BACK:       RET
MP          ENDP
code        ends
            end begin
```

第9章 输入输出和接口技术

输入输出(I/O)是指微型计算机与外界的信息交换,即通信(communication)。微型计算机与外界的通信,是通过输入输出设备进行的,通常一种 I/O 设备与微型机连接,就需要一个连接电路,我们称之为 I/O 接口。存储器也可以看作是一种标准化的 I/O 设备。

接口是用于控制微机系统与外设或外设与系统设备之间的数据交换和通信的硬件电路。接口设计涉及到两个基本问题,一是中央处理器如何寻址外部设备,实现多个设备的识别;二是中央处理器如何与外设连接,进行数据、状态和控制信号的交换。

现代微机系统,都是由大规模集成电路 LSI 芯片为核心部分构成的大板级插件,多个插件板与主机板共同构成系统。如 80x86 系列微机就是由系统板、显示卡和磁盘驱动器插件板等共同构成整个系统。构成系统的各插件板,以及插件板上的 LSI 芯片之间的连接和通信是通过系统总线完成的。经过标准化的总线电路提供通用的电平信号来实现电路信号的传递。

本章介绍接口的基本原理、I/O 寻址方式和 I/O 指令以及简单的数据输入输出接口技术。

9.1 接口的基本概念

9.1.1 接口的功能

1. 接口的一般定义

接口是一组电路,是中央处理器与存储器、输入输出设备等外设之间协调动作的控制电路。从更一般的意义上说,接口是在两个电路或设备之间,使两者动作条件相配合的连接电路。接口电路并不局限于中央处理器与存储器或外设之间,也可在存储器与外设之间,如直接存储器存取 DMA 接口就是控制存储器与外设之间数据传送的电路。

2. 接口电路的功能

接口电路的作用就是将来自外部设备的数据信号传送给处理器,处理器对数据进行适当加工,再通过接口传回外部设备。所以,接口的基本功能就是对数据传送实现控制,具体包括以下 5 种功能:地址译码、数据缓冲、信息转换、提供命令译码和状态信息以及定时和控制。

不同的接口芯片用于不同的控制场合,因此其功能也各有特点。如并行接口不要求数据格式转换功能,来自总线的并行数据就可直接传送到并行外设中;而串行通信接口就必须具备将并行数据转换为串行数据的功能。

3. 接口电路的基本结构

根据接口的基本功能要求,实现数据传送的接口电路主要由控制命令逻辑电路、状态设置和存储电路、数据存储和缓冲电路 3 部分组成,如图 9-1 所示。其中控制命令逻辑电路一般由命令字寄存器和控制执行逻辑组成,这一部分是接口电路的"中央处理器",用来完成全部接口操作的控制。状态设置和存储电路主要由一组数据寄存器构成,中央处理器和外设就是根据状态寄存器的内容进行协调动作的。数据存储和缓冲电路也是一组寄存器,用于暂存中央处理器和外设之间传送的数据,以完成速度匹配工作。

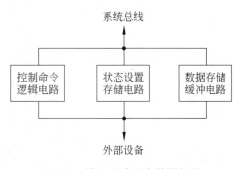

图 9-1　接口电路基本结构框图

一般接口的结构都由上述 3 部分组成,但也有些智能接口的控制部分由纯粹的微处理器担当。

9.1.2　接口控制原理

由于接口是用来控制数据传送的,所以接口控制即是接口电路对处理器与外设之间数据传送的控制。

1. 数据传送方式

无论通用接口还是专用接口,就数据传送方式而言只有两种:串行传送和并行传送。

1) 并行数据传送

在微机系统内,如大系统部件之间的数据传送都采用并行数据传送方式。并行数据的每一位都对应独立的传输线路,所以数据传送速度快,但线路多,一般只用于较短距离的数据传送。例如 8 位并行单方向数据传送,除需要 8 位数据线外,至少还需要一条地线和一条数据准备好状态线。地线提供电路电平信号参考点,确定各数据线的逻辑状态。数据准备好状态线是把数据送上数据线后请求传送的信号。如果是双向并行传送,还附加表示传送方向的信号线等。本书主要介绍并行数据传送。

2) 串行数据传送

串行数据传送是将构成字符的每个二进制数据位,按一定的顺序逐位进行传送的方式。串行数据传送主要用于远程终端或经过公共电话网的计算机之间的通信。远距离数据传送采用串行方式比较经济。单向传送只需一根数据线、一根信号地线和一根应答线等,但串行数据传送比并行数据传送控制复杂,其原因是计算机内部处理都采用并行方式,所以串行传送前后都要进行串并行数据转换。另外,由于采用同一根信号线串行传送每一位信号,就需要定时电路协调收发设备,确保正确传送。这就要求收发双方遵从统一的通信协议,下面介绍 PC 系列微机采用的异步串行通信协议。

异步串行通信协议规定字符数据的传送格式,每个数据以相同的位串形式传送,但数据间隔脉冲不定。如图 9-2 所示,每个串行数据由起始位、数据位、奇偶校验位和停止位组成。

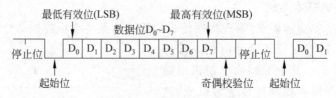

图 9-2 串行数据位串定义

（1）起始位。在通信线上没有数据被传送时处于逻辑 1 状态。当发送设备要发送一个字符数据时，首先发出一个逻辑低电平信号，这个逻辑低电平就是起始位。起始位通过通信线传向接收设备，接收设备检测到这个逻辑低电平后，就开始准备接收数据位信号。起始位所起的作用就是使设备同步，通信双方必须在传送数据位前协调同步。

（2）数据位。在起始位后，紧接着就是数据位。数据位的个数可以是 5、6、7 或 8 个，IBM PC 中经常采用 7 位或 8 位数据传送。这些数据位被移位寄存器构成传送数据字符。在字符数据传送过程中，数据位从最低有效位开始发送，依此顺序在接收设备中被转换为并行数据。

（3）奇偶校验位。数据位发送完之后，可以发送奇偶校验位。奇偶校验用于有限差错检测，通信双方约定一致的奇偶校验方式。如果选择偶校验，那么组成数据位和奇偶位的逻辑 1 的个数必须是偶数；如果选择奇校验，那么逻辑 1 的个数必须是奇数。

（4）停止位。在奇偶位或数据位（当无奇偶校验时）之后发送的是停止位。停止位是一个字符数据的结束标志，可以是 1 位、1.5 位或 2 位的高电平。接收设备收到停止位之后，通信线便又恢复逻辑 1 状态，直至下一个字符数据的起始位到来。

通信线上传送的所有位信号都必须保持一致的持续时间。每一位的宽度都由数据传送速度确定，而传送速度是以每秒钟传输多少个二进制位来度量的，这个速度称作波特率。而每秒钟传输的有效的二进制数位则称作比特率。例如，一个串行传输系统中，每秒可传输 10 个数据帧，每个数据帧包含 1 个起始位、8 个数据位和 2 个停止位，试求其波特率和比特率。波特率＝11×10＝110(b/s)；比特率＝8×10＝80(b/s)。

在异步串行通信中，接收设备和发送设备必须保持相同的传送波特率，并与每个字符数据的起始位同步。起始位、数据位、奇偶位和停止位的约定，在同一次传送过程中必须保持一致，这样才能成功地传送数据。

2．传送控制方式

接口电路控制数据信号的传送，这种传送操作是在中央处理器监控下实现的。对中央处理器而言，数据传送就是输入输出操作，中央处理器可以采用查询、中断和 DMA 3 种方式控制接口的传送操作。

1）查询方式

查询方式是中央处理器在数据传送之前通过接口的状态设置存储电路询问外设，待外设允许传送数据后才传送数据的操作方式。在查询方式下，中央处理器需要完成下面一些操作：

（1）中央处理器向接口发出传送命令，输入数据或输出数据；

（2）中央处理器查询外设是否允许传送（输出数据发送完否或输入数据准备好否）？

若不允许传送,则继续查询外设,直至允许传送(输出数据发送完或输入数据准备好)才传送数据。在查询方式下,中央处理器需要花费较多的时间去不断地"询问"外设,外设的接口电路处于被动状态。

有些输出设备随时可以接收数据,如发光二极管的亮或灭、电机的启动或停止;还有些输出设备在接收一个数据后需要过一段时间才能接收下一个数据,如 D/A 转换器。有些输入设备准备数据的时间是已知的,如 A/D 转换器。对于这类外部设备,就可以简化接口设计,省去状态设置存储电路和查询程序,直接传送数据或者延迟一段时间后再传送数据。这种传送方式就是所谓的"无条件"传送方式。

2)中断方式

中断方式是在外设要与中央处理器传送数据时,外设向中央处理器发出请求,中央处理器响应后再传送数据的操作方式。在中断方式下,中央处理器不必查询外设,而由接口在外设的输出数据发送完毕或接收数据准备好时通知中央处理器,中央处理器再发送或接收数据。中断方式提高了系统的工作效率,但中央处理器管理中断的接口比管理查询复杂。

3)直接存储器存取(DMA)方式

DMA 方式是数据不经过中央处理器而在存储器和外设之间直接传送的操作方式。DMA 方式是这 3 种方式中效率最高的一种传送方式,DMA 方式控制接口也最复杂,需要专用的 DMA 控制器。Intel 8237 和 8257 就是专用的 DMA 控制器芯片。在 DMA 方式下,先由存储器或者外设向 DMA 控制器发出 DMA 请求,DMA 控制器响应后再向微处理器发出总线请求,微处理器响应后就让 DMA 控制器接管 3 总线。3 总线在 DMA 控制器的管理下完成存储器和存储器之间或存储器和外设之间或者外设和外设之间的数据传送。DMA 方式适合数据量较大的传送,如存储器与磁盘之间的数据传送。

9.1.3 接口控制信号

无论采用什么样的控制方式,在电路实现上都是通过控制信号的交换来完成接口对数据传送的控制,现代微机系统都是采用总线接口方式,因此,接口控制信号可分为两类:总线控制信号和输入输出控制信号,如图 9-3 所示。

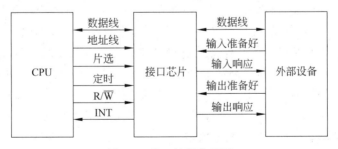

图 9-3　接口控制信号图

总线控制信号包括数据线、地址线、$\overline{\text{IOR}}$、$\overline{\text{IOW}}$ 等。

输入输出控制信号比较复杂,不同控制方式的接口信号不同。一般包括数据线、输入输出应答信号等。中断接口和 DMA 接口的控制信号更复杂一些,通常由接口芯片提供专用控制信号来完成数据传送控制。

9.2   I/O 指令和 I/O 地址译码

微处理器进行 I/O 操作时,对 I/O 接口的寻址方式与存储器寻址方式相似。即必须完成两种选择:一是选择出所选中的 I/O 接口芯片(称为片选);二是选择出该芯片中的某一寄存器(称为字选)。

通常有两种 I/O 接口结构:一种是标准的 I/O 结构,另一种是存储器映像 I/O 结构(memory mapped I/O)。与之对应的也有两种 I/O 寻址方式。

9.2.1   标准的 I/O 寻址方式

标准的 I/O 寻址方式也称为独立的 I/O 寻址方式或称为端口(Port)寻址方式。它有以下 3 个特点:

(1) I/O 设备的地址空间和存储器地址空间是独立的、分开的。即 I/O 接口地址不占用存储器的地址空间。

(2) 微处理器对 I/O 设备的管理是利用专用的 IN(输入)和 OUT(输出)指令来实现数据传送的。

(3) CPU 对 I/O 设备的读/写控制是用 I/O 读/写控制信号($\overline{IOR}$、$\overline{IOW}$)。

采用标准的 I/O 寻址方式的微机处理器有 Intel 8080A/8085A、80x86、Zilog Z80 等。

应当指出,标准的 I/O 寻址方式是以端口(port)作为地址的单元,因为一个外设往往不仅有数据寄存器,还有状态寄存器和控制寄存器,它们各用一个端口才能区分,故一个外设常有若干个端口地址。

9.2.2   存储器映像 I/O 寻址方式

存储器映像 I/O 寻址方式又称为存储器对应 I/O 寻址方式,它也有 3 个特点:

(1) I/O 接口与存储器共用同一个地址空间。即在系统设计时指定存储器地址空间内的一个区域供 I/O 设备使用,故 I/O 设备的每一个寄存器占用存储器空间的一个地址。这时,存储器与 I/O 设备之间的唯一区别是其所占用的地址不同。

(2) CPU 利用对存储器的存储单元进行操作的指令来实现对 I/O 设备的管理。

(3) CPU 用存储器读/写控制信号($\overline{MEMR}$、$\overline{MEMW}$)对 I/O 设备进行读/写控制。

MC6800 微处理器是采用存储器映像 I/O 寻址的典型例子。80x86 采用端口寻址方式。当然,采用端口寻址方式的微处理器,也可以采用存储器映像 I/O 寻址方式。

存储器映像 I/O 寻址方式的优点是:

(1) CPU 对外设的操作可使用全部的存储器操作指令,故指令多,使用方便,如可对外设中的数据(存于外设的寄存器中)进行算术和逻辑运算,进行循环或移位等;

(2) 存储器和外设的地址分布图是同一个;

(3) 不需要专门的输入/输出指令。

其缺点是：

(1) 外设占用了内存单元,使内存容量减小;

(2) 存储器操作指令通常要比 I/O 指令的字节多,故加长了 I/O 操作的时间。

9.2.3 输入输出指令

1. 输入指令 IN Acc,Port 或 IN Acc,DX

输入指令是把一个字节或一个字由输入端口传送至 AL(8 位 Acc)、AX(16 位 Acc)或 EAX(32 位 Acc)。端口地址若是由指令中的 Port 所规定,则只可寻址 0～255。端口地址若用寄存器 DX 间址,则允许寻址 64K 个输入端口。累加器 Acc 选用 AL、AX 或 EAX 中的哪一个,取决于外设端口的宽度。如端口宽度只有 8 位,则只能选用 AL 进行字节传送。

2. 输出指令 OUT Port,Acc 或 OUT DX,Acc

输出指令是把在 AL 中的一个字节或在 AX 中的一个字或者在 EAX 中的一个双字,传送至输出端口。端口寻址方式及累加器 Acc 的选用与 IN 指令相同。

9.2.4 I/O 接口的端口地址译码

80x86 微处理器都由低 16 位地址线寻址 I/O 端口,故可寻址 64K 个 I/O 端口,但在实际的微机系统中,只用了最前面的 1K 个端口地址,也即寻址 1K 范围内的 I/O 空间。因此仅使用了地址总线的低 10 位,即只有地址线 $A_9 \sim A_0$ 用于 I/O 地址译码。微机系统在进行 DMA 操作时,DMA 控制器控制了系统总线。DMA 控制器在发出地址的同时还要发出地址允许信号 AEN,所以还必须将 DMA 控制器发出的地址允许信号 AEN 也参加端口地址的译码,用 AEN 限定地址译码电路的输出。当 AEN 信号有效(高电平)时即 DMA 控制器控制系统总线时,地址译码电路无输出;当 AEN 信号无效(低电平)时,地址译码电路才有输出。

无论是大规模集成电路的接口芯片,还是基本的输入输出缓冲单元,都是由一个或多个寄存器加上一些附加控制逻辑构成的。对这些寄存器的寻址就是对接口的寻址。通常采用两级译码方法,译码地址的高位组确定一个地址区域,作为组选信号;低位组地址直接接到芯片的地址输入端,选择芯片内各寄存器。组选信号的译码常采用与逻辑门电路和 74LS138 译码器进行译码。

1. 直接地址译码

直接地址译码是一种局部译码方法,按照系统分配给某接口的地址区域,对地址总线的某些位进行译码,产生对该接口包含的缓冲器和寄存器的组选信号,再由低位地址线对组内缓冲器和寄存器译码寻址。

图 9-4 是采用直接地址译码寻址端口的电路。其中通过 8 与非门 74LS30 产生的是组选择信号,地址范围为 2F8H～2FFH。地址线 $A_3 \sim A_7$、A_9 直接接到 8 与非门 74LS30 的输入端。由 DMA 控制器发出的地址允许信号 AEN 和地址线 A_8 反相后接到 74LS30 的输入端。最低 3 位地址线 $A_2 \sim A_0$ 通过两个 3-8 译码器 74LS138 译码,与 I/O 读/写信号 $\overline{IOW}$、$\overline{IOR}$ 配合对组内两组地址相同的寄存器和缓冲器寻址。$A_2 \sim A_0$ 在 000～111 之

间变化,由 I/O 写信号控制的是写寄存器地址 2F8H～2FFH,由 I/O 读信号控制的是读缓冲器地址 2F8H～2FFH。

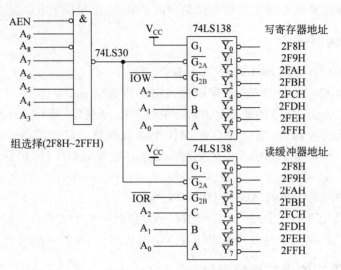

图 9-4   分别用于输入和输出的直接地址译码

图 9-4 所示的直接地址译码电路的输出线分别用于输入和输出。图 9-5 所示的直接地址译码电路的输出线既可以用于输入也可以用于输出。

在 80x86 微型计算机的系统板上各接口芯片的译码电路如图 9-6 所示。高位地址线 A_5、A_6、A_7、A_8、A_9 和 DMA 控制器发出的地址允许信号 AEN 都接在 3-8 译码器 74LS138 的输入端和使能端上。输出对 8237 直接存储器存取(DMA)接口芯片、8259 中断控制器接口芯片、8253 计数器/定时器芯片和 8255 并行接口芯片的片选信号。至于芯片内各寄存器,则由低位地址线直接与各接口芯片的内部寄存器选择线相连来选择。

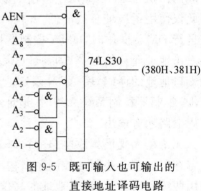

图 9-5   既可输入也可输出的
直接地址译码电路

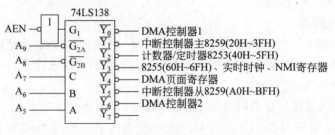

图 9-6   80x86 微型计算机接口芯片的译码电路

2. 间接端口地址译码

间接端口地址译码仅使用两个端口地址就可以对多个端口进行寻址,第一个端口地

272

址指向地址寄存器,第二个端口地址指向数据寄存器。端口寄存器的地址都要先送到地址寄存器,然后再根据地址寄存器的内容来选择端口寄存器。从处理器看来,系统只须对地址寄存器和数据寄存器进行寻址即可,对端口各寄存器的第二次寻址由地址寄存器的内容确定。

如图 9-7 所示的就是间接端口译码电路图。地址线 $A_1 \sim A_9$ 经或非门 74LS02、非门 74LS04 和 8 与非门 74LS30 译码,其输出信号作为数据端口地址直接与数据总线驱动器 74LS245 的使能端 $\overline{G}$ 相连;该输出又经反向后,与低位地址 A_0、输入输出写信号 $\overline{IOW}$ 相与,产生地址寄存器 74LS175 的写入信号。当 A_0 为 1 时,地址寄存器 74LS175 的时钟端才有由低到高的写入信号,把数据线上的 3 位地址数据写入 74LS175 锁存。而当 A_0 为 1 或者为 0 时,数据总线驱动器 74LS245 的使能端 $\overline{G}$ 都有低电平,所以把数据端口和地址寄存器的端口地址分别定为 210H 和 211H。该电路使用地址寄存器的 3 位输出作为 2 级地址,这 3 位 2 级地址与 I/O 写信号 $\overline{IOW}$、I/O 读信号 $\overline{IOR}$ 配合,经 3-8 译码器 74LS138 译码再产生写间接端口和读间接端口两组端口地址。

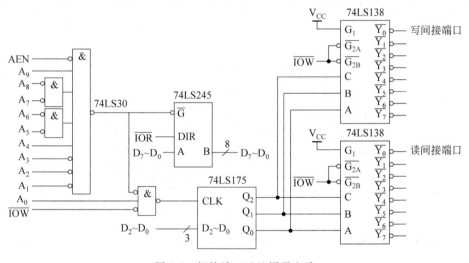

图 9-7 间接端口地址译码电路

这种译码电路节省系统地址空间,但在寻址时必须把间接地址作为数据输出,这样就多使用了一条 OUT 指令。

9.3 简单的数据输入输出接口

在接口电路中,大量使用三态缓冲器、寄存器和三态缓冲寄存器来作微处理器与外部设备的数据输入输出接口,用来输入输出数据或检测和控制与之相连接的外部设备。微处理器可以将接口电路中的三态缓冲(寄存)器视为存储单元,把控制或状态信号作为数据位信息写到寄存器中或从三态缓冲(寄存)器中读出。寄存器的输出信号可以接到外部设备上,外部设备的信号也可以输入到三态缓冲寄存器中。例如,将寄存器与一个固态继电器相连,微处理器通过向寄存器写 0 或 1,可以使继电器合上或释放。如果要检测某个开关的状态，就可以把开关接到三态缓冲器，微处理器通过三态缓冲器可以读入开关的状态，了解该开关的通断情况。

一般来说，微处理器都是通过三态缓冲(寄存)器检测外设的状态，通过输出寄存器发出控制信号。

9.3.1 数据输出寄存器

数据输出寄存器用来寄存微处理器送出的数据和命令。常用的寄存器有 74LS175(4 位)、74LS174(6 位)和 74LS273(8 位)。8D 触发器 74LS273 如图 9-8 所示。8 个数据输入端 1D～8D 与微型计算机的数据总线相连，8 个数据输出端 1Q～8Q 与外设相连。加到 74LS273 时钟端 CLK 的脉冲信号的上升沿将出现在 1D～8D 上的数据写入该触发器寄存。该触发器寄存的数据可由$\overline{CLR}$上的脉冲的下降沿清除。该触发器寄存数据的过程是微处理器执行 OUT 指令完成的。执行 OUT 指令时，微处理器发出写寄存器信号，该信号通常是端口地址和 I/O 写信号$\overline{IOW}$相负与产生的。将写寄存器信号接至 74LS273 的 CLK 端。OUT 指令就把累加器 AL 中的数据通过数据总线送至该触发器寄存。

1D~8D	数据输入
1Q~8Q	数据输出
$\overline{CLR}$	清除
CLK	时钟

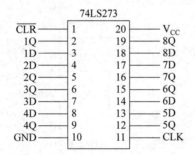

图 9-8　74LS273 8D 触发器

74LS273 可以用作无条件传送的输出接口电路。

9.3.2 数据输入三态缓冲器

外设输入的数据和状态信号，通过数据输入三态缓冲器经数据总线传送给微处理器。74LS244 8 位三态总线驱动器如图 9-9 所示。8 个数据输出端 $1Y_1$～$1Y_4$、$2Y_1$～$2Y_4$ 与微型计算机的数据总线相连，8 个数据输入端 $1A_1$～$1A_4$、$2A_1$～$2A_4$ 与外设相连。加到输出

1A 2A	数据输入
1Y 2Y	数据输出
$\overline{1G}$	1A→1Y输出允许
$\overline{2G}$	2A→2Y输出允许

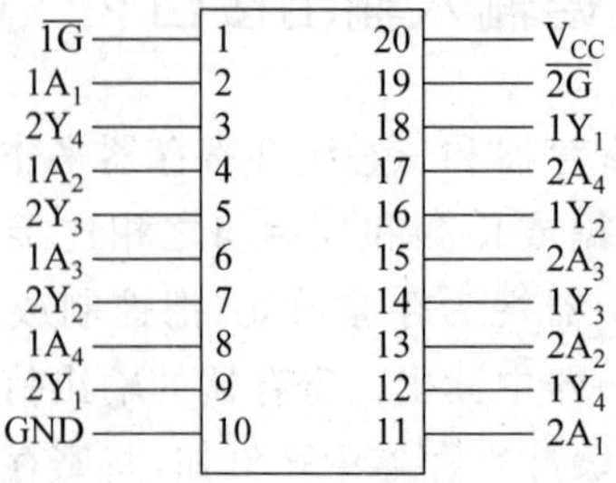

图 9-9　74LS244 三态总线驱动器

允许$\overline{1G}$和$\overline{2G}$的负脉冲将数据输入端的数据送至数据输出端。执行 IN 指令时,微处理器发出读寄存器信号,该信号通常是端口地址和 I/O 读信号$\overline{IOR}$相负与产生的。将读寄存器信号接至 74LS244 的输出允许端,IN 指令就把三态缓冲器 74LS244 数据输入端的数据,经数据总线输入累加器 AL 中。

74LS244 可以用作无条件传送的输入接口电路。

【例 9.1】 从理想开关输入 8 位二进制补码数,将其真值在 8 只发光二极管上显示出来。设计实现该功能的接口电路图(包括地址译码电路,设端口地址仅为 380H),及其控制程序。

解 设计的接口电路如图 9-10 所示。编制的控制程序如下:

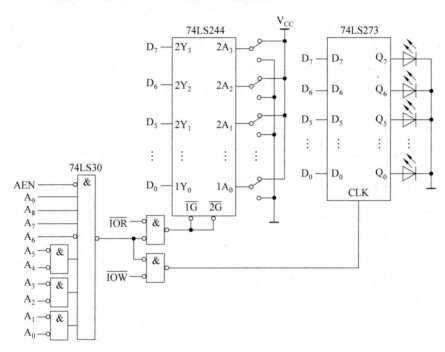

图 9-10 例 9.1 的接口电路图

```
stack        segment stack 'stack'
             dw 32 dup(0)
stack        ends
code         segment
begin        proc far
             assume ss：stack, cs：code
             push ds
             sub ax, ax
             push ax
             MOV DX, 380H
             IN AL, DX                      ;读入原码
             TEST AL, 80H                    ;判断补码数的符号
             JZ NONEG                        ;正数的补码就是其绝对值
```

```
                NEG AL                              ;负数,求其绝对值
        NONEG： OUT DX, AL
                ret
begin       endp
code        ends
            end begin
```

9.3.3 三态缓冲寄存器

三态缓冲寄存器是由三态缓冲器和寄存器组成的。数据进入寄存器寄存后并不立即从寄存器输出,要经过三态缓冲才能输出。三态缓冲寄存器既可以作数据输入寄存器,又可以作数据输出寄存器。寄存器既可以由触发器构成,也可以由锁存器构成。触发器与锁存器是有差别的。锁存器有一锁存允许信号端,当加到该端的信号为有效电平时,Q端随D端变化,这时锁存器好比一"直通门"。当锁存允许信号变为无效时,锁存器将此变化前一瞬间D端的输入信号锁存起来,此后D端的变化不再影响Q端。将三态缓冲锁存器的锁存允许端接有效电平,三态缓冲锁存器即为三态缓冲器;将三态缓冲锁存器的输出允许端接有效电平,三态缓冲锁存器即为锁存器。先前介绍的74LS373就是三态缓冲锁存器。74LS374是三态缓冲触发器,它的引线排列与74LS373相同。

9.3.4 寄存器和缓冲器接口的应用举例

寄存器和缓冲器接口的应用简单又灵活,只要处理好它们的时钟端(选通端)或输出允许端与微型计算机的连接即可。如图9-11所示电路的8个输出端即可直接与寄存器或缓冲器的时钟端或输出允许端相连,用作写寄存器信号或读缓冲器信号。它们还可以用作其他输入和输出接口的片选信号。需要注意的是图9-11中的$\overline{PS}$不仅仅是对地址信号译码的输出信号,其中也包含输入和输出的读、写信号。若使用的仅仅是对地址信号译码的输出信号,则要将它和$\overline{IOR}$或者$\overline{IOW}$相与后才能用作读缓冲器或写寄存器的信号。

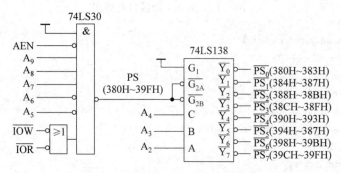

图 9-11 读缓冲器和写寄存器信号

1. 七段发光二极管显示器接口

发光二极管显示器(LED)是微型计算机应用系统中常用的输出装置。七段发光二极管显示器内部由7个条形发光二极管和一个圆点发光二极管组成。根据各管的亮暗组合

成十六进制数、小数点和少数字符。常用的七段发光二极管显示器的引线排列如图 9-12
所示。其中 com 为 8 个发光二极管的公共引线,根据内部发光
二极管的接线形式可分成共阴极型和共阳极型。若该引线接内
部 8 个发光二极管的阴极,a,b,c,d,e,f,g 及 dp 则为 8 个发光
二极管的阳极的引线,这就是共阴极型的七段发光二极管显示
器;若该引线接内部 8 个发光二极管的阳极,a,b,c,d,e,f,g 及
dp 则为 8 个发光二极管的阴极的引线,这就是共阳极型的七段
发光二极管显示器。下面以共阴极型为例,说明接口方法。

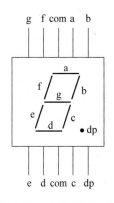

图 9-12　七段显示器的
引线排列

　　计算机与七段发光二极管显示器的接口,分成静态显示接
口和动态显示接口。七段发光二极管显示器的静态接口是每个
七段发光二极管显示器的阳极单独用一组寄存器控制,并将其
公共点接地。七段发光二极管显示器的动态接口使用 2 组寄存
器。几个七段发光二极管显示器的阳极共用一组寄存器,该寄
存器称作段选寄存器。另一组寄存器控制这几个七段发光二极管显示器的公共点,控制
这几个显示器逐个循环点亮。适当选择循环速度,利用人眼"视觉暂留"效应,使其看上去好
像这几个七段发光二极管显示器同时在显示一样。控制公共点的寄存器称为位选寄存器。

　　采用动态控制 6 个七段发光二极管显示器与 80x86 微型计算机的接口电路如图 9-13

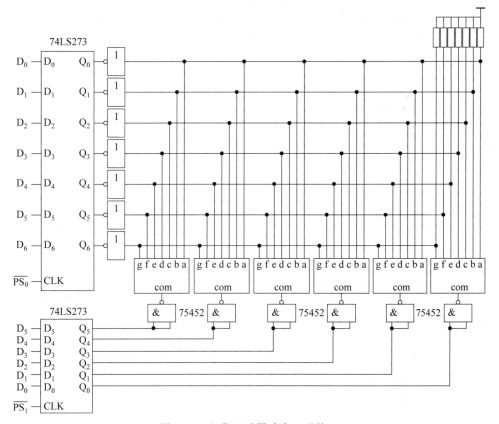

图 9-13　七段显示器动态显示接口

所示。图中所有显示器相同的段选端并接在一起,由一组 7 位寄存器控制,每个显示器的 com 端分别由一组 6 位寄存器的某一位控制。反相器和与非门是为了增加驱动电流。根据图 9-13 的连接,要使七段发光二极管显示器的某一段亮,应使该段相连的段选寄存器的 Q 端输出为 0,同时使其他段相连的段选寄存器的 Q 端输出为 1。例如要显示数字 5,则应使段选寄存器输出为 0010010。若用一个字节表示该字形代码,则为 12H。10 个十进制数的字形代码分别是 40H,79H,24H,30H,19H,12H,02H,78H,00H,18H。要使 6 位中的某一位亮,其他 5 位灭,应使与该位相连的位选寄存器的 Q 端输出为 1,其他各位为 0。

把从 80x86 微型计算机的键盘输入的六位十进制数送入如图 9-13 所示的七段显示器显示的程序如下:

```
stack       segment stack 'stack'
            dw 32 dup(0)
stack       ends
data        segment
IBF         DB 7,0,7 DUP(0)
SEGPT       DB 40H,79H,24H,30H,19H,12H,2,78H,0,18H
data        ends
code        segment
start       proc far
            assume   ss: stack,cs: code,ds: data
            push ds
            sub ax,ax
            push ax
            mov ax,data
            mov ds,ax
            MOV DX,OFFSET IBF            ;输入
            MOV AH,10
            INT 21H
AGANO:      MOV BP,OFFSET IBF+2          ;建立指针
            MOV AH,20H                   ;位指针代码
            MOV BH,0                      ;将输入数的 ASCII 码变为 BCD 数
AGANI:      MOV BL,DS: [BP]
            AND BL,0FH
            MOV AL,SEGPT[BX]             ;取 BCD 数的七段显示代码
            MOV DX,380H                  ;输出段码
            OUT DX,AL
            MOV AL,AH                     ;输出位码
            MOV DX,384H
            OUT DX,AL
            MOV CX,1000                  ;延时
            LOOP $
            INC BP                        ;调整 BCD 数存放指针
```

```
                SHR AH,1                              ;调整位指针
                AND AH,AH                             ;输入的 6 位数都输出否?
                JNZ AGANI                             ;6 位数都已输出则退出内循环
                MOV AH,11                             ;系统功能调用检查键盘有无输入
                INT 21H
                CMP AL,0                              ;键盘有输入 AL=0FFH,无输入 AL=0
                JE AGANO                              ;有输入结束程序运行,无输入循环
                ret
    start       endp
    code        ends
                end start
```

2. 键盘接口

这里介绍的键盘是由若干个按键组成的开关矩阵,用于向计算机输入数字、字符等代码,是最常用的输入电路。在键盘的按键操作中,其开或闭均会产生 10~20ms 的抖动,可能导致一次按键被计算机多次读入的情况。通常采有 RC 吸收电路或 RS 触发器组成的闩锁电路来消除按键抖动;也可以采用软件延时的方法消除抖动。这里设开关为理想开关即没有抖动。

如图 9-14 所示的是一个 4×4 键盘及其接口电路,用它向计算机输入 0~F 16 个十六进制数码。图 9-14 中寄存器 74LS273 的输出接键盘矩阵的行线,缓冲器 74LS244 的输入接键盘矩阵的列线。列线还通过电阻接高电平。若将寄存器 74LS273(端口地址 380H)全部输出低电平,从缓冲器 74LS244(端口地址 384H)读入键盘的开关的状态为

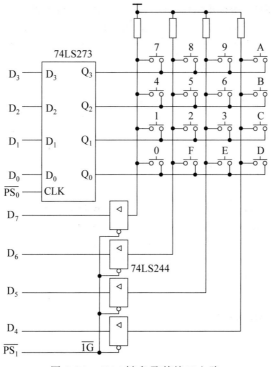

图 9-14   4×4 键盘及其接口电路

1111,则无键闭合;否则有键闭合。有键闭合后,再逐行逐列检测,确定是哪个键闭合。确定的方法是:将按键的位置按行输出值和列输入值进行编码。编码(十六进制数)与按键的位置关系对应如下:

```
77    B7    D7    E7
7B    BB    DB    EB
7D    BD    DD    ED
7E    BE    DE    EE
```

若把该键盘矩阵的按键定义为十六进制数:

```
7    8    9    A
4    5    6    B
1    2    3    C
0    F    E    D
```

按上述定义的对应关系和十六进制数的顺序,将按键的编码排成数据表,放在数据区中。再根据这种编码规则将扫描键盘的列值和行值组合成一代码。将该代码与数据区中的数据表比较,即可确定闭合键。按上述思路确定闭合键所代表的十六进制数字,并将其送 PC 的显示器显示的程序如下:

```
stack           segment stack 'stack'
                dw 32 dup(0)
stack           ends
data            segment
KEYTAB          DB 7EH,7DH,0BDH,0DDH,7BH,0BBH,0DBH,77H
                DB 0B7H,0D7H,0E7H,0EBH,0EDH,0EEH,0DEH,0BEH
data            ends
code            segment
start           proc far
                assume   ss: stack,cs: code,ds: data
                push ds
                sub ax,ax
                push ax
                mov ax,data
                mov ds,ax;
LOP1:           MOV DX,380H                    ;检测全键盘
                MOV AL,0
                OUT DX,AL
                MOV DX,384H
                IN AL,DX
                AND AL,0F0H
                CMP AL,0F0H
                JE LOP1
                MOV BX,0                       ;数据区的位移量送至 BX
                MOV AH,77H                     ;检测键盘的行的输出值(1110B)
```

```
LOP2：        MOV DX,380H              ;检测键盘的一行
             MOV AL,AH
             OUT DX,AL
             MOV DX,384H
             IN AL,DX
             AND AL,0F0H
             CMP AL,0F0H
             JNE LOP3
             ROR AH,1                 ;该行无键闭合检测另一行
             JMP LOP2
LOP3：        AND AH,0FH
             OR AL,AH                 ;闭合键的列值与行值组合编码
LOP4：        CMP AL,KEYTAB[BX]        ;将闭合键的编码转换为该键代表的
             JE LOP5                  ;十六进制数字
             INC BX
             JMP LOP4
LOP5：        ADD BL,30H               ;将十六进制数字转换为 ASCII 码
             CMP BL,3AH
             JC LOP6
             ADD BL,7
LOP6：        MOV DL,BL                ;将闭合键代表的数送显
             MOV AH,2
             INT 21H
             ret
start        endp
code         ends
             end start
```

3. BCD 码拨盘及其接口

拨盘种类很多,使用最方便的是十进制数输入,BCD 码输出的 BCD 码拨盘。这种拨盘具有 0～9 等 10 个位置,每个位置都有相应的数字显示,代表拨盘输入的十进制数。每片拨盘都有 5 个接点,其中 A 为输入控制线,另外 4 个接点 8、4、2、1 是 BCD 码输出信号线。拨盘拨到不同位置时,输入控制线 A 分别与 BCD 码输出线中某根或某几根接通。

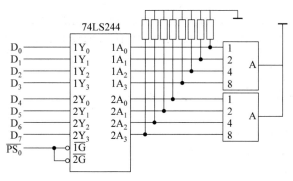

图 9-15   2 位拨盘组及其接口电路

例如,拨盘拨到0,A与4根线都不通;拨到1,A与输出线1接通;拨到2,A与输出线2接通;拨到3,A与输出线2和1接通;……;拨到9,A与输出线8和1接通。从此可看出,若将拨盘的A接高电平,则输出线输出的即是8421码。图9-15所示的是2位十进制数输入拨盘组及其接口电路。图9-16所示的是8位十进制数输入拨盘组及其接口电路。

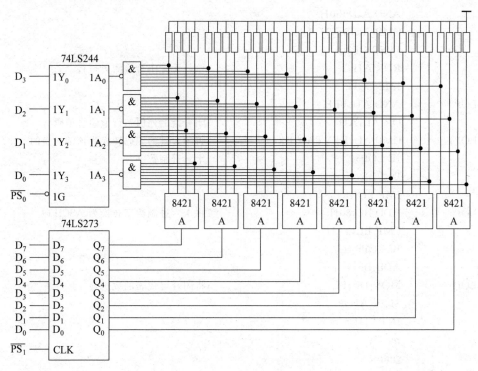

图 9-16　8 位拨盘组及其接口电路

将如图9-16所示的拨盘组输入的8位十进制数读入数据区并送PC的显示器显示的程序如下:

```
stack        segment stack 'stack'
             dw 32 dup(0)
stack        ends
data         segment
KEYTAB       DB 7EH,7DH,0BDH,0DDH,7BH,0BBH,0DBH,77H
             DB 0B7H,0D7H,0E7H,0EBH,0EDH,0EEH,0DEH,0BEH
data         ends
code         segment
start        proc far
             assume  ss: stack,cs: code,ds: data
             push ds
             sub ax,ax
             push ax
             mov ax,data
```

```
                mov ds,ax
                MOV BX,0                    ;拨盘输入数据区的位移量
                MOV AH,80H                  ;拨盘位选值
LOP1：          MOV DX,384H                 ;拨盘位选值输出
                MOV AL,AH
                NOT AL
                OUT DX,AL
                MOV DX,380H                 ;读入一位拨盘的值,存入输入数据区
                IN AL,DX
                AND AL,0FH
                MOV IBUF[BX],AL
                INC BX                      ;改变输入数据区的位移量
                SHR AH,1                    ;改变拨盘的位选值
                AND AH,AH                   ;检测 8 位是否已读入
                JNZ LOP1
                MOV SI,OFFSET IBUF＋7       ;将输入值变为 ASCII 码送输出数据区
                MOV DI,OFFSET OBUF＋7
                MOV CX,8
LOP2：          MOV AL,[SI]
                ADD AL,30H
                MOV [DI],AL
                DEC SI
                DEC DI
                LOOP LOP2
                MOV OBUF＋8,'$'
                MOV DX,OFFSET OBUF          ;将 8 位拨盘值送显示器显示
                MOV AH,9
                INT 21H
                ret
start           endp
code            ends
                end start
```

9.3.5　打印机适配器

　　较早期的打印机适配器是以板卡形式插在主机板的总线槽中的,随着芯片集成度的提高,主机板集成了越来越多的部件和相应功能,打印机适配器也因此作为一个部件集成于主机板中,但原理和对外信号连接仍然相同。本节介绍较早期的打印机适配器的工作原理,该适配器不仅可以用作连接打印机的接口电路,也可以作为通用输入输出接口。较早期的打印机适配器有两种,一种是独立的打印机适配器板卡,该板卡有两组端口地址 378H～37AH 和 278H～27AH;另一种是和显示器适配电路组合在一起的打印机适配器,该板卡的端口地址为 3BCH～3BEH。这两种板卡上的打印机适配电路相同,两者的差别仅在于端口地址不同。现在集成于主机板上的打印机适配器只有一个并行口(25 芯

D 型连接器），该并行口可以使用其中的任意一组端口地址。

打印机适配器由输入电路、输出电路、地址译码电路和数据总线隔离电路 4 部分组成。

1. 地址译码电路和数据总线隔离电路

打印机适配器的地址译码电路和数据总线隔离电路如图 9-17 所示。打印机适配器的译码电路采用直接译码与跳线开关相结合的方法提供两个地址区域的端口地址，其地址为 378H～37FH 和 278H～27FH（两个地址区域的区别仅在于 A_8 的变化，A_2 未参加译码）。地址线 A_9～A_3 和地址允许信号 AEN 经 8 输入的与非门 74LS30 与译码器 74LS155 相连，地址线 A_1 和 A_0 直接与译码器 74LS155 相连。译码器 74LS155 为双 2-4 译码器，输入输出读写控制信号 $\overline{IOR}$、$\overline{IOW}$ 以及组选输入与译码器 74LS155 的使能端相连，以选择地址为 378H～37FH 或 278H～27FH 的读或写寄存器。$\overline{WPA}$ 和 $\overline{WPC}$ 是两个写寄存器选通信号，$\overline{RPA}$、$\overline{RPB}$ 和 $\overline{RPC}$ 是 3 个读寄存器选通信号。

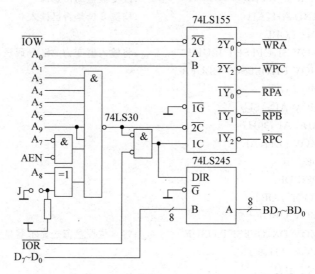

图 9-17　打印机的地址译码电路和数据总线隔离电路

数据总线隔离电路使用的是双向总线驱动器 74LS245，74LS245 的输入由地址译码电路的输出信号和 $\overline{IOR}$ 控制，仅在对端口 378H～37FH 或 278H～27FH 进行输入或输出操作时，74LS245 才将双向三态门单方向打开。

2. 输出电路和命令字

打印机适配器的输出电路包括数据输出电路和命令输出电路，如图 9-18 所示。数据

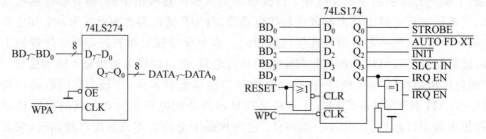

图 9-18　打印机的输出电路

输出电路由 74LS374 组成,地址译码电路的 $\overline{WPA}$ 将打印数据送到外部数据线 $DATA_7 \sim DATA_0$。命令输出电路由输出控制字寄存器 74LS174 组成,地址译码电路的 $\overline{WPC}$ 将打印机适配器的输出控制字送输出控制字寄存器 74LS174 锁存。

输出控制字寄存器 74LS174 只有 5 位有效信号,这 5 位信号与控制命令字各位一一对应,如图 9-19 所示。控制字各位的意义如下:

D_0 为选通控制位,由此位向打印机发出选通脉冲,该脉冲将打印机适配器的数据寄存器 74LS374 锁存的数据送往打印机。

D_1 为自动换行控制位,当 D_1 为 1 时,打印机适配器会在每个回车符后面自动加一个换行符。若 D_1 为 0 时,则没有这个功能。

D_2 为初始化控制位,当 D_1 为 0 时,打印机进入复位状态,这时打印机内部的打印行缓冲器被逐字节清除。

D_3 为选择输入控制位,只有该位为 1 时,打印机才与适配器接通,此时适配器才可以和打印机交换信息。

D_4 为允许中断控制位,当 D_1 为 1 时,$\overline{IRQ\ EN}$ 将三态门打开,从打印机来的应答信号 $(\overline{ACK})$ 通过三态门而形成中断请求信号 IRQ_7(见图 9-20)。在这种情况下,有效的应答信号 $(\overline{ACK})$ 会通过中断控制器 8259 向 CPU 请求中断。

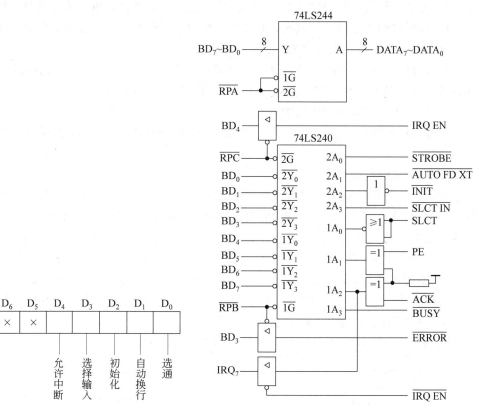

图 9-19　打印机的控制命令字

图 9-20　打印机的输入电路

3. 输入电路和状态字

输入电路包括状态输入电路、命令输入电路和数据回送电路,如图 9-20 所示。数据 $DATA_7 \sim DATA_0$ 通过 74LS244 回送,由 $\overline{RPA}$ 选通。而状态信号和回送命令都通过 74LS240 送到数据线 $BD_7 \sim BD_0$ 上,状态信号由 $\overline{RPB}$ 选通输入,命令由 $\overline{RPC}$ 选通回送。5 位状态信号与状态输入字各位一一对应如图 9-21 所示。状态字各位的意义如下:

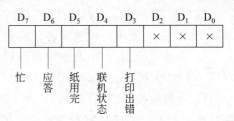

图 9-21　打印机的状态输入字

D_7 是打印机忙($\overline{BUSY}$)状态位,$\overline{BUSY}$ 为 0,表示打印机处于忙状态,不能接收新的数据。只有当 $\overline{BUSY}$ 为 1 时,计算机才能对 STROBE 置位,从而使数据由打印机适配器送到打印机。以下几种原因都会使打印机处于忙状态:打印机适配器正在往打印机送字符;打印机正在打印;打印机处于脱机状态(SLCT 为 0);打印出错。

D_6 为打印机应答($\overline{ACK}$)信息位,$\overline{ACK}$ 为 0,表示打印机接收或打印了刚才送来的字符,现在可以接收新的字符。每接收一个字符,打印机都会发一个 $\overline{ACK}$,$\overline{ACK}$ 的上升沿使 $\overline{BUSY}$ 成为低电平。

D_5 是表示打印机纸用完(PE)的状态位,该位为 1 表示打印机当前没有打印纸。

D_4 表示打印机是否处于联机(SLCT)状态 ,该位为 1 表示打印机处于联机状态;该位为 0 表示打印机处于脱机状态。

D_3 是打印出错($\overline{ERROR}$)位,该位为 0 表示打印机工作不正常,其中包括纸用完和打印机处于脱机状态两种情况。若该位为 1,则表示打印机工作正常。

4. 打印机适配器与打印机的连接

打印机适配器通过并行口(25 芯 D 型插座)与打印机(36 芯 D 型插座)的连接如图 9-22 所示。

5. 打印机的操作过程

计算机往打印机输出字符可以采用中断方式和查询方式两种形式。采用中断方式输出字符时,打印机每接收一个字符,便发送应答($\overline{ACK}$)信号给打印机适配器,$\overline{ACK}$信号经输入电路向计算机发出中断请求。计算机收到此信号后,若计算机是开中断状态,则在执行完本条指令之后,响应中断,从而往打印机发送下一个字符。采用查询方式输出字符时,计算机要不断地测试打印机的忙($\overline{BUSY}$)信号,当 $\overline{BUSY}$ 为 0 时,说明打印机处于忙状态,即打印机正在接收字符或者正在打印字符,此时计算机必须等待。当忙信号消失即 $\overline{BUSY}$ 为 1 时,计算机便往打印机发送一个字符。

采用查询方式打印寄存器 AL 内的一个字符的子程序如下:

```
PRINT    PROC
         PUSH AX
         PUSH DX
         MOV DX,378H
         OUT DX,AL                    ;输出 AL 中的字符
```

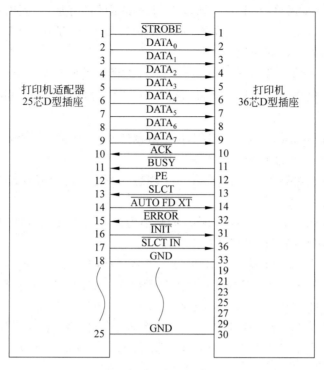

图 9-22　打印机与并行口的连接

```
          MOV DX,379H
WAIT:     IN AL,DX                    ;读入打印机的状态
          TEST AL,80H                 ;测试打印机是否"忙"
          JZ WAIT
          MOV DX,37AH
          MOV AL,0DH                  ;输出 0DH 和 0CH,即为一个选通脉冲
          OUT DX,AL
          MOV AL,0CH
          OUT DX,AL
          POP DX
          POP AX
          RET
PRINT     ENDP
```

　　在微型机系统中,由 BIOS 用 INT 17H 形式提供了打印机服务程序,该服务程序的调用方法请见 7.5.3 节。

9.4　习　　题

　　9.1　试画出 8 个 I/O 端口地址 260H～267H 的译码电路(译码电路有 8 个输出端)。

9.2 CPU 要实现对 16 个 I/O 端口 380H～38FH 的寻址,试画出地址译码电路。

9.3 设某接口要求端口地址的范围为 2A0H～2BFH,试仅用 138 译码器设计端口译码电路,并写出各输出端的地址。

9.4 试用输入输出端口译码电路对 A_9～A_5 译码的输出信号 $\overline{PS}$、输入输出读信号 $\overline{IOR}$、写信号 $\overline{IOW}$ 和 A_4～A_0 实现对 SRAM 6116 芯片的 2048 个单元的读和写,设计接口电路图和控制程序。

9.5 用一片 74LS244 做 ASCII(七位二进制数)的输入接口,输入 100 个字符在显示器上显示出来。试设计接口电路和控制程序。

9.6 设计接口电路和控制程序,将 8 个理想开关输入的无符号二进制数转换为十进制数(0～255)送显示器显示。

9.7 将键盘输入的十进制数(0～255)转换为二进制数,在 8 只发光二极管上显示出来。试设计这一输出的接口电路和控制程序。

9.8 用一片 74LS244 做 ASCII(七位二进制数)的输入接口,输入十六进制字符,在由一片 74LS273 静态控制的七段显示器上显示出来。试设计接口电路(包括地址译码电路,要求 74LS244 和 74LS273 的端口地址均为 380H)和控制程序。

9.9 设计一监视 2 台设备状态的接口电路和监控程序:若发现某一设备状态异常(由低电平变为高电平),则发出报警信号(指示灯亮),一旦状态恢复正常,则将其报警信号撤除。

9.10 设计接口电路和控制程序,用 8 个理想开关输入二进制数,8 只发光二极管显示二进制数。设输入的二进制数为原码;输出的二进制数为补码。

9.11 设计一个 64 按键的键盘及其接口。画出该接口电路的原理图,并编写用查询方式扫描键盘得到某一按下键的行和列值的程序。

9.12 用代表 A、B……H 的 8 只理想按键和 1 只七段显示器分别输入和显示 A、b、C、d、E、F、g、H 等 8 个字符,当其中 1 只按键按下后立即更新显示器的显示。请设计接口电路和控制程序。

9.13 从端口 260H 和 261H 分别读入某数字仪表给出的两位压缩型 BCD 数,进行减法运算,结果从端口 263H 以同样的 BCD 形式输出。用 74LS244 作输入口,用 74LS273 作输出口,用 74LS138 译码,试设计其接口电路和控制程序段。

第10章 中断技术

10.1 中断和中断系统

10.1.1 中断的概念

早期的计算机没有中断功能,CPU 和外设之间的信息交换采用的是查询方式,CPU 的大部分时间都浪费在反复查询上。这就妨碍了计算机高速性能的充分发挥,产生了快速的 CPU 与慢速的外设之间的矛盾,这也是计算机在发展过程中遇到的严重问题之一。为解决这个问题,一方面要提高外设的工作速度;另一方面引入了中断。所谓中断,是指计算机在正常运行的过程中,由于种种原因,使 CPU 暂时停止当前程序的执行,而转去处理临时发生的事件,处理完毕后,再返回去继续执行暂停的程序。也就是说,在程序执行过程中,插入另外一段程序运行,这就是中断。使用中断技术,使得外部设备与 CPU 不再是串行工作,而是分时操作,从而大大提高了计算机的效率。所以,在微型计算机中,利用中断来处理外部设备的数据传送。随着计算机的发展,中断被不断赋予新的功能。例如,计算机的故障检测与自动处理,人机联系,多机系统,多道程序分时操作和实时信息处理等。这些功能均要求 CPU 具有中断功能,能够立即响应加以处理。这样的及时处理在查询的工作方式下是做不到的。

计算机所具有的上述功能,称为中断功能。为了实现中断功能而设置的各种硬件和软件,统称为中断系统。高效率的中断系统,能以最少的响应时间和内部操作去处理所有外部设备的服务请求,使整个计算机系统的性能达到最佳状态。中断系统已成为现代计算机不可缺少的组成部分。

10.1.2 中断请求与控制和中断源的识别

1. 中断请求

引起中断的原因或发出中断申请的来源,称为中断源。当外部中断源要求 CPU 为它服务时,就输出一个中断请求信号加载到 CPU 的中断请求输入端,这就是对 CPU 的中断申请信号。

由于每个中断源向 CPU 发出中断请求信号是随机的,而大多数 CPU 都是在现行指令周期结束时,才检测有无中断请求信号发生。故在现行指令执行期间,必须把随机输入的中断请求信号锁存起来,并保持至 CPU 响应后才可以清除。因此,每一个中断源都设置了一个中断请求触发器来记载它的中断申请信号。当 CPU 响应了这个中断请求后,该触发器记载的中断请求信号被清除。

2. 中断源识别

当系统有多个外部中断源时,一旦发生中断,CPU 必须确定是哪一个中断源提出的中断请求,以便对其进行处理,这就要识别中断源。目前,有两种识别的方法:一种是每个中断源都有一条中断请求信号线,且固定一个中断服务程序的入口地址,CPU 一旦检测到某条信号线有中断申请,就进入相应的中断服务程序;另一种是向量中断,使用向量中断系统的中断源除了能输出中断请求信号外,还能在 CPU 响应了它的中断请求后输出一个中断向量,CPU 根据这个中断向量能够获得该中断源的中断服务程序的入口地址,从而为其进行服务。

80x86 CPU 采用向量中断,并把中断向量称作中断类型码,根据中断类型码来识别中断源。系统为每一个中断源指定一个中断类型码,中断源的中断请求被 CPU 响应后,中断源在 CPU 的中断响应周期将它的中断类型码送到数据线上;与此同时,CPU 将数据线上的中断类型码读入。

3. 中断控制

对外部中断有中断屏蔽和中断允许两级控制。

因为在实际系统中往往有多个中断源,为了增加控制的灵活性,在每一个中断源的中断请求电路中,增加一个中断屏蔽触发器,将中断源输出的中断请求信号与中断触发器的输出相与后再作为该中断源的中断请求信号。只有当此触发器为1(Q 端控制)或0(Q 端控制)时,外部中断源的中断请求才能被送出至 CPU。可把 8 个外设的中断屏蔽触发器组成一个端口,用输出指令来控制它们的状态。

在 CPU 内部有一个中断允许触发器,只有当其为 1(即开中断)时,CPU 才能响应中断;若为 0(即关中断)时,即使 CPU 的 INTR 线上有中断请求,CPU 也不响应。80x86 的中断允许触发器是由其标志寄存器的中断标志位 IF 来控制的,中断标志位的状态可由 STI 和 CLI 指令来改变。当 CPU 复位时,中断允许触发器为 0,即关中断,所以必须要用 STI 指令来开中断。当中断响应后,CPU 就自动关中断,CPU 不再响应中断。若允许中断嵌套,就必须在中断服务程序中用 STI 指令来开中断。

10.1.3 中断系统的功能

为了满足上述各种情况下的要求,中断系统应具有如下功能:

(1) 实现中断及返回。当某一中断源发出中断申请时,CPU 能决定是否响应这个中断请求。当 CPU 在执行更紧急、更重要的工作时,可以暂不响应中断;若允许响应这个中断请求,CPU 必须在现行的指令执行完后,把断点处的(E)IP 和 CS 值(即下一条应执行的指令的地址)、各个寄存器的内容和标志位的状态,推入堆栈保留下来,称保护断点和现场。然后才能转到需要处理的中断源的服务程序(interrupt service routine)的入口,同时清除中断请求触发器。当中断处理完后,再恢复被保留下来的各个寄存器和标志位的状态(称为恢复现场),最后恢复(E)IP 和 CS 值(称为恢复断点),使 CPU 返回断点,继续执行被中断的程序。

(2) 实现优先权排队。通常,在系统中有多个中断源,会出现两个或多个中断源同时提出中断请求的情况,这样就必须要设计者事先根据轻重缓急给每个中断源确定一个中断级别,即优先权(priority)。当多个中断源同时发出中断申请时,CPU 能找到优先权级别最高的中断源,响应它的中断请求;在优先权级别高的中断源处理完了以后,再响应级别较低的中断源。

（3）实现中断嵌套，即高级中断源能中断 CPU 对低级中断源的中断服务。当 CPU 响应某一中断请求，在进行中断处理时若有优先权级别更高的中断源发出中断申请，则 CPU 要能中断正在进行的中断服务程序，保留这个程序的断点和现场（类似于子程序嵌套），响应高级中断，在高级中断处理以后，再继续执行被中断的中断服务程序。而当发出新的中断申请的中断源的优先级别与正在处理的中断源同级或更低时，CPU 就先不响应这个中断申请，直至正在处理的中断服务程序执行完以后才去响应这个新的中断申请。

10.1.4　CPU 对外部可屏蔽的中断的响应及中断过程

CPU 在现行指令结束后响应中断，即运行到最后一个机器周期的最后一个 T 状态时，CPU 才检测 INTR 线。若发现有中断请求且系统是开中断（IF＝1）的，CPU 就响应中断，转入中断响应周期。中断响应及中断过程如下：

（1）关中断。在 CPU 响应中断后，发出中断响应信号 $\overline{\text{INTA}}$ 的同时，内部自动地关中断（IF＝0）。

（2）保留断点。CPU 响应中断后把 CS 和（E）IP 推入堆栈保存，以备中断处理完毕后，能返回被中断程序。80x86 在保留断点的同时还将标志寄存器推入堆栈保存。

（3）给出中断入口地址，转入相应的中断服务程序。80x86 是根据中断源提供的中断类型码得到中断服务程序入口地址的。

（4）保护现场。为了使中断处理程序不影响被中断程序的运行，故要把断点处的有关的各个寄存器的内容推入堆栈保护起来。

（5）中断服务。中断服务是中断服务程序的主体。

（6）恢复现场。把所保存的各个内部寄存器的内容从堆栈弹出，送回 CPU 中的原来位置。这个操作是用出栈指令来完成的。

（7）中断返回。在中断服务程序的最后要安排一条中断返回指令，将堆栈内保存的（E）IP 和 CS 值弹出，运行就恢复到被中断程序。80x86 的中断返回指令还将堆栈内保存的标志状态弹出给标志寄存器，使系统恢复中断前的状态。

10.2　中断控制器 8259A

Intel 8259A 是 8080/8086 以及 80x86 的可编程的中断控制器，80x86 是通过它来管理可屏蔽中断的。它具有 8 级优先权控制，通过级联可扩展至 64 级优先权控制。每一级中断都可以屏蔽或允许。在中断响应周期，8259A 可提供相应的中断类型码 n，从而能迅速地转至中断服务程序。

10.2.1　8259A 的组成和接口信号

8259A 是 28 条引线双列直插式封装的芯片。其内部组成如图 10-1 所示。各引线及电路的功能介绍如下。

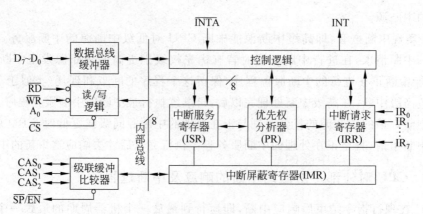

图 10-1　8259A 的内部组成

1. 中断请求寄存器（IRR）和中断服务寄存器（ISR）

在中断输入线 $IR_7 \sim IR_0$ 上的中断请求，由两个相级联的寄存器——中断请求寄存器和中断服务寄存器来管理。IRR 用来寄存正在请求服务的所有中断，而 ISR 则用来寄存已响应的正在服务中和被挂起的中断。

2. 优先权电路

这个逻辑部件确定中断请求寄存器中的各个中断请求位的优先权。选择出优先权最高的中断，并由 $\overline{INTA}$ 脉冲将它存入中断服务寄存器的对应位中。

$IR_7 \sim IR_0$ 的优先级，通常按 $IR_0 > IR_1 > \cdots > IR_7$ 的顺序，通过程序也可以改为循环方式。

3. 中断屏蔽寄存器（IMR）

中断屏蔽寄存器的每一位对中断请求寄存器中相应的中断请求位的中断进行屏蔽，被屏蔽了的位对应的中断请求就不能送入优先权判定电路。

4. INT 中断

这个输出端直接送到 CPU 的中断请求输入端，向 CPU 请求中断。

5. $\overline{INTA}$ 中断响应

系统送来的中断响应信号 $\overline{INTA}$ 将使 8259A 向数据总线上送出中断向量（类型码）。

6. 数据总线缓冲器

数据总线缓冲器是三态、双向、8 位的缓冲器，用来连接 8259A 和系统数据总线。控制字和状态信息都通过数据总线缓冲器进行传输。

7. 读/写控制逻辑

这个部件的功能是接收来自 CPU 的输出命令。它包含初始化命令字寄存器和操作命令字寄存器。这两组寄存器用来寄存操作的各种控制字。这种功能也允许把 8259A 的状态传送到数据总线上。

A_0 这根输入信号线配合 $\overline{RD}$、$\overline{WR}$ 来向各个命令寄存器写入命令，也用来读取该片中各个状态寄存器。可将该线直接连到一根地址线上。

$\overline{CS}$ 片选信号线。该信号有效选中 8259A。

8. 级联缓冲/比较器

这个功能块寄存并比较在系统中所使用的全部 8259A 的级联地址。在 8259A 作为主片使用时，$CAS_2 \sim CAS_0$ 作为输出端使用，输出级联地址。而当 8259A 作为从片使用时，$CAS_2 \sim CAS_0$ 则作为输入端使用，输入级联地址。这 3 条线与 $\overline{SP}/\overline{EN}$（控制器程序控制/允许）相配合，实现 8259A 的级联，此时 $\overline{SP}/\overline{EN}$ 为输入线，用来区分主/从芯片。在带总线缓冲器的系统中，$\overline{SP}/\overline{EN}$ 为输出线，用于开启总线缓冲器。

10.2.2 8259A 处理中断的过程

8259A 每次处理中断包括下述过程：

（1）在中断请求输入端 $IR_7 \sim IR_0$ 上接受中断请求。

（2）中断请求锁存在 IRR 中，并与 IMR 相"与"，将未屏蔽的中断送给优先级判定电路。

（3）优先级判定电路检出优先级最高的中断请求位，并置位该位的 ISR。

（4）控制逻辑接受中断请求，输出 INT 信号。

（5）CPU 接受 INT 信号，进入连续两个中断响应周期。单片使用或是由 $CAS_2 \sim CAS_0$ 选择的从片 8259A，就在第 2 个中断响应周期，将中断类型向量从 $D_7 \sim D_0$ 线输出；如果是作主片使用的 8259A，则在第 1 个中断响应周期，把级联地址从 $CAS_2 \sim CAS_0$ 送出。

（6）CPU 读取中断向量，转移到相应的中断处理程序。

（7）中断的结束是通过向 8259A 送一条 EOI（中断结束）命令，使 ISR 复位来实现的。在中断服务过程中，在 EOI 命令使 ISR 复位之前，不再接受由 ISR 置位的中断请求。

10.2.3 8259A 的级联连接

8259A 单片使用，如图 10-2 所示，在 $IR_7 \sim IR_0$ 上输入中断请求，INT 和 $\overline{INTA}$ 与 CPU 相连接。这时，中断请求输入有 $IR_0 \sim IR_7$，共 8 个级别。

8259A 可以进行级联连接，如图 10-3 所示的为 8259A 的级联连接方法。在级联连接中，把一个 8259A 作为主控制器芯片，该芯片的 IR_i 端连到从属控制器 8259A 的 INT 输出端。没有连接从属控制器的主控制器的 IR_i 输入端，可以直接作为中断请求输入端使用。一个主控制器最多可以连接 8 个从属控制器，中断请求最多可为 $8 \times 8 = 64$ 级。

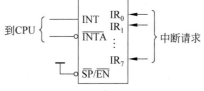

图 10-2 8259A 单片使用

10.2.4 8259A 的命令字

8259A 的命令字包括初始设定的初始化命令字 ICW 和操作过程中给出的操作命令字 OCW。

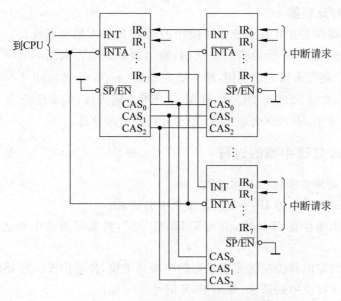

图 10-3　8 个从属控制器的级联连接

1. 初始化命令字

初始化命令字 ICW 包括 ICW_1～ICW_4 4 个命令字,用于设定 8259A 的工作方式、中断类型码等。对于 80x86 CPU,ICW 命令字设置过程如图 10-4 所示。无论 8259A 处于什么状态,只要命令字的 D_4 位为 1,地址位 A_0 为 0,就是 ICW_1 命令字。而且将下面的 1～3 字节的命令作为 ICW_2～ICW_4 命令字,完成初始化设定操作。

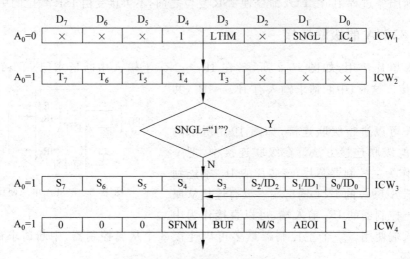

图 10-4　8259A 的 ICW 设置过程

图中:LTIM:1 为电平触发中断,0 为边沿触发中断;
　　　SNGL:1 为单独使用,0 为级联使用;
　　　IC_4:1 为设置 IC_4,0 为不设置 IC_4;

$T_7 \sim T_3$：中断类型码高 5 位（低 3 位为 $IR_7 \sim IR_0$ 编码后的值）；

$ID_2 \sim ID_0$：从片的识别地址（存放 $IR_7 \sim IR_0$ 编码后的值），从片使用；

$S_7 \sim S_0$：主片的 $IR_7 \sim IR_0$ 上连接从片 8259A 时，相对应的位为 1，主片使用；

SFNM：1 为特殊全嵌套方式，0 为全嵌套方式；

AEOI：1 为自动结束中断方式，0 为非自动结束中断方式；

BUF：1 为缓冲方式，0 为非缓冲方式；

M/S：1 为主片，0 为从片。

【例 10.1】 试按照如下要求对 8259A 设置初始化命令字：系统中仅用一片 8259A，中断请求信号采用边沿触发方式；中断类型码为 08H～0FH；用全嵌套、缓冲、非自动结束中断方式。8259A 的端口地址为 20H 和 21H。

该片 8259A 的初始化设置的程序段如下：

```
MOV AL,13H              ;ICW₁：边沿触发，单片，设置 IC₄
OUT 20H,AL
MOV AL,8                ;ICW₂：中断类型码为 8～FH
OUT 21H,AL
MOV AL,0DH              ;ICW₄：全嵌套、缓冲、非自动结束中断方式
OUT 21H,AL
```

【例 10.2】 试对一个主从式 8259A 进行初始化命令字的设置。从片的 INT 与主片的 IR_2 相连。从片的中断类型码为 70H～77H，端口地址为 A0H 和 A1H；主片的中断类型码为 08H～0FH，端口地址为 20H 和 21H。中断请求信号采用边沿触发，采用全嵌套、缓冲、非自动结束中断方式。

主片初始化程序段：

```
MOV AL,11H              ;ICW₁
OUT 20H,AL
MOV AL,8                ;ICW₂：中断类型码为 08H～0FH
OUT 21H,AL
MOV AL,4                ;ICW₃：IR₂ 上连接从片
OUT 21H,AL
MOV AL,0DH              ;ICW₄
OUT 21H,AL
```

从片初始化程序段：

```
MOV AL,11H
OUT 0A0H,AL
MOV AL,70H              ;ICW₂：中断类型码为 70H～77H
OUT 0A1H,AL
MOV AL,2                ;ICW₃：从片的识别地址，即主片的 IR₂
OUT 0A1H,AL
```

```
MOV AL,9
OUT 0A1H,AL
```

80x86 微型计算机在上电初始化期间,BIOS 已设定 8259A 的初始化命令字,用户不必设定。

2. 操作命令字

操作命令字 OCW 是操作过程中给出的命令,初始设定结束后的命令字都是 OCW。OCW 包括 $OCW_1 \sim OCW_3$ 3 个命令字,如图 10-5 所示。

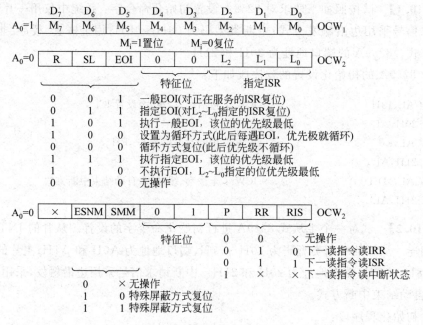

图 10-5 OCW 命令的格式

OCW_1 是对 IMR 置位、复位的命令,置位位对应的中断被屏蔽。以 $A_0 = 1$ 读/写 OCW_1 命令字,即读/写 IMR。

OCW_2 是中断结束(EOI)的命令字,用于复位 ISR 及改变优先级。以 $A_0 = 0$ 写 OCW_2 命令字。EOI 命令有 2 个,一个是一般 EOI,对正在服务的 ISR 复位,其命令字是 20H。另一个是指定 EOI,对 $L_2 \sim L_0$ 指定的 ISR 复位,对 8259A 的 $IR_7 \sim IR_0$ 对应的 ISR 复位的命令字分别是 67H～60H。

OCW_3 是读 ISR 和 IRR 以及指定设置特殊屏蔽方式的命令。以 $A_0 = 0$ 进行写入,由 $D_4 D_3$ 两位特征位来区别,00 为 OCW_2,01 为 OCW_3(注意,只要命令字的 D_4 位为 1,地址位 A_0 为 0,就是 ICW_1 命令字。所以,特征位若为 $1 \times$ 则是 ICW_1)。以 $A_0 = 0$ 来读 ISR 和 IRR 及中断状态。

在通常方式的中断服务过程中,ISR 设置期间对优先级更低的中断请求不响应。特殊屏蔽方式是可以解除这种禁止中断状态的方式。在这种方式时,除了由 ISR 设置的位和由 IMR 屏蔽的位对应的中断外,其他所有级别的中断均可响应。

10.3 80x86 微处理器的中断指令和 80x86 微型计算机的中断系统

80x86 微型计算机的中断系统的功能极强,其结构简单而且灵活。它可以处理 256 种不同类型的中断,其中每一种中断都规定了一个唯一的中断类型码 n,即中断向量。80x86 有两类中断:内部中断,即由指令的执行所引起的中断;外部(硬件)中断,即由外部(主要是外设)的请求引起的中断。

10.3.1 中断指令

80x86 设置的中断指令和中断返回指令如下:

指定类型中断指令 INT N(n=N)

溢出中断指令   INTO(n=4)

中断返回指令   IRET/IRETD

当程序需要转移到某一指定的中断服务程序时,可以设置一条中断指令,使程序转移到所指定的中断服务程序,通过中断指令实现的中断称为软件中断。

INT N 指令中断——类型 N 中断。这条指令的执行引起陷阱中断,中断类型由指令中的 N 指定。n=0~255,N 只是 n 中的一部分。

INTO 指令中断——类型 4 中断。若上一条指令执行的结果,使溢出标志位 OF=1,则 INTO 指令引起类型为 4 的陷阱内部中断。否则,此指令不起作用,程序执行下一条指令。

IRET 是中断返回指令,它的作用与 RET 指令类似,都是使控制返回主程序。但是 IRET 是远返回,且除了从堆栈中弹出偏移地址(给 IP)和段地址(给 CS)外,还弹出中断时进栈保护的标志寄存器的内容(给 F)。IRETD 是 32 位的中断返回指令,它的作用与 IRET 指令类似,不同的仅是从堆栈中弹出的偏移地址是给 EIP。

10.3.2 外部中断

80x86 微处理器芯片均有两条外部中断请求线:非屏蔽中断 NMI(non makable interrupt)和可屏蔽中断 INTR。

1. 可屏蔽中断

出现在 INTR 线上的请求信号是电平触发的,它的出现是异步的,在 CPU 内部是由 CLK 的上沿来同步的。在 INTR 线上的中断请求信号(即有效的高电平)必须保持到当前指令的结束。在这条线上出现的中断请求,CPU 是否响应要取决于标志位 IF 的状态,若 IF=1,则 CPU 就响应,此时 CPU 是处在开中断状态;若 IF=0,则 CPU 就不响应,此时 CPU 是处在关中断状态。而 IF 标志位的状态,可以用指令 STI 使其置位,即开中断;也可以用 CLI 指令来使其复位,即关中断。

要注意:在系统复位以后,标志位 IF=0;另外,任一种中断(内部中断、NMI、INTR)被响应后,IF=0。所以,若允许中断嵌套,就必须在中断服务程序中用 STI 指令开中断。

CPU 是在当前指令周期的最后一个 T 状态采样中断请求线,若发现有可屏蔽中断请求,且中断是开放的(IF 标志为 1),则 CPU 转入中断响应周期。80x86 CPU 进入两个连续的中断响应周期,每个响应周期都由 4 个 T 状态组成,而且都发出有效的中断响应信号。请求中断的外设,必须在第二个中断响应周期的 T_3 状态,把中断向量(类型码)送到数据总线(通常通过 8259A 传送)。CPU 在 T_4 状态的前沿采样数据总线,获取中断向量,接着就进入了中断处理程序。

2. 非屏蔽中断

出现在 NMI 线上的中断请求,不受标志位 IF 的影响,在当前指令执行完以后,CPU 就响应。NMI 线上的中断请求信号是边沿触发的,它的出现是异步的,由内部把它锁存。要求 NMI 上的中断请求脉冲的有效宽度(高电平的持续时间)要大于两个时钟周期。

非屏蔽中断的优先权高于可屏蔽中断。CPU 采样到有非屏蔽中断请求时,自动给出中断向量类型码 2(n=2),而不经过上述的可屏蔽中断那样的中断响应周期。

这两条中断请求线是远不能满足实际需要的。80x86 微处理器用 8259A 作为外设向 CPU 申请中断和 CPU 对中断进行各种控制的接口,它把 80x86 的一条可屏蔽中断线 INTR 扩展成 8~64 条中断请求线。

10.3.3 内部中断

对于某些重要的中断事件,CPU 通过自己的内部逻辑,调用相应的中断服务程序,而不是由外部的中断请求来调用。这种由 CPU 自己启动的中断处理过程,称为内部中断,也称为异常。根据内部中断的报告方式和性质,80x86 的内部中断有如下 3 类。

1. 故障(faults)

故障是指某条指令在启动之后,真正执行之前,就被检测到异常而产生的一种中断。出现故障时,CPU 将产生异常操作指令的地址保存到堆栈中,然后进入故障处理程序并排除该故障,从故障处理程序返回后,再执行曾经产生异常的指令,使程序正常地继续执行下去。例如,应用程序访问存储器的一个页面,如果这个页面当前不在内存中,那么就会引起故障。此时,故障处理程序就会把相应的页面从硬盘装入。从故障处理程序返回以后,再重新执行曾经引起异常的访问存储器指令,此时就不再产生故障,程序得以正常地继续执行下去。所以,故障其实是一种调度机制,并不是通常意义上的"故障",故障没有使应用程序受到任何影响。

2. 陷阱(traps)

陷阱是在指令执行过程中引起的中断。这类异常主要是由执行除法指令或中断调用指令(INT N)引起的,即在指令执行后产生的异常。设置陷阱指令的下一条指令的地址就是断点。出现陷阱中断时,把(E)IP 和 CS 即断点推入堆栈保存后就进入该陷阱处理程序。陷阱中断处理完后,返回到该断点处继续执行。例如,用 DEBUG 调试程序时设置的断点就是典型的陷阱,当程序执行到断点处时就将断点地址保存到堆栈中,然后进入断点调试处理程序显示各寄存器的值以及下一条指令。再使用 DEBUG 的 G 命令程序即可继续执行下去。

3. 异常中止(aborts)

异常中止通常是由硬件错误或非法的系统调用引起的。一般无法确定造成异常指令的准确位置,程序无法继续执行,系统也无法恢复原操作,必须重新启动系统。

10.3.4　中断类型码及中断种类

80x86 的 256 个中断类型码及中断种类如表 10-1 所示。

表 10-1　中断的中断类型码及中断种类

中断类型码	中 断 种 类	中断类型码	中 断 种 类
0	除法错误中断	10	无效任务状态段中断
1	单步中断	11	段不存在中断
2	非屏蔽中断	12	堆栈异常中断
3	断点中断	13	一般保护中断
4	INTO 指令溢出中断	14	页故障中断
5	越界(超出了 BOUND 范围)中断	15	保留
6	非法操作码中断	16	浮点错误中断
7	浮点单元不可用中断	17	对准检查中断
8	双重故障中断	18~31	保留
9	保留	32~255	INT N 指令中断和 INTR 可屏蔽中断

　　80x86 规定这些中断的优先权次序为:内部中断(单步中断除外)优先权最高,其次是 NMI,再次是 INTR,优先权最低的是内部中断中的单步中断。若标志位 TF=1,则 CPU 在每一条指令执行完以后,都引起一个类型为 1 的陷阱中断。单步中断可以做到单步调试程序,是一种强有力的调试手段。DEBUG 中的 T 命令就是执行一条指令以后产生一次单步中断,进入单步调试处理程序显示各寄存器的值以及下一条指令。

10.3.5　中断向量表和中断描述符表

　　在 80x86 微型计算机中,因为工作方式不同而获取中断服务程序入口地址的方法有所不同。实地址方式使用中断向量表,虚地址保护方式使用中断描述符表。

1. 中断向量表

　　在实地址方式下,80x86 在内存的前 1K 字节(地址 00000H~003FFH)中建立了一个中断向量表,可以容纳 256 个中断向量(中断类型码),每个中断向量占有 4 个字节。一个中断类型码 n 占有 4n、4n+1 和 4n+2、4n+3 4 个字节单元或 4n 和 4n+2 两个字单元。在这 4 个字节中,存放着中断向量对应的中断源的服务程序的入口地址——4n 和 4n+1 两个字节存放着中断服务程序的偏移地址,4n+2 和 4n+3 两个字节存放着中断服务程序的段地址的高 16 位,如图 10-6 所示。

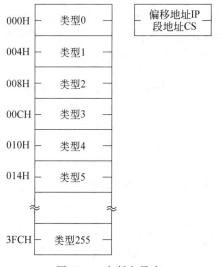

图 10-6　中断向量表

对于中断请求信号线 INTR 来的外部中断和软中断指令 INT N,只要先根据它们的中断类型码将中断服务程序的入口地址填入中断向量表,在 CPU 响应中断后周期,即可以转至该中断源的中断服务程序。

【例 10.3】 若 80x86 系统采用的 8259A 的中断类型码为 88H,试问这个中断源的中断请求信号应连向 8259A 的哪个中断输入端?中断服务程序的段地址和偏移地址应分别填入哪两个字单元?

根据图 10-4 中的 ICW_2 可知,中断类型码的低 3 位即 8259A IR_i 的 i 值,而 88H 的低 3 位为 000,故中断源的中断请求信号连接到 8259A 的 IR_0 输入端。

中断服务程序的偏移地址和段地址分别填入 4n 和 4n+2 两个字单元,而 4×88H=220H,故段地址填入 00222H 字单元(即 00222H 和 00223H 两个字节单元),偏移地址填入 00220H 字单元(即 00220H 和 00221H 两个字节单元)。

2. 中断描述符表

在保护方式下,为每一个中断定义了一个中断描述符来说明中断服务程序的入口地址和属性。所有的中断描述符都集中存放在中断描述符表中,由中断描述符表取代了实地址方式下的中断向量表。中断描述符表可以存放在内存的任何位置,而不是像中断向量表那样必须存放在内存的 00000H~003FFH 处。中断描述符表最多可包含 256 个中断描述符,每个中断描述符为 8 字节,中断描述符表长为 8×256=2K 字节,中断描述符表在内存中存放的起始地址由中断描述符表地址寄存器 IDTR 指定。IDTR 是一个 48 位的寄存器,它的高 32 位保存中断描述符表的基地址,低 16 位保存中断描述符表的界限值即表长度。

中断描述符包含 3 个内容,一是描述符索引 DI,由此可以获得段基址等;二是 32 位的偏移地址;三是相关段的参数,这些参数指示引起中断的原因属于哪一类。对于一个给定的中断类型码 N,首先根据 IDTR 的高 32 位得到中断描述符表的首地址,然后加上由该中断类型码确定的位移量(N×8),即可得到对应此中断类型码的中断描述符的起始地址。找到中断描述符以后,根据中断描述符提供的描述符索引,从全局描述符表或者局部描述符表中取出段描述符,再根据段描述符提供的段基址和中断描述符提供的偏移地址便获得了中断处理程序的入口地址。

10.3.6 中断响应和处理过程

80x86 有一个简便而又多功能的中断系统。上述的任何一种中断,CPU 响应以后,都要保护标志寄存器的所有标志位和断点(现行的代码段寄存器 CS 和指令指针(E)IP),然后根据各自的中断向量转入其中断服务程序。80x86 对各种中断的响应和处理过程是不相同的,其主要区别在于如何获取相应的中断类型码(向量)。

对于中断请求信号线 INTR 来的外部中断,CPU 是在当前指令周期的最后一个 T 状态采样中断请求输入信号。如果有可屏蔽中断请求,且 CPU 处在开中断状态(IF 标志为1),则 CPU 转入两个连续的中断响应周期,在第二个中断响应周期,读取数据线获取由请求中断的外部设备输入的中断类型码。若是非屏蔽中断请求信号线 NMI 来的外部中断,则 CPU 不经过上述的两个中断响应周期,而在内部自动产生中断类型码 2。内部中断的响应过程与非屏蔽中断类似,中断类型码也是自动形成的。

80x86 CPU 在响应中断请求后,由硬件自动完成如下操作:

(1) 获取中断类型码,生成中断向量表或中断描述符表的位移量;

(2) 把 CPU 的标志寄存器进栈,保护各个标志位;

(3) 清除 IF 和 TF 标志,屏蔽 INTR 中断和单步中断;

(4) 保存被中断程序的断点推入堆栈保护;

(5) 从中断向量表或中断描述符表获取中断服务程序的入口地址,进入被响应中断的中断服务程序。

中断响应过程如图 10-7 所示。

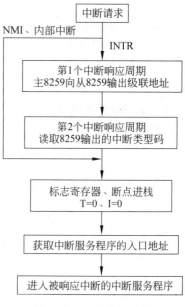

图 10-7　中断响应过程

10.4　实地址方式下的可屏蔽中断服务程序的设计

外部设备的中断请求信号是由中断控制器 8259A 转发给 80x86 CPU 的,转发过程为:外部设备的中断请求信号由 8259A 的中断输入线 $IR_7 \sim IR_0$ 进入 8259A 的中断请求寄存器 IRR 寄存,经过 8259A 的优先权分析器和中断屏蔽寄存器的分析处理,由 8259A 的中断输出线 INT 输出给 80x86 的 INTR 线,向 80x86 CPU 申请中断。CPU 响应中断后,向 8259A 发回中断响应信号 $\overline{INTA}$ 并读取 8259A 送出的中断类型码。所以 80x86 PC 的可屏蔽中断服务程序的设计主要有两个方面。第一,根据 8259A 中断输入线对应的中断类型码,将中断服务程序的入口地址填入中断向量表;第二,向 8259A 写入操作命令字(初始化命令字系统已设置),对中断屏蔽与中断结束进行处理。

10.4.1　中断服务程序入口地址的装入

根据中断类型码将其中断服务程序入口地址装入中断向量表中,有直接装入和系统功能调用装入两种方法。下面以 PC XT 微型计算机为例说明装入的方法。PC XT 微机系统仅使用 1 片 8259A,它的 8 个中断输入端 $IR_0 \sim IR_7$ 分别定义为 $IRQ_0 \sim IRQ_7$。PC XT 机留给用户使用的可屏蔽中断为 IRQ_2,从其总线插座的 B_4 引出。PC XT 机初始化 8259A 时写入的中断类型码为 08H~0FH,分别对应 $IRQ_0 \sim IRQ_7$,所以 IRQ_2 的中断类型码为 0AH。

1. 直接装入

假定中断服务程序为 INT-SUB,直接装入程序段为:

SUB AX,AX

```
MOV ES,AX                              ;中断向量表的段地址为 0
MOV AX,OFFSET INT-SUB
MOV ES:28H,AX                          ;IRQ₂ 的中断类型码为 0AH
MOV AX,SEG INT-SUB                     ;0AH×4＝28H
MOV ES:2AH,AX
```

2. 系统功能调用装入

功能调用号为 25H；入口参数为 AL 置中断类型码，DS：DX 置入口地址。装入程序段如下：

```
MOV AX,SEG INT-SUB
MOV DS,AX
MOV DX,OFFSET INT-SUB
MOV AX,250AH
INT 21H
```

10.4.2 中断屏蔽与中断结束的处理

8259A 内有一个中断屏蔽寄存器 IMR，它的每一位对应着一个中断输入线，即 M_i 与 IR_i 对应。当 $M_i＝1$ 就屏蔽对应的 IR_i，禁止它的输入信号产生中断输出信号 INT，$M_i＝0$ 则允许对应的 IR_i 的中断输入信号产生中断输出信号 INT，向 CPU 申请中断。80x86 PC 为了系统的工作稳定，在初始化 8259A 即送完 ICW 后，写入了中断屏蔽操作控制字 OCW_1，将它自身没有用的 8259A 的中断输入线全部屏蔽。因此在中断前后要修改 80x86 PC 系统设置的中断屏蔽字，中断后应恢复系统原来设置的中断屏蔽字。修改和恢复的方法是用奇地址读取中断屏蔽寄存器 IMR 的内容，将所用的中断输入线 IR_i 的对应位 M_i 置 0（修改）或者置 1（恢复）后，再用奇地址写入中断屏蔽寄存器。修改和恢复时，不要改变 IMR 其他位的状态，故只能用与操作置 0，用或操作置 1。

80x86 微机对机内的 8259A 都初始化为非自动结束中断方式，该方式要求 CPU 发出中断结束命令使 8259A 中的中断服务寄存器 ISR 中的对应位复位。中断结束命令有一般结束命令和指定结束命令两种，具体内容请看第 10.3.4 节 8259A 的命令字 OCW_2。

IBM 微机系统是开中断的，80x86 微处理器响应中断时会自动关中断，并将中断前的标志寄存器进栈保护，中断返回时又会恢复它。所以若不需要中断嵌套，在用户程序中就可以不使用开中断指令 STI 和关中断指令 CLI。

10.4.3 中断服务程序设计举例

编写中断服务程序与一般（子）程序的编写步骤基本一致。下面举例说明设计的方法。

【例 10.4】 时钟程序。

该程序将 IMB PC XT 机转变成一台式时钟，显示格式为 HH：MM：SS。启动程序后，提示用户输入当前的时间，输入的格式与显示格式相同，即时、分、秒三者间要用：分隔。

本程序使用系统的时钟 18.2Hz,即 8253 计数器 0 的输出,因此每秒钟会发生 18 次 IRQ0 中断,中断类型码为 8。修改中断向量表,使该中断服务程序 TIMER 得到该类中断的控制权。该中断服务程序使用一软件计数器,其计数值保存在字节变量 COUNT 中,其初值为 18,每中断一次其值减 1,当该变量的值减为 0 时,再将其置为 18,并调整一次时钟。其程序如下:

```
stack        segment stack 'stack'
             dw 32 dup(0)
stack        ends
data         segment
COUNT        DB 18
ECT          DB 'ENTER CURRENT TIEM: $'
BUFFER       DB 9,0
TENHO        DB '0'
HOUR         DB '0: '
TENMIN       DB '0'
MINUTE       DB '0: '
TENSEC       DW '0'
SECOND       DB '0',0DH,'$'
STORE        DW 0,0
data         ends
code         segment
main         proc far
             assume cs: code,ds: data,ss: stack
             push ds
             mov ax,0
             push ax
             MOV ES,AX
             mov ax,data
             mov ds,ax
             MOV DI,OFFSET STORE          ;保存系统时钟的中断服务程序
             MOV AX,ES: 20H               ;入口地址
             MOV [DI],AX
             INC DI
             INC DI
             MOV AX,ES: 22H
             MOV [DI],AX
             MOV DX,OFFSET ECT            ;显示 ENTER CURRENT TIME:
             MOV AH,9
             INT 21H
             MOV DX,OFFSET BUFFER         ;输入当前时间
             MOV AH,0AH
             INT 21H
             MOV BH,70H                   ;清屏(显示器的软中断服务程序)
```

```
                MOV CH,0
                MOV CL,0
                MOV DH,24
                MOV DL,79
                MOV AL,0
                MOV AH,7
                INT 10H
                MOV DI,20H              ;中断程序入口地址送中断向量表
                MOV AX,OFFSET TIMERX
                MOV [DI],AX
                INC DI
                INC DI
                MOV AX,CS
                MOV [DI],AX
FOREVE:         MOV AH,2               ;置光标位置(显示器的软中断服务程序)
                MOV BH,0
                MOV DH,12
                MOV DL,24
                INT 10H
                MOV AH,9               ;显示时:分:秒
                MOV DX,OFFSET TENHO
                INT 21H
                MOV AL,SECOND          ;等待1秒钟
HERE:           CMP AL,SECOND
                JE HERE
                MOV AH,0BH             ;检查键盘,若有输入则返回
                INT 21H
                INC AL
                JNZ FOREVE
                MOV DI,20H             ;恢复系统时钟的中断向量表
                MOV AX,STORE
                MOV [DI],AX
                INC DI
                INC DI
                MOV AX,STORE+2
                MOV [DI],AX
                ret
main            endp
TIMERX          PROC FAR
                DEC COUNT             ;软件计数器减1
                JNZ TIMER            ;不到1秒,退出中断
                MOV COUNT,18         ;已到1秒,恢复软件计数器
                INC SECOND           ;秒加1
                CMP SECOND,'9'       ;10秒位是否增1?
```

```
                 JLE TIMER                              ;否,退出中断
                 MOV SECOND,'0'                         ;秒位置 0
                 INC TENSEC                             ;10 秒位加 1
                 CMP TENSEC,'6'                         ;满 1 分否?
                 JL TIMER                               ;否,退回中断
                 MOV TENSEC,'0'                         ;满,分加 1
                 INC MINUTE
                 CMP MINUTE,'9'
                 JLE TIMER
                 MOV MINUTE,'0'
                 INC TENMIN
                 CMP TENMIN,'6'                         ;满 1 小时否?
                 JL TIMER
                 MOV TENMIN,'0'                         ;满,小时加 1
                 INC HOUR
                 CMP HOUR,'9'
                 JA ADJHO
                 CMP HOUR,'3'
                 JNZ TIMER
                 CMP TENHO,'1'
                 JNZ TIMER
                 MOV HOUR,'1'
                 MOV TENHO,'0'
                 JMP TIMER
ADJHO：          INC TENHO
                 MOV HOUR,'0'
TIMER：          MOV AL,20H                             ;中断结束命令
                 OUT 20H,AL
                 IRET
TIMERX           ENDP
code             ends
                 end main
```

【例 10.5】 由 PC XT 机外部产生中断请求的简单中断程序。

系统将 8259A 的中断输入线 $IR_0 \sim IR_7$ 初始化为由低变高的边沿触发,通过一开关(单稳、防抖)将中断请求信号接到 PC XT 总线的引脚 B_4,即 IRQ_2 上。该开关先输出低电平,运行程序显示提示信息 WAIT INTERRUPT 后再将开关输出高电平,使 IRQ_2 的电平由低变高,于是向 8259A 的中断输入线发出了中断请求信号。成功后再将开关返回到低电平。该程序可以应用到任何可以产生中断请求信号的外设接口的电路上。

如前所述,PC XT 机已对 8259A 进行了初始化操作,故只需进行操作命令字的设定,8259A 的端口地址为 20H 和 21H。要使用的命令字有屏蔽字 OCW_1 和中断结束命令字 OCW_2。程序中用 JMP $ 指令来等待中断,若程序中不改变屏蔽字开放 IRQ_2 中断,则扳动开关后,程序总处于等待状态,不进入中断。因为 JMP $ 指令执行之后才响应中断,所

以响应中断时进入堆栈保护的断点地址仍是 JMP ＄指令的地址。故中断返回前应修改返回地址，以便返回后跳过该指令，执行 JMP ＄指令的下一条指令。JMP ＄指令是近跳转的 2 字节指令（指令的机器码为 EBFEH），故修改返址是将返回地址加 2。其程序如下：

```
stack       segment stack 'stack'
            dw 32 dup(0)
stack       ends
data        segment
DA1         DB 'WAIT INTERRUPT',0AH,0DH,'$'
DA2         DB 'INTERRUPT PROCESSING',0AH,0DH,'$'
DA3         DB 'PROGRAM TERMINATED NORMALLY',0AH,0DH,'$'
data        ends
code        segment
begin       proc far
            assume ss：stack,cs：code,ds：data
            push ds
            sub ax,ax
            push ax
            MOV AX,SEG IRQ2IS              ;中断程序入口地址送中断向量表
            MOV DS,AX
            MOV DX,OFFSET IRQ2IS
            MOV AX,250AH
            INT 21H
            mov ax,data
            mov ds,ax
            MOV DX,OFFSET DA1
            MOV AH,9
            INT 21H
            IN AL,21H                      ;读屏蔽字
            AND AL,0FBH                    ;改变屏蔽字,允许 IRQ₂ 中断
            OUT 21H,AL
            JMP $                          ;等中断 JMP ＄＝HERE：JMP HERE
            MOV DX,OFFSET DA3
            MOV AH,9
            INT 21H
            RET
IRQ2IS：    MOV DX,OFFSET DA2
            MOV AH,9
            INT 21H
            MOV AL,20H                     ;一般中断结束命令
            OUT 20H,AL
            IN AL,21H                      ;恢复屏蔽字,禁止 IRQ₂ 中断
            OR AL,04H
```

```
        OUT 21H,AL
        POP AX                          ;修改返址
        INC AX
        INC AX
        PUSH AX
        IRET
begin   endp
code    ends
        end begin
```

【例 10.6】 80x86 微型计算机的外部中断程序。

在 PC XT 微机系统中使用一片 8259A;在 PC AT 即 80286 微型计算机中使用 2 片
8259A;而在 386、486、Pentium 等微型计算机系统中,其外围控制芯片(82C206 等)都集
成与 AT 机的 2 片 8259A 相当的中断控制器电路。PC AT 中 2 片 8259A 的级联连接如
图 10-8 所示。2 片 8259A 中,主片的端口地址和中断类型码与 XT 微机系统相同,分别
为 20H、21H 和 08H~0FH;从片的端口地址为 A0H 和 A1H,中断类型码为 70H~
77H。在 ISA 总线 B_4 引脚上连接的是 IRQ_9。在 AT 机上与 XT 机(见例10.5)上相同功
能的程序如下所示。

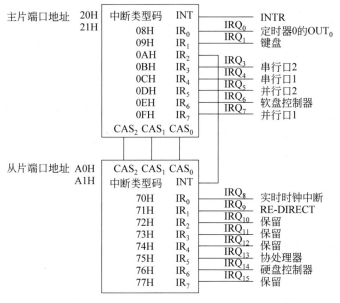

图 10-8　AT 机的硬中断结构

```
stack   segment stack 'stack'
        dw 32 dup(0)
stack   ends
data    segment
DA1     DB 'WAIT INTERRUPT',0AH,0DH,'$'
DA2     DB 'INTERRUPT PROCESSING',0AH,0DH,'$'
```

```
DA3          DB 'PROGRAM TERMINATED NORMALLY',0AH,0DH,'$'
data         ends
code         segment
begin        proc far
             assume ss：stack,cs：code,ds：data
             push ds
             sub ax,ax
             push ax
             MOV ES,AX
             mov ax,data
             mov ds,ax
             MOV AX,SEG IRQ9IS                  ;中断服务程序入口地址送中断向量表
             MOV ES：1C6H,AX
             MOV AX,OFFSET IRQ9IS
             MOV ES：1C4H,AX
             MOV DX,OFFSET DA1
             MOV AH,9
             INT 21H
             IN AL,0A1H                         ;读屏蔽字
             AND AL,0FDH                        ;改变屏蔽字,允许 IRQ₉ 中断
             OUT 0A1H,AL
             JMP $                              ;等中断(请见例 7.5 的说明)
             MOV DX,OFFSET DA3
             MOV AH,9
             INT 21H
             ret
IRQ9IS：     MOV DX,OFFSET DA2
             MOV AH,9
             INT 21H
             MOV AL,61 H                        ;指定中断结束命令
             OUT 0A0H, AL
             MOV AL,62H
             OUT 20H,AL
             IN AL,0A1H                         ;恢复屏蔽字,禁止 IRQ₉ 中断
             OR AL,2
             OUT 0A1H,AL
             POP AX                             ;修改返址
             INC AX
             INC AX
             PUSH AX
             IRET
begin        endp
code         ends
             end begin
```

10.5　习　　题

10.1　什么叫中断？采用中断有哪些优点？

10.2　什么叫中断源？微型计算机中一般有哪几种中断源？识别中断源一般有哪几种方法？

10.3　中断分为哪几种类型？它们的特点是什么？

10.4　什么叫中断向量、中断优先权和中断嵌套？

10.5　CPU 响应中断请求信号线 INTR 来的中断的条件是什么？CPU 如何响应中断？

10.6　如果在中断处理时要用不能破坏的寄存器应如何处理？

10.7　中断控制器 8259A 的基本功能是什么？它有哪些命令字？

10.8　中断控制器 8259A 的中断屏蔽寄存器 IMR 和中断允许标志位 IF 有什么差别？在中断系统中它们是如何起作用的？

10.9　某系统中使用 3 片 8259A 级联，一片为主 8259A；两片为从 8259A；它们分别接入主 8259A 的 IR_2 和 IR_6 端。若已知当前主 8259A 和从 8259A 3 片的 IR_3 上各接有一个外部中断源，它们的中断类型码分别为 A0H，B0H 和 C0H，已知它们的中断入口均在同一段中，其段基址为 2050H，偏移地址分别为 11A0H，22B0H 和 33C0H，所有中断都采用电平触发方式、完全嵌套、普通 EOI 结束。

(1) 画出它们的硬件连接图；

(2) 编写全部初始化程序。

10.10　中断返回指令的功能是什么？试叙述 INT N 指令的执行过程。

10.11　中断向量表和中断描述符表的功能是什么？如何利用它们获得中断服务程序的入口地址？

10.12　已知中断向量表中，001C4H 中存放 2200H，001C6H 中存放 3040H，则其中断类型码是 _____ H，中断服务程序的入口地址的逻辑地址和物理地址分别为 _____ H：_____ H 和 _____ H。

10.13　TF＝0 时，将禁止什么中断？编写将 TF 置 0 的程序段。

10.14　自定义一个类型码为 79H 的软中断完成 ASCII 码到 BCD 数的转换。编写程序将输入的一串十进制数存放到以 BCDMM 为首地址的存储区中。

第11章 常用可编程接口芯片

随着大规模集成电路技术的发展,接口电路也被集成在单一的芯片上,许多接口芯片可以通过编程方法设定其工作方式,以适应多种功能要求,这种接口芯片被称为可编程接口芯片。

80x86 微型计算机不仅采用了功能强大的微处理器 80x86 作为其中央处理器,还使用了多种接口芯片以提高系统性能。除了上章介绍的可编程中断控制器 8259A 外,还有可编程并行接口 8255,可编程计数/定时器接口 8253,可编程异步串行接口 8250 和可编程 DMA 控制器 8237 等。本章介绍 8255A、8253 、8250 和 8237A 及其在 80x86 微型计算机中的应用。

11.1 可编程并行接口 8255A

8255A 是 Intel 为 86 微处理机的配套的并行输入/输出接口芯片,它可为 86 系列 CPU 与外部设备之间提供并行输入/输出通道。

11.1.1 8255A 的组成与接口信号

8255A 的引线与内部组成如图 11-1 所示。它由以下几部分组成:

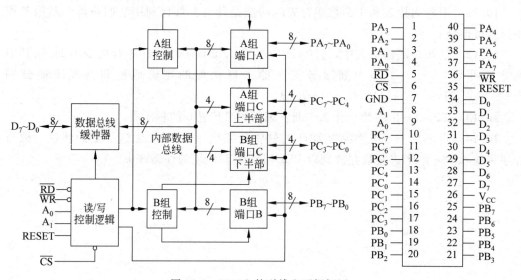

图 11-1 8255A 的引线和逻辑框图

1. 端口 A、端口 B 和端口 C

端口 A(Port A)、端口 B(Port B)和端口 C(Port C)都是 8 位的端口,都可以选择作为输入或输出。还可以将端口 C 的高 4 位和低 4 位分开使用,分别作为输入和输出。当端口 A 和端口 B 作为选通输入或输出的数据端口时,端口 C 的指定位与端口 A 和端口 B 配合使用,用作控制信号或状态信号。

2. A 组和 B 组控制电路

这是两组根据 CPU 的方式命令字控制 8255A 工作方式的电路。它们的控制寄存器,接收 CPU 输出的方式命令字,由该命令字决定两组(3 个端口)的工作方式,还可根据 CPU 的命令对端口 C 的每一位实现按位复位或置位。

A 组控制电路控制端口 A 和端口 C 的上半部($PC_7 \sim PC_4$)。

B 组控制电路控制端口 B 和端口 C 的下半部($PC_3 \sim PC_0$)。

3. 数据总线缓冲器

这是一个三态双向的 8 位缓冲器,它是 8255A 与系统数据总线的接口。输入输出的数据以及 CPU 发出的命令控制字和外设的状态信息,都是通过这个缓冲器传送的。

4. 读/写控制逻辑

它与 CPU 的地址总线中的 A_1、A_0 以及有关的控制信号($\overline{RD}$、$\overline{WR}$、RESET)相连,由它控制把 CPU 的控制命令或输出数据送至相应的端口;也由它控制把外设的状态信息或输入数据通过相应的端口送至 CPU。这些控制信号是:

(1) A_1、A_0 端口选择:用来选择 A、B、C 3 个端口和控制字寄存器。通常,它们与 PC 微机的地址线 A_1 和 A_0 相连。

(2) $\overline{CS}$ 选片信号:低电平有效,由它启动 CPU 与 8255A 之间的通信。通常,它与 PC 微机地址线的译码电路的输出线相连,并由该译码电路的输出线来确定 8255A 的端口地址。

(3) $\overline{RD}$ 读信号:低电平有效,它控制 8255A 送出数据或状态信息至系统数据总线。通常,它与 PC 微机的相连。

(4) $\overline{WR}$ 写信号:低电平有效,它控制把 CPU 输出到系统数据总线上的数据或命令写到 8255A。通常,它与 PC 微机的 $\overline{IOW}$ 相连。

(5) RESET 复位信号:高电平有效,它清除控制寄存器,并置 A、B、C 3 个端口为输入方式。通常,它与微机的复位信号相连,与微机同时复位。也可以接一独立的复位信号,必要时即可复位 8255A。图 8-2 的复位电路是实验中常用的复位信号产生电路。

A_1、A_0 和 $\overline{CS}$、$\overline{RD}$、$\overline{WR}$ 及组合所实现的各种功能如表 11-1 所示。

表 11-1 8255A 的内部操作与选择表

$\overline{CS}$	$\overline{RD}$	$\overline{WR}$	A_1	A_0	操　　作
0	1	0	0	0	写端口 A
0	1	0	0	1	写端口 B
0	1	0	1	0	写端口 C
0	1	0	1	1	写控制字寄存器

$\overline{CS}$	$\overline{RD}$	$\overline{WR}$	A_1	A_0	操　作
0	0	1	0	0	读端口 A
0	0	1	0	1	读端口 B
0	0	1	1	0	读端口 C
0	0	1	1	1	无操作

8255A 与 80x86 微型计算机的连接如图 11-2 所示。

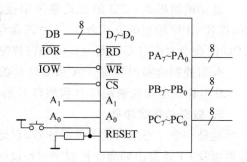

图 11-2　8255A 与 80x86 微型计算机的连接

11.1.2　8255A 的工作方式与控制字

8255A 有 3 种工作方式,由方式选择控制字来选用:

(1) 方式 0(Mode 0)——基本输入输出。

(2) 方式 1(Mode 1)——选通输入输出。

(3) 方式 2(Mode 2)——双向传送。

1. 方式选择控制字

8255A 的工作方式,可由 CPU 写一个方式选择控制字到 8255A 的控制字寄存器来选择。控制字的格式如图 11-3 所示,可以分别选择端口 A、端口 B 和端口 C 上下两部分的工作方式。端口 A 有方式 0、方式 1 和方式 2 三种,端口 B 只能工作于方式 0 和 1,端口 C 仅工作于方式 0。

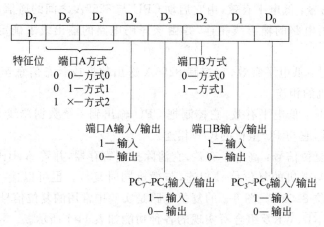

图 11-3　8255A 的方式选择控制字

2. 按位置位/复位控制字

端口 C 的 8 位中的任一位,可用按位置位/复位控制字来置位或复位(其他位的状态不变)。这个功能主要用于控制。能实现这个功能的控制字如图 11-4 所示。

若要使端口 C 的 bit3(PC_3)置位的控制字为 00000111B(07H),而使它复位的控制字为 00000110B(06H)。

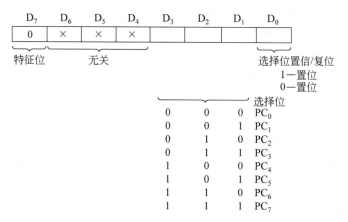

图 11-4 端口 C 按位置位/复位控制字

应注意的是,C 端口的按位置位/复位控制字须跟在方式选择控制字之后写入控制字寄存器。即使仅使用该功能,也应先选送一方式控制字。

【例 11.1】 将 8255A C 端口的 8 根 I/O 线接 8 只发光二极管的正极(8 个负极均接地),用按位置位/复位控制字编写使这 8 只发光二极管依次亮、灭的程序。设 8255A 的端口地址为 380H~383H。

8255A 与 80x86 微型计算机的连接及 8255A 的 C 端口与 8 只发光二极管的连接如图 11-5 所示。本程序要使用 8255A 的 2 个控制字——方式选择字和按位置位/复位字。这 2 个控制字都写入 8255A 的控制字寄存器,由它们的 D_7 位为 1 或 0 来区别写入的字是方式选择字还是置位/复位字。8255A 的控制字寄存器的端口地址为 383H。方式选择字只写入一次,其后写入的都是置位/复位字。

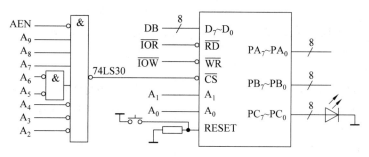

图 11-5 例 11.1 的电路图

首先用置位字 01H 点亮 PC_0 所连接的发光二极管,然后将置位字 01H 改为复位字 00H,熄灭该发光二极管。再将复位字 00H 改为置位字 03H,点亮 PC_1 所连接的发光二极管,又将置位字 03H 改为复位字 02H,熄灭该发光二极管。置位字和复位字就这样交替变化如下:01H→00H→03H→02H→05H→04H→07H→06H→…→0FH→0EH→01H→…。置位字和复位字周而复始地不断循环,即可使 8 只连接在 PC 端口的发光二极管依次亮灭。每一位的置位字改为复位字仅需将 D_0 位由 1 变为 0,这可用屏蔽 D_0 位的逻辑与指令完成。把 PC_i 的复位字改为 PC_{i+1} 的置位字,要将 D_0 位由 0 变为 1,同时还要将 $D_3 \sim D_1$ 3 位加 1,即要将 $D_3 \sim D_0$ 4 位加 3,这可以用加 3 的指令实现。这样不断地加 3,其进位一定会使 D_7 也变为 1,致使置位字变成方式字,为了避免出现此情况,所以加 3 后还要将置位字的 D_7 位或高 4 位清 0,即与 7FH 或 0FH 逻辑与。若在将置位字改为复位字时扩大逻辑尺的长度,将 D_0 位和高 4 位同时清 0,则此时就可以省去与 7FH 或 0FH 的逻辑与操作。据此分析,该程序的框图如图 11-6 所示,程序如下。

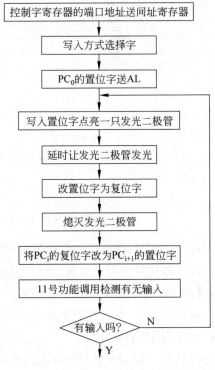

图 11-6　例 11.1 的程序框图

```
stack        segment stack 'stack'
             dw 32 dup (0)
stack        ends
code         segment
begin        proc far
             assume ss: stack, cs: code
             push ds
             sub ax, ax
             push ax
             MOV DX,383H          ;383H 为控制字寄存器的端口地址
             MOV AL,80H           ;方式选择字
             OUT DX,AL
             MOV AL,1             ;PC₀ 的置位控制字
AGAIN:       OUT DX,AL            ;点亮一只发光二极管
             LOOP $               ;延时
             LOOP $
             AND AL,0EH           ;置位字改为复位字,并保持 D₇ 为 0
             OUT DX,AL            ;熄灭点亮的发光二极管
             ADD AL,3             ;PCᵢ→PCᵢ₊₁,复位字改为下一位的置位字
             PUSH AX
             MOV AH,11            ;检查键盘有无输入
             INT 21H              ;无 0 送 AL,有 -1 送 AL
             INC AL
             POP AX
             JNZ AGAIN
             ret
begin        endp
code         ends
             end begin
```

11.1.3　3 种工作方式的功能

1. 方式 0

这是一种基本的 I/O 方式。在这种工作方式下,3 个端口都可由程序选定作输入或输出。它们的输出是锁存的,输入是不锁存的。

在这种工作方式下,可以由 CPU 用简单的输入或输出指令来进行读或写。因而当方式 0 用于无条件传送方式的接口电路时是十分简单的,这时不需要状态端口,3 个端口都可作为数据端口。

若将例 11.1 改为 C 端口方式 0 输出,则控制程序为:

```
stack       segment stack 'stack'
            dw 32 dup (0)
stack       ends
code        segment
begin       proc far
            assume ss：stack, cs：code
            push ds
            sub ax，ax
            push ax
            MOV DX,383H
            MOV AL,80H
            OUT DX,AL
            MOV DX,382H            ;C 端口的端口地址送 DX
            MOV AL,1              ;C 端口的输出值
AGAIN：     OUT DX,AL
            LOOP $               ;延时
            LOOP $
            PUSH AX
            MOV AH,11            ;11 号功能调用：检查键盘有无输入
            INT 21H             ;无 0 送 AL,有－1 送 AL
            INC AL              ;有输入,AL＝－1,AL 增 1,AL＝0
            POP AX
            JZ BACK
            ROL AL,1             ;改变 C 端口的输出值
            JMP AGAIN
BACK：      ret
begin       endp
code        ends
            end begin
```

方式 0 也可作为查询式输入或输出的接口电路,此时端口 A 和 B 分别可作为一个数据端口,而取端口 C 的某些位作为这两个数据端口的控制和状态信息。

2. 方式 1

这是一种选通的 I/O 方式。它将 3 个端口分为 A、B 两组,端口 A 和端口 C 中的 PC_3

~PC_5 或 PC_3、PC_6、PC_7 3 位为 A 组;端口 B 和端口 C 的 PC_2~PC_0 3 位为 B 组。端口 C 中余下的两位,仍可作为输入或输出用,由方式控制字中的 D_3 来设定。端口 A 和 B 都可以由程序设定为输入或输出。此时端口 C 的某些位为控制状态信号,用于联络和中断,其他各位的功能是固定的,不能用程序改变。

方式 1 输入的状态控制信号及其时序关系如图 11-7 所示。各控制信号的作用及意义如下:

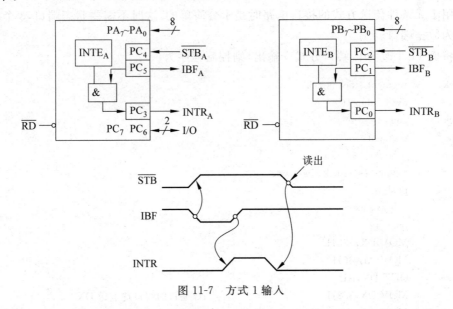

图 11-7　方式 1 输入

(1) $\overline{STB}$(strobe) 选通信号,低电平有效。这是由外设发出的输入信号,信号的前沿(下降沿),把输入装置送来的数据送入输入缓冲器;信号的后沿(上升沿)使 INTR 有效(置 1)。

(2) IBF(input buffer full) 输入缓冲器满信号,高电平有效。这是 8255A 输出给外设的联络信号。外设将数据送至输入缓冲器后,该信号有效;$\overline{RD}$ 信号的上升沿将数据送至数据线后,该信号无效。

(3) INTR(interrupt request) 中断请求信号,高电平有效。这是 8255A 的一个输出信号,可用作向 CPU 申请中断的请求信号,以要求 CPU 服务。当 IBF 为高和 INTE(中断允许)为高时,由 $\overline{STB}$ 的上升沿(后沿)使其置为高电平。由 $\overline{RD}$ 信号的下降沿(CPU 读取数据前)清除为低电平。

(4) INTE(interrupt enable) 中断允许信号,端口 A 中断允许 $INTE_A$ 可由用户通过对 PC_4 的按位置位/复位来控制。而 $INTE_B$ 由 PC_2 的置位/复位控制。INTE 置位许中断。INTE 复位禁止中断。

【例 11.2】 用选通输入方式从 A 端口输入 100 个 8 位二进制数。

实现该功能的原理图如图 11-8 所示,控制程序如下:

```
stack       segment stack 'stack'
            dw 32 dup(0)
```

```
stack     ends
data      segment
BUF       DB 100 DUP(0)
data      ends
code      segment
begin     proc far
          assume ss：stack，cs：code，ds：data
          push ds
          sub ax，ax
          push ax
          MOV ES,AX
          mov ax，data
          mov ds，ax
          MOV DX,38FH
          MOV AL,0B0H
          OUT DX,AL
          MOV AL,9                      ;PC₄ 置 1,允许 A 端口中断
          OUT DX,AL
          MOV AX,SEG IS8255             ;中断程序入口地址送中断向量表
          MOV ES：01C6H,AX
          MOV AX,OFFSET IS8255
          MOV ES：01C4H,AX
          MOV CX,100
          MOV BX,0
          MOV DX,38CH
          IN AL,0A1H                    ;读屏蔽字
          AND AL,0FDH                   ;改变屏蔽字,允许 IRQ₉ 中断
          OUT 0A1H,AL
ROTT：    JMP $
          LOOP ROTT
          IN AL,0A1H                    ;恢复屏蔽字,禁止 IRQ₉ 中断
          OR AL,2
          OUT 0A1H,AL
          ret
IS8255：   IN AL,DX
          MOV BUF[BX],AL
          INC BX
          MOV AL,61H                    ;指定中断结束命令
          OUT 0A0H,AL
          MOV AL,62H
          OUT 20H,AL
          POP AX                        ;修改返址
          INC AX
          INC AX
```

```
            PUSH AX
            IRET
begin       endp
code        ends
            end begin
```

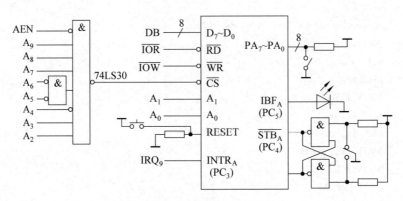

图 11-8　例 11.2 端口 A 选通输入

方式 1 输出的状态控制信号及其时序关系如图 11-9 所示。各控制信号的作用及意义如下：

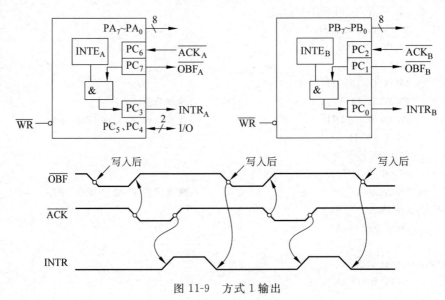

图 11-9　方式 1 输出

(1) $\overline{OBF}$ 输出缓冲器满信号，低电平有效。这是 8255A 输出给外设的一个联络信号。CPU 把数据写入指定端口的输出锁存器后，该信号有效，表示外设可以把数据取走。它由 $\overline{ACK}$ 的前沿(下降沿)即外设取走数据后，使其恢复为高。

(2) $\overline{ACK}$(acknowledge) 低电平有效。这是外设发出的响应信号，该信号的前沿取走数据并使 $\overline{OBF}$ 无效，后沿使 INTR 有效。

(3) INTR 中断请求信号，高电平有效。当输出装置已经接受了 CPU 输出的数据后,它用来向 CPU 提出中断请求,要求 CPU 继续输出数据。$\overline{OBF}$为 1(高电平)和 INTE 为 1(高电平)时,由$\overline{ACK}$的后沿(上升沿),使其置位(高电平),$\overline{WR}$信号的前沿(下降沿)使其复位(低电平)。

(4) $INTE_A$ 由 PC_6 的置位/复位控制。而 $INTE_B$ 由 PC_2 置位/复位控制。INTE 置位允许中断。

【例 11.3】 用 8 只发光二极管及时反映 8 个监控量的状态,设计接口电路和控制程序。

用 8 个开关模拟 8 个监控量的状态。A 端口输入 8 个监控量的状态,B 端口接 8 只发光二极管。A 端口基本输入,B 端口选通输出,用单稳电路来产生选通信号$\overline{ACK}$。当需要了解 8 个监控量的状态时发来选通信号$\overline{ACK}$,该信号使控制程序进入中断服务程序。在中断服务程序中,从 A 端口输入 8 个监控量的状态后立即从 B 端口输出。实现的电路如图 11-10 所示,控制程序如下:

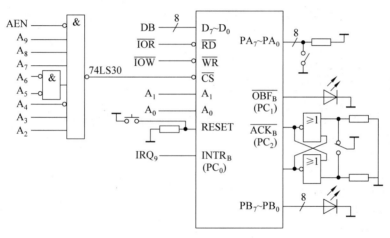

图 11-10 例 11.3 中 A 端口基本输入、B 端口选通输出

```
stack       segment stack 'stack'
            dw 32 dup(0)
stack       ends
data        segment
DA1         DB 'WAIT INTERRUPT', 0DH, 0AH, '$'
data        ends
code        segment
begin       proc far
            assume ss：stack, cs：code, ds：data
            push ds
            sub ax, ax
            push ax
            MOV ES, AX
            mov ax, data
            mov ds, ax
```

```
            MOV DX,393H
            MOV AL,94H
            OUT DX,AL
            MOV AL,5                        ;PC₂ 置 1,允许 B 端口中断
            OUT DX,AL
            MOV AX,SEG IO8255               ;中断程序入口地址送中断向量表
            MOV ES:01C6H,AX
            MOV AX,OFFSET IO8255
            MOV ES:01C4H,AX
            IN AL,0A1H                      ;读屏蔽字
            AND AL,0FDH                     ;改变屏蔽字,允许 IRQ₉ 中断
            OUT DX,AL
ROTT:       MOC DX,OFFSET DA1
            MOV AH,9
            INT 21H
            JMP $
            MOV AH,11
            INT 21H
            CMP AL,0
            JE ROTT
            IN AL,0A1H                      ;恢复屏蔽字,禁止 IRQ₉ 中断
            OR AL,2
            OUT 0A1H,AL
            ret
IO8255:     MOV DX,390H
            IN AL,DX
            INC DX
            OUT DX,AL
            MOV AL,61H                      ;指定中断结束命令
            OUT 0A0H,AL
            MOV AL,62H
            OUT 20H,AL
            POP AX                          ;修改返址
            INC AX
            INC AX
            PUSH AX
            IRET
begin       endp
code        ends
            end begin
```

3. 方式 2

这种工作方式,使外设可在单一的 8 位数据总线上,既能发送,又能接收数据(双向总线 I/O)。方式 2 只限于 A 组使用,它用双向总线端口 A 和控制端口 C 中的 5 位进行操

作,此时,端口 B 可用于方式 0 或方式 1。端口 C 的其他 3 位作 I/O 用或作端口 B 控制状态信号线用。

方式 2 状态控制信号如图 11-11 所示,各信号的作用及意义与方式 1 相同。

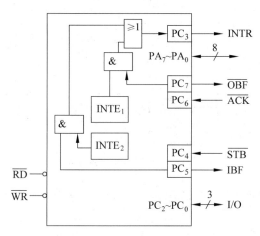

图 11-11　8255A 方式 2

INTE$_1$ 是输出的中断允许信号,由 PC$_6$ 的置位/复位控制。

INTE$_2$ 是输入的中断允许信号,由 PC$_4$ 的置位/复位控制。

其他信号的作用及意义与方式 1 相同。

11.2　可编程计数器/定时器 8253

在控制系统中,常常要求有一些实时时钟以实现定时或延时控制,如定时中断、定时检测、定时扫描等,也往往要求有计数器能对外部事件计数。

可编程计数器/定时器是为方便微型计算机系统的设计和应用而研制的,很容易和系统总线连接。它的定时值及其范围,可以很容易地由软件来确定和改变,能够满足各种不同的定时和计数要求,因而在微型计算机系统的设计和应用中得到广泛的应用。

Intel 系列的计数器/定时器电路为可编程序间隔定时器 PIT(programmable interval timer),型号为 8253,改进型为 8254。8253 具有 3 个独立的功能完全相同的 16 位计数器,每个计数器都有 6 种工作方式,这 6 种工作方式都可以由其控制字设定,因而能以 6 种不同的工作方式满足不同的接口要求。CPU 还可以随时更改它们的方式和计数值,并读取它们的计数状态。

11.2.1　8253 的组成与接口信号

8253 是 24 条引线双列直插式封装的芯片。其外部引线和内部结构如图 11-12 所示。各电路及引线的功能如下。

1. 数据总线缓冲器

数据总线缓冲器是三态、双向、8 位的缓冲器。这个数据总线缓冲器用作系统总线和

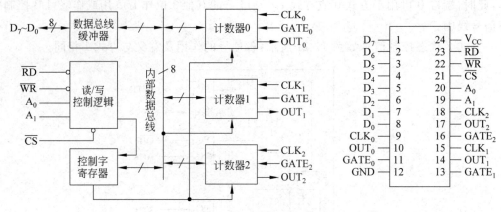

图 11-12   8253 的引线和内部结构

8253 的接口,缓冲器根据 CPU 的输入或输出指令实现数据传送。这个数据缓冲器具有下面 3 个基本功能。

(1) CPU 向 8253 所写的控制字经数据总线缓冲器和 8253 的内部数据总线传送给控制字寄存器寄存。

(2) CPU 向某计数器所写的计数初值经它和内部总线送到指定的计数器。

(3) CPU 读取某个计数器的当前值时,该当前值经内部总线和缓冲器传送到系统的数据总线上,被 CPU 读入。

2. 读/写逻辑

读/写逻辑接收系统总线的 5 个输入信号,根据这 5 个信号产生整个器件操作的控制信号。通过片选信号 $\overline{CS}$ 来控制读/写逻辑的工作,在没有被系统逻辑选中时,读/写逻辑操作功能不会发生变化。根据 $A_1 A_0$ 的输入选择 3 个计数器和控制字寄存器。通过 $\overline{RD}$ 或 $\overline{WR}$ 完成指定的读或写操作。

$\overline{CS}$、$\overline{RD}$、$\overline{WR}$、A_1 和 A_0 组合起来所产生的选择与操作功能如表 11-2 所示。

表 11-2   8253 的内部操作与选择表

$\overline{CS}$	$\overline{RD}$	$\overline{WR}$	A_1	A_0	操 作
0	1	0	0	0	写计数器 0
0	1	0	0	1	写计数器 1
0	1	0	1	0	写计数器 2
0	1	0	1	1	写控制字寄存器
0	0	1	0	0	读计数器 0
0	0	1	0	1	读计数器 1
0	0	1	1	0	读计数器 2
0	0	1	1	1	无操作

3. 控制字寄存器

控制字寄存器寄存数据缓冲器传送来的控制字。控制字寄存器有 3 个,都是 8 位的寄存器,分别对应于 3 个计数器。写入的控制字由该控制字的最高 2 位确定送入哪个计数器的控制字寄存器寄存。各自的控制字寄存器决定各自计数器的工作方式和所执行的操作。控制字寄存器只能写入,其值不能读出。

4. 计数器 0、计数器 1 和计数器 2

计数器 0、计数器 1 和计数器 2 是 3 个独立的计数器,它们的内部结构相同,其逻辑框图如图 11-13 所示。

写入计数器的初始值保存在计数初值寄存器中,由 CLK 脉冲的一个上升沿和一个下降沿将其装入减 1 计数器。减 1 计数器在 CLK 脉冲(GATE 允许)作用下进行递减计数,直至计数值为 0,输出 OUT 信号。输出寄存器的值跟随减 1 计数器变化,仅当写入锁存控制字时,它锁存减 1 计数器的当前计数值(减 1 计数器可继续计数),CPU 读取后,它自动解除锁存

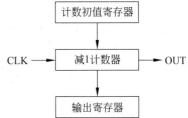

图 11-13　计数器的内部结构

状态,又跟随减 1 计数器变化。所以在计数过程中,CPU 随时可以用指令读取任一计数器的当前计数值,这一操作对计数没有影响。计数初值寄存器,减 1 计数器和输出寄存器都可看作是 8 位的寄存器对。

每个计数器都是对输入的 CLK 脉冲按二进制或十进制的预置值开始递减计数。若输入的 CLK 是频率精确的时钟脉冲,则计数器可作为定时器。在计数过程中,计数器受门控信号 GATE 的控制。计数器的输入 CLK 与输出 OUT 以及门控信号 GATE 之间的关系,取决于计数器的工作方式。

11.2.2　8253 芯片的工作方式

8253 的各计数器可有 6 种可供选择的工作方式,以完成定时、计数或脉冲发生器等多种功能。

1. 工作方式 0

工作方式 0 被称作计数结束中断方式,其定时波形如图 11-14(a)所示。当任一计数器被定义为工作方式 0 时,OUT_i 输出为低电平;若门控信号 GATE 为高电平,当 CPU 利用输出指令向该计数器写入计数值 $\overline{WR}$ 有效时,OUT_i 仍保持低电平,然后计数器开始减 1 计数,直到计数值为 0,此刻 OUT_i 将输出由低电平向高电平跳变,可用它向 CPU 发出中断请求,OUT_i 端输出的高电平一直维持到下次再写入计数值为止。

在工作方式 0 情况下,门控信号 GATE 用来控制减 1 计数操作是否进行。当 GATE = 1 时,允许减 1 计数;GATE = 0 时,禁止减 1 计数;计数值将保持 GATE 有效时的数值不变,待 GATE 重新有效后,减 1 计数继续进行。

显然,利用工作方式 0 既可完成计数功能,也可完成定时功能。当用作计数器时,应将要求计数的次数预置到计数器中,将要求计数的事件以脉冲方式从 CLK_i 端输入,由它对计数器进行减 1 计数,直到计数值为 0,此刻 OUT_i 输出正跳变,表示计数次数到。当用作定时器时,应把根据要求定时的时间和 CLK_i 的周期计算出定时系数,预置到计数器中。从 CLK_i 输入的应是一定频率的时钟脉冲,由它对计数器进行减 1 计数,定时时间从写入计数值开始,到计数值计到 0 为止,这时 OUT_i 输出正跳变,表示定时

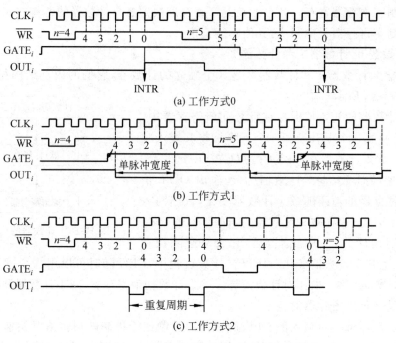

(a) 工作方式0

(b) 工作方式1

(c) 工作方式2

图 11-14 8253 的定时波形（一）

时间到。

有一点需要说明，任一计数器工作在方式 0 情况下，计数器初值一次有效，经过一次计数或定时后如果需要继续完成计数或定时功能，必须重新写入计数器的初值。

2. 工作方式 1

工作方式 1 被称作可编程单脉冲发生器，其定义波形如图 11-14(b)所示。进入这种工作方式，CPU 装入计数值 n 后 OUT_i 输出高电平，不管此时 GATE 输入是高电平还是低电平，都不开始减 1 计数，必须等到 GATE 由低电平向高电平跳变形成一个上升沿后，计数过程才会开始。与此同时，OUT_i 输出由高电平向低电平跳变，形成输出单脉冲的前沿，待计数值计到 0，OUT_i 输出由低电平向高电平跳变，形成输出单脉冲的后沿，因此，由方式 1 所能输出单脉冲的宽度为 CLK_i 周期的 n 倍。

如果在减 1 计数过程中，GATE 由高电平跳变为低电平，这并不影响计数过程，仍继续计数；但若重新遇到 GATE 的上升沿，则从初值开始重新计数，其效果会使输出的单脉冲加宽，如图 11-14(b)中的第 2 个单脉冲。

这种工作方式下，计数值也是一次有效，每输入一次计数值，只产生一个负极性单脉冲。

3. 工作方式 2

工作方式 2 被称作速率波发生器，其定时波形如图 11-14(c)所示。进入这种工作方式，OUT_i 输出高电平，装入计数值 n 后如果 GATE 为高电平，则立即开始计数，OUT_i 保持为高电平不变；待计数值减到 1 和 0 之间，OUT_i 将输出宽度为一个 CLK_i 周期的负脉冲，计数值为 0 时，自动重新装入计数初值 n，实现循环计数，OUT_i 将输出一定频率的负脉冲序列,其脉冲宽度固定为一个 CLK_i 周期,重复周期为 CLK_i 周期的 n 倍。

如果在减 1 计数过程中,GATE 变为无效(输入 0 电平),则暂停减 1 计数,待 GATE 恢复有效后,从初值 n 开始重新计数。这样会改变输出脉冲的速率。

如果在操作过程中要求改变输出脉冲的速率,CPU 可在任何时候,重新写入新的计数值,它不会影响正在进行的减 1 计数过程,而是从下一个计数操作周期开始按新的计数值改变输出脉冲的速率。

4. 工作方式 3

工作方式 3 被称作方波发生器,其定时波形如图 11-15(a)所示。任一计数器工作在方式 3,只在计数值 n 为偶数,则可输出重复周期为 n、占空比为 1:1 的方波。

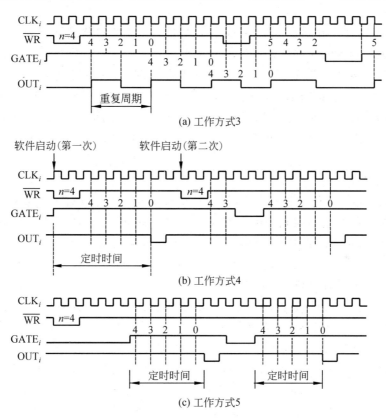

图 11-15　8253 的定时波形(二)

进入工作方式 3,OUT_i 输出低电平,装入计数值 n 后,OUT_i 立即跳变为高电平。如果当前 GATE 为高电平,则立即开始减 1 计数,OUT_i 保持为高电平,若 n 为偶数,则当计数值减到 $n/2$ 时,OUT_i 跳变为低电平,一直保持到计数值为 0,系统才自动重新置入计数值 n,实现循环计数。这时 OUT_i 端输出的周期为 $n \times CLK_i$ 周期,占空比为 1:1 的方波序列;若 n 为奇数,则 OUT_i 端输出周期为 $n \times CLK_i$ 周期,占空比为 $\dfrac{n+1}{2} \Big/ \dfrac{n-1}{2}$ 的近似方波序列。

如果在操作过程中,GATE 变为无效,则暂停减 1 计数过程,直到 GATE 再次有效,重新从初值 n 开始减 1 计数。

如果要求改变输出方波的速率,则 CPU 可在任何时候重新装入新的计数初值 n,并从下一个计数操作周期开始改变输出方波的速率。

5. 工作方式 4

工作方式 4 被称作软件触发方式,其定时波形如图 11-15(b)所示。进入工作方式 4,OUT_i 输出高电平。装入计数值 n 后,如果 GATE 为高电平,则立即开始减 1 计数,直到计数值减到 0 为止,OUT_i 输出宽度为一个 CLK_i 周期的负脉冲。由软件装入的计数值只一次有效,如果要继续操作,必须重新置入计数初值 n。如果在操作过程中,GATE 变为无效,则停止减 1 计数,到 GATE 再次有效时,重新从初值开始减 1 计数。

显然,利用这种工作方式可以完成定时功能,定时时间从装入计数值 n 开始,则 OUT_i 输出负脉冲(表示定时时间到),其定时时间 $= n \times CLK$ 周期。这种工作方式也可完成计数功能,它要求计数的事件以脉冲的方式从 CLK_i 输入,将计数次数作为计数初值装入后,由 CLK_i 端输入的计数脉冲进行减 1 计数,直到计数值为 0,由 OUT_i 端输出负脉冲(表示计数次数到)。当然也可利用 OUT_i 向 CPU 发出中断请求。因此工作方式 4 与工作方式 0 很相似,只是方式 0 在 OUT_i 端输出正阶跃信号、方式 4 在 OUT_i 端输出负脉冲信号。

6. 工作方式 5

工作方式 5 被称为硬件触发方式,其定时波形如图 11-15(c)所示。进入工作方式 5,OUT_i 输出高电平,硬件触发信号由 GATE 端引入。因此,开始时 GATE 应输入为 0,装入计数初值 n 后,减 1 计数并不工作,一定要等到硬件触发信号由 GATE 端引入一个正阶跃信号,减 1 计数才会开始,待计数值计到 0,OUT_i 将输出负脉冲,其宽度固定为一个 CLK_i 周期,表示定时时间到或计数次数到。

这种工作方式下,当计数值计到 0 后,系统将自动重新装入计数值 n,但并不开始计数,一定要等到由 GATE 端引入的正跳沿,才会开始进行减 1 计数,因此这是一种完全由 GATE 端引入的触发信号控制下的计数或定时功能。如果由 CLK_i 输入的是一定频率的时钟脉冲,那么可完成定时功能,定时时间从 GATE 上升沿开始,到 OUT_i 端输出负脉冲结束。如果从 CLK_i 端输入的是要求计数的事件,则可完成计数功能,计数过程从 GATE 上升沿开始,到 OUT_i 输出负脉冲结束。GATE 可由外部电路或控制现场产生,故硬件触发方式由此而得名。

如果需要改变计数初值,CPU 可在任何时候用输出指令装入新的计数初值 m,它将不影响正在进行的操作过程,而是到下一个计数操作周期才会按新的计数值进行操作。

从上述各工作方式可看出,GATE 作为各计数器的门控信号,对于各种不同的工作方式,它所起的作用各不相同。在 8253 的应用中,必须正确使用 GATE 信号,才能保证各计数器的正常操作。GATE 在各种工作方式中的功能可概括为如表 11-3 所示。

表 11-3　GATE 信号功能

工　作　方　式	GATE＝0 及下降沿	GATE 上升沿	GATE＝1
方式 0(计数结束中断)	停止计数	无意义	允许计数
方式 1(单脉冲)	无意义	从初值开始重新计数	无意义
方式 2(速率波发生器)	停止计数	从初值开始重新计数	允许计数
方式 3(方波发生器)	停止计数	从初值开始重新计数	允许计数
方式 4(软件触发)	停止计数	从初值开始重新计数	允许计数
方式 5(硬件触发)	无意义	硬件触发信号	无意义

11.2.3　8253 的控制字和初始化编程

8253 的工作方式由 CPU 向 8253 的控制字寄存器写入控制字来规定,其格式如图 11-16 所示。

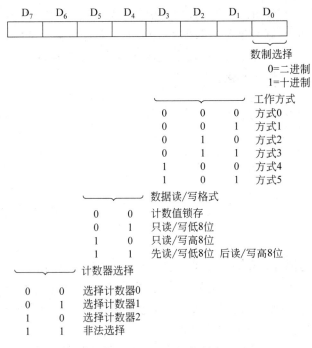

图 11-16　8253 的控制字

(1) 计数器选择(D_7、D_6)。控制字的最高两位决定这个控制字是哪一个计数器的控制字。由于 3 个计数器的工作是完全独立的,所以每个计数器都有一个控制字。而 3 个控制字都由同一地址(控制字寄存器地址)写入,因而由控制字的 D_7、D_6 两位来指定该控制字是哪个计数器的控制字。在控制字中的计数器选择与计数器的地址是两回事,不能混淆。计数器的地址用作 CPU 向计数器写初值,或从计数器读取计数器的当前值。

(2) 数据读/写格式(D_5、D_4)。CPU 向计数器写入初值和读取它们的当前状态时,有几种不同的格式。读/写数据时,是读/写 8 位数据还是 16 位数据;若是 8 位数据,可以令 $D_5D_4＝01$ 只读/写低 8 位,则高 8 位自动置 0;若是 16 位数据,而低 8 位为 0,则可令 $D_5D_4＝$

10,只读/写高 8 位,低 8 位就自动为 0;若令 $D_5 D_4 = 11$ 时,就先读/写低 8 位,后读/写高 8 位。在读取 16 位计数值时,可令 $D_5 D_4 = 00$,则把写控制字时的计数值锁存,以后再读取。

（3）工作方式（D_3、D_2、D_1）。8253 的每个计数器的 6 种不同的工作方式,由这 3 位决定。

（4）数制选择（D_0）。8253 的每个计数器有两种计数制:二进制和十进制,由这位决定。在二进制计数时,写入的初值的范围为 0000H～FFFFH,其中 0000H 是最大值,代表 65 536。在十进制计数时,写入的初值的范围为 0000H～9999H,其中 0000H 是最大值,代表 10000。

要使用 8253 必须首先进行初始化编程,初始化编程的步骤为先写入计数器的控制字,然后写入计数器的计数初值。控制字和计数初值,是通过两个不同的端口地址写入的。任一计数器的控制字都是写入控制字寄存器的端口地址,由控制字中的 D_7、D_6 来确定是哪一个计数器的控制字;而计数初值是由各个计数器的端口地址写入的。一片 8253 具有 4 个端口地址,由 8253 的 A_1 和 A_0 两根引线来区别:A_1、A_0 为 11 是控制字寄存器的端口地址,00、01 和 10 则分别是计数器 0、计数器 1 和计数器 2 的端口地址。

例如:用计数器 0,工作在方式 1,按十进制计数,计数值为 5080。若该片 8253 的端口地址为 388H～38BH,则初始化程序段为:

```
MOV DX,38BH
MOV AL,33H
OUT DX,AL
MOV DX,388H
MOV AL,80H
OUT DX,AL
MOV AL,50H
OUT DX,AL
```

8253 任一计数器的计数值,CPU 可用指令读取。CPU 读到的是执行读取指令瞬间计数器的当前值。但 8253 的计数器是 16 位的,所以要分两次读至 CPU,因此,若不设法锁存的话,则在读数过程中,计数值可能已变化了。要锁存有下面两种办法:

（1）利用 GATE 信号使计数过程暂停。

（2）向 8253 输送一个控制字,令 8253 的计数值在输出寄存器锁存。

例如:读取计数器 1 的 16 位计数值,存入 CX 中,其程序段为:

```
MOV DX,38BH
MOV AL,40H                    ;计数器 1 的锁存命令
OUT DX,AL
MOV DX,389H
IN AL,DX
MOV CL,AL
IN AL,DX
MOV CH,AL
```

11.2.4 8253 的应用

【例 11.4】 8253 在 IBM PC XT 中的应用。

8253 芯片在 IBM PC XT 微型计算机系统中的连接如图 11-17 所示。由译码电路可知计数器和控制字寄存器的端口地址为 40H～5FH,BIOS 取为:计数器 0:40H,计数器 1:41H,计数器 2:42H,控制字寄存器 3:43H。

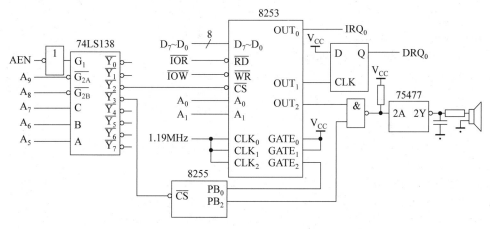

图 11-17　IBM PC XT 中 8253 的部分线路

3 个计数器的输入时钟频率均为 1.19MHz。

计数器 0 输出作为 18.2Hz 方波发生器。用来输出方波作为中断控制器 8259 的第 0 号中断信号线(IRQ_0)的输入。其作用是提供 IBM PC XT 系统计时器的基本时钟。计数器 0 的计数值为:

$$1.19 \times 10^6 / 18.2 = 65\,384 = 2^{16}$$

亦即送 16 位的 0,故其控制字为 36H。对计数器 0 初始化的程序段如下:

```
MOV AL,36H
OUT 43H,AL
MOV AL,0
OUT 40H,AL
OUT 40H,AL
```

计数器 1 输出间隔为 15μS 的负脉冲。该脉冲的上升沿触发 D 触发器。使它对 DMA 控制器 8237 的第 0 号 DMA 请求信号线 DRQ_0 发出 DMA 请求信号,8237 则依据这个请求信号对动态 RAM 进行刷新。计数器 1 的计数值为:

$$1.19 \times 10^6 / (1/15) \times 10^{-6} = 18$$

故其控制字为 54H。对计数器 1 的初始化程序段如下:

```
MOV AL,54H
OUT 43H,AL
MOV AL,18
```

OUT 41H,AL

计数器 2 输出不同频率的方波,经电流驱动器 75477 放大,推动扬声器发出不同频率的声响。计数器 2 的计数值为可变值。随蜂鸣器声响频率的高低而变,程序设计中让它的取值范围由 1 到 65 535,即 16 位二进制数,故其控制字为 B6H。

下面是 IBM PC XT 机 BIOS 中的开机诊断子程序。该子程序让蜂鸣器鸣一声长音(3 秒)和一声短音(0.5 秒),以指出系统板或 RAM 模块或者 CRT 显示器有错。

```
entry parameters：
DH＝Number of long tones to beep
DL＝Number of short tones to beep
err-beep    proc
            PUSHF                    ;保存所有的标志位
            CLI                      ;关中断
            PUSH DS
            MOV AX,DATA              ;DS 指向数据段
            MOV DS,AX
            OR DH,DH                 ;是否要鸣长音
            JZ G3                    ;不鸣长音,去鸣短音
G1:         MOV BL,6                 ;蜂鸣常数,一次鸣响延续时间 0.5×BL
            CALL BEEP                ;调用鸣响子程序
G2:         LOOP G2                  ;鸣响间隔,等待 500ms
            DEC DH
            JNZ G1                   ;长音没鸣响完,继续
            CMP MFG-TST,1            ;为制造测试模式?
            JNZ G3                   ;为制造测试模式,继续鸣响短音
            MOV AL,0DH               ;停止 LED 闪
            OUT PORT-B,AL            ;PORT-B＝61H,即 8255B 端口
            JMP G1
G3:         MOV BL,1                 ;短音鸣响时间为 0.5×1＝0.5s
            CALL BEEP
G4:         LOOP G4
            DEC DL
            JNZ G3                   ;短音没鸣响完,继续
G5:         LOOP G5                  ;短音鸣响完,延迟 1s 返回
G6:         LOOP G6
            POP DS
            POPF
            RET
err-beep    endp
```

鸣响子程序

```
beep        proc
            MOV AL,0B6H              ;计数器 2 的控制字
```

```
              OUT 43H,AL
              MOV AX,533H              ;1000Hz 分频值,分高低字节两次送入
              OUT 42H,AL
              MOV AL,AH
              OUT 42H,AL
              IN AL,61H                ;读取 8255B 端口的状态
              MOV AH,AL
              OR AL,3
              OUT 61H,AL               ;打开蜂鸣器
              SUB CX,CX                ;设置等待 500ms 的常数值
G7：          LOOP G7
              DEC BL                   ;0.5s×BL
              JNZ G7
              MOV AL,AH                ;恢复 8255B 端口的原来值,关蜂鸣器
              OUT 61H,AL
              RET
beep          endp
```

【例 11.5】 对外部事件计数 10 次。

计数电路如图 11-18 所示,由图 11-18 可知,使用的是计数器 0。外部事件用单稳电路输入,单稳电路的输出接至 CLK,GATE 接＋5V。由于计数器的 CLK 接至单稳电路,因而计数初值写入计数器后要由外接的单稳电路输入一个脉冲把计数初值装入减 1 计数器,才能对外部事件进行计数。所以,外部事件(即单稳电路输入)要输入 11 次。用查询计数器的初值和最终值编制的程序如下。

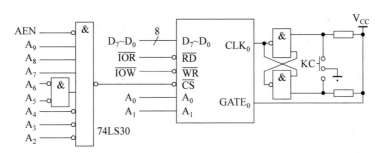

图 11-18   8253 对外部事件计数电路

```
stack         segment stack 'stack'
              dw 32 dup(0)
stack         ends
data          segment
DA1           DB 'WAIT LOAD',0AH,0DH,'$'
DA2           DB 'PLEASE INPUT',0AH,0DH,'$'
DA3           DB 'PROGRAM TERMINATED NORMALLY',0AH,0DH,'$'
data          ends
code          segment
```

```
        begin        proc far
                     assume ss：stack,cs：code,ds：data
                     push ds
                     sub ax,ax
                     push ax
                     mov ax,data
                     mov ds,ax
                     MOV DX,383H                        ;8253 计数器的方式 0,BCD 计数
                     MOV AL,11H
                     OUT DX,AL
                     MOV DX,380H
                     MOV AL,10H
                     OUT DX,AL
                     MOV DX,OFFSET DA1
                     MOV AH,9
                     INT 21H
                     MOV DX,380H
LOAD：                IN AL,DX
                     CMP AL,10H                         ;等待单稳输入脉冲,装入计数初值
                     JNE LOAD
                     MOV DX,OFFSET DA2
                     MOV AH,9
                     INT 21H
                     MOV DX,380H
CONTIN：              IN AL,DX
                     CMP AL,0                           ;等待单稳输入 10 个脉冲
                     JNZ CONTIN
                     MOV DX,OFFSET DA3
                     MOV AH,9
                     INT 21H
                     ret
begin                endp
code                 ends
                     end begin
```

若将 OUT₀ 接至 80x86 微型计算机的 IRQ₉。使用中断编程的程序如下：

```
stack        segment stack 'stack'
             dw 32 dup(0)
stack        ends
data         segment
DA1          DB 'WAIT LOAD',0AH,0DH,'$'
DA2          DB 'PLEASE INPUT',0AH,0DH,'$'
DA3          DB 'PROGRAM TERMINATED NORMALLY',0AH,0DH,'$'
data         ends
```

```
code        segment
begin       proc far
            assume ss：stack,cs：code,ds：data
            push ds
            sub ax,ax
            push ax
            MOV ES,AX
            mov ax,data
            mov ds,ax
            MOV DX,383H              ;8253 计数器的方式 0,BCD 计数
            MOV AL,11H
            OUT DX,AL
            MOV DX,380H
            MOV AL,10H
            OUT DX,AL
            MOV DX,OFFSET DA1
            MOV AH,9
            INT 21H
            MOV DX,380H
LOAD：      IN AL,DX
            CMP AL,10H               ;等待单稳输入脉冲,装入计数初值
            JNE LOAD
            MOV AX,SEG IS8253        ;填写中断向量表
            MOV ES：01C6H,AX
            MOV AX,OFFSET IS8253
            MOV ES：01C4H,AX
            IN AL,0A1H               ;改变屏蔽字,允许 IRQ$_9$ 中断
            AND AL,0FDH
            OUT 0A1H,AL
            MOV DX,OFFSET DA2
            MOV AH,9
            INT 21H
            JMP $                    ;等待单稳输入 10 个脉冲
            MOV DX,OFFSET DA3
            MOV AH,9
            INT 21H
            ret
IS8253：    MOV AL,61H               ;指定中断结束命令
            OUT 0A0H,AL
            MOV AL,62H
            OUT 20H,AL
            IN AL,0A1H               ;关屏蔽,禁止 IRQ$_9$ 中断
            OR AL,2
```

```
            OUT 0A1H,AL
            POP AX                                    ;修改返址
            INC AX
            INC AX
            PUSH AX
            IRET
begin       endp
code        ends
            end begin
```

11.3　习　　题

11.1　画出 8255A 与 80x86 微型计算机的连接图,写出 A 端口作基本输入,B 端口作基本输出的初始化程序。

11.2　编制一段程序,用 8255A 的 C 端口按位置位/复位,将 PC7 置 0,PC4 置 1(端口地址为 380H~383H)。

11.3　设计一个具有 8 个按键的电路,编写用中断方式扫描键盘得到按下键键值的程序。

11.4　用 8255 的两个端口设计一十六进制数码按键和 4 个七段显示器的接口电路,画出键盘、显示器及其接口电路的原理图,编写捕捉按键后立即改变显示数值的程序。

11.5　用 8255 的 A 端口接 8 只理想开关输入二进制数,B 端口和 C 端口各接 8 只发光二极管显示二进制数。设计这一接口电路。编写读入开关数据(原码)送 B 端口(补码)和 C 端口(绝对值)的发光二极管显示的程序段(设 8255 的端口地址为 384H~387H)。

11.6　用一片 8255 能否实现 8 个七段显示器与 64 个按键的键盘接口功能? 若能试画出设计方框图,并略加说明。

11.7　试用一片 8255 设计 3 只七段显示器的接口,将键盘输入的 3 位十进制数在这 3 只七段显示器上显示出来。设计这一输出电路和控制程序。

11.8　试用一片 8255 做 8 只理想开关和 2 只七段显示器的接口,将开关输入的 8 位二进制数以十六进制数形式在这 2 只七段显示器上显示出来。设计这一接口电路和控制程序(设 8255 的端口地址为 384H~387H)。

11.9　使用 8255 的 B 端口驱动红色与绿色发光二极管各 4 只,且红绿管轮流发光各 2 秒钟,不断循环,试画出包括地址译码、8255 与发光管部分的接口电路图,编写程序段。

11.10　用 8255 作双机并行通信的接口,试设计接口电路和通信程序。

11.11　画出 8253 与 80x86 微型计算机的连接图,写出 3 个计数器 6 种工作方式各自的初始化程序段。

11.12　编制一程序使 8253 的计数器产生 600Hz 的方波,经滤波后送至扬声器发声,当敲下任一键时发声停止。

11.13　下列程序段可控制某芯片输出方波,请指出该芯片的型号。

```
MOV DX,267H
MOV AL,36H
OUT DX,AL
MOV DX,264H
MOV AL,0
OUT DX,AL
OUT DX,AL
```

11.14 将 8253 的 3 个计数器级联,假设时钟输入为 2MHz,画出级联框图,并作:

(1) 各计数器均取最大的计数初值,计算各计数器输出的定时脉宽。

(2) 若要求得到毫秒、秒、时 3 种定标脉冲,3 个计数器的计数初值各为多少?

第 12 章 A/D 及 D/A 转换器

A/D（模/数）及 D/A（数/模）转换技术广泛应用于计算机控制系统及数字测量仪表中。

将模拟量信号转换成数字量的器件称为**模/数转换器**（简称 **A/D 转换器**），而将数字量信号转换成模拟量信号的器件称为**数/模转换器**（简称 **D/A 转换器**）。

12.1 D/A 转换器的主要性能指标

D/A 转换器的主要特性指标包括以下几方面：

（1）分辨率：指最小输出电压（对应的输入数字量只有最低有效位为 1）与最大输出电压（对应的输入数字量所有有效位全为 1）之比。如 N 位 D/A 转换器，其分辨率为 $1/(2^N-1)$。在实际使用中，表示分辨率大小的方法也用输入数字量的位数来表示。

（2）线性度：用非线性误差的大小表示 D/A 转换的线性度。并且把理想的输入输出特性的偏差与满刻度输出之比的百分数定义为非线性误差。

（3）转换精度：D/A 转换器的转换精度与 D/A 转换器的集成芯片的结构和接口电路配置有关。如果不考虑其他 D/A 转换误差时，D/A 的转换精度就是分辨率的大小，因此要获得高精度的 D/A 转换结果，首先要保证选择有足够分辨率的 D/A 转换器。同时 D/A 转换精度还与外接电路的配置有关，当外部电路器件或电源误差较大时，会造成较大的 D/A 转换误差，当这些误差超过一定程度时，D/A 转换就产生错误。

在 D/A 转换过程中，影响转换精度的主要因素有失调误差、增益误差、非线性误差和微分非线性误差。

（4）建立时间：建立时间是 D/A 转换速率快慢的一个重要参数，也是 D/A 转换器中的输入代码有满度值的变化时，其输出模拟信号电压（或模拟信号电流）达到满刻度值 $\pm 1/2\text{LSB}$（或与满刻度值差百分之多少）时所需要的时间。不同型号的 D/A 转换器，其建立时间也不同，一般从几个毫微秒到几个微秒。若输出形式是电流的，其 D/A 转换器的建立时间是很短的；若输出形式是电压的，其 D/A 转换器的主要建立时间是输出运算放大器所需要的响应时间。

由于一般线性差分运算放大器的动态响应速度较低，D/A 转换器的内部都带有输出运算放大器或者外接输出放大器的电路（如图 12-1 所示），因此其建立时间比较长。

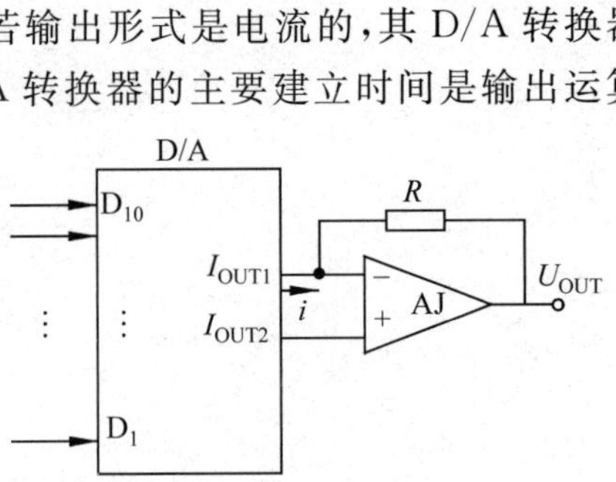

（5）温度系数：在满刻度输出的条件下，温度每升高 1℃，输出变化的百分数定义为温度系数。

图 12-1 D/A 转换器外接运算放大器电路

（6）电源抑制比：对于高质量的 D/A 转换器，要求开关电路及运算放大器所用的电源电压发生变化时，对输出电压影响极小。通常把满量程电压变化的百分数与电源电压变化的百分数之比称为电源抑制比。

（7）工作温度范围：一般情况下，影响 D/A 转换精度的主要环境和工作条件因素是温度和电源电压变化。由于工作温度会对运算放大器加权电阻网络等产生影响，所以只有在一定的工作范围内才能保证额定精度指标。较好的 D/A 转换器的工作温度范围在 −40℃～85℃ 之间，较差的 D/A 转换器的工作温度范围在 0℃～70℃ 之间。多数器件其静、动态指标均在 25℃ 的工作温度下测得的，工作温度对各项精度指标的影响用温度系数来描述，如失调温度系数、增益温度系数、微分线性误差温度系数等。

（8）失调误差（或称零点误差）：失调误差定义为数字输入全为 0 码时，其模拟输出值与理想输出值之偏差值。对于单极性 D/A 转换，模拟输出的理想值为零伏点。对于双极性 D/A 转换，理想值为负域满量程。偏差值的大小一般用 LSB 的份数或用偏差值相对满量程的百分数来表示。

（9）增益误差（或称标度误差）：D/A 转换器的输入与输出传递特性曲线的斜率称为 D/A 转换增益或标度系数，实际转换的增益与理想增益之间的偏差称为增益误差。增益误差在消除失调误差后用满码（全 1）输入时其输出值与理想输出值（满量程）之间的偏差表示，一般也用 LSB 的份数或用偏差值相对满量程的百分数来表示。

（10）非线性误差：D/A 转换器的非线性误差定义为实际转换特性曲线与理想特性曲线之间的最大偏差，并以该偏差相对于满量程的百分数度量。在转换器电路设计中，一般要求非线性误差不大于 ±1/2LSB。

常用 D/A 转换器如表 12-1 所示。

表 12-1　常用 D/A 转换器

分类	型　号	分辨率（位）	特　点
通用廉价芯片	AD558	8	带数字缓冲存储器，带有参考电压和运算放大器（电压输出），单电源，供电电压 +5～15V，75mW
	AD7524	8	CMOS，带有 μp 接口，4 象限工作方式
	AD559	8	与 1408/1508 有高性能的替换性
	AD7530	10	CMOS，4 象限工作方式
	AD561	10	内部参考电压，电流建立时间 250ns
	AD370	12	对标准 370 有优良的互换性，±10V 输出，低功耗，150mW
高速高精度芯片	DAC0800	8	内部不带输入数据锁存器，能直接与 TTL，COMS，PMOS 连接，输出电流建立时间 100ns
	DAC0808	8	内部不带数据锁存器，输出电流建立时间 150ns，输出为单极性
	AD561	10	电流建立时间为 250ns，内部参考电压

分类	型号	分辨率(位)	特点
高速高精度芯片	DAC1108/1106	12,10,8	相对于 0.01%/0.05%/0.2% 的电流建立时间分别为 150/50/20ns
	AD7541	12	CMOS,4 象限工作方式
	AD563	12	高性能,电流输出,内部参考电压
	AD565	12	快速单片结构,电流输出,内部参考电压,对 AD563 互换,电流建立时间为 200ns
	AD566	12	快速单片结构,电流输出,对 AD562 互换,电流建立时间为 200ns
高分辨率芯片	AD1147	16	具有数据输入锁存功能,可电压输出,也可电流输出,内部有运算放大器,接口电路简单
	DAC1136	16	电压或电流输出
	DAC1137	18(16)	电压或电流输出
	DAC1138	18	电压或电流输出
低功耗和可乘芯片	AD7525	3(1/2)	CMOS,工作方式(2 象限模拟),数字电压表
	AD7542	12	CMOS,4 象限工作方式,4 或 8 位 μp 兼容,双缓冲
	AD7543	12	CMOS,4 象限工作方式,双缓冲,串联负载
	AD370/371	12	混合 IC,对标准 370/371 有优良的互换性,低功耗 150mW
	AD7531	12	CMOS,4 象限工作方式
带数字缓冲芯片(与数据总线兼容)	DAC0832	8	具有数据输入锁存功能,与微处理器完全兼容,接口简单,转换控制容易,价格低廉
	DAC1420	8	4～20mA 输出,缓冲数字输入
	MDD	10,8	可消除毛刺,电压输出,20MHz 字速率
	AD7522	10	CMOS,4 象限工作方式,双缓冲,可直接与微处理器接口
	DAC1422	10	4～20mA,回路供电,缓冲数字输入
	DAC1423	10	ISO—DAC™,1500V,DC 绝缘,4～20mA 输出,回路供电,缓冲数字输入
	AD7542	12	CMOS,4 象限工作方式,4 或 8 位 μp 兼容,双缓冲
	AD7543	12	CMOS,4 象限工作方式,双缓冲,串联负载
	DAC1208	12	双缓冲结构,具有输入锁存功能,与微处理器完全兼容

分类	型 号	分辨率（位）	特 点
专用目的的芯片	DAC1420	8	4～20mA 输出，回路供电，缓冲数字输入
	DAC1423	10	ISO—DAC^{TM}，1500V，DC 绝缘，4～20mA 输出，回路供电，缓冲数字输入
	AD7525	$3\frac{1}{2}$BCD	CMOS，可乘（2 象限模拟）"数字电压表"，数字可控衰减器，可用拇指形开关手动操作
	AD7110	14	CMOS，带有对数特性的数字可控音频衰减器，增益范围 88.5dB 或 14 位。全部噪声抑制，包括响度校正的转换
	AD7543	12	当为串行接口应用设计的高精度 12 位 D/A 转换器

12.2 D/A 转换器及其与微型计算机的接口

由于 D/A 转换器与微型计算机接口时，微型计算机是靠输出指令输出数字量供 DAC 转换之用，而输出指令送出的数据在数据总线上的时间是短暂的（不足一个输出周期），所以 DAC 和微型计算机间，需有数据寄存器来保持微型计算机输出的数据，供 DAC 转换用。目前生产的 DAC 芯片可分为 2 类，一类芯片内部设置有数据寄存器，不需外加电路就可直接与微型计算机接口。另一类芯片内部没有数据寄存器，输出信号（电流或电压）随数据输入线的状态变化而变化，因此不能直接与微型计算机接口，必须通过并行接口与微型计算机接口。下面分别介绍这 2 类 DAC 芯片与微型计算机的接口方法。

12.2.1 8 位数模转换器 DAC 0832

DAC 0832 是美国数据公司的 8 位双缓冲 D/A 转换器，片内带有数据锁存器，可与通常的微处理器直接接口。电路有极好的温度跟随性。使用 CMOS 电流开关和控制逻辑来获得低功耗和低输出泄漏电流误差。其主要技术指标如下：

电流建立时间	$1\mu s$
单电源	＋5～＋15V
V_{REF} 输入端电压	±25V
分辨率	8 位
功率耗能	200mW
最大电源电压 V_{DD}	17V

1. DAC 0832 的结构

DAC 0832 是具有 20 条引线的双列直插式 CMOS 器件，它内部具有两级数据寄存器，完成 8 位电流 DA 转换。其结构框图及信号引线分别如图 12-2 和图 12-3 所示。

各引线信号可分为：

1）输入、输出信号

$D_0 \sim D_7$：8 位数据输入线。

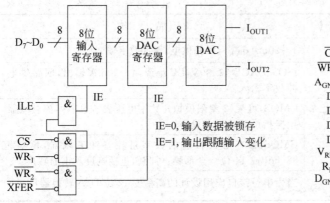 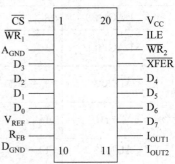

图 12-2 DAC 0832 内部结构框图   图 12-3 DAC 0832 引线图

I_{OUT1} 和 I_{OUT2}：I_{OUT1} 为 DAC 电流输出 1，I_{OUT2} 为 DAC 电流输出 2，I_{OUT1} 与 I_{OUT2} 之和为一常量。

RFB：反馈信号输入端，反馈电阻在片内。

2）控制信号

ILE：允许输入锁存信号，高电平有效。

$\overline{WR_1}$ 和 $\overline{WR_2}$：写信号，低电平有效。$\overline{WR_1}$ 为锁存输入数据的写信号，$\overline{WR_2}$ 为锁存从输入寄存器到 DAC 寄存器数据的写信号。

$\overline{XFER}$：传送控制信号，低电平有效。

$\overline{CS}$：片选信号，低电平有效。

3）电源和地

V_{CC}：主电源，其范围为 $+5V \sim +15V$。

V_{REF}：参考输入电压，其范围为 $-10V \sim +10V$。

A_{GND} 和 D_{GND}：地线，A_{GND} 为模拟信号地；D_{GND} 为数字信号地，通常将 A_{GND} 和 D_{GND} 相连。

2. DAC 0832 与微型计算机的接口

由于 DAC 0832 内部有输入寄存器和 DAC 寄存器，所以它不需要外加其他电路便可以与微型计算机的数据总线直接相连。根据 DAC 0832 的 5 个控制信号的不同连接方式，使得它可以有 3 种工作方式。

1）直通方式

将 $\overline{WR_1}$、$\overline{WR_2}$、$\overline{XFER}$ 和 $\overline{CS}$ 接地，ILE 接高电平，就能使得两个寄存器跟随输入的数字量变化，DAC 的输出也同时跟随变化。直通方式常用于连续反馈控制的环路中。

2）单缓冲工作方式

将其中一个寄存器工作在直通状态，另一个处于受控的锁存器状态。在实际应用中，如果只有一路模拟量输出，或虽有几路模拟量但并不要求同步输出，就可采用单缓冲方式。

单缓冲方式连接如图 12-4 所示。为使 DAC 寄存器处于直通方式，应使 $\overline{WR_2} = 0$ 和

$\overline{\text{XFER}}=0$。为此把这两个信号固定接地。为使输入寄存器处于受控锁存方式,应把$\overline{\text{WR}_1}$接$\overline{\text{IOW}}$,ILE 接高电平。此外还应把$\overline{\text{CS}}$接高位地址线或译码器的输出,并由此确定 DAC 0832 的端口地址为 380H。输入数据线直接与数据总线相连。将数据区 BUFF 中的数据转换为模拟电压输出的程序如下。

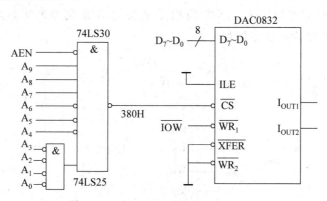

图 12-4 DAC 0832 的单缓冲方式连接

```
stack       segment stack 'stack'
            dw 32 dup(0)
stack       ends
data        segment
BUF         DB 23,45,67…
COUNT       EQU $-BUF
data        ends
code        segment
start       proc far
            assume ss: stack,cs: code,ds: data
            push ds
            sub ax,ax
            push ax
            mov ax,data
            mov ds,ax
            MOV BX,OFFSET BUF
            MOV CX,COUNT
AGAIN:      MOV DX,380H
            MOV AL,[BX]
            OUT DX,AL
            INC BX
            MOV AX,1000         ;等待 DA 转换结束
HERE:       DEC AX
            JNZ HERE
            LOOP AGAIN
            ret
start       endp
```

```
code        ends
            end start
```

【例 12.1】 产生锯齿波。

在许多应用中,要求有一个线性增长的锯齿波电压来控制检测过程、移动记录笔或移动电子束等。对此可通过 DAC 0832 的输出端接运算放大器来实现,其电路连接如图 12-5 所示。产生锯齿波的程序如下。

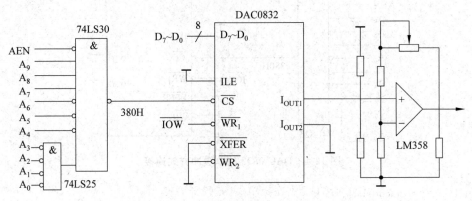

图 12-5   锯齿波产生电路

```
stack       segment stack 'stack'
            dw 32 dup(0)
stack       ends
code        segment
start       proc far
            assume ss：stack,cs：code
            push ds
            sub ax,ax
            push ax
            MOV DX,380H
AGAIN：      INC AL
            OUT DX,AL
            LOOP $
            PUSH AX
            MOV AH,11                    ;11 号功能调用
            INT 21H
            CMP AL,0                     ;有输入 AL＝FFH,无输入 AL＝0
            POP AX
            JE AGAIN                     ;无输入继续
            ret
start       endp
code        ends
            end start
```

从锯齿波产生的程序可看出：

(1) 程序每循环一次 DAC 0832 的输入数字量增 1，因此实际上锯齿波的上升是由 256 个小阶梯构成的，但由于阶梯很小，所以宏观上看就是线性增长的锯齿波。

(2) 可通过循环程序段的机器周期数计算出锯齿波的周期并可根据需要，通过延时的办法来改变锯齿波的周期。当延迟时间较短时，可用指令 LOOP ＄ 来实现；当延迟时间较长时，可以使用一个延时子程序，也可以使用定时器来定时。

(3) 通过 DAC 0832 输入数字量增量，可得到正向的锯齿波；如要得到负向的锯齿波，改为减量即可实现。

(4) 程序中数字量的变化范围是 0～255，因此得到的锯齿波是满幅度的。如果要得到非满幅度的锯齿波，可通过计算求得数字量的初值和终值，然后在程序中通过置初值判终值的办法即可实现。

3）双缓冲工作方式

两个寄存器都处于受控方式。为了实现两个寄存器的可控，应当给它们各分配一个端口地址，以便能按端口地址进行操作。D/A 转换采用两步写操作来完成。可在 DAC 转换输出前一个数据的同时，将下一个数据送到输入寄存器，以提高 DA 转换速度。还可用于多路 D/A 转换系统，以实现多路模拟信号同步输出的目的。

图 12-6 为 DAC 0832 与微型计算机接口的双缓冲方式连接电路。这时，输入寄存器和 DAC 寄存器必须分别控制器，故占用两个端口地址：380H 和 384H。380H 选通输入寄存器，384H 选通 DAC 寄存器。

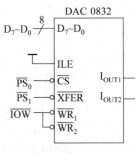

图 12-6　DAC 0832 的双缓冲连接方式

【例 12.2】 用 DAC 0832 控制绘图仪。

X-Y 绘图仪由 X、Y 两个方向的电机驱动，其中一个电机控制绘图笔沿 X 方向运动，另一个电机控制绘图笔沿 Y 方向运动，从而绘出图形。因此对 X-Y 绘图仪的控制有两点基本要求：一是需要两路 D/A 转换器分别给 X 通道和 Y 通道提供模拟信号，二是两路模拟量要同步输出。

两路模拟量输出是为了使绘图笔能沿 X-Y 轴作平面运动，而模拟量同步输出则是为了使绘制的曲线光滑。否则绘制出的曲线就是台阶状的。为此就要使用两片 DAC 0832，并采用双缓冲方式连接，如图 12-7 所示。两片 DAC 0832 共占据 3 个端口地址，其中两个输入寄存器各占一个地址，而两个 DAC 寄存器则合用一个地址。X 方向 DAC 0832 输入寄存器的端口地址为 380H，Y 方向 DAC 0832 输入寄存器的端口地址为 384H，两个 DAC 寄存器公用的端口地址为 388H。

程序中，先使用一条输出指令把 X 坐标数据送到 X 向转换器的输入寄存器。然后又用一条输出指令把 Y 坐标数据送到 Y 向转换器的输入寄存器。最后再用一条输出指令将前面两次写入输入寄存器的数据，同时打入两个转换器的 DAC 寄存器，进行数模转换。即可实现 X 和 Y 两个方向坐标量的同步输出。X 向坐标数据和 Y 向坐标数据存于 AX 中，则绘图仪的驱动子程序如下：

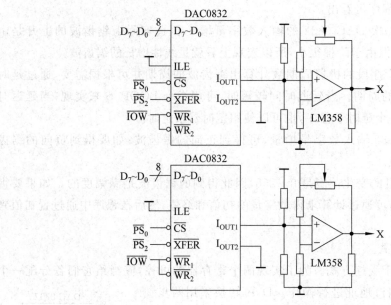

图 12-7 DAC 0832 控制绘图仪的接口电路

```
HTY     PROC
        PUSH CX
        PUSH DX
        MOV DX,380H
        OUT DX,AL                ;输出 X
        MOV DX,384H
        XCHG AH,AL
        OUT DX,AL                ;输出 Y
        MOV DX,388H              ;X、Y 送 DAC 寄存器
        OUT DX,AL
        LOOP $                   ;等待转换
        POP DX
        POP CX
HTY     ENDP
```

12.2.2 10 位数模转换器 AD7520

AD7520 为不带数据锁存器的 10 位数模转换电路,其外部引线如图 12-8 所示。

$b_1 \sim b_{10}$ 为数据输入线,b_1 为 MSB,b_{10} 为 LSB。V_{DD} 为电源端(5V~15V),V_{REF} 为基准电压端,RFE 为反馈输入端,GND 为数字地,I_{OUT1} 和 I_{OUT2} 为电流输出端。

AD7520 也是电流型输出的 DA 转换器,将电流转换成电压输出的原理及电路均与 DAC 0832 相同。

由于 AD7520 自身不带锁存器,所以与计算机的接口方法可以仿照 DAC 0832,用数据输出寄存器做 AD7520 的输入寄存器和 DAC 寄存器,如图 12-9 所示。若为单缓冲方式,则只须输入寄存器和 DAC 寄存器中的任一个即可。

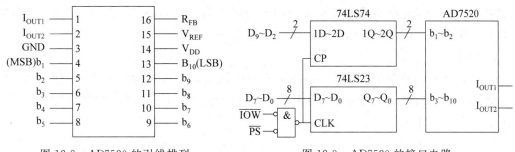

图 12-8　AD7520 的引线排列　　　　　图 12-9　AD7520 的接口电路

还可以只用 8 位数据线,但多用 1 片 74LS74 做 AD7520 的输入数字量接口,如图 12-10 所示。74LS74(1) 的端口地址为 380H,74LS74(2) 和 74LS273 的端口地址为 384H。先将 10 位数字量的高 2 位写入端口地址为 380H 的 74LS74(1) 锁存,然后将低 8 位数字量写入端口 384H 由 74LS273 锁存,与此同时把先写入 74LS74(1) 中的高 2 位写入 74LS74(2) 锁存,10 位数字量同时到达 AD7520 的数据输入线,供 AD7520 和运算放大器转换为电压输出。若待转换的 10 位数据在 AX 中,则完成一次 DA 转换的程序段如下:

```
MOV DX,380H
XCHG AH,AL
OUT DX,AL
XCHG AH,AL
MOV DX,384H
OUT DX,AL
```

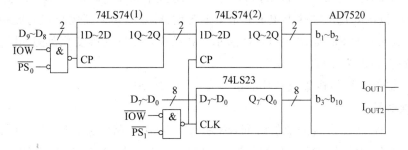

图 12-10　只用 8 位数据线与 AD7520 的接口电路

12.3　A/D 转换器主要性能指标

A/D 转换器是将模拟量转换成数字量的器件,模拟量可以是电压、电流等信号,也可以是声、光、压力、温度、湿度等随时间连续变化的非电的物理量。非电量的模拟量可通过适当的传感器(如光电传感器、压力传感器、温度传感器)转换成电信号。A/D 转换器主要性能指标有以下几方面。

1. 分辨率

分辨率表示转换器对微小输入量变化的敏感程度,通常用转换器输出数字量的位数来表示。例如,对 8 位 A/D 转换器,其数字输出量的变化范围为 0~255,当输入电压满刻度为 5V 时,转换电路对输入模拟电压的分辨能力为 5V/255≈19.6mV。目前常用的 A/D 转换集成芯片的转换位数有 8 位、10 位、12 位和 14 位等。

2. 精度

A/D 转换器的精度是指与数字输出量所对应的模拟输入量的实际值与理论值之间的差值。A/D 转换电路中与每个数字量对应的模拟输入量并非是单一的数值,而是一个范围 △,如图 12-11(a)所示。

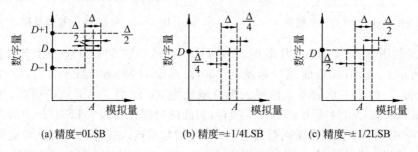

(a) 精度=0LSB   (b) 精度=±1/4LSB   (c) 精度=±1/2LSB

图 12-11   A/D 转换电路的精度

图 12-11 中 △ 的大小,在理论上取决于电路的分辨率。例如,对满刻度输入电压为 5V 的 12 位 A/D 转换器,△ 为 1.22mV。定义 △ 为数字量的最小有效位 LSB。但在外界环境的影响下,与每一数字输出量对应的输入量实际范围往往偏离理论值 △。

精度通常用最小有效位 LSB 的分数值来表示。在图 12-11(a)中,设 △ 的中点为 A,如果输入模拟量在 A±△/2 的范围内,产生唯一的数字量 D,则这时称转换器的精度为 ±0LSB。若模拟量变化范围的上限值和下限值各增减 △/4,转换器输出仍为同一数码 D,则称其精度为 ±1/4LSB,如图 12-11(b)所示。如果模拟量的实际变化范围如图 12-11(c)所示,这时称其精度为 ±1/2LSB。

目前常用的 A/D 转换集成芯片的精度为 1/4~2LSB。

3. 转换时间

完成一次 A/D 转换所需要的时间,称为 A/D 转换电路的转换时间。目前,常用的 A/D 转换集成芯片的转换时间约为几个 μs~200μs。在选用 A/D 转换集成芯片时,应综合考虑分辨率、精度、转换时间、使用环境温度以及经济性等诸因素。12 位 A/D 转换器适用于高分辨率系统;陶瓷封装 A/D 转换芯片适用于 -25~+85℃ 或 -55~+125℃,塑料封装芯片适且于 0~70℃。

4. 温度系数和增益系数

这两项指标都是表示 A/D 转换器受环境温度影响的程度。一般用每摄氏度温度变化所产生的相对误差作为指标,以 ppm/℃ 为单位表示。

5. 对电源电压变化的抑制比

A/D 转换器对电源电压变化的抑制比(PSRR)用改变电源电压使数据发生 ±1LSB 变化时所对应的电源电压变化范围来表示。

常用 A/D 转换器如表 12-2 所示。

表 12-2 常用 A/D 转换器

分类	型号	分辨率(位)	特点
通用廉价	AD570	8	带有参考电平,三态输出,$25\mu s$ 转换时间,逐次逼近型,与 μp 兼容
	AD7574	8	CMOS 可以像 RAM,ROM 或慢速存储器那样与微型机接口,比例性能,单电源,$15\mu s$ 转换时间
	AD7570	10,8	CMOS,不漏码,比例性能,μp 兼容
	AD571	10	三态输出,$25\mu s$ 转换时间,逐次逼近型,与 μp 兼容
	AD574	12	μp 接口,$25\mu s$ 转换时间,逐次逼近型
	ADC0801	8	CMOS 逐次逼近型,单通道,最大线性误差 $\pm 1/4$LSB,有三态输出锁存器直接推动数据总线
高速度与高精度芯片	ADC0808/0809	8	CMOS 逐次逼近型,8 通道多路转换,带有锁存器,可直接与 μp 接口
	MOD-1005	10	整块印刷版,5MHz 高速率,带有采样/保持器
	MOD-1020	10	整块印刷版,20MHz 高速,带有采样/保持器,SNR>56dB
	MAH	10,8	相对于 10/8 位的最大转换为时间为 $1\mu s/750$ns,并行和串行输出
	MOD-1205	12	整块印刷版,5MHz,高速率,包括具有采样/保持器,SNR>66dB
	ADC678	12	片内有采样/保持器,不需外接元件就可完成 A/D 转换,可直接与 8 位或 16 位 μp 接口
	AD578	12	转换时间可调到 $4.5\mu s$(min),内部参考电平,在允许温度范围内不漏码,逐次逼近
	AD574	12	包括参考电平和 μp 接口,$25\mu s$ 转换时间
	AD572	12	最大转换时间 $25\mu s$,在允许温度范围内不漏字
	ADC1131/1130	14	模块式,最大转换时间 $12\mu s/25\mu s$
	ADC1140	16	模块式,最大转换时间 $35\mu s$
	ADC0816	16	CMOS 逐次逼近型,16 通道多路转换,与 μp 兼容,高速、高精度、低功耗
高速度与高精度芯片	5G14433	3½ 位 BCD 码	抗干扰,转换精度高(11 位二进制数),转换速度慢,约 1~10 次/秒,单基准电压,采用双积分式
	ICL7135	4½ 位 BCD 码	转换精度高(14 位二进制数),单极性基准电压自动校零、自动极性输出,采用双积分式
	ICL7109	12	高精度、低噪声、低漂移、低价格,采用双积分式
高分辨率	AD7555	4½ BCD	CMOS,模拟开关和对于 4 象限斜率转换的全部功能,数据形式包括多路 DAC 和串行计数
	ADC1130/31	14	模块式,转换时间 $25\mu s/12\mu s$
	AD7550	13	CMOS,4 象限斜率

分类	型　号	分辨率(位)	特　点
低功耗	AD7583	8	CMOS,9 通道(可扩展),单电源,模拟多路开关,具有对 4 象限斜率转换和数字控制的全部数字功能,借助 I/O 口进行接口
	ADC1210	12	低功耗、中速、12 位分辨率、12 位精度、转换速度 1 次/100μs 的 12 位 A/D 转换,采用逐次逼近型

12.4　模数转换器及其与微型计算机的接口

各种型号的 ADC 芯片都具有如下的信号线:数据输出线 $D_0 \sim D_7$(8 位 ADC),启动 A/D 转换信号 SC 与转换结束信号 EOC。首先计算机启动 A/D 转换;转换结束后,ADC 送出 EOC 信号通知计算机;计算机用输入指令从 ADC 的数据输出线 $D_0 \sim D_7$ 读取转换数据。ADC 与微型计算机的接口就是要正确处理上述 3 种信号与微型计算机的连接问题。ADC 的数据输出端的连接要视其内部是锁存器还是三态输出锁存缓冲器。若是三态输出锁存缓冲器,则可直接与微型计算机的数据总线相连;若是锁存器,则应将其数据输出端通过三态缓冲器与数据总线相连。

12.4.1　模数转换器 ADC 0809

1. ADC 0809 的结构

ADC 0809 是 National 半导体公司生产 CMOS 材料的 A/D 转换器。它是具有 8 个通道的模拟量输入线,可在程序控制下对任意通道进行 A/D 转换,得到 8 位二进制数字量。其引脚如图 12-12 所示。其主要技术指标如下:

电源电压　　　　　6.5V
分辨率　　　　　　8 位
时钟频率　　　　　640kHz
转换时间　　　　　100μs
未经调整误差　　　1/2LSB 和 1LSB
模拟量输入电压范围　0~5V
功耗　　　　　　　15mW

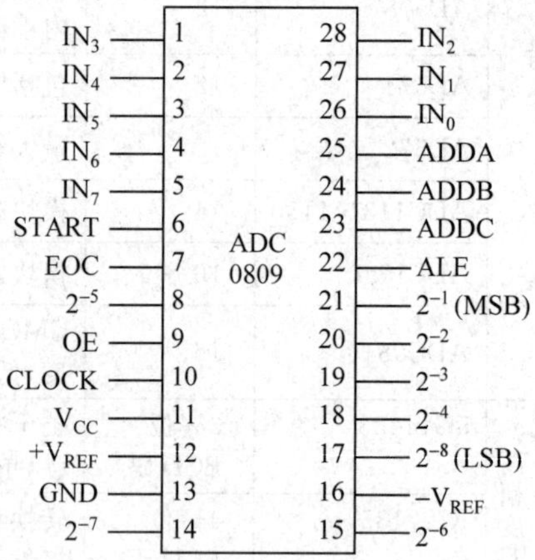

图 12-12　ADC 0809 引脚图

图 12-13 为 ADC 0809 内部原理框图,片内有 8 路模拟开关、模拟开关的地址锁存与译码电路、比较器、256R 电阻 T 型网络、树状电子开关、逐次逼近寄存器 SAR、三态输出锁存缓冲存储器、控制与时序电路等。

ADC 0809 通过引脚 IN_0,IN_1,…,IN_7 可输入 8 路单边模拟输入电压。ALE 将 3 位地址线 ADDA,ADDB,ADDC 进行锁存,然后由译码器选通 8 路中的一路进行 A/D 转换。地址译码与对应通道的关系如表 12-3 所示。

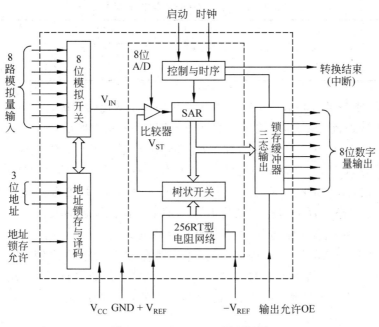

图 12-13　ADC 0809 原理框图

表 12-3　ADC 0809 地址译码与通道的关系

地址 CBA	选通的模拟通道	地址 CBA	选通的模拟通道	地址 CBA	选通的模拟通道
0 0 0	通道 0	0 1 1	通道 3	1 1 0	通道 6
0 0 1	通道 1	1 0 0	通道 4	1 1 1	通道 7
0 1 0	通道 2	1 0 1	通道 5		

　　对于片内的 256R 电阻 T 型网络和电子开关树,为了简化问题,以 2 位 A/D 变换器为例加以说明。此时只需 $2^2 = 4R$ 的电阻网络。图 12-14 示出了 $4R$ 电阻网络及相应的开关树。

　　图中 V_{ST} 输出的大小,除了与 V_{REF} 输入电压的大小有关外,还与开关树内各个开关的合、断状态有关。开关的合断又取决于一个二进制数字 $D_1 D_0$。D_1 控制右边两个开关 S_{10} 和 S_{11};当 $D_1 = 1$ 时,上面的开关 S_{10} 闭合而下面的开关 S_{11} 断开;当 $D_1 = 0$ 时,则反之。D_0 控制左边 4 个开关 $S_{00} \sim S_{03}$;当 $D_0 = 1$ 时,S_{00} 和 S_{02} 闭合而 S_{01} 和 S_{03} 断开;当 $D_0 = 0$ 时,则反之。由此可见,这部分电路相当于一个

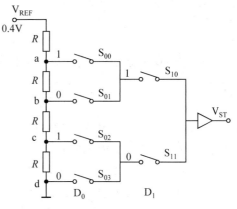

图 12-14　$4R$ 电阻网络及相应的开关树

D/A 转换器,数字量和模拟量的相应关系如表 12-4 所示(设 $V_{REF} = 0.4$ V)。

表 12-4　2 位 A/D 变换器数-模转换表

D_1　D_0	V_{ST}	D_1　D_0	V_{ST}
0　0	0V	1　0	0.2V
0　1	0.1V	1　1	0.3V

可见，V_{ST} 电压的大小取决于输入的数字量 $D_1 D_0$。8 位的情况与此类似。

SAR(逐次逼近寄存器)和比较器的工作原理如下：在变换前，SAR 为全零。变换开始，先使最高位为 1，其余位仍为 0，此"数字"控制开关树中开关的合、断，开关树的输出 V_{ST} 和模拟量输入 V_{IN} 一起输入比较器进行比较。如果 $V_{ST} > V_{IN}$，则比较器输出为 0，SAR 的最高位置 0；如果 $V_{ST} < V_{IN}$，则比较器输出为 1，SAR 的最高位保持 1。此后的 SAR 的下一个最高位置 1，其余较低位仍为 0，而上一次比较过的最高位保持原来值。再将 V_{ST} 和 V_{IN} 比较，重复上述过程，直至最低位比较完为止。

比较完毕后，SAR 的数字送入三态输出锁存器。三态输出锁存器输出的 2^{-8}，2^{-7}，$\cdots$，2^{-1} 中 2^{-1} 对应于数字量最高位的 D_7，2^{-8} 对应于最低位 D_0。OE 端为输出允许信号，当 OE 端出现高电平时，将三态输出锁存器中的数字量放在数据总线上，以供 CPU 读入。

2. ADC 0809 各引线信号意义如下：

(1) ADDA、ADDB、ADDC：模拟通道选择线。

(2) $IN_0 \sim IN_7$：8 路模拟通道输入，由 ADDA、ADDB 和 ADDC 3 条模拟通道选择线选择。

(3) $DB_0 \sim DB_7$：数据线，三态输出，由 OE 输出允许信号控制。

(4) OE：输出允许，该引线上的高电平，打开三态缓冲器，将转换结果放到 $DB_0 \sim DB_7$ 上。

(5) ALE：地址锁存允许，其上升沿将 ADDA、ADDB 和 ADDC 3 条引线的信号锁存，经译码选择对应的模拟通道。ADDA、ADDB 和 ADDC 可接计算机的地址线，也可接数据线。ADDA 接低位线，ADDC 接高位线，它们的状态即与模拟通道输入 $IN_0 \sim IN_7$ 对应。

(6) START 转换启动信号，在模拟通道选通之后，由 START 上的正脉冲启动 A/D 转换过程。

(7) EOC(end of conversion)转换结束信号，在 START 信号之后，A/D 开始转换，EOC 变为低电平，表示转换在进行中。当转换结束，数据已锁存在输出锁存器之后，EOC 变为高电平。EOC 可作为被查询的状态信号，亦可用来申请中断。

(8) REF($+$)、REF($-$)基准电压输入。

(9) CLOCK 时钟输入，时钟频率为 640kHz。

3. ADC 0809 与微型计算机的接口

由于 ADC 0809 芯片内部集成了数据锁存三态缓冲器，其数据输出线可以直接与计算机的数据总线相连。所以，设计 ADC 0809 与微型计算机的接口，主要是对模拟通道的选择、转换启动的控制和读取转换结果的控制等方面的设计。

可以用中断法传送,也可以用查询法传送,还可以用无条件传送。无条件传送即启动转换后等待 $100\mu s$（ADC 0809 的转换时间）再读取转换结果的接口较简单。用 ADC 0809 对 8 路模拟信号进行循环采集,各采集 100 个数据分别存入 8 个数据区中的无条件传送的接口电路如图 12-15 所示。无条件传送的采集程序如下:

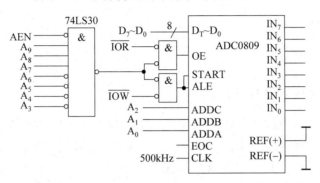

图 12-15　ADC 0809 与微型计算机的接口

```
stack       segment stack 'stack'
            dw 32 dup(0)
stack       ends
data        segment
COUNT       EQU 100
BUFF        DB COUNT×8 DUP(0)
data        ends
code        segment
start       proc far
            assume ss: stack,cs: code,ds: data
            push ds
            sub ax,ax
            push ax
            mov ax,data
            mov ds,ax
            MOV BX,OFFSET BUFF
            MOV CX,COUNT
OUTLP:      PUSH BX
            MOV DX,380H                 ;指向 0 通道地址
INLOP:      OUT DX,AL                   ;启动转换,锁存模拟通道地址
            MOV AX,50000                ;延时,等待转换结束
WT:         DEC AX
            JNZ WT
            IN AL,DX                    ;读取转换结果
            MOV [BX],AL
            ADD BX,COUNT                ;指向下一通道的存放地址
            INC DX                      ;指向下一通道的地址
            CMP DX,388H                 ;8 个通道都采集了吗?
```

```
                    JB INLOP
                    POP BX                    ;0 通道存放地址弹出
                    INC BX                    ;指向 0 通道的下一存放地址
                    LOOP OUTLP
                    ret
start               endp
code                ends
                    end start
```

12.4.2 模数转换器 AD574

AD574 系列包括 AD574、AD674、AD774 和 AD1674 等型号的芯片。AD574 的转换时间为 $15 \sim 35\mu s$,典型值为 $25\mu s$。AD674 和 AD774 的转换时间分别为 $15\mu s$ 和 $8\mu s$,AD1674 的转换时间为 $10\mu s$,且内含采样保持器。片内具有三态输出锁存缓冲器和时钟信号。AD574 是 AD 公司生产的 12 位逐次逼近型 ADC,由于它性能优良,在国内应用很广。

1. 芯片引线

AD574 系列芯片的引线排列及功能完全相同,其引线如图 12-16 所示,各引线的功能如下:

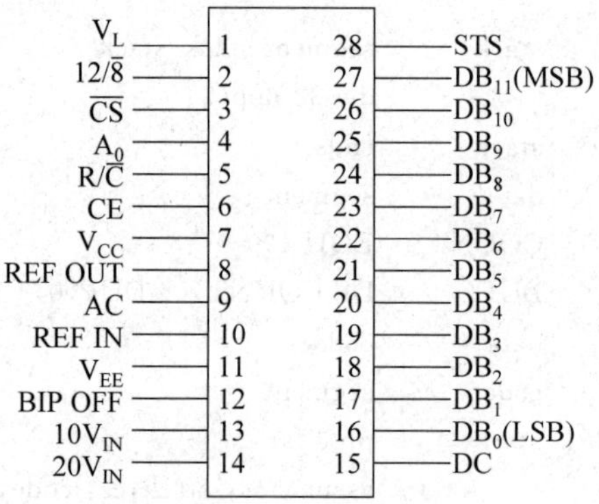

1) 模拟信号输入及输入极性信号

$10V_{IN}$:$0V \sim +10V$ 的单极性或 $-5V \sim +5V$ 的双极性输入线。

$20V_{IN}$:$0V \sim +20V$ 的单极性或 $-10V \sim +10V$ 双极性输入线。

图 12-16 AD574 引线图

REF OUT:片内基准电压输出线。

REF IN:片内基准电压输入线。

BIP OFF:极性调节线。

模拟量从 $10V_{IN}$ 或 $20V_{IN}$ 输入,输入极性由 REF IN,REF OUT 和 BIP OFF 的外部电路确定。如图 12-17 所示。不论输入模拟量是单极性还是双极性,均按从小到大的顺序将输入模拟量变换为数字量 000H~FFFH。所以若是单极性的模拟量,则所转换结果为一无符号数;若是双极性的模拟量,则需把转换结果减去 800H,从而得到与模拟量极性与大小完全对应的数字量。

2) AD574 与微型计算机的接口信号

$12/\overline{8}$:12 位转换或 8 位转换线。12 位转换的转换结果即 12 位二进制数既可以同时输出,又可以分为高 8 位和低 4 位两次输出。

$\overline{CS}$:片选线,低电平选通芯片。

A_0:端口地址线。启动 12 位转换,A_0 输入 0;启动 8 位转换,A_0 输入 1。输出高 8 位数据,A_0 输入 0;输出低 4 位数据,A_0 输入 1。

$R/\overline{C}$:读结果/启动转换线,高电平读结果,低电平启动转换。

CE:芯片允许线,高电平允许转换。

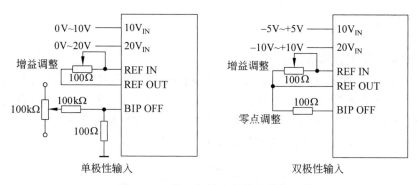

图 12-17 输入与输出极性的外部电路

这 5 个信号之间的逻辑关系如表 12-5 所示,它是接口设计的主要依据。

表 12-5 AD574 的真值表

CE	$\overline{CS}$	$R/\overline{C}$	$12/\overline{8}$	A_0	工 作 状 态
0	×	×	×	×	不允许转换
×	1	×	×	×	未选通芯片
1	0	0	×	0	启动 12 位转换
1	0	0	×	1	启动 8 位转换
1	0	1	接+5V	×	12 位数据并行输出
1	0	1	接地	0	输出高 8 位数据
1	0	1	接地	1	输出低 4 位数据

STS 转换状态指示,转换期间为高电平,转换结束后输出变为低电平。
各信号之间的时序关系如图 12-18 所示。

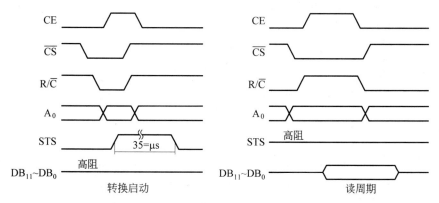

图 12-18 AD574 的时序图

3) 电源与地线

V_L：+5V 电源。

V_{CC}：12V/15V 参考电压源。

V_{EE}：-12V/-15V 参考电压源。

DC：数字地。

AC：模拟地。

2. AD574 与微型计算机的接口

AD574 与 16 位数据线的接口是较方便的，下面介绍 AD574 与 8 位数据线的接口。根据 AD574 的真值表和时序图，采用查询方式设计的 AD1674 与微型计算机的接口电路如图 12-19 所示。启动转换的端口地址为 381H，查询的端口地址为 384H，读取高 8 位数据的端口地址为 380H，读取低 4 位数据的端口地址为 381H。

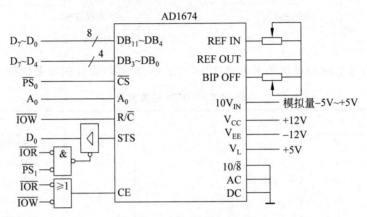

图 12-19　AD574 与微型计算机的接口电路

由于读取的数据是向左对齐的，故要将其进行移位操作，使其向右对齐。又由于是双极性输入，所以还要将转换结果减去 800H。采集 100 个数据，并将其送数据区 BUFF 存放的程序如下：

```
stack      segment stack 'stack'
           dw 32 dup(0)
stack      ends
data       segment
COUNT      EQU 100
BUFF       DW COUNT DUP(0)
data       ends
code       segment
start      proc far
           assume ss: stack,cs: code,ds: data
           push ds
           sub ax,ax
           push ax
           mov ax,data
           mov ds,ax
           MOV BX,0
           MOV CH,COUNT
           MOV CL,4
           MOV DX,381H              ;指向启动转换的端口地址
```

```
LOP：        OUT DX,AL                        ;启动转换
            MOV DX,384H                      ;查询转换是否结束?
WT：         IN AL,DX
            TEST AL,1
            JNZ WT
            MOV DX,380H                      ;转换结束,指向高 8 位端口地址
            IN AL,DX                         ;读取转换结果的高 8 位
            MOV AH,AL
            INC DX                           ;指向低 4 位端口地址
            IN AL,DX                         ;读低 4 位
            SHR AX,CL                        ;左对齐的数据移位,使其向右对齐
            SUB AX,800H
            MOV BUFF[BX],AX
            ADD BX,2
            DEC CH
            JNZ LOP
            ret
start       endp
code        ends
            end start
```

12.5 习　　题

12.1 什么是 A/D,D/A 转换器?

12.2 A/D 和 D/A 转换器在微型计算机应用中起什么作用?

12.3 D/A 转换器的主要参数有哪几种? 参数反映了 D/A 转换器什么性能?

12.4 A/D 转换器的主要参数有哪几种? 参数反映了 A/D 转换器什么性能?

12.5 分辨率和精度有什么区别?

12.6 DAC 0832 有哪几种工作方式? 每种工作方式适用于什么场合? 每种方式用什么方法产生的?

12.7 ADC 与微处理器接口的基本任务是什么?

12.8 ADC 中的转换结束信号(EOC)起什么作用?

12.9 如果 0809 与微机接口采用中断方式,EOC 应如何与微处理器连接? 程序又有什么改进?

12.10 一片内没有数据锁存器 8 位 D/A 接口芯片的 I/O 端口地址为 260H,画出接口电路图(包括地址译码电路)编写输出 15 个台阶的正向阶梯波的控制程序。

12.11 利用 DAC 0832 输出周期性的方波、三角波、正弦波,画出原理图并写出控制程序。

12.12 12 位 D/A 接口芯片 DAC1210 的工作原理与 DAC0832 基本相似,其内部结构如图 12-20 所示。画出 DAC1210 与 8 位数据线的接口电路图,写出输出周期性锯齿波的程序。

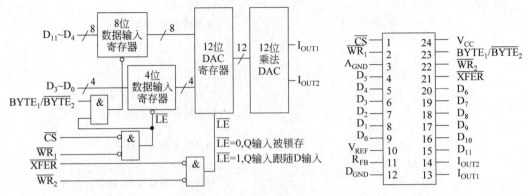

图 12-20　DAC1210 的内部结构

12.13 A/D 芯片 ADC 0816 与 ADC0809 基本相似,但 ADC 0816 为 16 个模拟输入通道(通道选择引线为 ADDD~ADDA)。请用查询方式设计一数据采集接口电路,并编写对 16 路模拟量循环采样一遍的程序,采集数据存入数据区 BUFF 中。要求设计地址译码电路,I/O 端口地址为 260H~26FH。

12.14 请用中断方式设计一数据采集接口电路,并编写对 ADC0809 的 8 路模拟量循环采样一遍的程序,采集数据存入数据区 BUFF 中。

12.15 ADC1210 是片内没有三态输出缓冲器的 12 位 A/D 芯片,引线如图 12-21 所示。$D_{11} \sim D_0$ 为数字量输出引线,它们输出锁存在输出锁存器中的转换结果,但输出锁存器不带三态缓冲器。CLK 为时钟信号输入端,其最高频率可达 260kHz,转换速度为 $100\mu s$。$\overline{SC}$ 是转换启动信号,低电平有效。CC 是转换结束信号,转换期间为高电平,转换结束后输出变为低电平。当 R_{25} 和 R_{26} 输入的模拟电压的范围为 $0 \sim V_{REF}$ 时,V^+ 和 R_{27} 接 $+5V \sim +15V$;V^-、R_{28} 和 GND 接地。请采用查询方式设计 ADC1210 与 8088 的接口电路以及采集 100 个数据,并将其送数据区 BUFF 存放的控制程序。

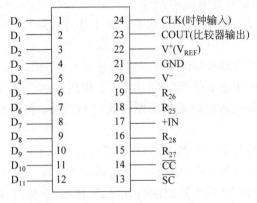

图 12-21　ADC1210 引线图

第 13 章　微型计算机在自动控制系统中的应用

由于大规模集成电路的飞速发展,计算机的微型化很快,其性能价格比也大为提高,因而微型计算机的应用越来越广泛。计算机在各个领域中的应用,已有大量的报道,从中可知计算机的应用已取得显著的经济效益和社会效益。微型计算机不但在工农业生产方面的应用,在科研设备中也有很普遍的应用,而且在办公自动化及家庭生活中也已逐渐得到推广和应用。

本章将就微型计算机在自动控制系统中的应用方面举些实例,说明微型计算机在整个系统中处于什么位置,起到什么作用,能在多大程度上代替人的脑力和体力劳动,使生产过程自动化的程度和产品质量得到什么样的改善或提高。

13.1　微型计算机应用的意义

这里所说的"应用"(application)将区别于"使用"(use)这样的术语。所谓计算机的"使用"指的是在计算机本身带有的软硬件的支持下,按照说明书进行操作,以计算某些题目。而"应用"的含义将更为广泛,它除具有上述的"使用"的意义之外,还可以在用户选配的外围设备或器件(硬件)的支持下对机器、仪表、装置以及整个过程进行检测控制。在用户自编应用程序的支持下,一方面既可以利用计算机来积累资料,总结经验以达到"自学"实践中的规律,从而作为改进今后控制方法的依据。另一方面,更可利用计算机进行实时控制,随时总结经验,随时"指导"下一步的控制规律。

总而言之,"使用"是对计算机本身的硬件毫无增减,在软件上也是只在对计算机配备好的软件略加增减。"应用"则既可以是对计算机的硬件作相当大的增加(如检测通道、执行通道及相应的接口)或者是在原有软件(操作系统,监控程序)的支持下设计出完全满足用户需要的应用软件。这就是,"应用"必须是有硬件和/或软件的增减,以满足用户的需要。

微型计算机的应用一般可分成 3 种类型:

1. 检测控制型

这种类型用于对控制对象作某些判断然后再去控制其执行机构。它不需要作复杂的数学模型的计算工作,但它必须有检测控制对象的某些现象的传感器件,并且还得将由此而得到的模拟量(连续的电压或电流量)转变成数字量(变为量化的脉冲量)。这就是一般称为模-数转换器(A/D convertor)。作为一个计算机控制系统,如果把计算机比作人的"头脑"(电脑)的话,则传感器就相当于"耳目",执行机构则为行动的"手脚"。而 A/D 转换器是起到使"耳目"和"头脑"之间的匹配作用,或者说,起到将现象翻译成数字的作用,以适应计算机的工作特点。

执行机构如果是开关式的,则计算机只要输出开关量(如继电器)即可。如执行机构是连续式的,则计算机要经过数-模转换器(D/A convertor)才能产生连续控制量(如电压或电流量)。

这里要指出的是:A/D 和 D/A 转换器是计算机控制系统的必备的重要器件。其他的"手脚"和"耳目"之类的器件都是一般控制检测装置上通用的,只要作适当的选配,即可以使用于计算机控制系统。

2. 数据处理型

这是指输入数据量比较多(数十,数百,甚至成千上万的数据),而且需要经过一定规律进行分类、排列(列表)、折算(如线性化)、换算(如求均值、方差等),然后送入有关的数学模型进行繁杂运算的计算机系统。这种类型为了取得人机对话的方便,必须设有电视屏显示器(或称阴极射线管 CRT)和完整的键盘输入器(要有数字键及文字键)。为了便于多处使用而常可增设若干个带有电传打字机的终端机。

这类系统,多为键盘输入数据,而在显示器上显示结果,这就是所谓离线处理。如果数据直接由各个数据输入端随时输入,然后机器连续运算,并随时或定时给出计算结果,则称为在线处理。当然后者在系统形成上要比前者复杂得多。

3. 混合型

即以上二者的复合型式。一方面既有很多数据输入,并进行相应的处理,另一方面又要根据处理的结果去控制相应的装置,以达到整个系统的预期目的。

下面几节将介绍几个具体的例子,以使初学者有一个较完整的计算机应用概貌。但是,我们不打算按上述三个类型分别举例,因为这种分类法也不是典型的。况且,一个系统的存在是有其实际需要而存在的,有时不一定可以列入任何一类中。

13.2　典型微型计算机控制系统的组成

以微型计算机为核心组成的控制系统,如图 13-1 所示。图中间是微处理器(CPU),以及组成内存的 ROM 和 RAM,这是微型计算机的主要内部设备。左边为计算机的外部设备,其中包括打印机(PR)、显示屏(CRT)、键盘(KB)以及外存储磁带(CS)或软盘硬盘。它们各自都得通过相应的接口才能与计算机的内部总线相连。右边被控制的对象,总称为用户。它们有以下 4 种形式。

(1)模拟量:如电流、电压,它们来自某些量测装置的传感器,模拟量就是连续的量。

(2)数字量:如数字式电压表或某些传感器所产生的数字量。

(3)开关量:如行程开关或限位接点接通时产生的突变电压。

(4)脉冲量:如脉冲发生器产生的脉冲系列(一般为电压脉冲)。

如图 13-1 所示右边的 8 路通道中,上面 4 路是输入通道,下面 4 路是输出通道。输入通道配有 4 种传感器,就是模拟量传感器、数字量传感器、开关量传感器和脉冲量传感

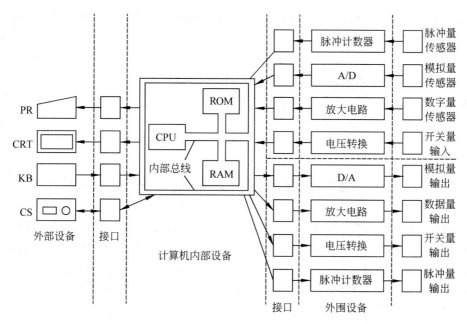

图 13-1　典型微型计算机控制系统

器。输出通道则可以产生相应的控制量:模拟量输出、数字量输出、开关量输出和脉冲量输出。

图 13-1 是把各种输入/输出的可能性都集中在一起,因而看起来比较复杂。这种情况是会产生的,但不会是经常遇得到的。常见的倒是这样:右边只有一个模拟量输入和一个开关量输出,左边则有一个键盘(作为程序及数据输入),一个显示器(监视过程)以及一个打印机(用以收集数据和控制的结果)。以一个单板计算机为例,左边这几种外部设备都可以装到和计算机内部设备在一起的一块板上。图 13-2 就是这样一个简单系统的示意图。

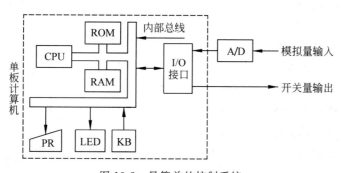

图 13-2　最简单的控制系统

市场上出售的单板计算机大都将十六进制键盘(KB)、发光二极管(LED)显示器、针打式微型打印机(PR)和输入/输出(I/O)接口器件装在一起。这样在设计应用上就十分方便,设计者只需挑选合适的 A/D 变换器即可。

图 13-1 和图 13-2 两图中都有接口电路出现,而且在图 13-1 中每个外围设备和每个

外部设备都要用到接口电路。对于外部设备来说,每种设备都有专用的接口电路。对于外围设备来说,因用户对象较多样化,所以常用一些通用的接口器件。在单板计算机上,键盘、显示器和打印机都比较简单,用法较固定,所以它们和内部总线的连接不用外加接口装置,而在板上的印刷电路上加以解决。因此显得简单紧凑。

单板计算机上一般都带有适于外围通道用的输入/输出接口,接口技术也是搞计算机应用者的一个重要课题。一般讲,计算机应用的书都会有这方面的章节。本书限于篇幅,就不多加介绍了,下面具体系统中遇到具体接口时再略加说明。

13.3 微型计算机在开环控制系统中的应用

一般程序控制(或顺序控制)是控制装置发出一系列控制命令,使执行机构服从其控制而作出相应的操作。但是执行的效果如何,不返回去与控制命令相核对。这就是只有前馈的信息而无反馈的信息,不能形成一个闭环信息系统,故称为开环系统。

在开环系统中采用微型计算机的优点是可以用软件方法来改变控制程序。即一旦硬件针对一台计算机设计好后,若要改变工作的程序,只要重编控制程序,一般也只需改编控制程序中的若干条指令即可。

下面就以交通管理为例简要介绍一下开环控制系统的微机控制方法。这里说的交通管理是指十字路口的交通灯控制,这种灯光控制的要求可归结为:

(1) 纵向(A 向)与横向(B 向)的交通灯定时 60 秒交换红绿色一次。

(2) 灯光有 3 种颜色:红、黄、绿(图 13-3 中的 R,O,G)。每次交换时要求在黄色灯停留 3 秒钟。

(3) 一路在 60 秒内过车完后超过 6 秒,无车继续过时,如另一路有车在等待,则自动提前交换灯色。交换过程也得先在黄灯处停留 3 秒。

(4) 在紧急车辆(如消防车、救护车等)通过时,四边街口均显红灯,以便只许紧急车辆通过。其他车辆暂停行驶。紧急车辆过后自动恢复原来的灯色标志。

还可以提出更多的要求。不过,上述4 点基本要求已足以说明交通灯控制问题对计算机提出的方式是什么。这种控制方式具有如下的特点:

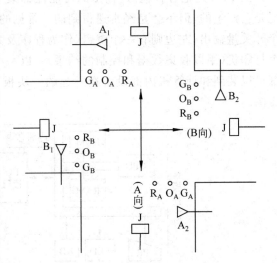

图 13-3 十字路口的交通灯控制

(1) 这是一个开环控制系统,即无反馈的程序控制。

(2) 开关量输入和开关量输出。图 13-3 中的车辆检测传感器(A_1,A_2 及 B_1,B_2)是光电开关式的,所以送入计算机的信息是开关量。计算机控制交通灯的通断是通过继电器的,所以也是开关量输出。

（3）有中断响应功能。即一路的车辆能够申请另一路中断其绿灯而让其通行。不过这是有条件的，即必须是被请求的一路已有 6 秒钟无车通过，才会响应。

（4）有非屏蔽中断响应功能。当图 13-3 中的紧急车辆检测传感器(J)检测到有紧急车辆要通过时，立即发出紧急中断信号(也是开关量)。这种中断请求不必等到被请求的一路已无车通过，而是无条件地停止其车辆通过。这就叫做非屏蔽中断。这是最高优先级的中断形式。

图 13-4 是这种系统的计算机控制硬件结构示意图。其中各部分的内容及功能分述如下：

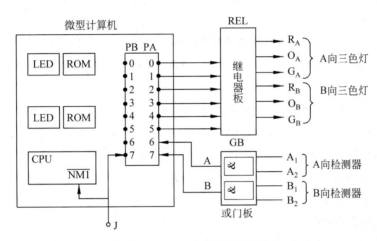

图 13-4 交通灯控制系统硬件图

微型计算机——这是和图 13-2 相似的单板计算机，它具有下列最基本的组件：

CPU——微处理器。是执行程序，接受输入信号并发出控制信号的指挥中心。

ROM——只读存储器。其中存放着协调整个单板机内各个组件之间的运行的监控程序——它是由计算机厂编制的。

RAM——随机存储器。其中的程序是由用户编制的，故称为用户程序。这个程序是根据交通灯控制的需要而由设计者(用户)制定的。

LED——发光二极管显示器。在编制程序时，此显示器可帮助程序员观察到存储器中所存的内容是否符合所编程序的要求，也可显示控制过程。

KB——十六进制键盘。用于输入用户程序到 RAM 中，也可用于修改程序。

PIO——并行输入输出接口。这种接口一般有两个口子，称为 PA 口及 PB 口，每个口子有 8 个并行引出线作为输入和输出端线。

PA 口引出线的编号为 PA_0，PA_1，PA_2，PA_3，PA_4，PA_5，PA_6，PA_7。

PB 口引出线的编号为 PB_0，PB_1，PB_2，PB_3，PB_4，PB_5，PB_6，PB_7。

PA 和 PB 可以分别指定为输入或输出，PA 和 PB 的各条引出线也可以分别指定为输入或输出。

因此，这种 PIO 称为可编程序的。

REL——继电器板。其中有 6 个继电器以提高 PA 的 6 条输出线的功率，以便去控制 A 向及 B 向的交通灯。

R_A，O_A，G_A 为 A 向两个街口的交通灯,红、黄、绿 3 色各有两个灯。

R_B，O_B，G_B 为 B 向两个街口的交通灯,也是 3 色各有两个灯。

GB——门电路板。其中装有两个或门,这实际上是一个门电路组件。其各个与门的
输入输出关系为:

$$A_1 + A_2 = A$$
$$B_1 + B_2 = B$$

A_1 及 A_2 为放在 A 向两个街口的检测器,只要其中一个为 1(有车要通过),则 A＝1,
即通知计算机 A 向有车要求通过。

B_1 与 B_2 是放在 B 向两个街口的检测器,其作用和上述是相同的。

由图 13-4 可见,PA 口的 PA_0,PA_1,PA_2,PA_3,PA_4 及 PA_5 是作为输出的,而 PA_6 及
PA_7 是作为输入的。

J——4 个紧急车辆检测器的公共入口。即 4 个控制器的输出端并联一起,接至此
处。$\overline{NM1}$ 为 CPU 的一个非屏蔽中断输入端,低电位(即在 J＝0 时)有效(表示有紧急车
辆要通过)。通过 $\overline{NM1}$ 端而将此信息送入 CPU,从而使 RAM 中正在进行的程序中断,而
跳转至让紧急车辆通过的中断服务子程序。当车辆过后,J 恢复为 1,则经由 PB_7 的输入
线而使程序恢复到原来的主程序上。

这个系统的工作过程是:

开始时设 A 向通行(G_A 即 A 向的绿灯亮),B 向不通(R_B 即 B 向的红灯亮)。这样通
行 60 秒后自动转为 B 向通行(G_B 绿灯亮)A 向不通(R_A 红灯亮)。这是两个方向都很频
繁通车的情况。

如在 G_A(绿灯)及 R_B(红灯)亮时,A 向并未有车辆通行,等待 6 秒之后,如 B 向有车
辆在等待通过,则通过 B_1 或 B_2 而使程序跳转,其结果是使灯光自动按次序改变:

G_A 及 R_B 灭;

O_A 及 O_B 亮(3 秒);

R_A 及 G_B 亮,同时 O_A 及 O_B 灭。

从此时起 B 向车辆可以通行,60 秒钟后又自动转为 A 向车辆通行的程序。如无论
哪个方向正在通行时,突然来了紧急车辆,不论其方向是否与正在通行的方向相同,则通
过 J(J＝0)至使程序跳转至让紧急车辆通行的子程序而使 R_A 及 R_B 都亮,此时没有黄灯
过渡时期,以便禁止一般车辆继续通行。此时子程序所达到的灯光控制效果为:如本来
G_A 是亮的,则 G_A 由亮转灭,然后 R_A 亮。而原来就是亮红灯(R_B)的 B 向,其红灯 R_B 仍
不变。在 A 向和 B 向的红灯全亮时,紧急车辆可以不受交通灯的管制而可随意通行。这
个系统的主程序及子程序的设计因所用的计算机的型号而不同。作为一般介绍,这里只
介绍其控制流程图。

根据上述的控制过程的灯色配置,可以将灯色状态归纳成 4 个模式(PAD),表 13-1
作出这 4 种模式各自的灯色配置。

表 13-1   灯色配置模式

状态	G_A	O_A	R_A	G_B	O_B	R_B	十六进制数表示		说　　　明
Z_A	1	0	0	0	0	1	2	1	A 道绿灯, B 道红灯
Z_B	0	0	1	1	0	0	0	C	A 道红灯, B 道绿灯
Z_C	0	1	0	0	1	0	1	2	A 道黄灯, B 道黄灯
Z_J	0	0	1	0	0	1	0	9	A 道红灯, B 道红灯

根据上面讨论的交通规则要求,可设计出如图 13-5 所示的流程图(即方框图)。略作解释如下:

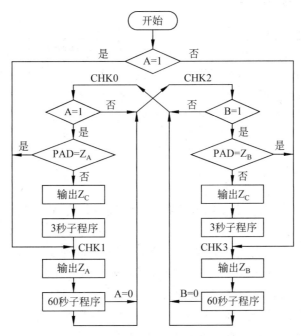

图 13-5   交通灯控制软件流程图

程序开始后,即对 A 向(纵向)进行测试,如 A＝1 为真,即 A 向有车要求通过,则程序转至 CHK1 端而直接输出灯色模式 Z_A。否则输出灯色模式 Z_B(CHK2 端)。

如 A 向及 B 向均无车时,则对 CHK0 及 CHK2 进行循环测试,同时维持原来的某一输出状态不变。在循环测试过程中,测试某一方向有车,如 A 向有车, A＝1 是真,其控制流程为图中的左半部,则控制过程如下:先检查该 A 向原来是否已处于放行状态(PAD＝Z_A?)。如 PAD≠Z_A 则在 A 向转为绿灯之前,必须经黄灯的过渡。所以要用 Z_C 子程序和 3 秒子程序,然后调用 Z_A 子程序。如果 PAD＝Z_A,则说明该 A 向已处于放行状态,不需经过 Z_C 这个子程序,而直接由 CHK1 处进入输出 Z_A 的方框(即 PAD＝Z_A,而且已经是)并等到 60 秒程序进行完毕后再去进行循环检查。当检出 B＝1 为真,即 B 向有车时,其控制流程为图 13-5 中的右半部,其过程和左半部完全一样。

在图 13-5 中的 60 秒子程序方框旁的箭头附注 A＝0(或 B＝0)的意义是:在 A 向无车时,就转入进行循环测试。为此,必须每隔若干秒(一般为零点几秒)测试一次 A 或 B

是否为 0。如 A 向(或 B 向)始终有车,则 PAD＝Z_A(或 PAD＝Z_B),要延续至满 60 秒再转入循环测试程序。

当有紧急车辆通过时,$\overline{\text{NM1}}$线有效,则计算机进入紧急车辆程序,此程序一开始就将图 13-5 复位至初始状态,等紧急车辆过完之后,才又从"开始"方框进入控制流程。

13.4　以微型计算机为基础的闭环控制系统

图 13-6 是这种系统的一个最简单结构方式。

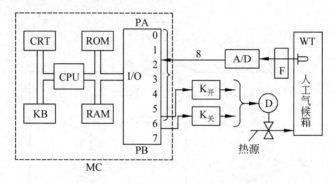

图 13-6　用微机闭环起来的控制系统

我们知道,一个需要温度自动调节的对象(如保温箱、冶炼电炉、恒温室、人工气候箱,如图 13-6 所示)的自动调节系统可以用图 13-7 的方框图来表示。这也是一般反馈自动控制系统的一种形式。它的主要特征就是有反馈通道沟通了系统输入和输出的关系。图 13-7 中的输出为温度 T℃。经过检测传感器它就变成了电压 e_O 而反馈回去与给定电压 e_I(即输入)进行比较。它们之间的差值Δe经放大后去控制执行元件,从而改变载热介质(水或气或电流)的流量而去调节对象的温度,使得 e_O 非常接近于给定值 e_I。亦即输出量温度 T℃随时得到调节而非常接近于给定的温度值。

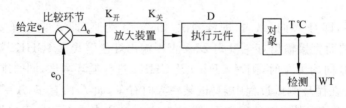

图 13-7　闭环控制系统的一般原理

为了更具体一些,我们可以认为执行元件是一个电动阀门 D。放大装置是晶体管放大器及两个继电器 $K_开$ 及 $K_关$。它们可以使电动阀门 D 开大或关小。检测装置 WT 如果是铂电阻温度传感器,比较环节则为一个电桥测量电路。它可以将传感器来的电信号 e_O 与给定电信号 e_I 相比较后变成误差信号 Δe_O 经过这样具体化后,我们可将图 13-7 和图 13-6 相比较,发现微型计算机 MC(micro computer)在系统中相当于一个比较环节。现在我们就来分析一下微型计算机在此系统中的作用和控制动作的过程。

由于温度传感器的输出电信号是模拟量,即连续变化的电阻。此电阻量必须经过电桥及放大器而转变为在 0～5V 范围内变化的电压信号,然后经过 A/D 变换器(模/数变换器)转变为计算机能够认识的数字信号。这里 A/D 的电压输入为 0～5V,而数字输出为二进制 8 位。即

0V　相当于　0000　0000

5V　相当于　1111　1111

可见最右边的位(Least Significant Bit,LSB)的 1 相当于 $\frac{1}{255} \times 5V$ 的电压,即一个 LSB 约相当于 4mV。如温度传感器测定范围为 0℃～50℃ 时,放大器 F 的输出为 0～5V,则一个 LSB 的变化相当于 $\frac{50}{255} = \frac{1}{5}$℃ 即约为 0.2℃。

A/D 变换器输出的 8 条线连接至输入/输出接口电路 I/O。这里用的是 PIO,即并行输入输出芯片。它有两个口子,每个口子有 8 位。A/D 来的 8 条线正好接至 I/O 的 PA 口的 PA_7,PA_6,PA_5,PA_4,PA_3,PA_2,PA_1 及 PA_0 的引出端。因此 PA 口就是输入,这可由用户程序来指定。I/O 的另一个口子 PB 也有 8 条引出线,这里只用其两条:PB_7 和 PB_6。PB_7 引至 $K_关$(包括其前面的驱动放大器),PB_6 则引至 $K_开$。这就是说,口子 PB 是作为输出使用的,这也可以由用户程序来指定。

现在可以来看看这个系统的控制过程了。

第一步:将系统要求控制的过程,按照计算机运行的基本动作写成程序,这个程序就是用户程序。这个系统要求的控制过程可以归纳成下面几点:

(1) 初始化:规定口子 PA 为输入,口子 PB 为输出。

(2) 给定温度值,T_1℃,折算成数字量输入至 RAM 的数据区。

(3) 要求误差 $\pm\Delta T$℃,也要折算成数字量输入至 RAM 的数据区。

(4) 当对象温度 T℃＞T_1℃＋ΔT℃时,命令 $K_关$ 动作;即 $PB_7=1$,$PB_6=0$。即电动阀关小。

(5) 当对象温度 T℃＜T_1℃－ΔT℃时,命令 $K_开$ 动作,即 $PB_7=0$,$PB_6=1$。即电动阀开大。

(6) 当 T_1℃－ΔT℃≤T℃≤T_1℃＋ΔT℃时,$BP_7=0$,$PB_6=0$,即电动阀不动。

将这些要求先写成汇编程序(用助记符)。并根据汇编语言设计手册用机器语言将此汇编程序翻译成目的程序(即用机器码写成的程序)。

第二步:将目的程序通过键盘 KB 输入到 RAM 中。

第三步:由 LEG 显示器检查每一条指令是否正确。

第四步:由 A/D 转换器输入端送入一个检验电压,模拟 WT 及 F 在给定的温度附近应输出的电压值。观察 PB_7 及 PB_6 是否置位和置零符合上述的要求。观察 PB_7 和 PB_6 的值也可通过 LED 来显示,因此时 PB_7 及 PB_6 还未接至外电路去,以免产生误动作。

当这些步骤都能正确通行时,称为程序已经"通过"。否则要加以修改,直至通过为止。最后,将 WT 和 A/D 及 MC 接通,$K_开$,$K_关$ 与 D 接通,系统就可以运行了。此系统的运行过程和图 13-7 所示的一般闭环控制系统是完全一样的。这就是说 MC 加上 A/D 在

此系统中只相当于一个比较环节的作用,这显然是大材小用而似乎是毫无必要了。当然,如果用户的要求仅此而已,是没有必要用牛刀来杀鸡的。不过,我们是想通过这个简单系统来说明微型计算机如何在系统中起到判断的作用。

即使这样一个系统,除了完成上述的闭环控制功能之外,还有如下潜力:

(1) 可以实行温度的程序控制,或称为变温管理。可以编一个一天 24 小时内温度的变化过程,存放在 RAM 中,这样,控制对象将会自动接受变温。

(2) 可以编写一个与误差信号 Δe 成比例＋积分＋微分的程序输入 RAM 中,则可形成一个 PID 调节系统。

(3) 可以编写一个报警程序,当温度超过 40℃和低于 5℃时,进行报警。当然,此时还得增加一点报警信号器,如灯光、蜂鸣器等。

由此可见,应用计算机于控制方面,其灵活性和潜力是很大的。下一节就是在这一节的例子基础上扩大功能的一个例子。

13.5　微型计算机在多对象检测及控制系统中的应用

图 13-8 所示的是有 n 个对象的自动控制系统。P_1 至 P_n 为 n 个人工气候室(或其他的保温装置)。每个对象的检测器(WT_1 至 WT_n)也是用铂电阻温度传感器,其输出和图 13-6 一样也经过电桥及放大器($F_1 \sim F_n$)。各个对象也各有一个电动阀($D_1 \sim D_n$)以控制载热介质的输入量。另外,则只用一台微型计算机和一个 A/D 转换器。和图 13-6 不同的是,这里多了一个多路开关 M,一个逻辑电路 LC 和一台微型打印机 PR。

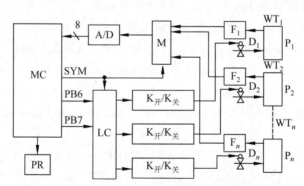

图 13-8　多对象的检测及控制系统

多路开关 M 可以定时循环接通几个检测器(WT_1 至 WT_n),轮流将 n 个模拟量送至 A/D 转换器变成数字量后送入计算机 MC。每接通一个 WT 即有 8 条并行线将 8 位二进制数据送入计算机的 PA 口的 8 条引线。此数据到达 PA 口之后计算机即按照上节关于图 13-6 系统的控制过程进行判断,然后将结果送至 PB_7 及 PB_6。PB_7 及 PB_6 的数据是用于控制电动阀的正反转的,但是,现在有几个电动阀($D_1 \sim D_n$),究竟应去控制哪一个呢?当然应该控制送来检测信号的那个对象的电动阀。逻辑电路 LC 就是用以达到这个目的的。为了使 WT 与 D 能一一对应而不致混乱,MC 还要送一个同步信号 SYN 给多路开关 M 及逻辑电路 LC。

有了 M 和 LC 以及 SYN,每个对象就能在一个周期内(例如一分钟)轮流被检测一次和接受控制一次。这就叫做分时控制。对于每个对象来说,其电动阀是在被检测的瞬间接受控制的。这样,如对象较多,循环周期较短,则控制电动阀开或关的时间太短,以致不起作用。这时可在逻辑电路 LC 中加一延时电路,使得每次电动阀开或闭的时间保持一段时间(如 5 秒),这样就可以得到满意的控制作用。

为要得到各次检测的温度值,可以将每个对象的温度存于 RAM 的一定的存储单元中。在每次循环,或若干次循环后,可定时由打印机打出来,这就是巡回检测。

由此可见,这个系统可以达到:①巡回控制;②巡回检测;③温度程序控制(即变温管理);④闭环自动调节;⑤自动报警(需另加报警器件)。

所有这些功能,都是由于计算机的可编程序而实现的。这就是为什么计算机控制能够有很大的适应性的原因。

13.6　微型计算机在多变量寻优系统中的应用

在一个多变量 $x_1, x_2, x_3, \cdots$ 的系统中,各个变量可以在其受限制的范围内受到控制。当这些变量改变时,系统中的某一个质量指标 y 也将随之而变。即

$$y = f(x_1, x_2, x_3, \cdots)$$

我们希望能控制 $x_1, x_2, x_3, \cdots$ 的大小,使 y 为其最优值(最大或最小)。这样的问题称为多变量寻优的问题。这种问题在工农业的科研和生产实践中常会遇到。举一个具体例子,也许有助于读者的理解。

在一个人工气候箱中培养植物,我们想考察一下光照强度(L)、温度(T)、湿度(H)以及空气中二氧化碳含量浓度(CO_2)对植物光合作用的影响。光合作用的明显现象为植物对二氧化碳吸收(或称摄取)的程度。如果我们以植物对二氧化碳摄取的快慢(y)作为光合作用的指标,则可得一个多变量系统的关系式:

$$y = f[L, T, H, (CO_2)]$$

问题就变成如何控制 L,T,H 和 CO_2 以得:

$$y = Ma_x$$

这个问题的解决,还将涉及最优化理论的问题。这里不便在理论方面多加阐述,只是在如何实现这个试验过程中应用微型计算机的问题作一点介绍。也就是说,这里只介绍这样的系统在硬件上应包括哪些主要器件。至于寻优过程的控制则是软件设计的问题了。

图 13-9 就是根据上述的具体实例而作的相应硬件结构图。其中各方框所代表的意义如所标出的符号,已在上面各个图中提到了。这里补充一些上面未有过的符号的意义。

CB——控制电器板,其中包括继电器及其驱动放大器。

$X_1 \sim X_4$——4 个传感器,它们都是根据被检测的变量而选用的。如它们测定的变量为光照,则为光照度传感器,为温度则为温度传感器,为湿度则为湿度传感器等。

Y——质量指标变送器,如此指标为二氧化碳摄取量,则此变送器将把植物摄取二氧化碳的快慢变成电量输出。

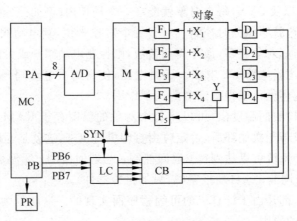

图 13-9 多变量寻优系统的硬件结构

$D_1 \sim D_4$——执行元件,这里可以是电动阀,也可以是别的执行机构。

这个系统的运行过程是根据用户程序来进行的。这个程序应该编得能满足下述各点要求:

(1) 各个被测变量能够自动调节于某一恒值,以便 Y 在一定时间内接受这些参数的影响。这就是说,在某一段时间内,要求温度、湿度、光照度等为一定值时,则系统处于这几个变量的循环控制状况,以保证它们自动稳定于该给定值。

(2) 在循环控制 $X_1 \sim X_4$ 的过程中,指标 Y 的值也在循环检测而被存入存储器的一个指定的单元中。

(3) 当 Y 值趋于稳定(即不上升或下降)后,保存此 Y 值,记作 $Y_先$,以备下次比较之用。

(4) 判断此时应改变 $X_1 \sim X_4$ 中的哪个变量,以便 Y 值再进一步趋近于最优值。

(5) 改变 $X_1 \sim X_4$ 中的某一个变量后再进行循环控制,自动调节,使它们稳住不变。在规定的时间后如 Y 又趋于稳定,保存此 Y 于另一存储单元中,并记作 $Y_后$。

(6) 比较 $Y_先$ 与 $Y_后$,如 $Y_后$ 优于 $Y_先$,则下一步应再继续将该变量朝上次改变的方向改变,以使 Y 进一步再优化,否则停止改变此变量,而令其保持此值不变。

(7) 改变另一变量,以求得 Y 更趋近于其最优值。

这就是这个系统应具有的功能。这些功能怎样才能具有呢?靠软件——程序设计。

从上面几个例子看来,它们在计算机的硬件上变化不算太大,可是作用却有很大的不同,其关键就是计算机的灵活性——用软件的变化以减少硬件的变化。即以程序设计为代价,使硬件变化减少至最低限度。

上面几节讲的都是微型计算机在自动控制系统中的应用。似乎看不到它们在进行什么"计算"。其实,计算机在进行判断的过程,就是在进行算术运算,判断两个量是否相等就是在进行减法运算。判断一个结果是否为 0,就要用到逻辑运算,进行某些控制动作,有时也用到计数或计时。所以本质上,CPU 是无时无刻不在进行算术或逻辑运算。其实,这是必然的,因为计算机归根到底只认识二进制的数码,而对数码的最基本的"处理"就是算术运算及逻辑运算。

13.7　微型计算机在相纸干燥过程控制系统中的应用

过程控制系统的控制对象特点是大惯性、长纯滞后。在这样的生产过程中,状态的变化和过程变量的反应都是比较慢的。

在常规仪表的过程控制系统中,常采用 PID 调节器作为系统的控制核心。由于 PID 调节器的参数整定必须与控制对象的固有特性(时间常数及滞后时间)相适应,而不同对象的固有特性相差甚大以致调节器参数整定范围也必须很大。这就给调节器的选购及整定工作造成困难。感光行业的相纸干燥道是由 5 段干燥区组成的,每个干燥区的热惯性及纯滞后时间都不一样,如每个干燥区用一个 PID 调节器来控制其温度,则除需要 5 个调节器外,还需要分别根据各区的固有特性来整定 15 个参数(5 个比例系数、5 个积分系数和 5 个微分系数)。常因为整定过程比较复杂和困难而实际只是备而不用,工人宁可用眼观手调的方法来进行操作,因为过程甚慢,这样做并不困难,只是要定时观察,注意操作。这种人工控制方式是落后的,也不可能保证较高的控制精度。为此,有必要采用先进的控制装置和特殊的控制方法使大惯性、长纯滞后的工业过程的控制现代化。

13.7.1　干燥道的结构工艺及相纸干燥过程的要求

干燥道是一条长约 200 米的通道。共分为 5 个独立调节的温度段(5 个干燥区)。调节各段的风温,即可改变吹风的相对湿度,以达到带走通过其中的相纸(或胶片)所含的水分的目的。干燥道的结构及其常规仪表温度调节系统的方块示意图如图 13-10 所示。

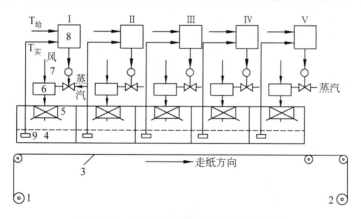

图 13-10　干燥道结构及温度控制示意图

1—放纸轴　2—收纸轴　3—相纸　4—喷风嘴　5—静压室
6—热交换器　7—电动阀　8—PID 调节器　9—铂电阻

5 个温度的工艺过程基本一样。新风经过热交换器 6 进入到静压室,经过喷风嘴吹至相纸上,带走其中的水分。铂电阻传感元件 9 将喷至相纸上的风温变为电量送至调节器 8。再由执行机构电动阀 7 去控制蒸汽阀门,从而改变风温及其相对湿度。这样的一个局部系统,我们称之为小闭环(或简称小环)。5 个温段的小闭环系统是采用统一的常规 PID 调节器为核心的。

显然,由于热交换器之间的纯滞后以及传感元件放置位置之不同,对调节器参数的整定将会带来很大的麻烦。尤其是当各个温段结构不同时,整定调试的工作量很大,以致不易为操作工人所接受,甚至放弃 PID 调节器,而宁可进行人工观察和手动调节。

但是,这样的落后操作方式会严重影响产品质量,也就是干燥过程不能满足质量指标的要求,同时也影响到产量的提高。这是因为各温段的温度容易产生较大的波动,相纸干湿程度不一致而容易断纸,影响回收率。另一方面为了防止断纸而不能提高车速,所以产量不能提高。

相纸的一个很重要的成品质量指标就是干燥后的相纸含湿量。根据纸的厚薄,对含湿量可以有不同的要求,一般为 $(7\pm0.5)\%$。

13.7.2 相纸干燥过程控制机系统的功能

根据上节的工艺分析,我们建立了图 13-11 所示的计算机过程控制系统。图 13-11 和图 13-10 相比,很容易看出计算机的作用:一台单板计算机 8 取代了原先的 5 台 PID 调节器。各个小环的反馈是通过一个 A/D 变换器而送入计算机的。因此,这里仍然存在着 5 个小环。此外,为了检测干燥后的相纸含湿量,这里采用了红外水分检测仪 10,它也通过 A/D 转换器而去调整各个小环的温度给定值。这实质上形成一个含湿量反馈的大闭环,因此,我们称之为大环。如果从此系统的功能上来分析,则可将其简化成图 13-12 所示的方块图。

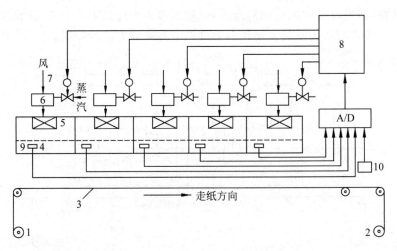

图 13-11 干燥道的计算机控制系统

8—微型计算机 10—水分检测仪

图 13-12 中双线代表 5 个小环的控制功能。温度控制器及含湿量控制器都是由计算机软件来实现其功能,因而称为软件控制器。也就是说,它们是存在 EPROM 中的程序,而不必另加特殊的硬件。

系统的控制过程:系统开始工作时,由单板机的键盘输入 5 个温度段的给定值(这是根据人工长期经验来决定的初始给定值)。同时,也将所希望获得的相纸干燥后的含湿量的给定值由键盘输入。系统启动之后,EPROM 中的控制程序开始运行。由测温电路测

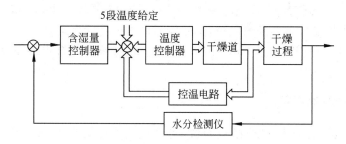

图 13-12　干燥道控制系统功能示意图

出的各温段的温度经过放大和模数转换而成数字量,由计算机顺序采样与各段的给定值比较后去控制执行机构,从而达到自动调节各段温度的目的。这里所用的采样周期为25ms。即每25ms个温段的实际温度值都要被采样一次。

同时,红外水分检测仪也连续地监视相纸干燥后的含湿量,并将其变成电信号送入A/D 转换器,变成数字量后送入计算机。计算机将此含湿量实际值与其给定值相比后,再根据一定的规律去改变各个温度段的给定值。这样就可以使相纸干燥后的含湿量达到给定值的要求。

13.7.3　系统的硬件结构

该系统的硬件可分成微机和过程通道两个部分。

(1) 微型计算机:可采用单板计算机加小型打印机。

时钟频率	2MHz
EPROM	4KB
RAM	4KB
PIO	1个
CTC	1个

显示器 6 位 LED 显示。

输入键盘　28 键。

此单板机已较普遍,故这里不再图示和详加论述。

(2) 过程通道:结构示意图如图 13-13 所示。

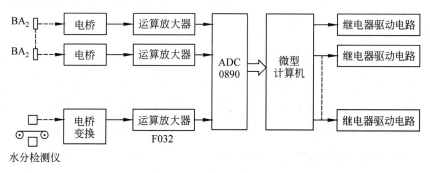

图 13-13　过程通道结构图

① 输入通道：传感元件为铂电阻 BA₂ 型；运算放大器为 F032 型；模数转换器为 ADC-0809 型；测量电桥为不平衡电桥；水分检测仪为红外分析式型。

② 输出通道：由 PIO 的 A,B 两个输出口进行信号输出。继电器驱动电路为复合管电路。

13.7.4 系统软件考虑

（1）因为这是专用的过程控制机系统，可考虑将整个控制程序固化在 EPROM 中。这样可以不怕因偶尔断电而造成问题。

（2）启动后的第一条指令就是将 EPROM 中的控制程序调入 RAM 中（TP801 的地址自 2000H 起）并执行该控制程序。

（3）为了防止误操作，程序运行后，除键盘最下一行键外，其余各键均失去作用。最下一行键的功能如下：

0：按下此键，显示停止在当时显示的通道上，显示器的内容是：

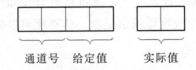

　　通道号　给定值　　实际值

为了使人工容易观察，显示的是十进制数（用键盘输入给定值时，也是用十进制）。

F：按下此键，显示快速轮换，即每 0.5 秒显示一个通道的给定值及其实际值。配合使用 0 及 F 键，可使显示停在任一通道号上，以便仔细观察该通道的给定值和实际值。

E：按下此键，显示退一个通道号。

D：按下此键，返回到正常轮换显示方式。即回到慢速轮换显示。

EXEC：按下此键，打印机立即打印当时的各通道的给定值及实际值。

（4）为了节省内存并有更广泛而灵活的适应性，整个系统的控制程序分成几个专用子程序，这样，主程序可以由几个子程序块来组成，而其他功能子程序也可以随时在中断的方式时进行调用。

子程序表格

显示子程序
键扫描子程序
大环控制子程序
采样及控制子程序
修改序号及显示内容子程序
定时打印子程序

（5）对 5 个小环的温度自动调节的程序，我们经过试验之后，放弃采用 PID 的数字调节方法，因为根据上面提到过的原因，在这里采用 PID 调节并无实际的好处，而只会带来运行、调试及日后维修上的困难。所以我们采用了特殊的控制程序，详见下节。

13.7.5 软件控制器的原理介绍及讨论

为叙述方便，我们将两个控制器分别进行讨论。

对于小闭环来说,干燥道 5 个温区就是 5 个不同参数的控制对象,但每一个温区的控制系统框图是相同的,如图 13-14 所示。

图 13-14　每个温区的控制框图

其中控制对象的热交换器犹如一个用暖气片加热的大温箱,它本身具有很大的惯性和滞后。控制器通过执行机构电动调节阀(开、关、停 3 状态)控制蒸汽进入量,从而达到控温目的。所以可以考虑的控制方案有:简单开关控制、死区控制、差值时间比例控制、差值时间 PID 控制等。

前 3 种方法我们都编了程序并在现场进行了试验,均未取得理想效果。

至于 PID 差值——时间控制,其公式为:

$$Y = K_1 \Delta T_i + K_2 \sum_{j=0}^{i} \Delta T_j + K_3 (\Delta T_i - \Delta T_{i-1})$$

(开关时间正比于 Y 值)

这种控制器用微处理机来实现并不困难,但由于 PID 的调节参数 K_1, K_2, K_3 要根据各温区的固有参数(滞后时间、惯性大小)来分别整定,而测量这些固有参数又十分困难,所以不但要占用大量机器内存,而且调试手续十分繁复。过去厂里用常规仪表 PID 来控制未取得理想效果,其原因也在于此。所以,我们经分析后没有在现场做实验。

经研究后我们采用了另一种特殊的控制方法。它可以用下面的公式来描述:

$$\begin{cases} 当 \Delta T_i < -\varepsilon,且 \dfrac{\mathrm{d}T_i}{\mathrm{d}t} > 0 \text{ 时},阀门关 \\[2mm] 当 \Delta T_i > \varepsilon,且 \dfrac{\mathrm{d}T_i}{\mathrm{d}t} < 0 \text{ 时},阀门开 \\[2mm] 其他情况时,阀门停 \end{cases}$$

其中 $\Delta T_i = T_给 - T_i$,ε 为死区。

经现场实验和半年以上的运行证明效果良好。平均温度被控制在 $T_给 \pm 0.25℃$,波峰值小于 1℃。

用图 13-15 可进一步说明其控制原理。

当实际温度 T_i 到达 A 点以前,即 $-\varepsilon < \Delta T_i < \varepsilon$,不管 T_i 如何变化,阀门均停在原位置上。当 T_i 离开死区,只要 T_i 小于最大值(B 点),则满足 $\Delta T_i = T_给 - T_i < -\varepsilon$,且 $\dfrac{\mathrm{d}T_i}{\mathrm{d}t} > 0$ 的条件。阀门则迅速关下,使温度开始下降。而当 T_i 一开始下降(B 点以后),$\dfrac{\mathrm{d}T_i}{\mathrm{d}t} < 0$,不再满足上述条件,阀门就停止在这位置上,一直到 D 点,T_i 的变化又开始满足另一条件 $\Delta T_i = T_给 - T_i > \varepsilon$,且 $\dfrac{\mathrm{d}T_i}{\mathrm{d}t} < 0$,阀门才重新开启……

这种控制方法很像微分控制。但由于它不是依据对象参数(时间常数)而是依据输出

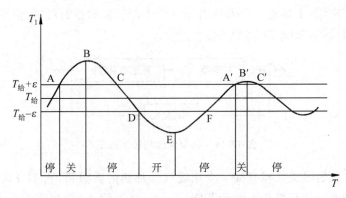

图 13-15　温度控制的变化过程

情况来判断改变控制器的输出,它不仅考虑了实际温度与给定值的偏差,而且还考虑了实际温度的变化趋势,所以它对不同的干燥道温段都同样可以达到减小超调和波动的目的。亦即有一定的自适应效果。这样,调整控制器参数的过程就被大大地简化,便于应用。实际使用时只需编制一个控制程序(控制器)而不需要对 5 个温段分别进行编程。

　　当然,编程时还应考虑其他一些细节问题,例如 5 个温段的控制次序、T_i 偏离给定值过大时应加强控制(即让阀门全开或全闭)、对采集数据进行噪声滤波等,在这里不多叙述。

　　上面叙述的小闭环只解决了各温度段的控制精度和调节速度问题。开机时人工设定的温度给定值仅仅是经验数据,不一定对各种相纸(或胶片)都合适,何况即使暂时合适了,也会由于大气变化、乳剂流量的波动和乳剂浓度变化等因素使相纸干燥后含湿量达不到要求。为了保证含湿量一定,就必须随时修正温度给定值。大闭环就是为了这个目的而设置的。

　　图 13-11 中红外测湿仪把收卷附近处的相纸含湿度测出来送给微处理机,微处理机定时地把该测量值与含湿量给定值进行比较,如发现不合适则修改各温段的温度给定值。由于各段温度给定值存放在微处理机的内存中,且实现了机器自动修改,它比人工调节仪表或阀门要快得多而且也准确得多。另外,修改方案也可以各式各样,非常方便。

　　实际系统中可以采用带优先权的逐个修改法。这种方法实质上是把工人实际经验程序化,也就是先调整对干燥影响最大的温段温度,当该温段温度调到极限值(工艺要求)后,按优先权次序,再调整下一温段的温度……具体做法只要在运行时调整定时时间(间隔一定的时间再进行修改)即可达到较好的效果。

　　大、小闭环中的两个控制器都是由微处理机完成的,亦即硬件软件化。另外为了充分利用微处理机的功能我们还编制了显示、键扫描(便于人机对话)、打印等程序。主程序流程如图 13-16 所示。

　　图 13-16 程序流程图只是一个粗框图,其中大环控制子程序和采样控制子程序即相应的大闭环和小闭环中的控制器。由于整个软件系统采用了子程序化模块化,所以不但便于设计和调试,而且也便于今后的修改和扩展。另外,程序可全部固化在 EPROM 中,所以也十分便于使用、保存和推广应用。

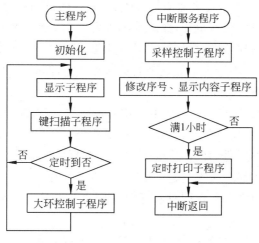

图 13-16　主程序流程图

13.8　单片机在称重装置中的应用

微电子技术的发展带来了衡器具产品的革命,目前广泛使用的称重系统即微型计算机化的电子秤。商用计价电子秤就是微型计算机称重系统的典型实例。

13.8.1　商用计价电子秤的功能

商用计价电子秤主要是指在零售商店使用的、可以同时给出所称重物的重量、单价和金额的盘秤,台秤等。电阻应变式电子秤是目前使用最普遍的一种商用计价秤(见图 13-17)。它主要由秤盘、秤体(包括传力机构、称重传感器及一些附件)和显示仪表等3 部分所组成。量程主要有 15kg/5g、6kg/2g 和 3kg/1g 三种规格;精度为 1/1000;显示位数为:重量 5 位,单价 5 位,金额 6 位。基本功能主要有:

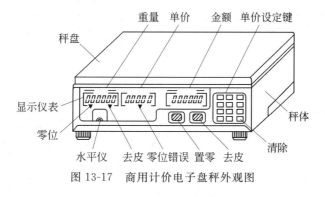

图 13-17　商用计价电子盘秤外观图

(1) 称重和计价功能。在正常称量状态下,在秤盘上放上重物后,重量、单价和金额就会同时在各自的窗口显示出来。如果重物的重量超过秤的量程,所有显示将熄灭。当金额超过 6 位时,金额显示将熄灭。

（2）零位自动调整功能。在重量满量程的 $\pm 2\%$ 以内,有零位自动调整功能。就是当电源开关接通时,如秤盘上没有重物,数码管闪烁两次后,全部数字显示零。如果秤盘上有重物,且超过零位的调整范围,所有数字显示均熄灭,但"零位错误标志"亮。当除去秤盘上的重物,然后按下"置零"键,全部数字显示即可回零,同时"零位标志"亮,表示秤的零位已自动调整好,可以进行称量。

（3）扣除皮重功能。当在秤盘上放上重物的包装皮,将有皮重显示,当按下"去皮"键后,皮重就自动装入单片机,重量显示为零,"去皮标志"亮。当把重物的包装皮从秤盘上取下之后,重量显示负的皮重,且"零位标志"和"去皮标志"同时亮。要更换皮重时,可先把新的包皮放在秤盘上,然后按下"去皮"键,原来的皮重就会自动地调换成新的皮重。要清除原来的皮重,需把重物和包皮同时取下后,按下"去皮"键,皮重即被清除,且"去皮标志"灭。

（4）单价设定功能。重物的单价可以使用单价设定键盘上的数字键,在任何状态下置入,并可用"清除"键清除,或者用数字键进行改写,"00"键可以一次置入 2 个"0",简化了操作。

13.8.2 硬件结构

上述商用计价电子秤微机系统的硬件结构如图 13-18 所示。它由 8098 单片微机(包括程序存储器)、数据采集通道(包括传感器,放大器)、键盘显示及其驱动电路和标定系数设定开关及其接口电路等几部分组成。

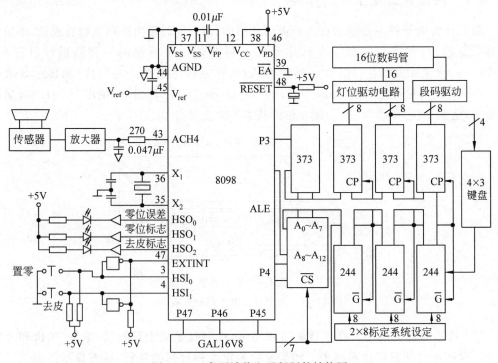

图 13-18 商用计价电子秤硬件结构图

13.8.3 程序流程设计

商用计价电子秤的总体程序流程如图 13-19 所示。流程共分零位自动调整和自动称量两个部分。接通电源后的 2s 内为零位自动调整过程。开机 2s 后进入自动称量。零位

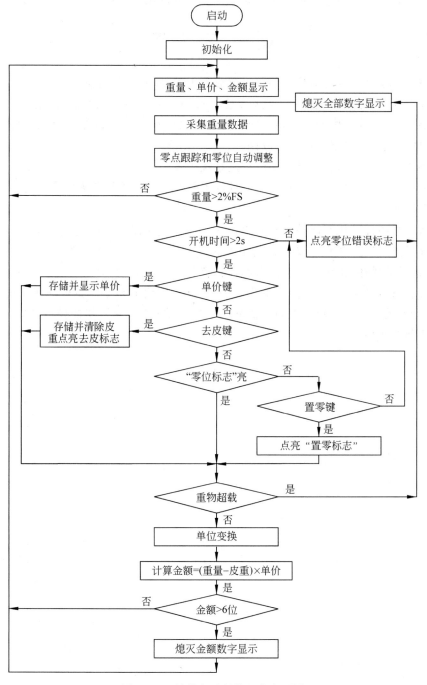

图 13-19 计价电子秤的程序流程图

自动调整范围为满量程的 2%。如果空秤时,仪表输入超过 2%FS,便不能自动调整,"零位错误标志"灯亮。仪表零位自动调整好由"零位标志"灯亮指示。在空秤时,输入重量小于 2%FS 的条件下,按下"置零"键,"零位标志"灯才亮。只有在"零位标志"灯亮后才能进行正常称量。满量程超载的标志是全部数字显示熄灭。当"金额"超过 6 位数字显示时,"金额"的数字显示熄灭,作为金额超限标志。单价设定与秤盘上有无重物无关。

13.9 习 题

13.1 微型计算机的应用一般可以分成若干类型,各有何特点?

13.2 为什么在计算机应用上经常要使用 A/D 及 D/A 转换器?它们各有什么用途?

13.3 在 13.3 节中的十字路口交通灯控制系统中是否可以用 PLC 来代替微型(单板)计算机?试作一电路原理简图以说明。

13.4 微型计算机在开环及闭环控制系统中各起什么主要作用?用微型计算机于控制系统中比不用计算机的自动控制系统的优点是什么?可根据各人所从事的专业工作体会举一例说明。

13.5 微型计算机用以控制多对象,或一个多参数的对象的复杂过程,尤其在最优化控制系统中更显出其优点。试就你的专业工作拟定一个较为有意义的控制系统的方块图,并作相应的描述,指出其经济意义和社会意义。

13.6 单片微型计算机(简称单片机)是机电一体化的核心。试就你所知的机械、仪器、实验室装置及日用或商业用的设备举出一两项可以采用单片机的设备,并说明单片机在其中所起的作用。

附录 A　80x86 指令系统表

表 A-1　指令分类表

1. 数据传送类指令

名　称	指令格式	操　作
数据传送	MOV dest,source	source→dest
零扩展传送	MOVZX reg,source	将源中的无符号数扩展后送寄存器
符号位扩展传送	MOVSX reg,source	将源中的符号数扩展后送寄存器
数据交换	XCHG dest,source	source↔dest
字节交换	BSWAP reg	$D_{31}\sim D_{24}\leftrightarrow D_{23}\sim D_{16}\,D_{15}\sim D_8\leftrightarrow D_7\sim D_0$
查表转换	XLAT [source-table]	(BX+AL)→AL
传送偏移地址	LEA reg16,source	(source)→reg16
传送偏移地址及数据段的段地址	LDS reg,source	(source)→reg,(source+2 或 4)→DS
传送偏移地址及附加数据段的段地址	LES reg,source	(source)→reg,(source+2 或 4)→ES
传送偏移地址及附加数据段的段地址	LFS reg,source	(source)→reg,(source+2 或 4)→FS
传送偏移地址及附加数据段的段地址	LGS reg,source	(source)→reg,(source+2 或 4)→GS
传送偏移地址及堆栈段的段地址	LSS reg,source	(source)→reg,(source+2 或 4)→SS
进栈	PUSH source	source→stack top
16 位通用寄存器进栈	PUSHA	AX CX DX BX SP BP SI DI 依次进栈
32 位通用寄存器进栈	PUSHAD	EAX ECX EDX EBX ESP EBP ESI EDI 依次进栈
出栈	POP dest	stack top→dest
16 位通用寄存器出栈	POPA	出栈次序与 PUSHA 相反
32 位通用寄存器出栈	POPAD	出栈次序与 PUSHAD 相反
16 位标志寄存器进栈	PUSHF	flags→stack top
32 位标志寄存器进栈	PUSHFD	flags→stack top
16 位标志寄存器出栈	POPF	stack top→flags

名　称	指令格式	操　作
32 位标志寄存器出栈	POPFD	stack top→flags
标志寄存器的低 8 位送 AH	LAHF	Flags 的低 8 位→AH
AH 送标志寄存器的低 8 位	SAHF	AH→Flags 的低 8 位
输入	IN acc,port	Port→AL 或 AX 或者 EAX
输出	OUT port,acc	AL 或 AX 或者 EAX→port

2. 算术运算指令

名　称	指令格式	操　作
加	ADD dest,source	dest＋source→dest
带进位加	ADC dest,source	dest＋source＋CF→dest
增量	INC dest	dest＋1→dest
交换及相加	XADD dest,REG	先 XCHG dest,REG 然后 ADD dest,REG
ASCII BCD 数加法调整	AAA	(AL&0FH)＞9 或 AF＝1,(AL＋6)&0FH→AL AH+1→AH
压缩 BCD 数加法调整	DAA	(AL&0FH)＞9 或 AF＝1,AL＋6→AL; (AL&F0H)＞90 或 CF＝1,AL＋60→AL
减	SUB dest,source	dest-source→dest
带借位减	SBB dest,source	dest-source-CY→dest
减量	DEC dest	dest-1→dest
比较	CMP dest,source	dest-source
比较并交换	CMPXCHG dest,REG	CMP AL/AX/EAX,dest 相等 REG→dest,否则 dest→AL/AX/EAX
8 字节比较并交换	CMPXCHG8B MEM	CMP MEM,EDX：EAX 相等 ECX：EBX→MEM,否则,MEM→EDX：EAX
ASCII BCD 数减法调整	AAS	(AL&0FH)＞9 或 AF＝1,(AL－6)&0FH→AL AH-1→AH
压缩 BCD 数减法调整	DAS	(AL&0FH)＞9 或 AF＝1,AL－6→AL; (AL&F0H)＞90 或 CF＝1,AL－60→AL
无符号数乘	MUL source	AL×source8→AX 或 AX×source16→DX 和 AX
符号整数乘	IMUL source	AL×source8→AX 或 AX×source16→DX 和 AX
	IMUL REG,source	REG←REG×source
	IMUL REG,source,imm	REG←source×imm
ASCII BCD 数乘法调整	AAM	AL÷10→AH,AL MOD 10→AL

名　称	指 令 格 式	操　作
无符号数除	DIV source	AX÷source8→AL 余数→AH 或 DX 和 AX÷source16→AX 余数→DX
符号整数除	IDIV source	AX÷source8→AL 余数→AH 或 DX 和 AX÷source16→AX 余数→DX
ASCII BCD 数除法调整	AAD	AH×10＋AL→AL,0→AH
字节扩展为字	CBW	将 AL 的符号位扩展到 AH
字扩展为双字	CWD	将 AX 的符号位扩展到 DX
将字转换为双字	CWDE	将 AX 的符号位扩展到 EAX 的高 16 位
将双字转换为四字	CDQ	将 EAX 的符号位扩展到 EDX

3. 位操作指令

名　称	指 令 格 式	操　作	
逻辑与	AND dest,source	dest ∧ source→dest	
测试	TEST dest,source	dest ∧ source→dest	
逻辑或	OR dest,source	dest ∨ source→dest	
求反	NOT dest	$\overline{dest}$→dest	
求补	NEG dest	$\overline{dest}$＋1→dest	
逻辑异或	XOR dest,source	dest ⊕ source→dest	
逻辑/算术左移	SHL/SAL dest,source	CF ← [← dest] ← 0	
逻辑右移	SHR dest,source	0 → [dest →] → CF	
算术右移	SAR dest,source	[dest →] → CF	
循环左移	ROL dest,source	CF ← [← dest]	
循环右移	ROR dest,source	[dest →] → CF	
带进位循环左移	RCL dest,source	CF ← [← dest]	
带进位循环右移	RCR dest,source	[dest →] → CF	
双精度右移	SHRD dest,REG,imm/CL	REG → [dest] → CF	
双精度左移	SHLD dest,REG,imm/CL	CF ← [dest] ← REG	
位搜索(扫描)	BSF REG,source	由低向高搜索 source	第 1 个 1 的位置值送 REG,ZF＝0;若 source＝0,则 ZF＝1
	BSR REG,source	由高向低搜索 source	

名　称	指　令　格　式	操　作
位测试	BT dest,source	将目的操作数中由源操作数指定的位→CF
	BTC dest,source	将目的操作数中由源操作数指定的位→CF,并将该位求反
	BTR dest,source	将目的操作数中由源操作数指定的位→CF,并将该位置0
	BTS dest,source	将目的操作数中由源操作数指定的位→CF,并将该位置1

4. 串操作指令

名　称	指　令　格　式	操　作
串传送	MOVS dest-string,source-string	(DS:SI)→(ES:DI)或者(DS:ESI)→(ES:EDI) SI 和 DI 或者 ESI 和 EDI 增量或减量
	MOVSB dest-string,source-string	
	MOVSW dest-string,source-string	
	MOVSD dest-string,source-string	
串比较	CMPS dest-string,source-string	(DS:SI)−(ES:DI)或者(DS:ESI)−(ES:EDI) SI 和 DI 或者 ESI 和 EDI 增量或减量
	CMPSB dest-string,source-string	
	CMPSW dest-string,source-string	
	CMPSD dest-string,source-string	
串搜索	SCAS dest-string	AL 或 AX 或者 EAX−(ES:DI)或者(ES:EDI) DI 或者 EDI 增量或减量
	SCASB dest-string	
	SCASW dest-string	
	SCASD dest-string	
取字符串	LODS source-string	(DS:SI)或者(DS:ESI)→ AL 或 AX 或者 EAXSI 或者 ESI 增量或减量
	LODSB source-string	
	LODSW source-string	
	LODSD source-string	
存字符串	STOS dest-string	AL 或 AX 或者 EAX →(ES:DI)或者(ES:EDI) DI 或者 EDI 增量或减量
	STOSB dest-string	
	STOSW dest-string	
	STOSD dest-string	
字符串输入	INS dest-string,DX/EDX	[DX]→AL 或 AX 或者 EAXDI 或者 EDI 增量或减量
	INSB	
	INSW	
	INSD	

名　　称	指　令　格　式	操　　作
字符串输出	OUTS DX/EDX,source-string	AL 或 AX 或者 EAX→[DX]SI 或者 ESI 增量或减量
	OUTSB	
	OUTSW	
	OUTSD	
重复前缀	REP	重复 CX 指定的次数,直到 CX=0
重复前缀	REPE/REPZ	CX≠0 且 ZF=1 重复,直到 CX=0 或 ZF=0
重复前缀	REPNE/REPNZ	CX≠0 且 ZF=0 重复,直到 CX=0 或 ZF=1

5. 控制转移指令

名　　称	指　令　格　式	操　　作
无条件转移	JMP target	将控制转移到目的标号 target
简单条件转移	JE/JZ short-label	相等/为 0 转移到短标号 short-label
	JNE/JNZ short-label	不相等/不为 0 转移到短标号 short-label
	JS short-label	为负转移到短标号 short-label
	JNS short-label	为正转移到短标号 short-label
	JC short-label	有进位转移到短标号 short-label
	JNC short-label	无进位转移到短标号 short-label
	JO short-label	溢出转移到短标号 short-label
	JNO short-label	无溢出转移到短标号 short-label
	JP/JPE short-label	奇偶性/奇偶校验为偶转移到 short-label
	JNP/JPO short-label	奇偶性/奇偶校验为奇转移到 short-label
符号数条件转移	JL/JNGE short-label	小于/不大于等于转移到 short-label
	JNL/JGE short-label	不小于/大于等于转移到 short-label
	JG/JNLE short-label	大于/不小于等于转移到 short-label
	JNG/JLE short-label	不大于/小于等于转移到 short-label
无符号数条件转移	JB/JNAE short-label	低于/不高于等于转移到 short-label
	JNB/JAE short-label	不低于/高于等于转移到 short-label
	JA/JNBE short-label	高于/不低于等于转移到 short-label
	JNA/JBE short-label	不高于/低于等于转移到 short-label
条件设置	SETcond dest	条件成立,目的操作数置为 1,否则置为 0
循环	LOOP short-label	CX-1→CX,CX≠0 转移到 short-label

名　称	指令格式	操　作
相等/为 0 循环	LOOPZ/LOOPE short-label	CX-1→CX,CX≠0 且 ZF=1 转移到 short-label
不相等/不为 0 循环	LOOPNZ/LOOPNE short-label	CX-1→CX,CX≠0 且 ZF=0 转移到 short-label
CX 为 0 转移	JCXZ short-label	CX=0 转移到 short-label
ECX 为 0 转移	JECXZ short-label	ECX=0 转移到 short-label
子程序调用	CALL target	CS 和 IP 进栈并转移到 target
子程序返回	RET [n]	IP 和 CS 出栈实现返回[丢弃栈区 n 个单元]
软中断	INT n	类型 n 中断
溢出中断	INTO	执行 INT 4 所执行的操作
中断返回	IRET	IP、CS 和 Flags 出栈实现返回
	IRETD	EIP、CS 和 Flags 出栈实现返回

6. 处理机控制指令

名　称	指令格式	操　作
置位进位标志	STC	1→CF
清除进位标志	CLC	0→CF
进位标志取反	CMC	$\overline{CF}$→CF
置位方向标志	STD	1→DF
清除方向标志	CLD	0→DF
置位中断标志	STI	1→IF
清除中断标志	CLI	0→IF
处理器暂停	HLT	CPU 进入暂停状态
等待	WAIT	CPU 进入等待状态
空操作	NOP	
建立堆栈	ENTER imm1,imm2	所建堆栈的字节数和子程序的嵌套层数(0～31)
释放堆栈	LEAVE	释放 ENTER 指令建立的堆栈区
取 CPU 标识	CPUID	获取微机中 Pentium 微处理器的标识和相关信息

说明:本表仅列出了 80x86 中面向应用程序设计的指令,面向系统程序设计的指令和浮点指令没有列出。

表 A-2　80x86 指令按字母顺序查找表

操作助记符	指令类别	讲述的章节
AAA	ASCII BCD 数加法调整	8.1.2
AAD	ASCII BCD 数除法调整	8.1.2
AAM	ASCII BCD 数乘法调整	8.1.2
AAS	ASCII BCD 数减法调整	8.1.2

操作助记符	指 令 类 别	讲述的章节
ADC dest,source	带进位加	7.3.2
ADD dest,source	加	7.3.2
AND dest,source	逻辑与	7.3.3
BSF REG,source	由低位向高位搜索	7.3.4
BSR REG,source	由高位向低位搜索	7.3.4
BSWAP reg	字节交换	7.3.1
BT dest,source	位测试	7.3.5
BTC dest,source		
BTR dest,source		
BTS dest,source		
CALL target	子程序调用	8.5.2
CBW	字节扩展为字	8.1.1
CDQ	双字转换为四字	8.1.1
CLC	清除进位标志	
CLD	清除方向标志	8.4.1
CLI	清除中断标志	10.3.1
CMC	进位标志取反	
CMP dest,source	比较	7.3.2
CMPS dest-string,source-string	串比较	8.4.2
CMPSB		
CMPSD		
CMPSW		
CMPXCHG dest,reg	比较并交换	7.3.2
CMPXCHG8B mem	8字节比较并交换	7.3.2
CPUID	取 CPU 标识	
CWD	字扩展为双字(双字在 DX 和 AX 中)	8.1.1
CWDE	字扩展为双字(双字在 EAX 中)	8.1.1
DAA	压缩 BCD 数加法调整	8.1.2
DAS	压缩 BCD 数减法调整	8.1.2
DEC dest	减量	7.3.2
DIV source	无符号数除	8.1.1

操作助记符	指 令 类 别	讲述的章节
ENTER imm1,imm2	建立堆栈	
HLT	处理器暂停	
IDIV source	符号整数除	8.1.1
IMUL source	符号整数乘	
IMUL REG，source		8.1.1
IMUL REG，source,imm		
IN acc,port		9.2.3
INC dest	增量	7.3.2
INS dest-string,DX/EDX	字符串输入	
INSB		
INSD		
INSW		
INT n	软中断	
INTO	溢出中断	10.3.2
IRET	中断返回	
IRETD		
JA short-label	条件转移	
JAE short-label		
JB short-label		8.2.1
JBE short-label		
JC short-label		
JCXZ short-label	CX 为 0 转移	8.3.2
JE short-label		8.2.1
JECXZ short-label	ECX 为 0 转移	8.3.2
JG short-label	条件转移	
JGE short-label		
JL short-label		8.2.1
JLE short-label		
JMP target	无条件转移	8.2.2

操作助记符	指 令 类 别	讲述的章节
JNA short-label		
JNAE short-label		
JNB short-label		
JNBE short-label		
JNC short-label		
JNE short-label		
JNG short-label		
JNGE short-label		
JNL short-label		
JNLE short-label	条件转移	8.2.1
JNO short-label		
JNP short-label		
JNS short-label		
JNZ short-label		
JO short-label		
JP short-label		
JPE short-label		
JPO short-label		
JS short-label		
JZ short-label		
LAHF	标志寄存器的低 8 位送 AH	
LDS reg,source	传送偏移地址及数据段的段地址	7.3.1
LEA reg,source	传送偏移地址	7.3.1
LEAVE	释放堆栈	
LES reg,source		
LFS reg,source	传送偏移地址及附加数据段的段地址	2.3.1
LGS reg,source		
LODS source-string		
LODSB	取字符串	8.4.2
LODSD		
LODSW		

操作助记符	指 令 类 别	讲述的章节
LOOP short-label	循环	
LOOPE short-label	相等循环	
LOOPNE short-label	不相等循环	8.3.2
LOOPNZ short-label	不为 0 循环	
LOOPZ short-label	为 0 循环	
LSS reg,source	传送偏移地址及堆栈段的段地址	7.3.1
MOV dest,source	数据传送	7.3.1
MOVS dest-string,source-string		
MOVSB	串传送	8.4.2
MOVSD		
MOVSW		
MOVSX reg,source	符号位扩展传送	7.3.1
MOVZX reg,source	零扩展传送	7.3.1
MUL source	无符号数乘	8.1.1
NEG dest	求补	7.3.3
NOP	空操作	
NOT dest	求反	7.3.3
OR dest,source	逻辑或	7.3.3
OUT port,acc	输出	9.2.3
OUTS DX/EDX,source-string		
OUTSB	字符串输出	
OUTSD		
OUTSW		
POP dest	出栈	
POPA	16 位通用寄存器出栈	
POPAD	32 为通用寄存器出栈	
POPF	16 位标志寄存器出栈	
POPFD	32 位标志寄存器出栈	7.3.1
PUSH source	进栈	
PUSHA	16 位通用寄存器进栈	
PUSHAD	32 位通用寄存器进栈	

操作助记符	指 令 类 别	讲述的章节
PUSHF	16 位标志寄存器进栈	7.3.1
PUSHFD	32 位标志寄存器进栈	
RCL dest,source	带进位循环左移逻辑	7.3.4
RCR dest,source	带进位循环右移逻辑右移	
RET [N]	子程序返回	8.5.2
ROL dest,source	循环左移	
ROR dest,source	循环右移	7.3.4
SAHF	AH 送标志寄存器的低 8 位	
SAL dest,source	算术左移	
SAR dest,source	算术右移	
SBB dest,source	带借位减	7.3.2
SCAS dest-string		
SCASB	串搜索	8.4.2
SCASD		
SCASW		
SETcond dest	条件设置	
SHL dest,source	逻辑左移	
SHLD dest,reg,imm/CL	双精度左移	7.3.3
SHR dest,source	逻辑右移	
SHRD dest,reg,imm/CL	双精度右移	
STC	置位进位标志	
STD	清除方向标志	8.4.1
STI	置位中断标志	10.3.1
STOS dest-string		
STOSB	存字符串	8.4.2
STOSD		
STOSW		
SUB dest,source	减	7.3.2
TEST dest,source	测试	7.3.3
WAIT	等待	
XADD dest,REG	交换及相加	7.3.2

操作助记符	指令类别	讲述的章节
XCHG dest,source	数据交换	7.3.1
XLAT	查表转换	7.3.1
XOR dest,source	逻辑异或	7.3.3

表 A-3　80x86 算术逻辑运算指令对状态标志位的影响

指令类型	指令	O	S	Z	A	P	C
加、减	ADD、ADC、SUB、SBB、CMP（CMPS/CMPXCHG/SCAS）、NEG、XADD	↑	↑	↑	↑	↑	↑
增量、减量	INC、DEC	↑	↑	↑	↑	↑	.
乘	MUL,IMUL	↑	×	×	×	×	↑
除	DIV、IDIV	×	×	×	×	×	×
BCD 数加减调整	DAA、DAS	×	↑	↑	↑	↑	↑
ASCII BCD 数加减调整	AAA、AAS	×	↑	↑	↑	↑	↑
ASCII BCD 数乘除调整	AAM、AAD	×	↑	↑	×	↑	×
逻辑操作	AND、TEST、OR、XOR	0	↑	↑	×	↑	0
移位操作	SHL/SAL、SHR、SAR	↑	↑	↑	×	↑	↑
移位操作	SHLD、SHRD	×	↑	↑	×	↑	↑
循环	ROL、ROR、RCL、RCR(一次)	↑	.	.	.	.	↑
循环	ROL、ROR、RCL、RCR(CL 次)	×	.	.	.	.	↑
标志操作	POPF、IRET	↑	↑	↑	↑	↑	↑
标志操作	SAHF	.	↑	↑	↑	↑	↑
标志操作	STC	.	.	.	.	.	1
标志操作	CLC	.	.	.	.	.	0
标志操作	CMC	.	.	.	.	.	$\overline{C}$

符号说明：↑ 有影响；· 不影响；0 置 0；1 置 1；× 不确定

附录 B ASCII 码字符表

编码[1]	字 符	编码[1]	字 符	编码[1]	字 符	编码[1]	字 符
00	DUL	20	SPACE[2]	40	@	60	'
01	SOH	21	!	41	A	61	a
02	STX	22	"	42	B	62	b
03	ETX	23	#	43	C	63	c
04	EOT	24	$	44	D	64	d
05	ENQ	25	%	45	E	65	e
06	ACK	26	&	46	F	66	f
07	BEL[3]	27	'	47	G	67	g
08	BSB	28	(	48	H	68	h
09	TAB	29	)	49	I	69	i
0A	LF[3]	2A	*	4A	J	6A	j
0B	VT	2B	+	4B	K	6B	k
0C	FF[3]	2C	,	4C	L	6C	l
0D	CR[3]	2D	—	4D	M	6D	m
0E	SO	2E	•	4E	N	6E	n
0F	SI	2F	/	4F	O	6F	o
10	DLE[3]	30	0	50	P	70	p
11	DC1	31	1	51	Q	71	q
12	DC2	32	2	52	R	72	r
13	DC3	33	3	53	S	73	s
14	DC4	34	4	54	T	74	t
15	NAK	35	5	55	U	75	u
16	SYN	36	6	56	V	76	v
17	ETB	37	7	57	W	77	w
18	CAN	38	8	58	X	78	x
19	EM	39	9	59	Y	79	y
1A	SUB	3A	:	5A	Z	7A	z
1B	ESC	3B	;	5B	[	7B	{
1C	FS	3C	<	5C	\	7C	|
1D	GS	3D	=	5D	]	7D	}
1E	RS	3E	>	5E	ˆ	7E	
1F	US	3F	?	5F		7F	DEL

说明：① "编码"是十六进制数　② SPACE 是空格　③ LF＝换行,FF＝换页,CR＝回车,DEL＝删除,BEL＝振铃

• 391 •

参 考 文 献

[1] 罗朝杰.数字逻辑设计基础.北京:人民邮电出版社,1982.

[2] 清华大学自动化系与北京无线电技术研究所合译.微处理机自学读本.北京:人民邮电出版社,1983.

[3] 水利水电科学研究院自动化研究所译.实用微型计算机程序设计 INTEL 8080.北京:水利电力出版社,1983.

[4] 白英彩译.微处理机的程序设计和软件研制.上海:上海科学技术文献出版社,1982.

[5] 颜超等译.微型计算机设计原理.北京:科学出版社,1983.

[6] 周明德.微型计算机硬件软件及应用.北京:清华大学出版社,1982.

[7] Malvino A. P. Digital Computer Electronics. McGraw-Hill Publishing Co. ,1977.

[8] 郑学坚,朱善君,严继昌.Z80 单板计算机.北京:机械工业出版社,1985.

[9] 郑学坚.微型计算机入门及应用.北京:农业出版社,1984.

[10] 朱仲英.微型计算机原理及应用.上海:上海交通大学出版社,1985.

[11] 杨润生,王敬觉.微型计算机及其应用(基础篇及应用篇).北京:机械工业出版社,1983.

[12] 杨长能,张兴毅.可编程序控制器(PC)基础及应用.重庆:重庆大学出版社,1992.

[13] 耿文学,华熔.微机可编程序控制器原理.使用及应用实例.北京:电子工业出版社,1990.

[14] 幸云辉.16 位微型计算机原理与应用.北京:北京邮电学院出版社,1991.

[15] 邹逢兴.微型计算机接口原理与技术.长沙:国防科技大学出版社,1993.

[16] 周斌主.机电一体化实用技术手册.北京:兵器工业出版社,1994.

[17] 刘复华.8098 单片机及其应用系统设计.北京:清华大学出版社,1992.

[18] 戴梅萼.微型计算机技术及应用.北京:清华大学出版社,1991.

[19] 王成健,王明良,倪荣庆.IBM-PC 兼容机及其应用.北京:机械工业出版社,1990.

[20] 谭云福.IBM PC 8086/8088 宏汇编语言程序设计及实验.北京:机械工业出版社,1993.

[21] 尹彦芝.IBM-PC 宏汇编语言程序设计.北京:水利电力出版社,1987.

[22] 王正智.8086/8088 宏汇编语言程序设计教程.北京:电子工业出版社,1992.

[23] Aubrey Pilgrim. Build Your Own Pentium Processor PC and Save a Bundle. MeGraw-Hill.

[24] 曹国均,王健.PC 机存储设备实用技术手册.北京:清华大学出版社,1997.

[25] 冯博琴,吴宁.微型计算机原理与接口技术(第 3 版).北京:清华大学出版社,2011.

[26] 周杰英,张萍,郭雪梅.微机原理、汇编语言与接口技术. 北京:人民邮电出版社,2011.

[27] Barry B. Brey. Intel 微处理器. 金惠华,艾明晶,尚利宏译.北京:机械工业出版社,2010.

[28] 戴梅萼,史嘉权.微型计算机技术及应用(第 4 版).北京:清华大学出版社,2008.

[29] 周荷琴,吴秀清.微型计算机原理与接口技术(第 4 版). 合肥:中国科学技术大学出版社,2008.

[30] 王钰,王晓捷.微机原理与汇编语言(第 2 版).北京:电子工业出版社,2008.

[31] 马春燕,段承先,秦文萍.微机原理与接口技术(基于 32 位机).北京:电子工业出版社,2007.

[32] 王让定等.汇编语言与接口技术(第 2 版).北京:清华大学出版社,2007.

[33] 孙力娟等.微型计算机原理与接口技术.北京:清华大学出版社,2007.

[34] 史新福,冯萍.微型计算机原理、接口技术及其应用(第 2 版).北京:清华大学出版社,2007.